Wilhelm H. Westphal

Physikalisches Praktikum

Eine Sammlung von Übungsaufgaben mit einer Einführung in die Grundlagen des physikalischen Messens

Unter Mitarbeit von
Karl Krebs und Walter Westphal

13., verbesserte Auflage

Mit 139 Abbildungen und 6 graphischen Tabellen

Friedr. Vieweg & Sohn Braunschweig/Wiesbaden

Druck und buchbinderische Verarbeitung: W. Langelüddecke, Braunschweig
Printed in Germany

ISBN 3-528-08219-4

Aus dem Vorwort zur 1. Auflage

Dieses Buch ist ein Hilfsbuch zum Gebrauch bei den physikalischen Übungen (Praktikum) an Universitäten und Hochschulen jeglicher Art und soll an Hand von ausgewählten Aufgaben eine Anleitung zur Ausführung physikalischer Übungsaufgaben überhaupt geben. Die hier besprochenen Aufgaben sollen also *Musterbeispiele* sein. Ich habe grundsätzlich darauf verzichtet, die Gesamtheit der Aufgaben, die an den einzelnen Hochschulen gestellt werden, auch nur einigermaßen vollständig zu erschöpfen.

Dieses Buch kann und soll den Assistenten nicht ersetzen, aber wirksam unterstützen. Eine mündliche, auf den jeweiligen Hörerkreis abgestimmte Erklärung der Aufgaben ist in der Regel unentbehrlich. Darum habe ich auch von einer allzusehr ins einzelne gehenden Beschreibung spezieller Versuchsanordnungen abgesehen, weil diese doch an den einzelnen Instituten oft recht verschieden ausgestattet sind. Um so mehr Wert habe ich darauf gelegt, die *theoretischen und meßtechnischen Grundlagen* der Aufgaben gründlich zu erläutern und dem Studenten jeweils durch ein wirklich durchgeführtes *Beispiel* mit allen nötigen Zahlenangaben und graphischen Darstellungen eine Anleitung zur Durchführung der Aufgaben zu geben. Ferner ist bei fast allen Aufgaben eine *Fehlerrechnung* an Hand des Beispiels durchgeführt. So kann das Buch dem Studenten seine Arbeit erleichtern und sein Verständnis vertiefen; es kann aber auch dem jungen Assistenten zur Einführung in seine Lehraufgabe dienen. In Anlehnung an die in diesem Buch durchgeführten Musterbeispiele werden Assistenten und Studenten den Weg finden, auf dem andere Aufgaben im gleichen Sinne durchgeführt werden können.

Berlin, im Dezember 1937

Wilhelm H. Westphal

Aus dem Vorwort zur 11. Auflage

Vor 26 Jahren habe ich im Vorwort zur 1. Auflage dieses Buches (umstehend) programmatisch gesagt, die hier behandelten Aufgaben sollten *Musterbeispiele* sein, und Vollständigkeit werde nicht angestrebt. Hinzufügen möchte ich, daß ich dabei mindestens ebensosehr an eine Erziehung der Studenten gedacht habe wie an ihre Belehrung. Ein Beurteiler hat das Buch einmal einen „Knigge für den Umgang mit der Physik" genannt und damit ein wesentliches Anliegen von mir vortrefflich gekennzeichnet.

Einem solchen Zweck dienen die Aufgaben um so besser, je einfacher sie sind, sowohl in der Aufgabenstellung als auch in der Apparatur. In diesem Sinne sind die meisten Aufgaben ausgewählt. Viele von ihnen gehören schon seit Kohlrauschs Zeiten zum klassischen Bestand des physikalischen Anfängerpraktikums, und ich lernte sie schon vor bald 60 Jahren als Student kennen. Ihren pädagogischen Wert haben sie durchaus behalten. Eine „Modernisierung", die meist schwierigere Aufgabenstellungen und kompliziertere Apparaturen erfordern würde, habe ich deswegen nie als erforderlich oder auch nur wünschenswert angesehen. Ich glaube, daß der anhaltende Erfolg des Buches mir darin recht gibt.

Berlin 37, im Oktober 1963
Zehlendorf, Berlepschstr. 72 a

Wilhelm H. Westphal

Vorwort zur 13. Auflage

Zu irgend einer wesentlichen Bearbeitung dieser Auflage lag keine Veranlassung vor. Es sind lediglich Änderungen angebracht aufgrund einiger neuer internationaler Empfehlungen, neuerer deutscher Normen und des am 1. Juli 1970 inkraftgetretenen bundesdeutschen „Gesetzes über die Einheiten im Meßwesen" (Bundesgesetzblatt, Teil I, 1969, Nr. 55). Ich erwähne besonders die Bezeichnung der Temperatureinheit als Kelvin (K) statt bisher Grad Kelvin (°K) und die Bezeichnung der neuen Basisgröße der Molekularmechanik als Stoffmenge (bisher in diesem Buch Teilchenmenge), sowie die Namen Basisgröße und Basiseinheit statt bisher Grundgröße und Grundeinheit.

Berlin 37, im Oktober 1970
Zehlendorf, Berlepschstr. 72 a

Wilhelm H. Westphal

Inhaltsverzeichnis

IV. Optik

V. Elektrizität und Magnetismus

VI. Kernphysik

Anhang

Tabellen

I. Einleitung

A. Größen- und Einheitensysteme

Westphal, Physik, 25./26. Aufl., §§ 2, 3; ferner: Die Grundlagen des physikalischen Begriffssystems.

1. Größen, Zahlenwerte und Einheiten

Das Ergebnis jeder physikalischen Messung ist die Angabe einer *physikalischen Größe* G als Produkt aus einem *Zahlenwert* $\{G\}$ und einer *Einheit* $[G]$, also $G = \{G\}\,[G]$. Einheiten sind vereinbarte Vertreter der betreffenden Größenart, deren es oft mehrere gibt. Eine physikalische Größe ist aber eine von der Einheitenwahl unabhängige (invariante) Gegebenheit. Geht man von einer Einheit $[G]$ zu einer anderen Einheit $[G]'$ über, so ändert sich zwar der Zahlenwert von $\{G\}$ in $\{G\}'$, aber nicht die Größe. Es ist $G = \{G\}\,[G] = \{G\}'\,[G]'$. Eine Länge bleibt die gleiche Größe, ganz gleich, ob man sie als $l = 1{,}500$ m oder als $l = 1500$ mm beschreibt. Demnach ist $\{G\}'/\{G\} = [G]/[G]'$. Je größer die Einheit, um so kleiner der Zahlenwert.

Unter einer *Größenart* (Größenklasse) versteht man eine unendliche Mannigfaltigkeit gleichartiger Größen, z. B. aller Längen, Zeiten, Temperaturen usw. Mit Hilfe einiger weniger *Basisgrößen (Grundgrößen)* können alle weiteren physikalischen Größen ihrer Art nach als *Potenzprodukte von Basisgrößen* definiert werden (*abgeleitete Größen*). Die *Anzahl* der für ein Teilsystem der Physik unerläßlich nötigen Basisgrößen läßt sich ermitteln; ihre *Auswahl* steht innerhalb gewisser Grenzen frei. Basisgrößen können nicht definiert, sondern nur durch eine Aussage als solche eingeführt werden.

Den Basisgrößen entspricht eine gleiche Anzahl von *Basiseinheiten*, die durch *Meßvorschriften* definiert werden müssen. Als Basiseinheiten dienen meist, aber nicht immer, Einheiten von Basisgrößen. Die Einheiten der abgeleiteten Größen (*abgeleitete Einheiten*) werden analog zu den Größen als *Potenzprodukte von Basiseinheiten* definiert, zu denen ein Zahlenfaktor (meist eine Zehnerpotenz) hinzugefügt werden *kann*. Geschieht das nicht, so heißen die Einheiten *kohärent*. Wir werden nur kohärente Einheiten verwenden. Die Gesamtheit der Einheiten eines Gebietes bilden ein *Einheitensystem*. Die Gesamtheit dieser Einheitensysteme bildet das *Einheitensystem der gesamten Physik*.

Auf die Definitionen der Basiseinheiten gehen wir im Folgenden nicht ein. Ferner setzen wir die Verwendung von Vorsätzen für dezimale Bruchteile und Vielfache von Einheiten (Kilo-, Zenti-, Milli- usw.) und ihrer Zeichen (k, c, m usw.) als bekannt voraus.

Die Teilgebiete der Physik lassen sich, mit der Geometrie beginnend und mit einer Verzweigung derart in eine logische Folge ordnen, daß bei jedem neuen Gebiet jeweils *eine einzige neue Basisgröße* zu denen des vorhergehenden Gebietes hinzukommt, wie das folgende Schema zeigt, in dem bei jedem Gebiet die neue Basisgröße angegeben ist. Die Folge schließt sich wieder in der Physik der Stoffe, zu der auch die Chemie gehört und in der sämtliche angeführten Basisgrößen erforderlich sind.

Schema des physikalischen Größensystems

Geometrie, Länge l

↓

Kinematik, Zeit t

↓

Mechanik, Masse m

↙ ↘

Molekularmechanik, Stoffmenge n — Elektrizitätslehre, Ladung Q

↓

Wärmelehre, Temperatur T

↘ ↙

Physik der Stoffe

Zur genaueren Unterrichtung über die hier und im folgenden behandelten Fragen sei der Leser verwiesen auf *W. H. Westphal*, „Die Grundlagen des physikalischen Begriffssystems", wo die Fragen der Größen und Einheiten, der Größen- und Einheitensysteme, der physikalischen Gleichungen und der Naturgesetze sehr ausführlich behandelt sind.

2. Mechanik

Die Geometrie und die Kinematik (Bewegungslehre) handeln noch nicht von physikalischen Gesetzen, sondern führen nur Größen ein, die für die Behandlung der Mechanik erforderlich sind, insbesondere die *Basisgrößen Länge* und *Zeit*. Erst mit der Mechanik beginnt die Physik im eigentlichen Sinne. In ihr tritt als *dritte Basisgröße* die Masse m auf. Je nach Wahl der Basiseinheiten für Länge (Meter oder Zentimeter) und Masse (Kilogramm oder Gramm) sind in der Physik zwei Systeme kohärenter Einheiten gebräuchlich: das *Meter-Kilogramm-Sekunde-(MKS-)System* und das *Zentimeter-Gramm-Sekunde-(CGS-)System*. In der folgenden Tabelle geben wir die wichtigsten in diesem Buch vorkommenden Einheiten der beiden Systeme an.

In einzelnen Zweigen der Technik wird neben dem Meter und der Sekunde statt der Masseneinheit Kilogramm als dritte Basiseinheit die Krafteinheit

Tabelle 1. Physikalische Einheiten der Mechanik

Größe	Einheit im MKS-System	Einheit im CGS-System
Länge	m	cm
Masse	kg	g
Zeit	s	s
Geschwindigkeit	$m\,s^{-1}$	$cm\,s^{-1}$
Beschleunigung	$m\,s^{-2}$	$cm\,s^{-2}$
Winkelgeschwindigkeit	s^{-1}	s^{-1}
Winkelbeschleunigung	s^{-2}	s^{-2}
Frequenz	s^{-1} = Hertz (Hz)	s^{-1} = Hertz (Hz)
Bewegungsgröße (Impuls)	$kg\,m\,s^{-1}$	$g\,cm\,s^{-1}$
Kraft	$kg\,m\,s^{-2}$ = Newton (N)	$g\,cm\,s^{-2}$ = dyn
Druck	$N\,m^{-2}$ = Pascal (Pa)	$dyn\,cm^{-2}$
Energie, Arbeit	N m = Joule (J)	dyn cm = erg
Leistung	$I\,s^{-1}$ = Watt (W)	$erg\,s^{-1}$
Trägheitsmoment	$kg\,m^2$	$g\,cm^2$
Drehmoment, Richtmoment	N m	dyn cm

Kilopond (kp) verwendet, die in meist genügender Näherung als das (ein wenig ortsabhängige) Gewicht eines Körpers von der Masse 1 kg beschrieben werden kann und in ebenfalls meist genügender Näherung 1 kp = 9,81 $kg\,m\,s^{-2}$ = 9,81 N ist. In der physikalischen Meßtechnik wird diese Einheit oder die Einheit 1 Pond (p) = 10^{-3} kp (das Gewicht eines Körpers von der Masse 1 g) nur dann oft verwendet, wenn man mit Kräften arbeitet, die durch das Gewicht von in Gramm oder Kilogramm kalibrierten Körpern (z. B. Wägestücken) verwirklicht werden. Dann sind die *Zahlenwerte* der Kräfte (in kp oder p) fast immer genügend genau gleich denen der Massen (in kg oder g). Das Technische System soll nach einer gewissen Übergangszeit nicht mehr verwendet werden.

Als *Druckeinheit* dient in der physikalischen Meßtechnik, insbesondere bei Gasen, bisher noch oft die Einheit 1 Torr = 1333 dyn cm^{-2}, der Druck einer Quecksilbersäule von 1 mm Höhe bei 0 °C. Der Druck 760 Torr = 1 atm heißt physikalische Atmosphäre.

3. Molekularmechanik

Die Molekularmechanik handelt von der Deutung der Eigenschaften und des Verhaltens der Stoffe auf Grund ihres Aufbaus aus molekularen oder atomaren Teilchen. Dafür muß man etwas über die *Anzahl solcher Teilchen* in gegebenen Stoffmengen wissen, die aber bei wägbaren und sogar noch viel kleineren Stoffmengen viel zu groß ist, um wirklich abgezählt zu werden. Man ersetzt deshalb die Anzahl N durch eine ihr definitionsgemäß proportionale Größe, die in praktisch beliebiger Näherung mit Verfahren der Kontinuumsphysik zu messen ist. Für sie bürgert sich jetzt der Name *Stoffmenge* (Formelzeichen n) ein. (Früher in diesem Buch Teilchenmenge.) Zur Unterscheidung der *Größe* Stoffmenge und Stoffmengen im Sinne des Sprachgebrauchs bezeichnen wir letztere als *materielle Mengen.* Die Stoffmenge wird eingeführt durch die Gleichung

$$n = \frac{N}{N_A} \tag{1}$$

N_A ist eine von der Stoffart unabhängige Konstante, die *Avogadro-Konstante.* Die Stoffmenge ist eine *neue Basisgröße,* die gemäß unserem Schema zu den drei Basisgrößen der Mechanik hinzukommt [1]). Zwischen Molekülen und Atomen wird kein Unterschied gemacht. Darum sprechen wir allgemein von Teilchen.

Die *Einheit der Stoffmenge,* also eine neue Basiseinheit, heißt *Mol* (Zeichen mol). Sie wird verwirklicht durch jede materielle Menge, die ebenso viele Teilchen (Moleküle oder Atome, auch als Ionen) enthält, wie Atome in einer Kohlenstoffmenge des Isotops $^{12}_{6}C$ von der genauen Masse 12 g enthalten sind [2]). Die Zahlenwerte von Stoffmengen werden in der Chemie *Molzahl* genannt.

Molare (auf Stoffmengen bezogene) Größen sind Quotienten G/n aus einer an einer materiellen Menge gemessenen Größe G und deren Stoffmenge n. Ein wichtiges Beispiel ist die *molare Masse* $M_m = m/n$, der Quotient aus Masse und Stoffmenge (übliche Einheit g mol^{-1}). Ihre *Zahlenwerte* sind die bisher üblicherweise als Molekular- bzw. Atomgewichte bezeichneten Zahlen, die gar keine Gewichte sind und laut internationaler Empfehlung als *relative Molekülmassen* M_r bzw. *relative Atommassen* A_r bezeichnet werden sollen. Weitere Beispiele sind das *molare Volumen* $V_m = V/n$ (Einheit z. B. cm^3 mol^{-1}) und die *molare Wärmekapazität* $C_m = C/n = C\,M_m/m = c\,M_m$. ($c$ spezifische Wärmekapazität, vgl. die 13. Aufgabe.) Die Avogadro-Konstante $N_A = N/n$ ist die *molare Teilchenanzahl* (Einheit mol^{-1}). Sie beträgt $6{,}023 \cdot 10^{23}$ mol^{-1}; ihr *Zahlenwert* ist gleich der Teilchenanzahl in jeder materiellen Menge von der Stoffmenge 1 mol.

[1]) Die Einführung der Stoffmenge als Basisgröße entspricht einer Empfehlung der zuständigen internationalen Gremien. Wegen einer genauen Begründung und der historischen Entwicklung des Molbegriffs vgl. insbesondere *W. H. Westphal,* „Die Grundlagen des physikalischen Begriffssystems", 2. Kapitel, V.

[2]) Diese Definition ist auf Grund internationaler Vereinbarung 1960 an die Stelle der alten Definition über den Sauerstoff getreten. Die dadurch bewirkten Änderungen von Zahlenwerten spielen nur bei sehr hohen Ansprüchen an Genauigkeit eine Rolle. – Die Namen Grammolekül (= Mol) und Grammatom sollen künftig nicht mehr verwendet werden.

Analog zu Teilchen können auch die überschüssigen Elementarladungen der Ionen in einer aus solchen bestehenden materiellen Menge behandelt und in der Einheit Mol gemessen werden [1]) (*Ladungsmenge,* auch Äquivalentenmenge, Zeichen n_E). Da deren Anzahl je Ion gleich der *Wertigkeit* z der Ionenart ist, so ist $n_E = zn$, wenn n die Stoffmenge ist. Den molaren Größen entsprechen auf Ladungsmengen n_E bezogene *valare Größen,* $G_E = G/n_E$ (Einheit g mol^{-1}). Ein Beispiel ist die Faraday-Konstante (37. Aufgabe). Ein weiteres Beispiel ist die valare Masse $M_E = m/n_E = m/(zn) = M_m/z$. Ihre Zahlenwerte sind die in der Chemie als Äquivalentgewicht bezeichneten Zahlen. (Die vorstehende Beziehung entspricht der Ausdrucksweise Äquivalentgewicht = Atomgewicht/Wertigkeit.)

4. Wärmelehre

Zu den vier Basisgrößen der Molekularmechanik kommt gemäß unserem Schema in der Wärmelehre als *fünfte Basisgröße* die *Temperatur* hinzu als Maß für die Konzentration der ungeordneten kinetischen Molekularenergie in einer materiellen Menge [2])

Die wissenschaftliche Temperaturskala ist die *absolute* oder *Kelvin-Skala,* in der Temperaturen mit T bezeichnet werden. Ihr Nullpunkt ist der natürliche (absolute) Nullpunkt, ihre Einheit das *Kelvin* (K) [3]). Der Erstarrungspunkt des Wassers (Eispunkt) liegt bei $T_e = 273{,}15$ K, der Siedepunkt des Wassers bei dem Druck 760 Torr (Dampfpunkt) bei $T_d = 373{,}15$ K. Die in der Meßtechnik übliche *Celsius-Skala,* in der Temperaturen mit t (oder ϑ bei Kollision mit der Zeit t) bezeichnet werden, kann als eine mit ihrem Nullpunkt in den Eispunkt verschobene Kelvin-Skala beschrieben werden. Sie verwendet also die gleiche Einheit, die aber zum Hinweis auf diese Skala als *Grad Celsius* (°C) bezeichnet wird. In ihr ist also der Eispunkt $t_e = 0$ °C, der Dampfpunkt $t_d = 100$ °C. Angaben von Temperaturpunkten in der Kelvin-Skala haben also einen um 273,15 größeren Zahlenwert als solche in der Celsius-Skala. (Sehr häufig genügt der gerundete Wert 273.) Allgemein gilt

$$T = 273{,}15\ \text{K}\,(1 + \alpha\, t) \qquad \text{mit} \qquad \alpha = \frac{1}{273{,}15\ °\text{C}}\,. \tag{1}$$

Wegen der gleichen Einheit der beiden Skalen haben Temperaturdifferenzen in ihnen den gleichen Zahlenwert, $T_2 - T_1 = t_2 - t_1$. Um Angaben von Temperatur*differenzen* von solchen von Temperatur*punkten* zu unter-

---

[1]) Das Mol wurde in diesem Fall früher als Äquivalent (Zeichen val, aber val = mol) bzeichnet. Das soll nicht mehr geschehen.

[2]) Wegen der Begründung der Einführung der Temperatur als Basisgröße, sowie der heutigen Definitionen der Temperaturskalen vgl. insbesondere *W. H. Westphal,* „Die Grundlagen des physikalischen Begriffssystems", 2. Kapitel, VI.

[3]) Bisher Grad Kelvin (°K).

scheiden, verwenden wir bei Temperaturdifferenzen statt der Zeichen K oder °C einheitlich das Zeichen grd (Grad).

Unter dem *Normzustand* versteht man insbesondere bei Gasen den Druck 760 Torr und die Temperatur 273,15 K (0 °C).

Energiebeträge in Gestalt von Wärme heißen *Wärmemenge* und sollen nach einer gewissen Übergangszeit nur noch in der Energieeinheit 1 Joule (J) des MKS-Systems gemessen werden. Heute werden sie meist noch in der Einheit 1 *Kalorie* (cal) gemessen, die ursprünglich als die Wärmemenge definiert war, die 1 g Wasser bei der Erwärmung von 14,5 auf 15,5 °C aufnimmt. Diese 15 °C-Kalorie ist heute international als 1 cal = 4,1869 J definiert, was ihrer ursprünglichen Definition praktisch genau entspricht. Etwas verschieden davon ist die mittlere Kalorie, definiert als $^1/_{100}$ der Wärmemenge, die 1 g Wasser bei der Erwärmung von 0 auf 100 °C aufnimmt und die gleich 4,1897 Joule ist. (Vgl. die 33. Aufgabe.) Nach einer Übergangszeit soll die Kalorie verschwinden und nur noch das Joule verwendet werden.

5. Elektrizitätslehre

In der Elektrizitätslehre, zu der auch der Magnetismus gehört, kommt gemäß unserem Schema zu den drei Basisgrößen der Mechanik als *vierte Basisgröße* die *elektrische Ladung* Q hinzu [1]). Indessen dient aus praktischen Gründen statt einer Ladungseinheit als *vierte Basiseinheit* die *Stromstärkeneinheit Ampere* (A). Ferner wird in der Praxis statt einer Masseneinheit stets die *Spannungseinheit Volt* wie eine Basiseinheit verwendet. Das Volt ist dadurch definiert, daß 1 VAs = 1 kg m^2 s^{-2} = 1 Joule (J), der Energieeinheit des MKS-Systems, sein soll. Es ist also

$$1\,\mathrm{V} = 1\,\mathrm{kg\,m^2\,s^{-3}\,A^{-1}}\,.$$

Je nach Wahl des Meter oder des Zentimeter als Längeneinheit erhält man das *Volt-Ampere-Meter-Sekunden-(VAMS-)System* oder das *Volt-Ampere-Zentimeter-Sekunden-(VACS-)System* (Miesches System). Ersteres hat den Vorteil, daß alle über seine Basiseinheiten bildbaren rein mechanischen Einheiten kohärente Einheiten des mechanischen MKS-Systems sind. (Vgl. 1 VAs = 1 J.) Bei dem VACS-System ist das bezüglich des CGS-Systems nicht der Fall. Wir verwenden in diesem Buch ausschließlich das VAMS-System. Die folgende Tabelle gibt die wichtigsten Einheiten dieses Systems.

---

[1]) Darüber, daß in der Elektrizitätslehre vier und *nur* vier Basisgrößen erforderlich sind, sowie über die Definitionen der elektrischen und magnetischen Einheiten vgl. *W. H. Westphal*, „Physik", § 199, und „Die Grundlagen des physikalischen Begriffssystems", 2. Kapitel, IV. Die sogenannten CGS-Systeme der Elektrodynamik werden wir in diesem Buch nicht verwenden, abgesehen von einigen Umrechnungen bei der 40. Aufgabe, wo dazu das Nötige gesagt ist.

Tabelle 2. Einheiten des VAMS-Systems

Größe	Formelzeichen	Einheit
Spannung	U	Volt (V)
Stromstärke	I	Ampere (A)
Elektrizitätsmenge	Q	Coulomb (C) = A s
Widerstand	R	Ohm (Ω) = $\mathrm{VA^{-1}}$
Kapazität	C	Farad (F) = $10^6\,\mu$F = $\mathrm{A\,s\,V^{-1}}$
Induktivität	L	Henry (H) = $\mathrm{V\,s\,A^{-1}}$
Energie (Arbeit)	E, W	Joule (J) = V A s
Leistung	P	Watt (W) = V A
Kraft	F	$\mathrm{V\,A\,s\,m^{-1}}$ = N
Magnetischer Fluß	Φ	V s
Magnetische Flußdichte (Induktion)	B	$\mathrm{V\,s\,m^{-2}}$
Magnetische Feldstärke	H	$\mathrm{A\,m^{-1}}$

Statt des Zeichens C für die Ladungseinheit ist oft die Schreibweise As anschaulicher. Die Einheit des magnetischen Flusses wird auch Weber (Wb), die der magnetischen Flußdichte Tesla (T) genannt. Wir werden aber diese Namen und Zeichen nicht verwenden.

Eine wichtige Konstante ist die *magnetische Feldkonstante*

$$\mu_0 = 4\pi \cdot 10^{-7}\,\mathrm{Vs\,A^{-1}\,m^{-1}}\,,$$

welche die magnetische Flußdichte B und die magnetische Feldstärke H im Vakuum und praktisch auch in Luft durch die Gleichung $B = \mu_0 H$ verknüpft.

B. Zur Berechnung von Messungsergebnissen. Fehlerrechnung

6. Rechenverfahren und Rechenmittel

Ob man die bei der Berechnung eines zusammengesetzten Messungsergebnisses vorzunehmenden Rechenoperationen im *unmittelbaren Rechenverfahren* durchführt oder sich mit der Benutzung des *Rechenstabes* begnügen kann oder ob die Benutzung einer *Logarithmentafel* geboten ist, muß man von Fall zu Fall entscheiden. Beim Rechenstab ist jede einzelne Ablesung oder Einstellung durchschnittlich mit der gleichen relativen Unsicherheit behaftet, die bei einem 25 cm langen Rechenstab bei vorsichtiger Schätzung $\pm$ 0,1 % beträgt. Die einfache Multiplikation oder Division zweier Zahlen erfordert 1. die Einstellung auf die erste Zahl, 2. die Einstellung auf die zweite Zahl, 3. die Ablesung des Ergebnisses. Die Fehlerrechnung liefert dann für den mittleren relativen Fehler des Ergebnisses im

Durchschnitt den Wert $\sqrt{0{,}03}\,\% \approx \pm\,0{,}17\,\%$. Mit jedem weiteren Glied wächst der Fehler. Man muß daher auf Grund der angestrebten bzw. mit den benutzten Hilfsmitteln erzielbaren Meßgenauigkeit in jedem Fall erwägen, ob die Benutzung des Rechenstabes mit der Meßgenauigkeit noch vereinbar ist oder ob man das unmittelbare Rechenverfahren oder die Logarithmentafel benutzen muß. Eine endgültige Entscheidung darüber kann oft erst die Fehlerrechnung liefern. Man wird häufig eine zunächst mit dem Rechenstab ausgeführte Rechnung mit einem genaueren Verfahren wiederholen müssen.

7. Rechnen mit kleinen Größen. Kürzungsregeln

Es kommt häufig vor – vor allem bei kleinen Korrektionen –, daß von den zwei Gliedern einer Summe das eine viel kleiner ist als das andere. Dann kann man oft die höheren Potenzen dieser kleinen Größe vernachlässigen. Das gleiche gilt für die Produkte solcher kleiner Größen, wenn derartige Summen miteinander multipliziert werden. Man kann eine solche Summe immer auf die Form $A\,(1+z)$ bringen, mit $z \ll 1$. Besonders wichtig sind die folgenden Näherungen:

$$(1 \pm z)^n \approx 1 \pm nz \quad \text{mit} \quad n \gtreqless 0\,, \tag{1}$$

$$(1 \pm z_1)(1 \pm z_2) \approx 1 \pm z_1 \pm z_2\,. \tag{2}$$

(1) gilt nicht nur für ganzzahlige, sondern auch für gebrochene Exponenten.

Beispiele. 1. Ein Zahlenwert 1,2376 sei mit dem Faktor $1{,}0003^2$ zu korrigieren. Dann ergibt eine einfache Kopfrechnung:

$$1{,}2376\,(1+0{,}0003)^2 \approx 1{,}2376\,(1+0{,}0006) = 1{,}2376 + 0{,}0008 = 1{,}2384\,.$$

2. Bei der absoluten Wägung eines Körpers ist das geometrische Mittel zweier Massen m_r und m_l zu bilden, die sich relativ nur sehr wenig unterscheiden, so daß $(m_r - m_l)/m_r \ll 1$. Demnach ist

$$\sqrt{m_r m_l} = \sqrt{m_r\,[m_r - (m_r - m_l)]} = m_r \sqrt{1 - \frac{m_r - m_l}{m_r}}$$

$$\approx m_r \left(1 - \frac{1}{2}\cdot\frac{m_r - m_l}{m_r}\right) = \frac{m_r + m_l}{2}\,.$$

Das ist der bekannte Satz, daß man das geometrische Mittel zweier relativ wenig verschiedener Größen näherungsweise durch ihr arithmetisches Mittel ersetzen darf.

Sehr oft hat man es in der Physik mit sehr kleinen Winkeln zu tun. Ist $\varphi \ll 1$, so gelten die Näherungen

$$\sin\varphi \approx \tan\varphi \approx \varphi\,, \quad \cos\varphi \approx 1\,.$$

8. Fehlerquellen

Keine physikalische Messung kann je einen absolut exakten Zahlenwert einer physikalischen Größe ergeben (der genau genommen in der Regel unendlich viele Stellen haben würde). Das übersteigt die Möglichkeiten der Meßtechnik. Wenn wir weiterhin von dem *„wahren" Wert* einer Größe sprechen werden, so ist das immer nur in dem Sinne einer Abstraktion zu verstehen. Auch der mit den vollkommensten Mitteln der jeweiligen Meßtechnik erhaltene Zahlenwert muß demnach noch immer mit einem gewissen, wenn auch oft sehr kleinen *Fehler* behaftet sein. Aber der wirkliche Fehler eines Messungsergebnisses wird diese Fehlergrenze stets überschreiten, und zwar aus zwei ganz verschiedenen Gründen.

Einmal ist es — von ganz seltenen Ausnahmefällen abgesehen — praktisch unmöglich, für den allgemeinen Gebrauch (insbesondere auch im physikalischen Praktikum) Meßgeräte zur Verfügung zu stellen, deren Genauigkeit (Eichung) bis zur Grenze der jeweiligen Möglichkeiten gewährleistet ist. Selbst wenn es möglich wäre, sie absolut exakt abzulesen, wäre das Ergebnis noch mit einem Fehler behaftet. Fehler dieser Art, die durch die Unvollkommenheit der Meßmittel in das Ergebnis hineingetragen werden, heißen *systematische Fehler.* Ihre Hauptursachen sind fehlerhafte Eichungen oder innere Fehler des Meßgerätes. Sind z. B. alle Skalenteile eines Maßstabes zu groß oder zu klein, so mißt man mit ihm Längen zu klein oder zu groß. Noch schlimmer ist es, wenn die einzelnen Skalenteile verschieden groß sind. Oder die Skala eines Strommessers ist linear geteilt, weil man voraussetzt, daß sein Ausschlag der Stromstärke proportional ist; aber das ist oft nicht genau der Fall. Man kann grundsätzlich die systematischen Fehler auf das durch die Grenzen der jeweiligen Meßtechnik gesetzte Minimum herabdrücken, indem man das fehlerhafte Meßgerät so genau wie möglich eicht und die fehlerhaften Messungen entsprechend korrigiert. Aber in der Praxis ist das nur selten möglich, und schon gar nicht im physikalischen Praktikum. Bei der Beurteilung der Genauigkeit unsrer Messungen können wir daher die sicher stets vorhandenen systematischen Fehler nicht in Rechnung setzen.

Von ganz anderer Art sind die *zufälligen Fehler.* Eine ihrer wesentlichen Ursachen liegt in der Person des Beobachters selbst, vor allem in dem begrenzten Unterscheidungsvermögen seines *Auges* bei Ablesungen, gelegentlich auch seines *Ohres* beim Abhören, und in den Grenzen der Geschicklichkeit seiner *Hand* bei Einstellungen. Bei der Messung der Länge einer Strecke mit einem Maßstab setzen erstens die Augenschärfe und die Handgeschicklichkeit der Einstellung des Maßstabanfangs an den Streckenanfang eine Genauigkeitsgrenze. Zweitens begrenzt die Augenschärfe auch die Genauigkeit der Ablesung des Ortes des Streckenendes am Maßstab. Daher wird eine mehrfach wiederholte Messung der Streckenlänge nicht immer genau das gleiche Ergebnis liefern. Manchmal werden die an den beiden Enden gemachten kleinen Fehler *zufällig* gleichsinnig auf das Ergebnis einwirken, es also beide vergrößern oder verkleinern; manchmal werden sie einander *zufällig* entgegenwirken und zu einem mehr oder weniger großen Teil aufheben. Die Einzelergebnisse einer Meßreihe werden also eine *Streuung um einen mittleren Wert* zeigen. Abb. 1 zeigt dies am Beispiel der in § 10 abgedruckten Meßtabelle. Die Einzelmessungen sind in der Umgebung des Mittelwertes gehäuft und werden in größerem Abstande von ihm immer spärlicher. (Den genauen Ausdruck für eine unendlich große Zahl von Einzelmessungen liefert das Fehlerverteilungsgesetz von *Gauß*.) Wenn man systematische Fehler ausschließt, so kann man zunächst nur sagen, daß der wahre Wert der zu messenden Größe mit großer Wahrscheinlichkeit innerhalb des Streubereichs, und zwar im Bereich der stärksten Häufung der Einzelmessungen liegt. Nehmen wir aus den Einzelmessungen den Mittelwert, so ist das natürlich nie genau der wahre Wert der zu messenden Größe. Jede zusätzliche Einzelmessung wird ja auch meist den Mittelwert etwas verändern, wenn auch um so weniger, je mehr Einzelmessungen bereits vorliegen. Es bleibt also immer eine Unsicherheit darüber bestehen, um wieviel der Mittelwert vom wahren Wert abweicht. Die *Fehlerrechnung* dient dazu, den Grad dieser Unsicherheit abzuschätzen.

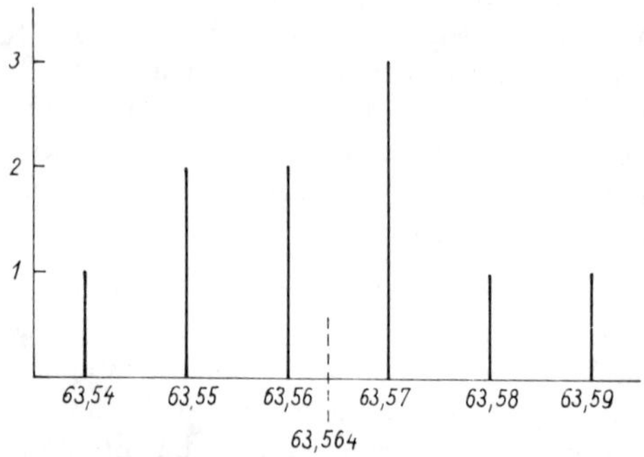

Abb. 1. Streuung der Zahlenwerte von 10 Einzelmessungen um den Mittelwert 63,564

Da es sich hier nur um die zufälligen Fehler handelt, so ist es grundsätzlich unmöglich, zu entscheiden, ob der Mittelwert unserer Einzelmessungen vom wahren Wert nach oben oder unten abweicht. Daher ist der zufällige Fehler eines Ergebnisses durch das *unbestimmte Vorzeichen* $\pm$ zu kennzeichnen.

Unsere Fehlerrechnungen können sich nach unseren obigen Ausführungen nur auf die von dem Studenten selbst gemessenen Größen erstrecken. Vorgegebene Eichungen von Meßgeräten, ferner Zahlenwerte, die aus anderen Quellen stammen, kann er der Fehlerrechnung nicht unterwerfen. Es ist mißlich, daß infolgedessen die von uns berechneten Fehler in der Regel mehr oder minder kleiner ausfallen werden, als sie tatsächlich sind. Das läßt sich nicht vermeiden, wenn wir im Praktikum überhaupt Fehlerrechnung treiben wollen. Es ist aber nötig, daß der Student sich dieser Einschränkung stets bewußt bleibt[1]).

9. Der Zweck der Fehlerrechnung

Das Vertrauen, das wir in das Ergebnis einer Messung setzen, hängt davon ab, welche Abweichung des Ergebnisses vom wahren Wert wir unter den gegebenen Umständen für denkbar halten. Sehen wir wieder von systematischen Fehlern ab, so liefert uns die Streuung der Einzelergebnisse um ihren Mittelwert ein Mittel zur Urteilsbildung. Hat z. B. von zwei Beobachtern der eine bei 10 Einzelmessungen für eine Länge Werte zwischen 63,71 cm und 63,83 cm mit dem Mittelwert 63,77 cm erhalten, der andere Werte zwischen 63,74 und 63,78 mit dem Mittelwert 63,76, so wird man das Ergebnis des zweiten für zuverlässiger halten als das des ersten. Denn die größten Abweichungen vom Mittelwert betragen beim ersten ± 0,06 cm, beim zweiten aber nur ± 0,02 cm.

Es ist natürlich *denkbar* — vor allem bei sehr kleiner Zahl von Einzelmessungen —, daß der wahre Wert zufällig in der Nähe einer der Grenzen des Streugebietes oder gar noch außerhalb desselben liegt. Es ist aber bei Ausschluß systematischer Fehler *sehr wenig wahrscheinlich.* Wenn nur zufällige Fehler im Spiel sind, so wird ein vom wahren Wert stark abweichendes Einzelergebnis seltener vorkommen als ein nur wenig von ihm abweichendes. Liegt also eine größere Zahl von Einzelmessungen der gleichen Größe vor, die unter gleichen Bedingungen gemacht wurden, so wird man erwarten, daß ihre Ergebnisse um einen mittleren Wert gehäuft sind (Abb. 1) und daß der wahre Wert irgendwo innerhalb dieses Häufungsbereichs liegt, vermutlich nahe bei dessen Schwerpunkt. Man wird als Ergebnis einen Wert innerhalb dieses Häufungsbereichs angeben, aber dessen gewiß sein, daß er vom wahren Wert um einen gewissen Betrag abweicht, der nun aber *wahrscheinlich* kleiner als die größte überhaupt vorkommende Abweichung ist.

Dieser Urteilsbildung dient die *Fehlerrechnung.* Manchmal empfiehlt es sich, den *Ansatz* für die Fehlerrechnung schon vor der Ausführung der Messungen zu machen, da er oft wichtige Fingerzeige dafür gibt, bei welchen Teilen der Messung besondere Sorgfalt geboten ist (vgl. die 9. Aufgabe). In jedem Fall hat die Fehlerrechnung den wichtigen Zweck, daß sie den Studenten vor einer *Überschätzung,* aber auch vor einer *Unterschätzung* seiner Leistung

[1]) Natürlich kann man sich bei einiger Erfahrung aufgrund der Art der verwendeten Meßmittel eine gewisse Meinung über die Größe denkbarer *systematischer* Fehler bilden, wenn auch nicht über ihre Vorzeichen. Man kann sie dann abschätzen und in die Fehlerrechnung einbeziehen. Einem Anfänger fehlt aber eine solche Erfahrung.

bewahren und ihn zur Kritik erziehen soll. Wenn aber in der Praxis ein Meßergebnis später weiter verwendet werden soll, muß man wissen, innerhalb welcher Grenzen man sich auf seine Richtigkeit verlassen kann. Deshalb liefert erst die zusätzliche Angabe des wahrscheinlichen Fehlers die vollständige Information über das Meßergebnis. Wir werden nur in einigen besonders begründeten Fällen auf eine Fehlerrechnung verzichten.

Wir teilen hier nur diejenigen Ergebnisse der Fehlertheorie mit, von denen wir in diesem Buch Gebrauch machen wollen, ohne sie zu begründen. Die Beweise findet der Leser im Anhang III.

10. Bestwert und mittlerer Fehler

Welchen Wert innerhalb des Streubereichs der Einzelwerte soll man nun als den *zuverlässigsten* oder *Bestwert* der Meßgröße betrachten, d. h. als denjenigen, der ihrem wahren Wert wahrscheinlich besonders nahe kommt? Eine beweisbare Antwort auf diese Frage gibt es nicht; das einzig Mögliche ist, daß man ein Berechnungsprinzip postuliert, das in seinem Ergebnis zwar nicht notwendig, aber einleuchtend ist. Nach Gauß gilt als Bestwert derjenige Wert, der die Summe der Quadrate der Abweichungen der Einzelwerte zu einem Minimum macht (*Methode der kleinsten Quadrate*). Wie im Anhang III bewiesen ist, auf den wir auch für das Folgende hinweisen, wird diese Bedingung bei n unter gleichen Bedingungen gewonnenen Einzelwerten $x_1, x_2, \ldots, x_k, \ldots, x_n$ durch das arithmetische Mittel

$$x = \frac{1}{n} \sum_{k=1}^{n} x_k = \frac{1}{n} [x] \tag{1}$$

erfüllt. $[x]$ ist das in der Fehlertheorie übliche Formelzeichen für die Summe über alle Einzelwerte x_k, entsprechend auch in anderen Fällen. Es seien $v_k = x - x_k$ die teils positiven, teils negativen Abweichungen der ja im allgemeinen ein wenig verschiedenen Einzelwerte x_k vom Bestwert x, die Fehler der Einzelwerte. Dann folgt aus (1) leicht, daß $\Sigma v_k = [v] = 0$. Als *mittleren quadratischen* oder einfach *mittleren Fehler der Einzelwerte* x_k ergibt die Theorie

$$\mu = \sqrt{\frac{[vv]}{n-1}} \tag{2a}$$

und als *Fehler des Mittelwertes* x

$$\Delta x = \frac{\mu}{\sqrt{n}} = \sqrt{\frac{[vv]}{n(n-1)}}\,. \tag{2b}$$

Dabei ist $[vv] = \Sigma v_k^2$. Der Fehler des Mittelwertes ist selbstverständlich kleiner als der mittlere Fehler der Einzelwerte, und zwar um den Faktor $1/\sqrt{n}$.

Bei der numerischen Berechnung der Wurzeln ist das Ergebnis stets mit dem *unbestimmten Vorzeichen* $\pm$ zu versehen; denn es bleibt ja bei einem zufälligen Fehler ganz offen, ob er positiv oder negativ ist, während bei einem systematischen Fehler das Vorzeichen wenigstens prinzipiell feststellbar ist.

Ein Beispiel zeigt die Tabelle 3. Eine Länge ist 10mal gemessen worden ($n = 10$), und der Mittelwert beträgt $x = 63{,}564$ cm. (Vgl. § 8, Abb. 1.) Unter $v \cdot 10^3$ sind die mit 10^3 multiplizierten Abweichungen der Einzelmessungen vom Mittelwert, unter $v^2 \cdot 10^6$ deren Quadrate angegeben. Ihre Summe beträgt $[vv] = 2040 \cdot 10^{-6}\,\text{cm}^2$. (Der Einfachheit halber geben wir künftig in Tabellen nur die Zahlenwerte von v, v^2 und $[vv]$ an.) Der mittlere Fehler der Einzelmessungen beträgt also

$$\mu = \sqrt{\frac{2040}{9}} \cdot 10^{-3} \approx \pm\, 0{,}01505 \text{ cm}$$

und der Fehler des Ergebnisses

$$\Delta x = \sqrt{\frac{2040}{10 \cdot 9}} \cdot 10^{-3} = \pm\, 0{,}00476 \text{ cm.}$$

Tabelle 3

x cm	$v \cdot 10^3$ cm	$v^2 \cdot 10^6$ cm²
63,57	+ 6	36
58	+ 16	256
55	− 14	196
56	− 4	16
56	− 4	16
59	+ 26	676
55	− 14	196
54	− 24	576
57	+ 6	36
57	+ 6	36
63,564	$[vv] \cdot 10^6 = 2040\,\text{cm}^2$	

Die Ergebnisse von Fehlerrechnungen sind aber nie als exakte Ergebnisse zu werten, weil sie ja nur auf Wahrscheinlichkeitsannahmen beruhen. Sie können stets nur ein *der Größenordnung nach* zutreffendes Urteil über die Zuverlässigkeit einer Messung ermöglichen. Darum hat eine so genaue Fehlerangabe, wie wir sie soeben gemacht haben, keinen Sinn. *Fehler werden immer nur in runden Zahlen, mit höchstens 2 zählenden Stellen, angegeben* und im Zweifelsfall *stets nach oben gerundet*. Darum runden wir unsere oben berechneten Fehler auf $\mu = \pm\, 0{,}015$ cm und $\Delta x = \pm\, 0{,}005$ cm. Auch den Mittelwert wird man häufig auf Grund der Fehlerrechnung runden. Es hat keinen Sinn, Stellen anzugeben, die bereits völlig unsicher sind, sondern man gibt außer den auf Grund der Fehlerrechnung als zuverlässig erkannten Stellen nur noch die erste unsichere Stelle an. *Die Angabe einer zu großen Stellenzahl ist ein Zeichen mangelnder Kritik.* Als Endergebnis unserer Messungen geben wir an:

$$x = (63{,}564 \pm 0{,}005) \text{ cm.}$$

Mit jedem Einzelwert, der zu bereits vorhandenen Einzelwerten hinzukommt, ändert sich im allgemeinen der Mittelwert, aber um so weniger, je mehr Einzelwerte bereits vorhanden waren. Er führt immer kleiner werdende, unregelmäßige Oszillationen um einen Endwert aus, dem er sich mit $n \to \infty$ asymptotisch nähert. Es läßt sich leicht zeigen, daß, wenn man statt n Messungen deren zn ausführt und n nicht allzu klein ist, der Fehler des Mittelwertes nur etwa um den Faktor $1/\sqrt{z}$ kleiner wird. Wenn man also statt 10 Einzelmessungen deren 100 anstellt, so drückt man dadurch den mittleren Fehler des Ergebnisses nicht etwa auf $^1/_{10}$, sondern nur auf etwa $1/\sqrt{10} \approx {}^1/_3$ herab. Dies zeigt den bedingten Wert einer allzu großen Vermehrung der Zahl der Einzelmessungen, die sehr oft den Aufwand an Zeit nicht lohnen wird.

Der von uns bisher behandelte Fehler heißt der *absolute Fehler* des Ergebnisses. Er liefert aber noch kein ganz deutliches Bild von der Güte der Meßleistung, denn es ist ein sehr großer Unterschied, ob ich z. B. eine Länge von 1 cm oder eine solche von 1000 cm mit einem Fehler von $\pm$ 0,1 cm messe. Im ersten Fall beträgt der Fehler $\pm {}^1/_{10} = \pm 10\,\%$ des Ergebnisses, im zweiten Fall nur $\pm {}^1/_{10000} = \pm 0{,}01\,\%$, und man wird die zweite Messung erheblich höher werten als die erste. Man sieht, daß es ganz wesentlich auf das *Verhältnis des Fehlers zum Ergebnis,* auf den *relativen Fehler* $\Delta x/x$, ankommt. Es ist üblich, den relativen Fehler in % anzugeben. Auch er wird stets *auf höchstens 2 zählende Stellen gerundet,* und zwar im Zweifelsfalle stets nach oben. Einen berechneten Fehler von $\pm 1{,}1\,\%$ kann man natürlich getrost auf $\pm 1\,\%$ abrunden; bei $\pm 1{,}2\,\%$ wird man sich schon überlegen, ob man nicht vorsichtig auf $\pm 1{,}5\,\%$ aufrundet. Der relative Fehler ist unabhängig von der gewählten Einheit, da sie sich heraushebt.

Bei unserer obigen Längenmessung beträgt der relative Fehler

$$\Delta x/x = \pm\, 0{,}005/63{,}564 = \pm\, 0{,}000\,078\,5 \approx \pm\, 0{,}000\,08 = \pm\, 0{,}008\,\%\,.$$

Den Fehler von Größen, die nur ein einziges Mal gemessen wurden, kann man natürlich nur abschätzen. So wird man bei einmaligen Ablesungen an einer Skala sehr oft den Fehler auf $\pm$ 0,1 Skalenteil schätzen dürfen.

11. Der Fehler eines zusammengesetzten Ergebnisses

Bei den meisten physikalischen Messungen handelt es sich um die Ermittlung von Größen, die aus einer oder mehreren unmittelbar gemessenen Größen berechnet werden müssen, um ein *zusammengesetztes Ergebnis.* So erfordert die Messung des Elastizitätsmoduls aus der Biegung (2. Aufgabe) vier Längenmessungen: ein Schneidenabstand, die Dicke und die Breite einer Platte und ihre Durchbiegung unter der Wirkung einer Kraft. Jedes dieser unabhängigen Messungsergebnisse ist mit einem Fehler behaftet, den es in die Berechnung hineinträgt und mit dem es das Endergebnis infiziert. Es entsteht also die Aufgabe, zu berechnen, welchen Beitrag jeder Einzelfehler zum Fehler des Ergebnisses liefert.

Wir betrachten zunächst den einfachen Fall, daß in die Berechnung des Endergebnisses nur eine Potenz einer einzigen unmittelbar gemessenen

Größe x eingeht, die mit einem Fehler Δx behaftet ist. Wir bezeichnen das Endergebnis mit R. Dann ist R eine Funktion $R(x)$ von x. Für genügend kleines Δx folgt aus dem *Taylor*schen Satz unter Vernachlässigung höherer Potenzen von Δx als *absoluter Fehler* von R

$$\Delta R = \frac{\mathrm{d}R}{\mathrm{d}x} \Delta x . \tag{1}$$

Ist z. B. $R = Ax^b$ und A eine als fehlerfrei anzusehende Konstante, so ergibt sich $\Delta R = Ab\,x^{b-1}\,\Delta x$.

Den *relativen Fehler* $\Delta R/R$ kann man dann aus ΔR und R berechnen. In den meisten Fällen ist er aber leichter zu berechnen als der absolute Fehler, den man dann als $R \cdot \Delta R/R$ berechnet. Wenn wieder $R = Ax^b$ ist, so ist $\ln R = \ln A + b \ln x$ und (da A und b Konstante sind) $\Delta \ln R = b\,\Delta \ln x$. Nach dem *Taylor*schen Satz ist $\Delta \ln R = \Delta R/R$ und $\Delta \ln x = \Delta x/x$, so daß

$$\frac{\Delta R}{R} = b\,\frac{\Delta x}{x} . \tag{2}$$

Der relative Fehler von R ist also gleich dem mit dem Exponenten b von x multiplizierten relativen Fehler von x. Da er bei der Auswertung mit dem Zeichen $\pm$ zu versehen ist, so ist er vom Vorzeichen von b unabhängig.

Weit häufiger aber gehen in ein zusammengesetztes Ergebnis mehrere unmittelbar gemessene Größen ein, so daß $R = R(x, y, z, \ldots)$. In diesem Fall wird es natürlich häufig vorkommen, daß die Fehler, die die einzelnen Größen in das Ergebnis einbringen, einander in ihrem Einfluß auf das Ergebnis zufällig mehr oder minder entgegenwirken. Es kann aber auch vorkommen, daß sie zufällig alle gleichsinnig wirken. Ob das eine oder andere im Einzelfall wirklich eingetreten ist, kann man wegen des unbestimmten Vorzeichens der Fehler nie wissen. Will man sehr vorsichtig vorgehen, so wird man den ungünstigsten Fall annehmen, daß alle Fehler gleichsinnig wirken. In diesem Fall folgt aus dem *Taylor*schen Satz, analog zu (1),

$$\Delta R = \left|\frac{\partial R}{\partial x}\right| \Delta x + \left|\frac{\partial R}{\partial y}\right| \Delta y + \left|\frac{\partial R}{\partial z}\right| \Delta z + \ldots \tag{3}$$

Hier sind also die absoluten Beträge $|\partial R/\partial x|$ usw. der partiellen Differentialquotienten von R nach $x, y, z, \ldots$ einzusetzen, so daß die Faktoren von $\Delta x, \Delta y, \Delta z \ldots$ *sämtlich positiv* sind. Bei der numerischen Berechnung ist die rechte Seite von (3) in Klammern zu setzen und mit dem Vorzeichen $\pm$ zu versehen. Auf diese Weise erhält man den *absoluten Größtfehler* des Ergebnisses.

Ist R ein Potenzprodukt, $R = A x^a y^b z^c \ldots$, so erhält man den *relativen Größtfehler* von R, analog zu (2), aus der Gleichung

$$\frac{\Delta R}{R} = |a| \frac{\Delta x}{x} + |b| \frac{\Delta y}{y} + |c| \frac{\Delta z}{z} + \cdots \tag{4}$$

In diese Gleichung sind die Exponenten $a, b, c, \ldots$ mit ihren absoluten Beträgen $|a|, |b|, |c|, \ldots$, also *sämtlich positiv* einzusetzen. Der relative Größtfehler eines Potenzprodukts ist also gleich der Summe der mit den absoluten Beträgen der betreffenden Exponenten multiplizierten relativen Fehler der in die Rechnung eingehenden Einzelgrößen.

Wir werden in der Mehrzahl der Fälle zunächst den relativen Größtfehler nach (4) berechnen. Es wird gelegentlich vorkommen, daß eine der hier mit $x, y, z, \ldots$ bezeichneten Größen selbst schon ein zusammengesetztes Ergebnis ist, z. B. die Differenz zweier Längen oder Temperaturen. In solchen Fällen ist der relative Fehler einer solchen Größe besonders zu berechnen und in (4) einzusetzen.

Stellt man in Rechnung, daß eine gewisse Wahrscheinlichkeit für einen teilweisen gegenseitigen Ausgleich der Fehler der einzelnen Größen besteht, so liefert die Theorie für den *mittleren absoluten Fehler* des Ergebnisses die Gleichung

$$\Delta R = \sqrt{\left(\frac{\partial R}{\partial x} \Delta x\right)^2 + \left(\frac{\partial R}{\partial y} \Delta y\right)^2 + \left(\frac{\partial R}{\partial z} \Delta z\right)^2 + \cdots} \tag{5}$$

(*Gaußsches Fehlerfortpflanzungsgesetz*). Der *mittlere relative Fehler* des Ergebnisses beträgt bei einem *Potenzprodukt* (s. o.)

$$\frac{\Delta R}{R} = \sqrt{\left(a \frac{\Delta x}{x}\right)^2 + \left(b \frac{\Delta y}{y}\right)^2 + \left(c \frac{\Delta z}{z}\right)^2 + \cdots} \tag{6}$$

Wir werden aber das Fehlerfortpflanzungsgesetz nur in Ausnahmefällen anwenden und sonst zur Vereinfachung der Rechenarbeit (3) oder (4) benutzen. Daß das größere Fehler liefert als (5) und (6), schafft einen gewissen Ausgleich dafür, daß wir manche im Rahmen unsrer Messungen nicht kontrollierbare Fehler nicht berücksichtigen können, und bewahrt uns bis zu einem gewissen Grade von einer Überschätzung der Genauigkeit unsrer Ergebnisse.

Man kann eine Fehlerrechnung manchmal vereinfachen, wenn ein Glied eine Variable enthält, die dessen Betrag nur relativ wenig beeinflußt. Dann ist es meist zulässig, dieses Glied als fehlerfrei zu behandeln. Das gilt u. a. für Korrektionsfaktoren von der Form $(1 + z)$, wobei z relativ klein gegen 1 und z eine Funktion einer oder mehrerer Variabeln ist. Einen solchen Faktor kann man bei der Fehlerrechnung unberücksichtigt lassen.

12. Auswertung von Meßreihen

Sehr oft ist eine gemessene Größe y eine lineare Funktion

$$y = A + Bx \tag{1}$$

einer willkürlich veränderlichen Größe x, wobei A und B Konstante sind. Der Zweck der Messung ist dann stets, die Konstante $B = dy/dx$, das Steigungsmaß der Geraden, die y als Funktion von x darstellt, zu ermitteln. In manchen Fällen ist auch die Kenntnis von A erforderlich. Zur Berechnung von A und B genügen zwei Wertepaare (x, y). Meist wird aber eine größere *Meßreihe* mit n Wertepaaren $(x_1, y_1), \ldots, (x_k, y_k), \ldots, (x_n, y_n)$ vorliegen. Kombiniert man je zwei von ihnen, so wird man wegen der unvermeidlichen Meßfehler jeweils etwas verschiedene Werte erhalten, und es handelt sich dann darum, die *Bestwerte* von A und B zu finden, also diejenigen, die sich im Durchschnitt den Messungen am besten anpassen. Mit ihrer Hilfe kann man dann auch in einer graphischen Darstellung von y als Funktion von x die der Gleichung (1) entsprechende *ausgleichende Gerade* zeichnen (wie man sie weniger genau auch nach Augenmaß durch die Meßpunkte hindurchlegen kann). Wir wollen zwei Verfahren zur Berechnung von A und B mitteilen.

I. Verfahren bei ungleichen Intervallen. Hat man x nicht in gleichen Schritten verändert (siehe II.), so faßt man je zwei Wertepaare (x_l, y_l) und (x_m, y_m) zusammen und berechnet B-Werte nach der aus (1) folgenden Gleichung

$$B = \frac{y_m - y_l}{x_m - x_l} = \frac{\text{Diff. } y}{\text{Diff. } x}, \tag{2}$$

indem man die Meßreihe in eine obere und eine untere Häfte teilt und z. B. bei $n = 10$ Messungen das 1. mit dem 6., das 2. mit dem 7. Wertepaar usw. kombiniert. Von den B-Werten nimmt man den Mittelwert und berechnet A-Werte nach der aus (1) folgenden Gleichung

$$A = y_k - Bx_k, \tag{3}$$

die etwas verschiedene Werte ergeben wird, aus denen man das Mittel nimmt. Aus der Streuung der A- und B-Werte berechnet man dann (falls für A überhaupt nötig) die mittleren Fehler ΔA und ΔB. Beispiele finden sich bereits bei der 1. und der 2. Aufgabe.

II. Ausgleichungsrechnung bei gleichen Intervallen. In manchen Fällen – etwa wenn die Variable x durch kalibrierte Wägestücke oder durch die Widerstände eines Stöpselrheostaten verwirklicht wird – ist es meist das Gegebene, daß man die x-Schritte *gleich groß* macht, so daß sich nach (1) auch y in gleichen Schritten ändert. Ist $k = 1, 2, \ldots, n$ die Laufzahl der Einzelmessungen und h die Größe der x-Schritte, so ist $h = x_{k+1} - x_k$ und $x_k = h\,(k-1)$. Dann ist nach (1)

$$y_k = A + B\,h\,\frac{x_k}{h} = A + \delta\,(k-1) \tag{4}$$

mit

$$\delta = B\,h. \tag{5}$$

Demnach ist $\delta = y_{k+1} - y_k$ das Intervall der aufeinander folgenden y-Werte. Unter der Voraussetzung, daß die Schritte h als so weitgehend konstant angesehen werden dürfen, daß man sie als fehlerfrei behandeln kann, ergibt die Fehlertheorie als Bestwert

$$\delta = \frac{6}{n\,(n^2-1)}\Big((n-1)\,(y_n - y_1) + (n-3)\,(y_{n-1} - y_2) + \\ + (n-5)\,(y_{n-2} - y_3) + \cdots\Big). \tag{6}$$

(Vgl. den Anhang III B.) Der Bestwert von B ist dann nach (5) $B = \delta/h$, der Bestwert von A der Mittelwert der nach (4) aus der Gleichung

$$A = y_k - \delta\,(k-1) \tag{7}$$

folgenden A-Werte, dessen mittleren Fehler ΔA man aus der Streuung dieser Werte berechnet. Seine Kenntnis ist – auch wenn man sich für A gar nicht interessiert – nötig für die Berechnung des wahrscheinlichen Fehlers von δ, der

$$\Delta\delta = \Delta A\,\sqrt{\frac{12}{n^2-1}} \tag{8}$$

beträgt. Der relative Fehler von B beträgt dann nach (5) $\Delta B/B = \Delta\delta/\delta$.

Der Bestwert von A wird von dem gemessenen Wert von y für $x = 0$ ($k = 1$) meist etwas abweichen. Dieser wird durch die Ausgleichungsrechnung genau wie jeder andere y-Wert ein wenig korrigiert und ist in keiner Weise ausgezeichnet, wie der Anfänger leicht glaubt.

Tabelle 1

Nr.	m	y	Diff. y
1	0 g	6,28 cm	19,11 cm
2	0,5	10,10	11,48
3	1	13,90	3,83
4	1,5	17,73	
5	2	21,58	
6	2,5	25,39	

Beispiel. Wir wollen die Ergebnisse der in der 1. Aufgabe behandelten Messung der Empfindlichkeit einer Federwaage nach diesem Verfahren auswerten. Zwischen der Masse m des die Feder durch sein Gewicht dehnenden Körpers und der Anzeige y der Federwaage besteht die lineare Beziehung $y = A + B\,m$. B ist die (in der 1. Aufgabe mit C bezeichnete) Empſindlichkeit der Federwaage (Einheit $\text{cm}\,\text{g}^{-1}$). Die Belastung wurde in gleichen Schritten $h = 0{,}5$ g geändert. Die Zahl der Messungen betrug $n = 6$. Die Tabelle 1 zeigt die Messungsergebnisse. Mit Diff. y sind die für die Anwendung von (6) erforderlichen Differenzen $y_6 - y_1$ usw. bezeichnet. Mit ihnen ergibt sich nach (6)

$$\delta = \frac{6}{6 \cdot 35} (5 \cdot 19{,}11 + 3 \cdot 11{,}48 + 1 \cdot 3{,}83) = 3{,}823 \text{ cm}$$

und nach (5) als Empfindlichkeit $B = \delta/h = 3{,}823/0{,}5 = 7{,}646 \text{ cm}\,\text{g}^{-1}$.

In Tabelle 2 sind die Werte von A nach (7) berechnet. Ihr Mittelwert beträgt $A = 6{,}273$ cm und unterscheidet sich von dem unmittelbar abgelesenen Wert $A = 6{,}28$ cm (1. Messung) nur um weniger als 0,01 cm. Die Tabelle 2 enthält auch die zur Berechnung des mittleren Fehlers ΔA erforderlichen Angaben.

Tabelle 2

y	$\delta \frac{m}{h}$	A	$v \cdot 10^3$	$v^2 \cdot 10^6$
6,28 cm	0,000 cm	6,280 cm	+ 7	49
10,10	3,823	77	+ 4	16
13,90	7,646	54	− 19	361
17,73	11,469	61	− 12	144
21,58	15,292	88	+ 15	225
25,39	19,115	75	+ 2	4
		6,273 cm	$[vv] \cdot 10^6 = 799$	

Nach § 10 (2 b) ist

$$\Delta A = \sqrt{\frac{799}{6 \cdot 5}} \cdot 10^{-3} \approx \pm\, 0{,}005 \text{ cm},$$

so daß $A = (6{,}273 \pm 0{,}005)$ cm, $\Delta A/A = \pm\, 0{,}0008 = \pm\, 0{,}08\,\%$.

Dann folgt aus (8)

$$\Delta\delta = \pm\, 0{,}005 \sqrt{\frac{12}{35}} = \pm\, 0{,}00293 \approx \pm\, 0{,}003 \text{ cm}$$

und nach (5) $\Delta B = \Delta\delta/h = \pm\, 0{,}003/0{,}5 = \pm\, 0{,}006 \text{ cm}\,\text{g}^{-1}$, $\Delta B/B = \pm\, 0{,}006/7{,}646 \approx \pm\, 0{,}0008 = \pm\, 0{,}08\,\%$.

Wir erhalten also die folgenden Ergebnisse[1]:

$$\underline{A = (6{,}273 \pm 0{,}005) \text{ cm}, \qquad \Delta A/A = \pm\, 0{,}08\,\%,}$$

$$\underline{B = (7{,}646 \pm 0{,}006) \text{ cm}\,\text{g}^{-1}, \qquad \Delta B/B = \pm\, 0{,}08\,\%.}$$

(Die Übereinstimmung der relativen Fehler von A und B ist Zufall.)

---

[1]) Die Schreibweise $A = 6{,}273 \text{ cm} \pm 0{,}08\,\%$ usw. ist zwar weitgehend üblich, aber (als Summe aus einer Größe und einer Zahl, $\pm\, 0{,}0008$) nicht korrekt.

C. Einige Regeln für physikalische Messungen

13. Protokollführung

Zu den Dingen, die der Student im Praktikum lernen soll, gehört als *äußerst wichtig* eine *saubere und für jeden Sachverständigen verständliche Protokollführung.* Im späteren Beruf wird ein Protokoll nicht nur vom Beobachter selbst, sondern vielleicht auch von seinen Mitarbeitern oft noch nach längerer Zeit wieder gebraucht, und es muß auch dann noch verständlich sein, wenn man sich an die Einzelheiten der Messung überhaupt nicht mehr erinnert. Es ist eine *wesentliche Aufgabe der Assistenten,* die Studenten zu einer solchen Protokollführung anzuhalten. Hier können wir nur einige Hinweise geben.

Außer der *Bezeichnung der Aufgabe* am Kopf soll das *Datum* der Ausführung und, wenn nötig, die *Nummer oder sonstige Bezeichnung der Versuchsanordnung und des untersuchten Objekts* angegeben sein, damit eine spätere Nachprüfung möglich ist.

Die Protokolle sollen *sogleich während der Messungen in endgültiger Form* in ein *Heft mit fest eingehefteten Seiten* (am besten DIN A 4) eingetragen werden, und zwar mit Kopierstift, Kugelschreiber oder Tinte, damit man gar nicht in die Versuchung kommen kann, zu radieren. Hat man Grund, etwas zu tilgen, so streiche man es und begründe gegebenenfalls die Tilgung. Es widerspricht der Praxis des Berufslebens, wenn die Protokolle erst auf lose Zettel und nachträglich ins Reine geschrieben werden. Nur unwesentliche Nebenrechnungen, die jederzeit leicht wiederholt werden können, *sollen* auf Zetteln gemacht werden, um das Protokoll nicht unnötig zu belasten.

Es ist *Zeitverschwendung,* wenn man ein gutes Aussehen des Protokolls *mit kleinlichen Mitteln* anstrebt, indem man z. B. Trennungslinien, Schaltskizzen u. dgl. mit dem Lineal, statt aus freier Hand, zeichnet oder Apparatskizzen mit Buntstiften ausführt. Dazu ist die Zeit im Praktikum wie später im Berufsleben zu schade. Dagegen ist *größte Sorgfalt* auf die *graphische Darstellung von Messungsergebnissen* zu verwenden. Sie müssen in *vernünftigen Maßstabsverhältnissen* auf *Koordinatenpapier* gezeichnet und *in das Heft* eingeklebt werden. Die Kurven müssen möglichst fein ausgezogen werden und sollen einen glatten Verlauf haben, indem man sie derart zwischen den immer etwas streuenden Meßpunkten hindurchzieht, daß diese sich etwa mit gleichem Gewicht auf beide Seiten der Kurve verteilen. Wenn man bei linearen Beziehungen die Gleichung der ausgleichenden Geraden berechnen kann (§ 12), so erfüllt sie diese Forderung am besten. Die Maßstäbe der beiden Koordinaten sollen nach Möglichkeit so gewählt werden, daß die Kurve in ihrem allgemeinen Verlauf weder zu flach, noch zu steil, sondern ungefähr unter 45° gegen die Achsen geneigt ist. Oft muß man zu diesem Zweck nicht 1 cm oder 1 mm als Einheit wählen, sondern einfache Bruchteile oder Vielfache von 1 cm oder 1 mm.

Manchmal ist es zweckmäßig, statt des mm-Papiers solches zu verwenden, dessen eine Koordinate (*lg-Papier*) oder dessen beide Koordinaten (*lg-lg-Papier*) dekadisch logarithmisch geteilt sind. Besteht z. B. zwischen zwei Größen x und y die Beziehung $y = a \cdot b^x$, so ist $\lg y = \lg a + x \lg b$. Trägt man also in einem Papier, dessen x-Achse linear und dessen y-Achse logarithmisch geteilt ist, $\lg y$ gegen x auf, so erhält man eine Gerade. Häufiger ist noch der Fall, daß zwischen x und y die Beziehung $y = a x^b$ besteht, so daß $\lg y = \lg a + b \lg x$ und demnach zwischen $\lg x$ und $\lg y$ eine lineare Beziehung besteht. Trägt man auf einem in beiden Koordinaten logarithmisch geteilten Papier $\lg y$ gegen $\lg x$ auf, so erhält man wieder eine Gerade. Die Verwendung von lg-Papier ist oft auch dann zweckmäßig, wenn die eine Koordinate sich über den darzustellenden Bereich größenordnungsmäßig erheblich stärker ändert als die andere (ein Beispiel siehe Tabelle VI im Anhang). lg-lg-Papier ist oft auch nützlich, wenn innerhalb einer längeren Meßreihe der Abstand der einzelnen Meßpunkte mit wachsenden Meßwerten stark zunimmt, weil dann ihre Abstände in der graphischen Darstellung weit weniger verschieden sind (ein Beispiel siehe Aufgabe 30, Abb. 71). Logarithmisches Papier wird – wie der Rechenstab – nicht mit den Beträgen der Logarithmen, sondern den Zahlenwerten ihrer Numeri beziffert.

Das Protokoll soll *sämtliche Angaben* enthalten, die zur *Nachprüfung der Messung* erforderlich sind, auch wenn sie im Augenblick unwichtig erscheinen. Der Text soll stichwortartig gehalten und auf das Notwendige beschränkt werden. Ein Meßprotokoll ist etwas anderes als eine Ausarbeitung, zu der es – wenn eine solche angefertigt werden soll – nur die nötigen Unterlagen liefert, diese aber vollständig. (Beispiele von Ausarbeitungen sind die Darstellungen der Aufgaben in diesem Buch.)

14. Einiges zur Ausführung der Messungen

I. Allgemeines. Wir stellen als Regel auf, daß wir im allgemeinen *jede unmittelbare Messung einer Größe wenn möglich zehnmal, mindestens aber fünfmal wiederholen.* (Die Wahl von 10 oder 5 Messungen hat den Vorteil, daß sie die Mittelwertbildung und die Fehlerrechnung rechnerisch vereinfacht.) Von einer Wiederholung kann man absehen, wenn man das Ergebnis auf Grund einer Meßreihe (§ 12) berechnen will. In diesem Fall hat die Vielzahl der Messungen auf die Genauigkeit eines Ergebnisses meist etwa die gleiche Wirkung wie die entsprechende mehrfache Wiederholung der gleichen Messung.

Die häufige Wiederholung der *gleichen* Messung ist aber ermüdend und stumpft ab. Auch besteht eine unvermeidliche psychische Nachwirkung einer bereits einmal gemachten Ablesung, die die erneute unbefangene Entscheidung, z. B. über die Schätzung der Zehntelteilstriche, hemmt. Daher bringe man, wo es möglich ist, *Abwechslung in die Messungen.* Bei der Messung von Längen kann das manchmal so geschehen, daß man nach jeder Messung die Skala blindlings ein wenig verschiebt und an einer anderen Stelle der Skala mißt. Beispiele geben die 1. und 17. Aufgabe. Liest man stets an der gleichen Stelle der Skala ab, so verführt das leicht dazu, bei allen folgenden Messungen die Zehntelskalenteile ebenso zu schätzen wie bei der ersten Ablesung. Sehr häufig sind wir bei einer Ablesung im Zweifel, ob wir z. B. 0,7 oder 0,8 schätzen sollen, und entscheiden uns weitgehend willkürlich für das eine. Wenn wir an jede neue Ablesung ganz unbefangen herangehen würden, so würden wir bald 0,7, bald 0,8 schätzen und einen zwischen beiden Werten liegenden Mittelwert erhalten. Wir werden aber den einen der beiden Werte um so häufiger als den anderen schätzen, je mehr der richtige Wert auf der Seite des ersteren liegt. So würde uns die Verteilung der Messungen auf die beiden Werte einen Hinweis darauf geben, in welchem Verhältnis die richtige Ablesung — die wir so genau gar nicht machen können — die Spanne zwischen 0,7 und 0,8 teilt. Wir würden also auf diese Weise unsere Messung verfeinern. (Vgl. das Meßbeispiel in § 10, wo uns die Mittelwertbildung zeigt, daß der richtige Wert etwa in der Mitte zwischen 63,56 und 63,57 cm liegt.) Diesen Erfolg erzielen wir wegen der größeren Unbefangenheit unserer Ablesungen weit besser, wenn wir das geschilderte Verfahren anwenden.

Noch wichtiger ist die mehrfache Wiederholung von Einstellungen, die wir auf Grund eines mit Auge oder Ohr beobachteten Merkmals (Nullstellung eines Galvanometers, Schweigen eines Telephons, gleiche Helligkeit zweier Flächen usw.) vornehmen. Hier handelt es sich nicht nur um Schätzungsfehler bei der Ablesung, sondern weit mehr noch um wirkliche Einstellungsfehler, die von der begrenzten Leistungsfähigkeit von Auge und Ohr bei der Beurteilung des Merkmals und der begrenzten Geschicklichkeit unserer Hand herrühren.

Es ist keineswegs zu verwerfen, wenn man es sich *bei den Messungen so bequem macht, wie es mit den Umständen vereinbar ist.* Je weniger man durch Äußerlichkeiten behindert ist, um so weniger wird man bei den Ablesungen beeinflußt. Deshalb stelle man, sofern es irgend möglich ist, Meßgeräte so auf, daß man sie bequem ablesen kann, z. B. die Okulare optischer Geräte in Augenhöhe usw., Schalter und Taster, die man oft betätigen muß, in bequeme Reichweite der *linken* Hand, da man die rechte meist zum Schreiben braucht, Gegenstände aber, mit denen man Feineinstellungen vornehmen muß, in bequeme Reichweite der *rechten* Hand. Sofern es nicht nötig ist, arbeite man nicht bei schlechter Beleuchtung. Man sorge auch dafür, daß man einen bequemen Platz zur Protokollführung hat.

Natürlich gibt es Fälle, in denen man bei den Messungen auch körperliche Unbequemlichkeiten in Kauf nehmen muß, aber sie sind selten.

Die in viele Berechnungen eingehende *Fallbeschleunigung* kann meist ohne Bedenken mit dem runden Wert $g = 981\ \mathrm{cm\,s^{-2}}$ eingesetzt werden. Der Fehler ist an keinem Hochschulort innerhalb des deutschen Sprachgebietes größer als $\pm\ 0{,}5\ \mathrm{cm\,s^{-2}}$ oder $\pm\ 0{,}05\,\%$.

II. Nonius. Manche Meßgeräte sind zur genaueren Messung von Bruchteilen der Teilstriche mit einem Nonius versehen. An die längs der Meßskala verschiebbare Ablesemarke, den Nullstrich des Nonius, schließt sich eine mit ihm bewegte Skala an, deren Teilstrichabstände Sk′ in einem rationalen Verhältnis zu den Teilstrichabständen Sk der Meßskala stehen. Nach erfolgter Einstellung sucht man auf der Noniusskala denjenigen Teilstrich, der am genauesten mit einem Teilstrich der Meßskala zusammenfällt. Die Laufzahl dieses Noniusteilstrichs, die wir allgemein k nennen wollen, ergibt das Verhältnis, in dem die Ablesemarke den Abstand zwischen den beiderseits von ihm liegenden Teilstrichen der Meßskala teilt. Nonien sind so geteilt, daß

$$1\,\mathrm{Sk}' = \frac{n-1}{n}\,\mathrm{Sk} \tag{1}$$

ist, wobei n eine ganze Zahl ist.

Bei dem in Abb. 2 dargestellten Nonius ist $n = 10$, also $1\,\mathrm{Sk}' = 0{,}9\,\mathrm{Sk}$ und $\mathrm{Sk} - \mathrm{Sk}' = 0{,}1\,\mathrm{Sk}$. Die Ablesemarke steht zwischen den Teilstrichen

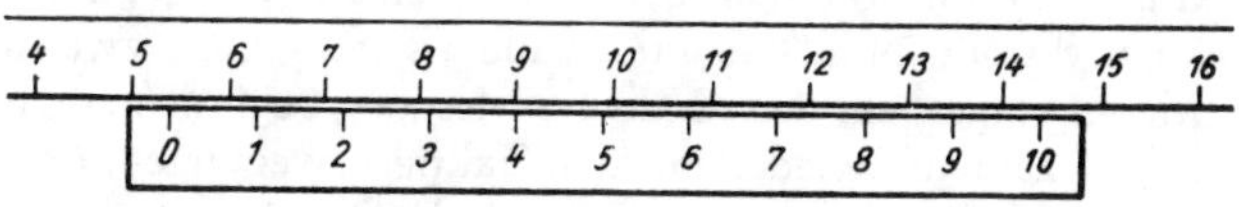

Abb. 2. Zum Nonius

5 und 6 der Meßskala, um den Abstand d vom Teilstrich 5 entfernt. Der Teilstrich $k = 4$ fällt mit dem Teilstrich 9 der Meßskala zusammen. Demnach ist $d + 4\,\mathrm{Sk}' = 4\,\mathrm{Sk}$ und $d = 4\,(\mathrm{Sk} - \mathrm{Sk}') = 0{,}4\,\mathrm{Sk}$, und die Ablesung lautet 5,4 Sk. Allgemein ist

$$d = k\,(\mathrm{Sk} - \mathrm{Sk}') = \frac{k}{n}\,\mathrm{Sk}. \tag{2}$$

Bei Kreisteilungen findet man sehr verschiedenartige Nonien. So kann z. B. die Kreisteilung eines Spektrometers in halbe Grade geteilt sein – abwechselnd mit langen und kurzen Strichen –, so daß $\mathrm{Sk} \triangleq 0{,}5^\circ = 30'$, und der Abstand zweier Koinzidenzen eines Teilstriches der Noniusskala mit einem Teilstrich der Meßskala 30 Sk′ betragen. Dann ist $n = 30$. Nach (2) ergibt sich $d = k/30 \cdot 30' = k \cdot 1'$. Der Nonius erlaubt also eine auf 1′

genaue Ablesung. Ist z. B. $k = 23$, so ist $d = 23'$. Steht die Ablesemarke in der ersten Hälfte eines vollen Gradintervalls, etwa des Intervalls zwischen 13 und 14°, so lautet die Ablesung 13° 23'. Steht sie aber in der zweiten Hälfte, so lautet sie 13° 53'.

III. Zeitmessung. Ob man sich mit der Anzeige von *Stoppuhren* ohne deren Eichung begnügen kann, hängt von der angestrebten Genauigkeit der Zeitmessung ab. Meist wird ein Vergleich mit einer gut regulierten gewöhnlichen Uhr mit Sekundenzeiger genügen. 1 Tag ist etwa gleich 10^5 s, also 1 s $\approx 10^{-5}$ Tag. Ein Gangfehler von ± 1 s je Tag entspricht also einem Fehler von rund ± 0,001 %. Eine Genauigkeit des Ganges einer Stoppuhr auf ± 0,1 % wird aber meist genügen. Dem entspricht ein täglicher Gangfehler von ± 100 s oder 1 bis 2 min je Tag. Ist der Gangfehler der Vergleichsuhr nicht größer, so kann sie in der Regel zur Eichung einer Stoppuhr benutzt werden. Es ist zu empfehlen, die Eichung über eine Zeit zu erstrecken, die etwa ebenso groß ist wie diejenige, die man mit der Stoppuhr messen will, und die Stoppuhr vor der Eichung aufzuziehen, da ihr Gang sich manchmal bei stärkerem Ablaufen etwas ändert. Aus diesem Grunde soll man Stoppuhren überhaupt nie sehr stark ablaufen lassen.

Es empfiehlt sich, daß man sich bei Zeitmessungen mit der Stoppuhr, bei denen eine Schwingungsdauer – meist über eine größere Zahl von Schwingungen – gemessen wird, an eine Art von Exerzierreglement gewöhnt. Man bewege vor Beginn der Messung, ständig halblaut „Null, Null, Null . . ." zählend, die Hand mit der Stoppuhr im Takte der Schwingung energisch auf und ab. Dann drücke man bei „Null" den Knopf bis zum Anschlag, stoppe beim nächsten „Null" ab und zähle weiter: „Eins, zwei, drei . . .". Etwa 5 Schwingungen vor dem Ende der Messung beginne man, etwa „96, 97, 98, 99, 100" zählend, wieder mit den Taktierbewegungen, drücke bei „99" bis zum Anschlag und stoppe bei „100" ab. Das Abstoppen muß jeweils recht energisch genau im Augenblick des Durchgangs des schwingenden Objekts durch die Nullage erfolgen.

Richtigen Gang der Stoppuhr vorausgesetzt, beruhen die Fehler solcher Zeitmessungen auf Fehlern beim Abstoppen zu Beginn und Ende der Messung. Der gleiche Beobachter wird mit der gleichen Stoppuhr am Beginn und am Ende Fehler vom gleichen durchschnittlichen absoluten Betrage machen, ganz gleich, wie lang die gemessene Zeit ist. Deshalb wird eine Zeitmessung relativ um so genauer, über eine je längere Zeit sie sich erstreckt.

Es ist sehr nützlich, ungefähr zu wissen, welchen absoluten Fehler man selbst im Durchschnitt bei einer Zeitmessung macht. Er hängt von dem Beobachter, aber auch von der Stoppuhr ab. Sowohl wenn diese zu „hart", als auch wenn sie zu „weich" ist, also zu schwer oder zu leicht anspricht, besteht die Gefahr größerer Fehler. Man bilde sich durch eine Meßreihe, z. B. durch zehnmalige Messung der Dauer von 5 Schwingungen eines

Pendels, ein Urteil über die eigene, individuelle Meßgenauigkeit. Aus der in der Tabelle mitgeteilten Meßreihe ergibt sich als mittlerer Fehler der Einzelmessungen von 5 T nach Einl. § 10, (2a), $\mu = \sqrt{650/9} \cdot 10^{-2} = \pm 0{,}085 \approx \pm 0{,}1$ s, als mittlerer Fehler des Ergebnisses nach (2b) $\Delta\,(5\,T) = \pm \sqrt{650/(10 \cdot 9)} \cdot 10^{-2} \approx \pm 0{,}03$ s. Die Kenntnis von μ ist für den Fall wichtig, daß man eine Zeit nur *einmal* gemessen hat, also keine Fehlerrechnung anstellen kann. Der Beobachter kann auf Grund einer in rund 2 Minuten anstellbaren Meßreihe aus dem μ-Wert im vorliegenden Fall ein für allemal schließen, daß er mit der *gleichen* Stoppuhr bei einer *einzigen* Zeitmessung – ohne Rücksicht auf ihre Dauer! – mit einem durchschnittlichen Fehler von rund $\pm$ 0,1 s rechnen muß.

Tabelle

$5\,T$	$v \cdot 10^2$	$vv \cdot 10^4$
9,3 s	− 5	25
3	− 5	25
3	− 5	25
4	+ 5	25
4	+ 5	25
2	−15	225
3	− 5	25
4	+ 5	25
5	+15	225
4	+ 5	25
9,35 s		650

IV. Elektrische Schaltungen. Bevor man mit der Herstellung einer elektrischen Schaltung beginnt, zeichne man eine saubere und übersichtliche *Schaltskizze* in das Protokollheft und durchdenke sie gründlich. Dann beginne man mit der Schaltung bei dem *unter allen Umständen erforderlichen Schalter,* der stets *unmittelbar an die Stromquelle angeschlossen* werden soll, damit die ganze Schaltung jederzeit sofort zuverlässig stromlos gemacht werden kann. Dann fahre man an Hand der Skizze schrittweise fort, bis man an die andere Stelle gelangt ist, die unmittelbar an die Stromquelle angeschlossen werden soll. Von Verzweigungen schalte man erst den einen, dann den anderen Zweig ganz durch. Die *Stromquelle* wird erst *ganz am Schluß und bei offenem Schalter* angeschlossen. Dabei ist auf *richtige Polung* zu achten. (Von der +-Klemme der Stromquelle zur +-Klemme der Meßgeräte!) Auf jeden Fall beobachte man beim Einschalten die Meßgeräte und schalte sofort wieder aus, wenn man eine Überlastung oder falsche Polung bemerkt. Letztere wird, weil der Zeiger anschlägt, leicht übersehen.

Akkumulatoren und Trockenelemente sind vor Überlastung zu bewahren und nur so lange zu belasten, wie es der Zweck der Messung erfordert. Ebenso ist jede *Überlastung von Meßgeräten und Widerständen* zu vermeiden. Die Stöpsel von Widerstandssätzen müssen für die Dauer der Messungen durch leicht drehendes Festdrücken in guten Kontakt mit den Backen gebracht werden. Nach beendeter Messung sollen sie wieder gelockert werden. Für jeden Widerstandssatz dürfen nur die eigens für ihn bestimmten Stöpsel verwendet werden. Bei Schiebewiderständen achte man darauf, daß sie nicht zu heiß werden.

II. Mechanik

1. Aufgabe. Dichte fester Stoffe

Westphal, Physik, §§ 54 u. 61; Kl. Lehrb. d. Physik, §§ 48 u. 57

Die Dichte eines homogenen Stoffes ist der Quotient

$$\varrho = \frac{m}{V} \tag{1.1}$$

aus der Masse m und dem Volumen V eines Körpers aus dem Stoff und wird in der Einheit $1\,\mathrm{g\,cm^{-3}}$ ($= \mathrm{kg/dm^3}$) angegeben. Die Dichte des Wassers beträgt bei $4\,^\circ\mathrm{C}$ $1{,}000\,\mathrm{g\,cm^{-3}}$. Der Kehrwert der Dichte

$$V_s = \frac{V}{m} = \frac{1}{\varrho} \tag{1.2}$$

heißt *spezifisches Volumen*. Das Gewicht eines homogenen Körpers beträgt nach (1.1)

$$F = mg = \varrho V g \tag{1.3}$$

(g Fallbeschleunigung). Die Größe $\varrho g = \gamma$ heißt *Wichte* (*spezifisches Gewicht*). Doch werden wir diesen in der Physik entbehrlichen Begriff nicht benutzen.

Während die Masse m eines Körpers leicht sehr genau gemessen werden kann, läßt sich das Volumen nur bei geometrisch einfach gestalteten Körpern unmittelbar ermitteln. Bei unregelmäßig geformten Körpern kann dazu der Auftrieb $F_a = \varrho' V g$ in einer Flüssigkeit von bekannter Dichte ϱ' dienen (Archimedisches Prinzip), wonach $V = F_a/(\varrho' g)$ ist. Mit (1.3) ergibt sich dann

$$\varrho = \varrho' \frac{F}{F_a}. \tag{1.4}$$

Man braucht dann also nur das Verhältnis F/F_a und nicht die absoluten Beträge zu kennen und kann mit einer ungeeichten Waage arbeiten, sofern nur ihre Anzeigen den an ihr wirkenden Kräften (Gewichten) proportional sind. Hierfür geeignet ist die *Federwaage* nach *Jolly* (Abb. 3). An einer etwa 50 cm langen Wendelfeder hängen untereinander zwei Glasschälchen, deren unteres stets in ein Becherglas mit der Vergleichsflüssigkeit taucht. Dieses steht auf einem Tischchen, das zur Erfüllung dieser Bedingung verstellbar ist, derart, daß das untere Schälchen stets gleich tief eintaucht und nur der einfache Draht, der es trägt, die Flüssigkeitsoberfläche durchstößt. Auch muß das Schälchen frei von Luftbläschen sein. Als Vergleichsflüssigkeit verwendet man am einfachsten Wasser, wenn möglich destilliert. Die Feder hat unten eine Marke zur Ablesung ihrer Verlängerungen an einer Skala, die zwecks Vermeidung von Parallaxenfehlern verspiegelt ist. Man bringt die Marke mit ihrem Spiegelbild zur Deckung und liest dort ab, wo die Marke auf der Skala erscheint. Um einen hellen Hintergrund zu haben, ist es zweckmäßig, durch ein Loch in einem weißen Blatt Papier abzulesen.

Wir bezeichnen die Anzeige der Federwaage mit y_0, wenn sie unbelastet ist, mit y, wenn der Körper auf der oberen Schale, mit y', wenn er auf der unteren Schale liegt und setzen $y - y_0 = a$, $y - y' = a'$. Wir setzen vorbehaltlich späterer Nachprüfung voraus, daß diese Verlängerungen der Feder den an ihr wirkenden Kräften proportional sind, also $a \sim F$, dem wahren Gewicht des Körpers, $a' \sim F_a$, seiner scheinbaren Gewichtsverminderung durch den Auftrieb. Dann können wir statt (1.4) schreiben

$$\varrho = \varrho' \frac{a}{a'} \, . \tag{1.5}$$

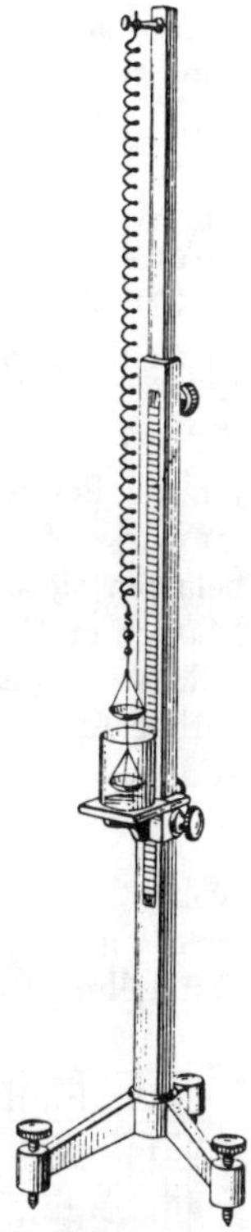

Abb. 3. Federwaage zur Messung von Dichten. Nach Westphal, „Physik"

Beispiel. Wir untersuchen einen Kalkspatkristall, benutzen als Flüssigkeit destilliertes Wasser von 25,6 °C, dessen Dichte nach Tabelle I $\varrho' = 0{,}997\ \mathrm{g\,cm^{-3}}$ beträgt, und stellen 10 Meßreihen an. Vor jeder neuen Meßreihe verschieben wir die Feder relativ zur Skala blindlings, um Beeinflussungen durch die vorhergehenden Ablesungen auszuschließen (Einl. § 14 I). Die Tabelle 1 zeigt unsere Ergebnisse. Als Mittelwerte erhalten wir $a = 10{,}184$ cm, $a' = 3{,}726$ cm. Damit folgt nach (1.5) $\varrho = 0{,}997 \cdot 10{,}184/3{,}726 = 2{,}726\ \mathrm{g\,cm^{-3}}$.

Tabelle 1

y_0 cm	y cm	y' cm	a cm	a' cm	$v(a) \cdot 10^3$	$v^2(a) \cdot 10^6$	$v(a') \cdot 10^3$	$v^2(a') \cdot 10^6$
0,92	11,08	7,39	10,16	3,69	− 24	576	− 36	1296
2,29	12,46	8,77	17	69	− 14	196	− 36	1296
3,10	13,28	9,57	18	71	− 4	16	− 16	256
4,58	14,74	11,03	16	71	− 24	576	− 16	256
5,80	15,99	12,27	19	72	+ 6	36	− 6	36
6,47	16,65	12,90	18	75	− 4	16	+ 24	576
8,89	19,06	15,32	17	74	− 14	196	+ 14	196
9,70	19,89	16,12	19	77	+ 6	36	+ 44	1936
10,93	21,15	17,41	22	74	+ 36	1296	+ 14	196
11,60	21,82	18,08	22	74	+ 36	1296	+ 14	196
			10,184	3,726		4240		6240

Fehlerrechnung. Die Dichte ϱ' ist als Tabellenwert als fehlerfrei zu betrachten. Dann ergibt sich als relativer Größtfehler von ϱ nach (1.5) $\Delta\varrho/\varrho = \Delta a/a + \Delta a'/a'$. Nach Tabelle 1 ist $\Delta a = \sqrt{4240\,/\,(10 \cdot 9)} \cdot 10^{-3} \approx \pm 0{,}007$ cm, $\Delta a' = \sqrt{6240/(10 \cdot 9)} \cdot 10^{-3} \approx \pm 0{,}0085$ cm, was wir auf $\Delta a = \Delta a' = \pm 0{,}01$ cm aufrunden wollen, so daß $\Delta a/a = \pm 0{,}01/10{,}184 \approx \pm 0{,}001 = \pm 0{,}1\,\%$, $\Delta a'/a' = \pm 0{,}01/3{,}726 \approx \pm 0{,}003 = \pm 0{,}3\,\%$. Dann folgt $\Delta\varrho/\varrho = \pm 0{,}4\,\%$ und $\Delta\varrho = \pm 0{,}004 \cdot 2{,}726 \approx \pm 0{,}010$ g cm^{-3}.

Unser Endergebnis lautet also:

$$\underline{\varrho = (2{,}726 \pm 0{,}010)\ \text{g cm}^{-3}, \quad \Delta\varrho/\varrho = \pm 0{,}4\,\%.}$$

Jetzt wollen wir prüfen, ob die Verlängerungen a der Feder wirklich den an ihr wirkenden Kräften F, also auch den Massen m proportional sind, und belasten sie auf der *oberen* Schale mit in Schritten von 0,5 g wachsenden Massen m. Dabei hängt die untere Schale zwecks Dämpfung der andernfalls sehr störenden Federschwingungen wieder in dem jeweils entsprechend nachgestellten Becherglas mit Wasser. Dann sollte gelten $a \sim F = mg$, also auch

$$a = Cm, \tag{1.6}$$

wobei C eine Konstante, die *Empfindlichkeit* der Federwaage, mit der Einheit cm g^{-1} ist. Die Tabelle 2 zeigt unsere Messungen, Abb. 4 ihre graphische Darstellung. Die Meßpunkte liegen sehr gut auf einer Geraden, womit

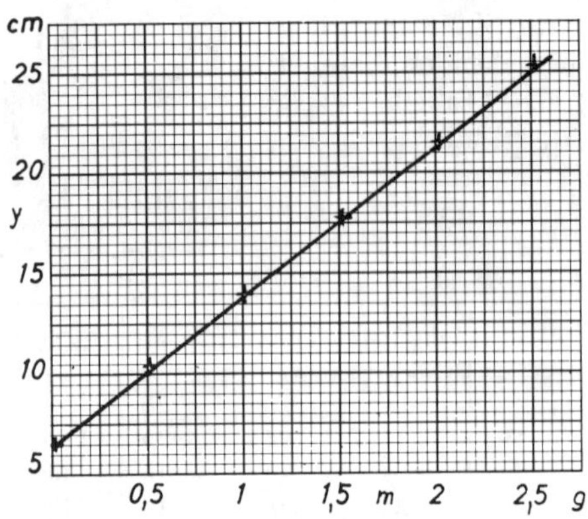

Abb. 4. Anzeige y der Federwaage als Funktion der Belastung m

Tabelle 2

Nr.	m g	y cm	a cm
1	0	6,28	11,45
2	0,5	10,10	8
3	1	13,90	9
4	1,5	17,73	
5	2	21,58	
6	2,5	25,39	
			11,473

$C = const$ bewiesen ist. Darum können wir C recht genau schon aus den beiden extremen Wertepaaren $m = 0$, $y = 6{,}28$ cm und $m = 2{,}5$ g, $y = 25{,}39$ cm berechnen, wobei $a = 19{,}11$ cm, so daß $C = 19{,}11\,/\,2{,}5 = 7{,}644$ cm g^{-1}. Das genaueste Ergebnis liefert die Ausgleichungsrechnung nach § 12/II in der Einleitung. Dort haben wir (mit $C = B$) mit dem als

Beispiel verwendeten Zahlenmaterial der Tabelle 2 erhalten $C = (7{,}646 \pm 0{,}006)$ cm g^{-1}. Wir wollen hier aber das in § 12/I beschriebene einfachere Verfahren anwenden, bei dem unser gesamtes Zahlenmaterial ebenfalls ausgenutzt wird. Wir fassen das 1. und 4., das 2. und 5. und das 3. und 6. Wertepaar der Tabelle 2 zusammen. Die Differenzen der m-Werte sind sämtlich 1,5 g; die Differenzen der y-Werte sollten alle gleich groß sein und der Verlängerung der Feder durch eine zusätzliche Belastung in Schritten von 1,5 g entsprechen. Wir haben sie in Tabelle 2 mit a bezeichnet. Dann ist nach (1.6)

$$C = \frac{a}{1{,}5\ \mathrm{g}} \cdot \qquad (1.7)$$

Mit dem Mittelwert $a = 11{,}473$ cm erhalten wir

$$C = 11{,}473/1{,}5 = 7{,}649\ \mathrm{cm\,g^{-1}}.$$

Fehlerrechnung. Da die Masse 1,5 g ein vorgegebener Wert ist, den wir als fehlerfrei betrachten, ist nach (1.7) der relative Fehler von C: $\Delta C/C = \Delta a/a$. Da nur drei a-Werte vorliegen, müssen wir uns mit einer Schätzung des mittleren Fehlers von a begnügen (Einl. § 10) und setzen ihn gleich der mittleren Abweichung vom Mittelwert, $\Delta a = \pm 0{,}015$ cm, also $\Delta a/a = \Delta C/C = \pm 0{,}015/11{,}473 \approx \pm 0{,}0015 = \pm 0{,}15\,\%$ und $\Delta C = 0{,}0015 \cdot 7{,}649 \approx \pm 0{,}011\ \mathrm{cm\,g^{-1}}$.

Unser Ergebnis lautet also

$$\underline{C = (7{,}649 \pm 0{,}011)\ \mathrm{cm\,g^{-1}},\ \Delta C/C = \pm 0{,}15\,\%.}$$

Als Nebenergebnis können wir die Masse m und das Volumen V des oben untersuchten Kalkspatkristalls berechnen. Die von ihm (in Luft) erzeugte Verlängerung der Feder betrug $a = 10{,}184$ cm. Daher ist nach (1.6) $m = a/C = 10{,}184/7{,}649 = 1{,}3314$ g. Sein Volumen ist $V = m/\varrho = 1{,}3314/2{,}726 = 0{,}4864\ \mathrm{cm^3}$. Den geringen Auftrieb in Luft haben wir vernachlässigt.

Fehlerrechnung. Nach (1.6) ist der relative Größtfehler von m: $\Delta m/m = \Delta C/C + \Delta a/a$. Wir haben auf S. 28 $\Delta a/a = \pm 0{,}1\,\%$ berechnet, so daß $\Delta m/m = \pm (0{,}1 + 0{,}15)\,\% = \pm 0{,}25\,\%$ und $\Delta m = \pm 0{,}0025 \cdot 1{,}3314 \approx \pm 0{,}0035$ g. Nach (1.5) und (1.6) ist $V = m/\varrho = a/C \cdot a'/(\varrho' a) = a'/(C\varrho')$ und demnach — da ϱ' ein Tabellenwert ist — $\Delta V/V = \Delta a'/a' + \Delta C/C$. Mit dem bereits oben berechneten Wert $\Delta a'/a' = \pm 0{,}3\,\%$ erhalten wir $\Delta V/V = \pm (0{,}15 + 0{,}3)\,\% = \pm 0{,}45\,\%$ und $\Delta V = \pm 0{,}0045 \cdot 0{,}4864 \approx \pm 0{,}0022\ \mathrm{cm^3}$.

Unsere vorsichtig gerundeten Ergebnisse lauten also:

$$\underline{m = (1{,}331 \pm 0{,}0035)\ \mathrm{g},\quad \Delta m/m = \pm 0{,}25\,\%;}$$

$$\underline{V = (0{,}486 \pm 0{,}002)\ \mathrm{cm^3},\quad \Delta V/V = \pm 0{,}45\,\%.}$$

2. Aufgabe. Elastizitätsmodul

Westphal, Physik, §§ 55, 56; Kl. Lehrb. d. Physik, §§ 49, 50

I. Dehnungsmessungen an Drähten

Wird ein homogener Körper von der Länge l und überall gleichem Querschnitt q durch eine Kraft F gedehnt, so erfährt er eine Verlängerung λ. Solange der Quotient F/q einen vom Material abhängigen Betrag (*Proportionalitätsgrenze*) nicht überschreitet, ist die relative Dehnung λ/l dem Quotienten F/q proportional. Es gilt das *Hookesche Gesetz*

$$\frac{\lambda}{l} = \frac{F}{q} \cdot \frac{1}{E}. \tag{2.1}$$

E heißt *Elastizitätsmodul* oder *Dehnungsmodul* des Stoffes. Seine CGS-Einheit ist $1\,\text{dyn}\,\text{cm}^{-2}$; in Tabellen wird er aber meist in der technischen Einheit $1\,\text{kp}\,\text{mm}^{-2} = 0{,}981 \cdot 10^8\,\text{dyn}\,\text{cm}^{-2}$ angegeben. Aus (2.1) folgt

$$E = \frac{F}{q} \cdot \frac{l}{\lambda}. \tag{2.2}$$

Die bei der Dehnung eines Drahtes eintretende Änderung von l braucht man unterhalb der Proportionalitätsgrenze nicht zu berücksichtigen, da stets $\lambda \ll l$. Auch die sehr kleine Querschnittsverminderung, die bei der Dehnung eintritt, dürfen wir außer Betracht lassen.

Nach (2.2) kann E aus Dehnungsversuchen an Drähten ermittelt werden. Wir verwenden einen hängenden Draht, der an einem unter der Zimmerdecke eingemauerten Eisenträger sehr gut befestigt ist. Dann ist eine meßbare Senkung des oberen Drahtendes durch die am Draht wirkende Kraft nicht zu befürchten. (Andernfalls muß die ganze Meßvorrichtung so eingerichtet sein, daß sie an der Senkung teilnimmt.) Zur Messung der Verlängerungen des Drahtes dient uns eine empfindliche Wasserwaage, die auf ihrer einen Seite mit dem unteren Drahtende durch ein Gelenk verbunden ist. Ihre andere Seite kann mittels einer Mikrometerschraube, die an einem in die Zimmerwand eingemauerten Eisenstab befestigt ist, gehoben und gesenkt werden (Abb. 5). Bringt man die Wasserwaage vor und nach der Dehnung zum Einstehen, so kann man die Verlängerung λ an der Skala des Mikrometers ablesen. Ist diese z. B. in 50 Teile geteilt und beträgt die Ganghöhe der Schraube 0,5 mm, so entspricht 1 Skalenteil 0,01 mm, so daß man noch die Zehntel von 0,01 mm schätzen kann.

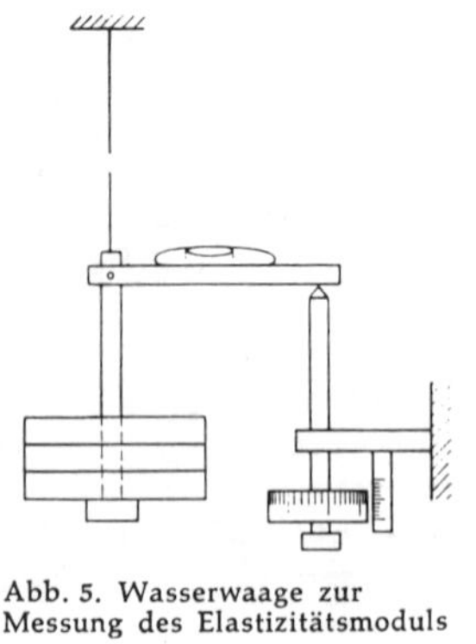

Abb. 5. Wasserwaage zur Messung des Elastizitätsmoduls

Es ist nicht nötig, die Drahtlänge l *relativ* wesentlich genauer zu messen, als man die Verlängerungen λ messen kann. Der Querschnitt q wird aus dem mit der Schraubenlehre gemessenen Drahtdurchmesser berechnet. Die Messung des Durchmessers soll *nicht an dem zu untersuchenden Draht* erfolgen, der dadurch leicht Knicke erhält, sondern an einer der gleichen Lieferung entnommenen Probe. Dem Draht muß man bereits eine gewisse Vorbelastung geben, um ihn zu strecken.

Die Messung beginnt mit der Einstellung der Wasserwaage, während der Draht noch nicht zusätzlich belastet ist. Dann wird der Draht schrittweise gedehnt und jedesmal die Wasserwaage zum Einspielen gebracht. Nach Erreichung einer ausreichenden Dehnung wird die Messung in umgekehrter Reihenfolge bis zum Anfangszustand zurück wiederholt. Zeigt sich zwischen den Messungen beim Auf- und Abstieg ein systematischer Unterschied und wird der Anfangszustand nicht innerhalb der Meßgenauigkeit wieder erreicht, so zeigt dies, daß der Draht anfänglich noch Biegungen hatte, die durch die Dehnung ausgeglättet wurden, oder daß der Draht eine bleibende Verlängerung erfahren hat, weil die Elastizitätsgrenze des Stoffs überschritten wurde. Dann muß die Messung gegebenenfalls nur bis zu einer kleineren Belastung – wiederholt werden, bis ein solcher Fehler nicht mehr eintritt.

Beispiel. Untersucht wird ein Messingdraht von der Länge $l = 2598$ mm Die Messung seines Durchmessers $2r$ mit einer Schraubenlehre zeigt Tabelle 1.

Tabelle 1

$2r$ mm	$v \cdot 10^3$	$v^2 \cdot 10^6$
0,499	0	0
500	+1	1
497	−2	4
498	−1	1
501	+2	4
499	0	0
498	−1	1
499	0	0
500	+1	1
499	0	0
0,499		12

Tabelle 2

Nr.	F kp	y' mm	y'' mm	y mm	Diff. F kp	Diff. y mm	B mm kp^{-1}	$v \cdot 10^3$	$v^2 \cdot 10^5$
1	0,000	0,366	0,360	0,363					
2	163	605	606	6055					
3	259	735	738	7365	0,430	0,5465	1,272	−9	81
4	383	893	903	898	467	5985	82	+1	1
5	422	946	963	9545	524	6695	78	−3	9
6	546	1,106	1,110	1,108	524	6755	89	+8	64
7	642	246	244	245	467	601	85	+4	16
8	689	281	285	283					
9	850	510	483	4965					
10	946	633	615	624					
11	1,070	791	776	7835					
12	109	1,845		845					
							1,281		171

Als Mittelwert ergibt sich $2r = 0{,}499$ mm, also $r = 0{,}2495$ mm und damit $q = \pi r^2 = 0{,}1956$ mm².

Für die Dehnungsmessungen wurden zur Belastung Bleiplatten benutzt, deren Gewichte in kp angegeben waren. Tabelle 2 gibt die Ergebnisse. Die Anzeigen des Mikrometers sind mit y', y'', ihre Mittelwerte mit y bezeichnet. Abb. 6 zeigt unsere Messungen in graphischer Darstellung. Die meisten Meßpunkte liegen recht genau auf einer Geraden, mit Ausnahme der beiden ersten, die unter sie fallen. Die Verlängerung ist anfänglich größer, als sie sein sollte, und das rührt zweifellos davon her, daß der Draht infolge

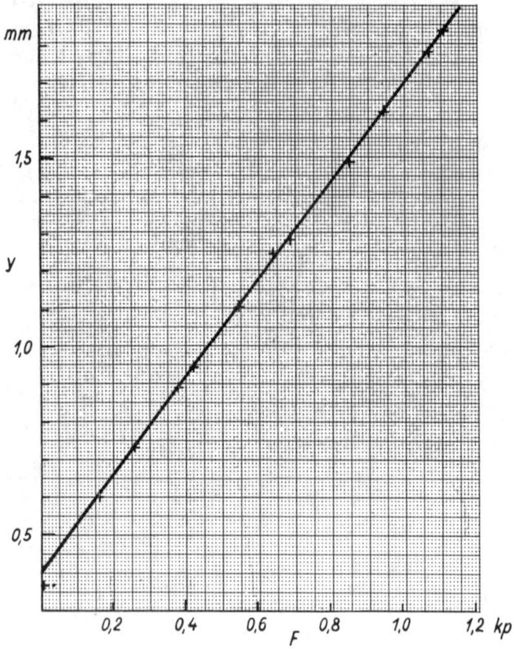

Abb. 6
Dehnung eines Messingdrahtes

schlechter Vorbehandlung, wie sie im Praktikum oft vorkommen wird, kleine Biegungen aufweist, die durch die Vorbelastung noch nicht völlig ausgeglättet sind. Wir werden daher bei der Auswertung die beiden ersten Messungen nicht benutzen.

Wenn keine besonders große Genauigkeit angestrebt wird, kann man E auf Grund der Abb. 6 berechnen. Die — fehlerfreien — Verlängerungen λ gehorchen nach (2.1) der Gleichung

$$\lambda = \frac{lF}{qE} = BF \quad \text{mit} \quad B = \frac{l}{qE} \cdot \tag{2.3}$$

Daher gehorcht die Gerade der Abb. 6 der Gleichung

$$y = A + \lambda = A + BF. \tag{2.4}$$

Wir können also B aus zwei Wertepaaren (F, y) berechnen, die wir am Anfang und am Ende der Geraden ablesen. Wir wählen die folgenden Wertepaare: $F = 0{,}00$, $y = 0{,}40$ mm; $F = 1{,}00$ kp, $y = 1{,}70$ mm. Damit folgt aus (2.4) $0{,}40$ mm $= A$, $1{,}70$ mm $= A + B \cdot 1$ kp, so daß $B = 1{,}30/1{,}00 = 1{,}30$ mm kp^{-1} und nach (2.3) $E = l/(qB) = 2598/(0{,}1956 \cdot 1{,}30) =$ 10 210 kp mm^{-2}.

Wir erhalten aber ein genaueres Ergebnis, wenn wir nach dem im 1. Teil von § 12 der Einleitung beschriebenen Verfahren rechnen. Dabei lassen wir wieder die ersten beiden Messungen fort. In Tabelle 2 sind unter Diff. F die Differenzen F_8–F_3, F_9–F_4 usw., unter Diff. y die Differenzen y_8–y_3, y_9–y_4 usw. der übrigbleibenden 10 Messungen angegeben. Wir erhalten damit nach (2.4) mittels der Gleichung $B =$ Diff. y/Diff. F fünf B-Werte, aus denen wir das Mittel $B = 1{,}281$ mm kp^{-1} nehmen. Damit erhalten wir nach (2.3) $E = 2598/(1{,}281 \cdot 0{,}1956) = 10\,340$ kp mm^{-2}. Dieser genauere Wert unterscheidet sich von dem obigen um mehr als 1 %. Es hat sich also gelohnt, genauer zu rechnen.

Fehlerrechnung. Nach (2.3) beträgt der relative Größtfehler von $E = l/(qB)$: $\Delta E/E = \Delta l/l + \Delta q/q + \Delta B/B$. Wir wollen den Fehler der Länge l vorsichtig auf ± 1 mm schätzen. Dann ist $\Delta l/l = \pm 1/2598 \approx \pm 0{,}0004 = \pm 0{,}04$ %. Da $q = \pi r^2$, so ist $\Delta q/q = \pm 2\Delta r/r = \pm 2\Delta (2r)/(2r)$. Nach der Tabelle 1 ist, mit $n = 10$, $\Delta (2r) = \sqrt{12/(10 \cdot 9)} \cdot 10^{-3} \approx \pm 0{,}0004$ mm, so daß $\Delta (2r)/(2r) = \Delta r/r = \pm 0{,}0004/0{,}499 \approx \pm 0{,}0008$ und $\Delta q/q = \pm 0{,}0016 = \pm 0{,}16$ %. Aus Tabelle 2 ergibt sich mit der Zahl $n = 5$ der Einzelwerte von B: $\Delta B = \sqrt{171/(5 \cdot 4)} \cdot 10^{-3} \approx \pm 0{,}003$ mm kp^{-1}, so daß $\Delta B/B = \pm 0{,}003/1{,}281 \approx \pm 0{,}0025 = \pm 0{,}25$ %. Damit erhalten wir $\Delta E/E = \pm (0{,}04 + 0{,}16 + 0{,}25)$ % $\approx \pm 0{,}5$ %.

Unser Endergebnis lautet also

$$\underline{E = (10\,340 \pm 50)\ \text{kp mm}^{-2},\ \Delta E/E = \pm 0{,}5\,\%.}$$

II. Biegungsversuche an flachen Stäben (Blechen)

Wird ein Stab gebogen, so erfährt er auf seiner konvexen Seite eine Dehnung, auf seiner konkaven Seite eine Zusammendrückung. Sein Verhalten wird also nur durch seinen Elastizitätsmodul bestimmt, der demnach auch aus Biegungsversuchen ermittelt werden kann. Zur Messung des Elastizitätsmoduls eines Metalls benutzen wir ein aus ihm gefertigtes längliches Blech, das auf zwei parallele, horizontale Schneiden gelegt wird, die einen Abstand von

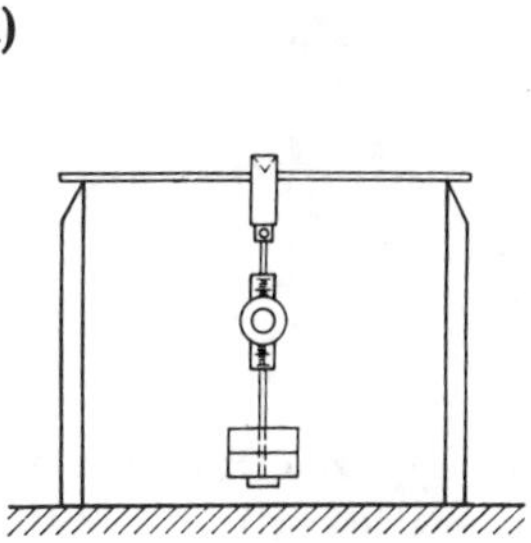

Abb. 7. Zur Messung des Elastizitätsmoduls aus der Biegung

etwa 250 mm voneinander haben (Abb. 7). Auf die Mitte des Bleches wird eine Schneide gesetzt, an der ein Gewicht wirken kann. Zur Messung der Senkung der Mitte des Bleches trägt die Schneide eine in Zehntelmillimeter geteilte Skala, die mit einem Mikroskop mit Fadenkreuz betrachtet wird. Die Senkungen können dann auf etwa $\pm$ 0,01 mm abgelesen werden. Ist l die wirksame Länge des Bleches (Schneidenabstand), b seine Breite, a seine Dicke, h die durch eine Kraft F bewirkte Senkung seiner Mitte, so ergibt die Theorie für nicht allzu starke Durchbiegungen

$$h = \frac{1}{4} \cdot \frac{l^3}{a^3 b} \cdot \frac{F}{E}, \quad \text{so daß} \quad E = \frac{1}{4} \cdot \frac{l^3}{a^3 b} \cdot \frac{F}{h}. \tag{2.5}$$

Wird F in kp und werden sämtliche Längen in mm gemessen, so ergibt sich E in der Einheit 1 kp mm^{-2}. Wir messen den Schneidenabstand mit einem in mm geteilten Maßstab, die Dicke a mit der Schraubenlehre, die Breite b mit der Schublehre, letztere beide an 10 verschiedenen Stellen. Ebenso wie bei der Dehnung messen wir die Senkungen h bei zunehmender und bei wieder abnehmender Belastung und nehmen das Mittel.

Beispiel. Stahlblech, Länge $l = (247{,}2 \pm 0{,}2)$ mm. Der Fehler rührt wesentlich davon her, daß die Schneiden nicht sehr scharf sind. Dicke $a = (0{,}798 \pm 0{,}002)$ mm; Breite $b = (19{,}2 \pm 0{,}1)$ mm. Die Fehler dieser Größen sind aus den Abweichungen der Einzelmessungen vom Mittelwert geschätzt.

Tabelle 3

Nr.	F kp	y' mm ↓	y'' mm ↑	y mm	Diff. F kp	Diff. y mm	B mm kp^{-1}	$v \cdot 10^2$	$v^2 \cdot 10^4$
1	0,000	1,38	1,42	1,40	0,275	5,64	20,51	− 1	1
2	097	3,32	3,39	3,355	221	4,555	61	+ 9	81
3	130	3,98	4,01	3,955	285	5,93	81	+ 29	841
4	178	5,00	5,08	5,04	270	5,44	15	− 37	1369
5	275	7,01	7,07	7,04					
6	318	7,90	7,92	7,91					
7	415	9,92	9,85	9,885					
8	448	10,48		10,48					
							20,52		2292

Tabelle 3 zeigt unsere Messungen mit entsprechenden Bezeichnungen (y', y'', y) wie oben. Die graphische Darstellung in der Abb. 8 zeigt, daß unsere Meßpunkte sehr gut auf einer Geraden liegen, die Durchbiegungen also in der Tat den Belastungen proportional sind.

Wer sich mit einer geringeren Genauigkeit begnügen will, kann wieder wie oben bei der Dehnung verfahren. Da die Durchbiegungen h den Belastungen F proportional sind, so gilt für y die Gleichung

$$y = A + h = A + BF, \tag{2.6}$$

wobei nach (2.5)

$$B = \frac{1}{4} \cdot \frac{l^3}{a^3 b} \cdot \frac{1}{E}, \quad \text{so daß} \quad E = \frac{1}{4} \cdot \frac{l^3}{a^3 b} \cdot \frac{1}{B}. \tag{2.7}$$

Wir lesen aus Abb. 8 die folgenden Wertepaare ab: $F = 0{,}00$, $y = 1{,}40$ mm; $F = 0{,}45$ kp, $y = 10{,}50$ mm. Damit folgt aus (2.6) 1,40 mm $= A$, 10,50 mm $= A + B \cdot 0{,}45$ kp und damit $B = 9{,}10/0{,}45 = 20{,}21$ mm kp^{-1} und schließlich aus (2.7)

$$E = \frac{1}{4} \cdot \frac{247{,}2^3}{0{,}798^3 \cdot 19{,}2} \cdot \frac{1}{20{,}21} = 19\,150 \text{ kp mm}^{-2}.$$

Ein genaueres Ergebnis erhalten wir nach dem bereits bei der Dehnung benutzten Differenzenverfahren. In der Tabelle sind wieder unter Diff. F die Differenzen F_5—F_1, F_6—F_2 usw., unter Diff. y die Differenzen y_5—y_1, y_6—y_2 usw. angegeben. Aus ihnen berechnen wir nach (2.6) B-Werte nach der Gleichung $B = \text{Diff.}\,y/\text{Diff.}\,F$ und erhalten den Mittelwert $B = 20{,}52$ mm kp^{-1}. Damit ergibt sich jetzt

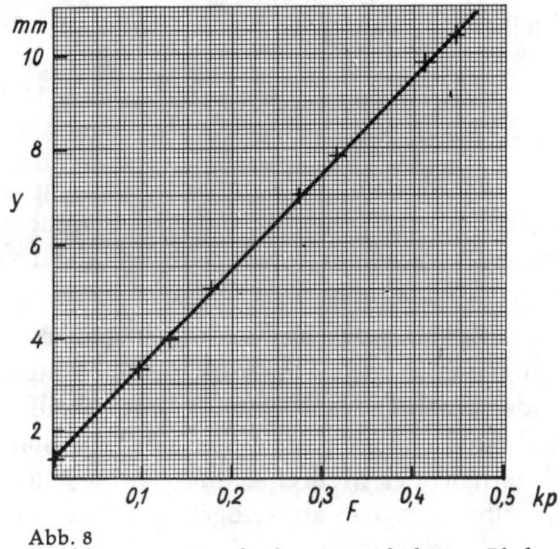

Abb. 8
Durchbiegung eines beiderseits aufgelegten Bleches

$$E = \frac{1}{4} \cdot \frac{0{,}798^3 \cdot 19{,}2}{20{,}52} \cdot \frac{1}{247{,}2^3} = 18\,860 \text{ kp mm}^{-2}.$$

Fehlerrechnung. Nach (2.7) beträgt der relative Größtfehler von E: $\Delta E/E = 3\,\Delta l/l + 3\,\Delta a/a + \Delta b/b + \Delta B/B$. Mit den oben angegebenen Fehlergrenzen ergibt sich $\Delta l/l = \pm 0{,}2/247{,}2 \approx \pm 0{,}0008 = \pm 0{,}08\,\%$, $\Delta a/a = \pm 0{,}002/0{,}798 \approx \pm 0{,}0025 = \pm 0{,}25\,\%$, $\Delta b/b = \pm 0{,}1/19{,}2 \approx \pm 0{,}005 = \pm 0{,}5\,\%$. Der mittlere Fehler von B ergibt sich nach Tabelle 3 zu $\Delta B = \sqrt{2292/(4 \cdot 3)} \cdot 10^{-2} \approx \pm 0{,}14$ mm kp^{-1}, so daß $\Delta B/B = \pm 0{,}14/20{,}52 \approx \pm 0{,}007 = \pm 0{,}7\,\%$. Also ist $\Delta E/E = \pm (0{,}24 + 0{,}75 + 0{,}5 + 0{,}7)\,\% \approx \pm 2\,\%$.

Unser entsprechend gerundetes Endergebnis lautet also

$$\underline{E = (18\,900 \pm 400)\ \text{kp}\,\text{mm}^{-2},\ \Delta E/E = \pm 2\,\%.}$$

3. Aufgabe. Oberflächenspannung

Westphal, Physik, § 64; Kl. Lehrb. d. Physik, § 54

Wird eine Kapillare vom Radius r in eine unendlich ausgedehnte Flüssigkeit von der Dichte ϱ eingetaucht, welche die Wandlung der Kapillare vollständig benetzt, so beträgt die Steighöhe der Flüssigkeit in der Kapillare

$$h = \frac{2\vartheta}{\varrho r g} \tag{3.1}$$

($g = 981\ \text{cm}\,\text{s}^{-2}$). ϑ ist die *Oberflächenspannung* oder *Kapillarkonstante* der Flüssigkeit. Ihre CGS-Einheit ist $1\ \text{dyn}\,\text{cm}^{-1}$. Erfolgt die Messung in der Achse eines zylindrischen Schälchens vom Radius r'' und ist r' der äußere Radius der Kapillaren, so ist die Steighöhe h um den Faktor $[1 - r/(r'' - r')]$ kleiner. Mit dieser Korrektion folgt aus (3.1)

$$\vartheta = \frac{1}{2} \cdot \frac{h r \varrho g}{1 - r/(r'' - r')}. \tag{3.2}$$

Vor der Messung muß die Kapillare *gründlich* mit Chromschwefelsäure und destilliertem Wasser *gereinigt* und (wenn es sich nicht gerade um eine Messung an solchem handelt) durch Hindurchsaugen oder -blasen trockener Luft *getrocknet* werden.

Zur Messung des Radius r füllt man die Kapillare durch vorsichtiges Ansaugen etwa zur Hälfte mit Quecksilber und mißt die Länge des Quecksilberfadens mehrfach mit einem in mm geteilten Maßstab, wobei man den Faden jedesmal an eine andere Stelle der Kapillaren bringt. Die Länge muß überall innerhalb der Meßfehler die gleiche sein. Dann wägt man das Quecksilber in einem vorher abgewogenen Glasschälchen. Ist l die Fadenlänge, r der Radius der Kapillaren und $\varrho_q = 13{,}55\ \text{g}\,\text{cm}^{-3}$ die Dichte des Quecksilbers, so ist die Masse des Quecksilbers $m = \pi r^2/l\,\varrho_q$, also

$$r = \sqrt{\frac{m}{\pi l \varrho_q}}. \tag{3.3}$$

Jetzt wird die Kapillare mittels eines Gummibandes senkrecht zu den Teilstrichen auf einer auf Glas geritzten, in mm geteilten Skala befestigt, an der man die Steighöhe ablesen kann, und in die Flüssigkeit getaucht. Zwecks vollständiger Benetzung der Innenwand senkt man vor jeder neuen Ablesung die Kapillare etwas tiefer in die Flüssigkeit. Dann hebt man sie wieder so weit, daß der Nullstrich der Skala eben in der Flüssigkeit verschwindet, wenn man schräg von unten her gegen diese blickt, und liest die Steighöhe ab.

Beispiel. Wir geben eine Messung an destilliertem Wasser wieder. Zimmertemperatur 20,6 °C. Tabelle 1 zeigt die Messungen der Fadenlänge an 5 verschiedenen Stellen, Tabelle 2 gibt die Wägung des Quecksilberfadens, die mit einer guten Dämpfungswaage erfolgte.

Tabelle 1

$l = 4{,}30$ cm
30
30
30
30
4,30 cm

Tabelle 2

Schälchen mit Hg	12,7813 g
Schälchen leer	12,5809
Masse m des Hg	0,2004 g

Tabelle 3

h
4,39 cm
40
39
40
38
39
40
39
39
38
4,391 cm

Hieraus ergibt sich nach (3.3)

$$r = \sqrt{\frac{0{,}2004}{\pi \cdot 4{,}30 \cdot 13{,}55}} = \sqrt{0{,}001095} = 0{,}0331 \text{ cm}.$$

Tabelle 3 gibt die 10 Messungen der Steighöhe. Ferner ist $r' = 0{,}2$ cm, $r'' = 2{,}3$ cm, so daß $1 - r/(r'' - r') = 1 - 0{,}0331/2{,}1 = 0{,}984$. Dann folgt aus (3.2)

$$\vartheta = \frac{4{,}391 \cdot 0{,}0331 \cdot 0{,}998 \cdot 981}{2 \cdot 0{,}984} = 72{,}30 \text{ dyn cm}^{-1}.$$

Fehlerrechnung. Den Fehler des von 1 nur sehr wenig verschiedenen Korrektionsfaktors können wir vernachlässigen, und ϱ ist ein Tabellenwert. Demnach ist der relative Größtfehler von ϑ: $\Delta\vartheta/\vartheta = \Delta h/h + \Delta r/r$. Da in der Tabelle 3 h nur auf $\pm 0{,}1$ mm geschätzt wurde, setzen wir $\Delta h = \pm 0{,}01$ cm, also $\Delta h/h = \pm 0{,}01/4{,}39 \approx \pm 0{,}002 = \pm 0{,}2\,\%$. Da auch ϱ_q ein Tabellenwert ist, so ist der relative Größtfehler von r nach (3.3) $\Delta r/r = (\Delta m/m + \Delta l/l)/2$. Wir schätzen den Fehler jeder der beiden Wägungen in Tabelle 2 zu $\pm$ 0,0001 g, so daß $\Delta m = \pm$ 0,0002 g und $\Delta m/m = \pm 0{,}0002/0{,}2004 \approx \pm 0{,}001 = \pm 0{,}1\,\%$. Für l haben wir 5 übereinstimmende Werte erhalten, wollen aber vorsichtig $\Delta l = \pm 0{,}005$ cm schätzen, so daß $\Delta l/l = \pm 0{,}005/4{,}30 \approx \pm 0{,}0012 = \pm 0{,}12\,\%$. Also ist $\Delta r/r = \pm (0{,}1 + 0{,}12)/2 = \pm 0{,}11\,\%$. Damit erhalten wir $\Delta\vartheta/\vartheta = \pm (0{,}2 + 0{,}11)\,\% \approx \pm 0{,}3\,\%$ und $\Delta\vartheta = \pm 0{,}003 \cdot 72{,}3 \approx \pm 0{,}2$ dyn cm^{-1}.

Unser Endergebnis lautet also

$$\underline{\vartheta = (72{,}3 \pm 0{,}2) \text{ dyn cm}^{-1}, \ \Delta\vartheta/\vartheta = \pm 0{,}3\,\%.}$$

Der Tabellenwert (für 20 °C) beträgt $\vartheta = 72{,}75$ dyn cm^{-1}, liegt also um etwa $+ 0{,}6\,\%$ höher.

4. Aufgabe. Zähigkeit von Flüssigkeiten

Westphal, Physik, § 78; Kl. Lehrb. d. Physik, § 70

I. Absolute Messung der Zähigkeit

Eine glatte Kugel vom Radius r, die sich mit der Geschwindigkeit v in einer unendlich ausgedehnten Flüssigkeit bewegt, erfährt einen ihrer Geschwindigkeit entgegengerichteten Reibungswiderstand

$$F_r = 6\pi\eta r v \tag{4.1}$$

(*Stokessches Reibungsgesetz*). Die Stoffkonstante η heißt *Viskosität* oder *Reibungskoeffizient* [CGS-Einheit $1\,\mathrm{g\,cm^{-1}\,s^{-1}} = 1$ Poise (P)]. Sie ist vom Material der Kugel unabhängig, aber sehr stark temperaturabhängig. η kann bei hinreichend zähen Flüssigkeiten aus der Fallgeschwindigkeit von Kugeln in ihnen ermittelt werden.

Es sei m die Masse, V das Volumen der Kugel, ϱ die Dichte der Flüssigkeit. Dann wirkt auf die Kugel nach unten die um den Auftrieb $\varrho V g$ verminderte Schwerkraft mg, also die Kraft $(m - \varrho V)\,g$, ($g = 981\,\mathrm{cm\,s^{-2}}$) und erteilt der Kugel anfänglich eine Beschleunigung. Mit wachsender Geschwindigkeit wächst aber der Reibungswiderstand F_r und wird sehr schnell ebenso groß wie die treibende Kraft.

$$6\pi\eta r v = (m - \varrho V)\,g\,. \tag{4.2}$$

Die Kugel bewegt sich dann mit konstanter Geschwindigkeit v abwärts.

Es ist also

$$\eta = \frac{(m - \varrho V)\,g}{6\pi r v}\,. \tag{4.3}$$

Benötigt die Kugel für den Fall über eine Strecke a die Zeit t, so ist $v = a/t$. Fällt die Kugel nicht in einer unendlich ausgedehnten Flüssigkeit, sondern — wie bei unseren Messungen — in einem Rohr, so ist an (4.3) noch eine Korrektion anzubringen, auf die wir unten zurückkommen. Zunächst berechnen wir η nach (4.3).

Tabelle 1

t	$v \cdot 10^2$	$v^2 \cdot 10^4$
20,4 s	+ 3	9
5	+ 13	169
5	+ 13	169
2	− 17	289
4	+ 3	9
5	+ 13	169
3	− 7	49
4	+ 3	9
2	− 17	289
3	− 7	49
20,37 s		1210

Für unsre Messungen benutzen wir kleine Stahlkugeln, wie sie als Kugellagerkugeln in sehr gleichmäßiger Ausführung käuflich sind. Ihre Masse ermitteln wir durch gleichzeitige Wägung von 10 Stück. Die Dichte ϱ messen wir mit einem Aräometer. Wegen der sehr starken Temperaturabhängigkeit der Viskosität muß die Temperatur angegeben werden.

Beispiel. Wir messen die Zähigkeit eines Öles, dessen Dichte als $\varrho = 0{,}877\ \mathrm{g\,cm^{-3}}$ angegeben ist, und verwenden Kugeln vom Radius $r = 0{,}04$ cm und der Masse $m = 0{,}00208$ g. Die Temperatur des Öles betrug 22,8 °C. Die durch zwei Striche am Fallrohr markierte Fallstrecke betrug $a = 39{,}8$ cm. Mit einer Stoppuhr ergaben sich die in Tabelle 1 angegebenen Fallzeiten.

Mit dem Mittelwert $t = 20{,}37$ s ergibt sich $v = 39{,}8/20{,}37 = 1{,}955\ \mathrm{cm\,s^{-1}}$. Ferner ist $V = 4\pi r^3/3 = 0{,}000\,268\ \mathrm{cm^3}$. Damit ergibt sich $\varrho V = 0{,}877 \cdot 0{,}000\,268 = 0{,}000\,235$ g und $m - \varrho V = 0{,}001\,845$ g. Nach (4.3) ist also $\eta = 0{,}001\,845 \cdot 981/(6\pi \cdot 0{,}04 \cdot 1{,}955) = 1{,}228$ P.

Wegen der endlichen Weite des Fallrohrs ist aber v kleiner als in einer unendlich ausgedehnten Flüssigkeit, in der v um den Faktor $\beta = 1 + 2{,}1\,r/R$ größer wäre (R Rohrradius). Es war $R = 1{,}65$ cm, so daß $\beta = 1 + 2{,}1 \cdot 0{,}04/1{,}65 = 1{,}051$. Damit ist $\eta = 1{,}228/1{,}051 = 1{,}168$ P.

Fehlerrechnung. Den Fehlereinfluß von β können wir vernachlässigen. Dann ist der relative Größtfehler von η nach (4.3): $\Delta\eta/\eta = \Delta\,(m - \varrho V)/(m - \varrho V) + \Delta r/r + \Delta v/v$. Nach unsern hier nicht mitgeteilten Messungen schätzen wir $\Delta m = \pm\,0{,}000005$ g. Unser Wert von r beruht auf der Firmenangabe. Obgleich die Toleranz solcher Kugeln äußerst klein ist, schätzen wir vorsichtig $\Delta r = \pm\,0{,}0001$ cm, also $\Delta r/r = \pm\,0{,}0001/0{,}04 = \pm\,0{,}0025 = \pm\,0{,}25\,\%$. Dann ist $\Delta V/V = 3\,\Delta r/r = \pm\,0{,}75\,\%$. Weiter schätzen wir $\Delta\varrho = \pm\,0{,}002\ \mathrm{g\,cm^{-3}}$, so daß $\Delta\varrho/\varrho = \pm\,0{,}002/0{,}877 \approx \pm\,0{,}0023 = \pm\,0{,}23\,\%$. Demnach ist $\Delta\,(\varrho V)/(\varrho V) = \Delta\varrho/\varrho + \Delta V/V = \pm\,(0{,}23 + 0{,}75)\,\% \approx \pm\,1\,\%$ und $\Delta\,(\varrho V) = \pm\,0{,}01 \cdot 0{,}000235 \approx \pm\,0{,}000002$ g. Es folgt $\Delta\,(m - \varrho V) = \Delta m + \Delta\,(\varrho V) = \pm\,0{,}000007$ g und $\Delta\,(m - \varrho V)\,/\,(m - \varrho V) = \pm\,0{,}000007/0{,}001845 \approx \pm\,0{,}0038 = \pm\,0{,}38\,\%$. Der relative Größtfehler von $v = a/t$ ist $\Delta v/v = \Delta a/a + \Delta t/t$. Wir schätzen $\Delta a = \pm\,0{,}05$ cm, also $\Delta a/a \pm 0{,}05/39{,}8 \approx \pm\,0{,}0013 = \pm\,0{,}13\,\%$. Der Fehler von t beträgt nach Tabelle 1 $\Delta t = \sqrt{1210/(10 \cdot 9)} \cdot 10^{-2} \approx \pm\,0{,}037$ s, so daß $\Delta t/t = \pm\,0{,}037/20{,}37 \approx \pm\,0{,}0018 = \pm\,0{,}18\,\%$ und $\Delta v/v = \pm\,0{,}31\,\%$. Dann folgt schließlich $\Delta\eta/\eta = \pm\,(0{,}38 + 0{,}25 + 0{,}31)\,\% \approx \pm\,1\,\%$.

Unser Endergebnis lautet also

$$\underline{\eta = (1{,}168 \pm 0{,}012)\ \mathrm{P}, \quad \Delta\eta/\eta = \pm\,1\,\%}$$

bei der Temperatur 22,8 °C.

II. Die Zähigkeit als Funktion der Temperatur

Nach dem *Hagen-Poiseuilleschen Gesetz* beträgt das Flüssigkeitsvolumen $\mathrm{d}V$, das in der Zeit $\mathrm{d}t$ durch eine Kapillare von der Länge l und dem Radius r fließt, wenn die den Flüssigkeitsstrom treibende Druckdifferenz p ist,

$$\mathrm{d}V = \frac{\pi r^4 p}{8\eta l}\,\mathrm{d}t\,. \tag{4.4}$$

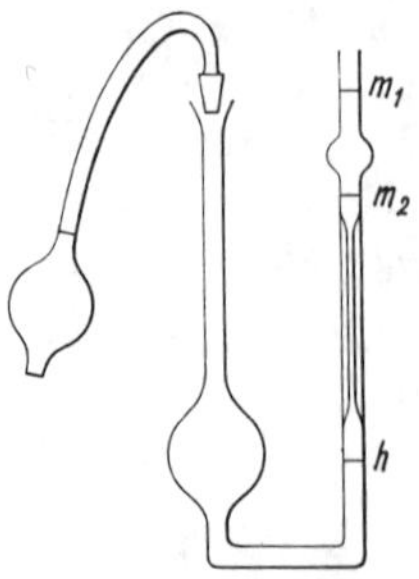

Abb. 9. Viskosimeter nach *Ostwald*

Wir wollen diese Beziehung dazu benutzen, um die Temperaturabhängigkeit der Zähigkeit des gleichen Öles wie oben zu untersuchen. Die Messungen erfolgen in einem *Viskosimeter* nach *Ostwald* (Abb. 9). Das in üblicher Weise gereinigte und getrocknete Glasgefäß wird bis zur Marke h mit der Flüssigkeit gefüllt, diese mittels des Gummiballons bis über die Marke m_1 emporgedrückt und der Ballon sogleich wieder entfernt. Dann mißt man mit einer Stoppuhr die Zeit, während derer die Flüssigkeitsoberfläche von m_1 bis zur Marke m_2 herabsinkt, während derer also stets das gleiche Volumen V durch die Kapillare strömt. Diese Messung nehmen wir bei verschiedenen Temperaturen etwa zwischen 0 und 50 °C vor. Zu diesem Zweck bringen wir das Viskosimeter in ein Wasserbad, dessen Temperatur wir verändern können. Wegen der starken Temperaturabhängigkeit der Viskosität warten wir dabei jeweils ab, bis die Temperatur des Viskosimeters praktisch konstant geworden ist, was man am deutlichsten daran erkennt, daß die Ausflußzeit bei aufeinander folgenden Messungen keinen merklichen Gang mehr zeigt. Die Temperatur messen wir im Wasserbade.

Die Größe $\mathrm{d}V/\mathrm{d}t$ ist wegen des überall gleichen Querschnitts der Kapillaren proportional der momentanen Strömungsgeschwindigkeit v der Flüssigkeit, also nach (4.4) v proportional p/η. p ist proportional der Dichte der Flüssigkeit, deren Temperaturabhängigkeit aber so gering ist, daß wir sie bei den verschiedenen Temperaturen als gleich groß ansehen dürfen. Demnach ist p bei den einzelnen Messungen in gleichen Phasen des Vorganges – bei gleicher Druckhöhe – genügend genau gleich groß, und daher sind die momentanen Geschwindigkeiten v in gleichen Phasen nur noch proportional $1/\eta$, und das gleiche gilt dann auch für die mittlere Geschwindigkeit $\bar{v}$, gemittelt über die ganze Dauer t des Vorganges, die ihrerseits dem Kehrwert $1/\bar{v}$ der mittleren Geschwindigkeit proportional ist. Damit ergibt sich schließlich, daß t und η einander proportional sind, $\eta = \beta t$. Wenn wir t als Funktion der Temperatur – hier zur Unterscheidung von der Zeit mit ϑ bezeichnet – messen, so erhalten wir damit also gleichzeitig ein Bild der Temperaturabhängigkeit von η.

Tabelle 2

ϑ	3,2	8,0	14,2	20,3	26,3	33,6	38,6	47,1 °C
t	34,2	23,8	14,8	10,2	7,1	4,9	3,7	2,6 s

Beispiel. Die Tabelle 2 gibt unsre Messungen, Abb. 10 ihre graphische Darstellung. Man erkennt die außerordentlich große Temperaturabhängigkeit der

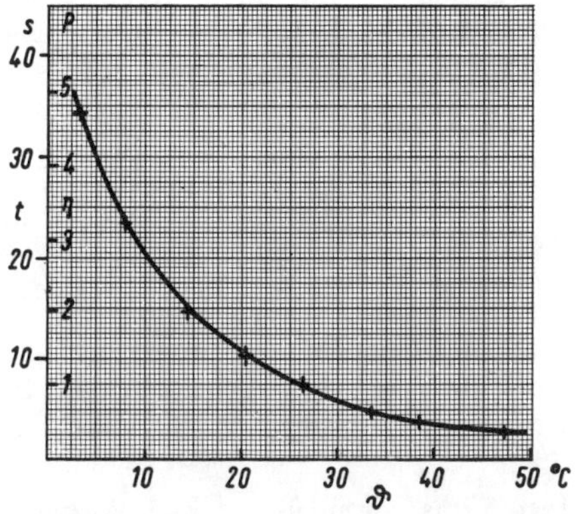

Abb. 10. Ausströmungsgeschwindigkeit t und Zähigkeit eines Öles als Funktionen der Temperatur ϑ

Zähigkeit, die bei 3,2 °C etwa 13mal größer ist als bei 47,1 °C. Aus Abb. 10 lesen wir ab, daß der Temperatur 22,8 °C, bei der wir oben $\eta = 1{,}17$ P gemessen haben, eine Ausströmzeit $t = 9$ s entspricht. Es ist also

$$\eta/t = \beta = 1{,}17/9 = 0{,}13\ \mathrm{P\,s^{-1}}.$$

Mittels dieses Faktors haben wir neben die t-Skala der Abb. 10 eine η-Skala gesetzt.

Legen wir bei $\vartheta = 22{,}8$ °C eine Tangente an unsre Kurve, so schneidet sie die Achsen in $t \approx 21$ s und $\vartheta \approx 39$ °C. Ihr Steigungsmaß beträgt also $\mathrm{d}t/\mathrm{d}\vartheta = -21/39 \approx -0{,}5\ \mathrm{s\,grd^{-1}}$. Dann ergibt sich $\mathrm{d}\eta/\mathrm{d}\vartheta = \beta\,\mathrm{d}t/\mathrm{d}\vartheta = -0{,}13 \cdot 0{,}5 = -0{,}065\ \mathrm{P\,grd^{-1}}$. Demnach bewirkt schon eine Temperaturänderung um 0,1 grd eine Änderung der Zähigkeit um mehr als eine halbe Einheit der 3. Stelle. Man erkennt daraus die Notwendigkeit einer recht genauen Temperaturangabe.

Da die letzten Messungen vor allem einen Eindruck von der hohen Temperaturabhängigkeit der Zähigkeit vermitteln sollen, verzichten wir auf eine Fehlerrechnung.

5. Aufgabe. Trägheitsmomente und Richtmomente

Westphal, Physik, §§ 36, 42; Kl. Lehrb. d. Physik, §§ 33, 38. Vgl. ferner Anhang I

I. Grundlagen

1. Das *Trägheitsmoment* eines Körpers bezüglich einer vorgegebenen Achse ist das über alle Massenelemente dm des Körpers erstreckte Integral

$$I = \int r^2\,\mathrm{d}m. \tag{5.1}$$

Dabei ist r der senkrechte Abstand des Massenelements dm von der Achse. Die CGS-Einheit des Trägheitsmomentes ist also 1 g cm². Aus (5.1) berechnet man das Trägheitsmoment einer homogenen Kreisscheibe (Zylinder) von der Masse m und dem Radius r bezüglich ihrer Figurenachse zu

$$I_s = \tfrac{1}{2} m r^2 \tag{5.2}$$

Die Figurenachse geht durch den Schwerpunkt der Scheibe, ist also eine *Schwerpunktachse.* Ein auf eine Schwerpunktachse bezogenes Trägheitsmoment bezeichnen wir mit I_s.

2. Ist m die Masse eines Körpers, a der Abstand einer Achse von der zu ihr parallelen Schwerpunktachse des Körpers, so ist das Trägheitsmoment des Körpers bezüglich jener Achse

$$I = I_s + ma^2 \tag{5.3}$$

(*Steinerscher Satz*). Ist also das Trägheitsmoment eines Körpers bezüglich einer Schwerpunktachse bekannt, so kann man sein Trägheitsmoment bezüglich jeder anderen, zu dieser Schwerpunktachse parallelen Achse nach (5.3) berechnen.

3. Ein Körper sei um eine raumfeste Achse drehbar und habe bezüglich Drehungen um diese Achse eine stabile Gleichgewichtslage. Im Anhang I, auf den hier und für das Folgende verwiesen wird, ist gesagt, daß dann bei einer Auslenkung um einen nicht allzu großen Winkel φ auf den Körper ein rücktreibendes Drehmoment $N = -D\varphi$ wirkt und daß er, sofern seine Dämpfung vernachlässigt werden kann, Drehschwingungen mit der Schwingungsdauer $T = 2\pi\sqrt{I/D}$ ausführt, was wir für unsern Gebrauch in der Form

$$T^2 = 4\pi^2 \frac{I}{D} \tag{5.4}$$

schreiben. D heißt das *Richtmoment* der Vorrichtung.

II. Messung von Trägheitsmomenten und Richtmomenten

Zur Messung von Trägheitsmomenten bedienen wir uns eines Drehtisches (Abb. 11), an dessen vertikaler Achse eine Spiralfeder angreift, die die Gleichgewichtslage bestimmt und ein Richtmoment liefert. Zur Eichung des Drehtisches, dessen Richtmoment und eigenes Trägheitsmoment wir zunächst noch nicht kennen, benutzen wir einen Körper von leicht berechenbarem Trägheitsmoment, eine Kreisscheibe aus Messing, deren Trägheitsmoment I_s bezüglich ihrer Figurenachse wir aus ihrer Masse und ihrem Radius nach (5.2) ermitteln. Die Scheibe kann auf dem Drehtisch in verschiedenen Abständen von der Achse befestigt werden. Dazu dienen zwei Stifte an der Unterseite der Scheibe, die in die Löcher einer radialen Lochreihe im Drehtisch pas-

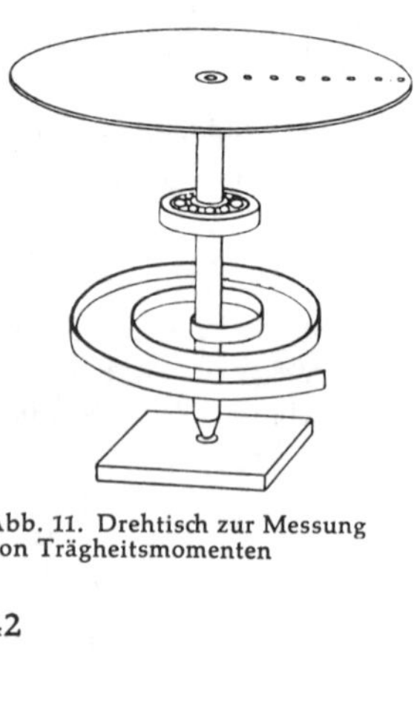

Abb. 11. Drehtisch zur Messung von Trägheitsmomenten

sen. So kann der Schwerpunkt der Scheibe in den Abständen 0, 1, 2 . . ., 7 cm von der Achse angebracht und die Schwingungsdauer des Drehtisches in diesen Zuständen gemessen werden.

Das Trägheitsmoment des leeren Drehtisches betrage I_t, das der Scheibe in ihrer jeweiligen Lage sei I, so daß das Trägheitsmoment des belasteten Drehtisches $I_t + I$ beträgt. I berechnen wir nach (5.3). Nach (5.4) ist dann

$$T^2 = 4\pi^2 \frac{I_t + I}{D} = \frac{I_t + I}{D'} \quad (5.5) \qquad \text{mit } D' = \frac{D}{4\pi^2} \cdot \quad (5.6)$$

Die Schwingungsdauer des unbelasteten Drehtisches ($J = 0$) bezeichnen wir mit T_t. Dann ist

$$T_t^2 = 4\pi^2 \frac{I_t}{D} = \frac{I_t}{D'} \cdot \quad (5.7)$$

Nach (5.5) können D und I_t aus zwei Wertepaaren (I, T) berechnet werden.

Da wir auch die Gültigkeit des *Steiner*schen Satzes (5.3) prüfen wollen, so stellen wir Messungen bei verschiedenen Abständen a an. Die Schwingungszeiten messen wir mit der Stoppuhr, indem wir möglichst viele gleichsinnige Durchgänge einer am Drehtisch befindlichen Strichmarke durch den Ort einer festen Marke beobachten, die an der Ruhelage der beweglichen Strichmarke angebracht ist[1]). Die Anzahl der Schwingungen, über die man mißt, richtet sich nach dem Betrage der Dämpfung. Diese ist bei kleinen Abständen von der Achse ziemlich klein, wächst aber mit dem Abstand. (Die Lagerreibung nimmt bei einseitiger Belastung zu.) Daher nimmt die Anzahl der für die Messung verfügbaren Schwingungen ab, da die Messungen bei zu kleiner Schwingungsweite sehr ungenau werden. Zu Beginn jeder Messung erteilen wir dem Drehtisch eine Drehung von etwa 90° bis höchstens 180° und lassen ihn dann los.

Ehe man mit den Messungen beginnt, muß man den Drehtisch mittels seiner Fußschrauben sehr genau *horizontal stellen*, da sonst die Schwerkraft an der Scheibe ein zusätzliches Richtmoment erzeugt. Man justiert den Drehtisch so, daß er sich nicht mehr dreht, wenn man die Scheibe an eine beliebige Stelle am Rande des Drehtisches legt.

Beispiel. Der Durchmesser der Scheibe wurde mit der Schublehre zu $2r = (5{,}99 \pm 0{,}005)$ cm gemessen, so daß ihr Radius $r = (2{,}995 \pm 0{,}0025)$ cm beträgt. Die Masse wurde mit einer groben Waage zu $m = (212{,}0 \pm 0{,}05)$ g ermittelt. Demnach beträgt das Trägheitsmoment der Scheibe $I_s = 950{,}8 \approx 951$ g cm².

---

[1]) Dabei beachte man hier und in allen gleichen Fällen die Anweisungen für den Gebrauch von Stoppuhren in der Einleitung, § 14/III.

Sämtliche Schwingungsdauern sind je fünfmal gemessen worden. Wir geben hier in Tabelle 1 die Einzelmessungen nur für die Schwingungsdauer T_t des unbelasteten Tisches, gemessen über je 50 Schwingungen. Es ergibt sich im Mittel $T_t = 35{,}84/50 = 0{,}7168$ s.

In Tabelle 2 sind die nach (5.3) berechneten Trägheitsmomente I für die verschiedenen Abstände a des Scheibenmittelpunktes von der Drehachse sowie die Schwingungsdauern T und ihre Quadrate angegeben. Abb. 12 zeigt T^2 als Funktion von J, bildet also eine Eichkurve des Drehtisches für

Tabelle 1

$50\,T_t$	$v \cdot 10^2$	$v^2 \cdot 10^4$
36,0 s	+ 16	256
35,7	− 14	196
35,7	− 14	196
35,8	− 4	16
36,0	+ 16	256
35,84		920

Tabelle 2

Nr.	a cm	I g cm²	T s	T^2 s²
1	0	951	0,923	0,852
2	1	1 163	0,964	0,929
3	2	1 799	1,072	1,150
4	3	2 859	1,236	1,527
5	4	4 343	1,432	2,050
6	5	6 251	1,651	2,727
7	6	8 583	1,885	3,553
8	7	11 339	2,126	4,528

Trägheitsmomente, aus der man zu jedem Wert von T^2 das zugehörige Trägheitsmoment I ablesen kann. Die Meßpunkte liegen, wie nach (5.5) zu erwarten, recht genau auf einer Geraden, was den *Steiner*schen Satz (5.3) sowie die Tatsache bestätigt, daß die Dämpfung noch keinen wesentlichen Einfluß auf die Schwingungsdauer hatte.

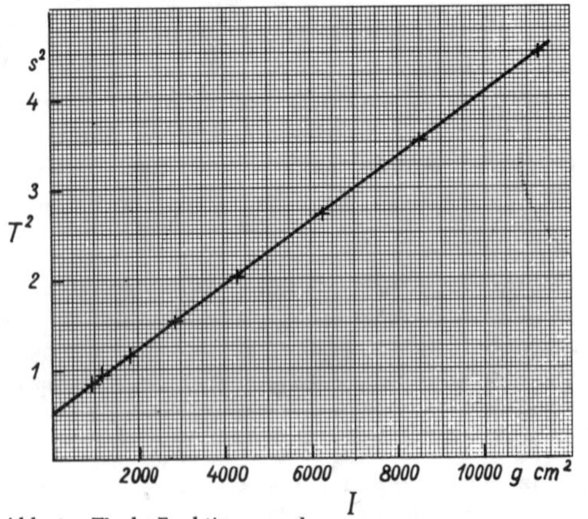

Abb. 12. T^2 als Funktion von I

Zur Berechnung von D und I_t genügen an sich zwei Wertepaare (I, T). Sofern wir nicht sämtliche Messungen heranziehen wollen, wählen wir die beiden gemessenen Extremwerte von I und T^2, die sehr genau auf der ausgleichenden Geraden liegen. (Andernfalls liest man die Werte an den beiden Enden der Geraden ab.) Wir benutzen also die Werte $I = 0$, $T_t = 0{,}7168$ s (Tabelle 1), $T_t^2 = 0{,}514$ s² und $I =$

11 339 g cm², $T = 2{,}126$ s, $T^2 = 4{,}528$ s². Dann erhalten wir nach (5.5) bzw. (5.7) $0{,}514\ s^2 = I_t/D'$, $4{,}528\ s^2 = I_t/D' + 11\,339\ g\,cm^2/D'$. Hieraus folgt (mit $g\,cm^2\,s^{-2} = dyn\,cm$) durch einfache Rechnung $D = 4\pi^2 D' = 111\,530$ dyn cm, $I_t = 1452{,}0\ g\,cm^2$.

Ein zuverlässigeres Ergebnis erhalten wir, wenn wir unsere sämtlichen Messungen berücksichtigen. Zu diesem Zweck schreiben wir (5.5) auf Grund von (5.3) in der Form

$$T^2 = \frac{I_t + I_s}{D'} + \frac{m}{D'}\,a^2 = A + Ba^2 \qquad (5.8)$$

mit $$A = \frac{I_t + I_s}{D'} \quad (5.9) \qquad B = \frac{m}{D'}\,. \quad (5.10)$$

Nun kombinieren wir die 1. Messung der Tabelle 2 mit der 5., die 2. mit der 6. usw. und berechnen Werte der Konstanten B nach den aus (5.8) folgenden Gleichungen $B = (T_5{}^2 - T_1{}^2)/(a_5{}^2 - a_1{}^2)$ usw., wobei die Indizes die laufende Nummer der Messung bedeuten. Die Ergebnisse sind in der Tabelle 3 zusammengestellt.

Tabelle 3

Nr.	a	a^2	T^2	Diff. a^2	Diff. T^2	B	$v \cdot 10^4$	$v^2 \cdot 10^8$
1	0 cm	0 cm²	0,852 s²	16 cm²	1,198 s²	0,0749 s² cm⁻²	−1	1
2	1	1	0,929	24	1,798	49	−1	1
3	2	4	1,150	32	2,403	51	+1	1
4	3	9	1,527	40	3,001	50	0	0
5	4	16	2,050					
6	5	25	2,727					
7	6	36	3,553					
8	7	49	4,528					
						0,0750		3

Die zur Berechnung von B nötigen Differenzen der Werte von T^2 und a^2 sind mit Diff. T^2 und Diff. a^2 bezeichnet. Als Mittelwert erhalten wir $B = 0{,}0750\ s^2\,cm^{-2}$. Daraus folgt nach (5.10) und (5.8) mit $m = 212{,}0$ g $D' = m/B = 212{,}0/0{,}0750 = 2826{,}7$ dyn cm, $D = 4\pi^2 D' = 111\,590$ dyn cm.

Nun berechnen wir Werte von A nach der aus (5.8) folgenden Gleichung $A = T^2 - Ba^2$ aus jeder Einzelmessung und erhalten die Zahlen der Tabelle 4. Als Mittelwert erhalten wir $A = 0{,}852\ s^2$. Damit ergibt sich nach (5.9) $I_t + I_s = AD' = 0{,}852 \cdot 2826{,}7 = 2408{,}3\ g\,cm^2$. Mit $I_s = 950{,}8\ g\,cm^2$ folgt $I_t = 2408{,}3 - 950{,}8 = 1457{,}5\ g\,cm^2$.

Wir haben aber noch eine zweite Möglichkeit, J_t zu berechnen, nämlich mit Hilfe des noch nicht benutzten Wertes von T_t nach (5.7). Mit $T_t{}^2 = 0{,}514\ s^2$

Tabelle 4

a	T^2	Ba^2	A	$v \cdot 10^3$	$v^2 \cdot 10^6$
0 cm	0,852 s^2	0,000 s^2	0,852 s^2	0	0
1	0,929	0,075	54	+ 2	4
2	1,150	0,300	50	− 2	4
3	1,527	0,675	52	0	0
4	2,050	1,200	50	− 2	4
5	2,727	1,875	52	0	0
6	3,553	2,700	53	+ 1	1
7	4,528	3,675	53	+ 1	1
			0,852		14

erhalten wir $J_t = D'T_t^2 = 2826{,}7 \cdot 0{,}514 = 1452{,}9 \text{ g cm}^2$, also einen von dem obigen nur wenig verschiedenen Wert. Wir werden es vom Ergebnis der Fehlerrechnung abhängig machen, wie wir diese beiden Werte verwerten.

Fehlerrechnung. Nach Tabelle 4 ist $\Delta A = \sqrt{14/(8 \cdot 7)} \cdot 10^{-3} \approx \pm 0{,}0005 \text{ s}^2$, also $\Delta A/A = \pm 0{,}0005/0{,}852 \approx \pm 0{,}0006 = \pm 0{,}06\,\%$, und nach Tabelle 3 $\Delta B = \sqrt{3/(4 \cdot 3)} \cdot 10^{-4} \approx \pm 0{,}00005 \text{ s}^2 \text{ cm}^{-2}$, also $\Delta B/B = \pm 0{,}00005/0{,}0750 \approx \pm 0{,}0007 = \pm 0{,}07\,\%$. Da nach (5.10) $D' = m/B$ und nach (5.6) $D = 4\pi^2 D'$, so ist $\Delta D/D = \Delta D'/D' = \Delta m/m + \Delta B/B$. Nach unsern obigen Angaben ist $\Delta m/m = \pm 0{,}05/212 \approx \pm 0{,}00025 = \pm 0{,}025\,\%$, so daß $\Delta D'/D' = \Delta D/D = \pm (0{,}025 + 0{,}07)\,\% \approx \pm 0{,}1\,\%$. Nach (5.9) ist $(I_t + I_s) = A D'$, so daß $\Delta (I_t + I_s)/(I_t + I_s) = \Delta A/A + \Delta D'/D' = \pm (0{,}06 + 0{,}1)\,\% = \pm 0{,}16\,\%$. Nach (5.2) ist der relative Größtfehler von I_s: $\Delta I_s / I_s = \Delta m / m + 2\, \Delta r / r$. Nach den oben gemachten Angaben ist $\Delta r/r = \pm 0{,}0025/2{,}955 \approx \pm 0{,}001 = \pm 0{,}1\,\%$, so daß $\Delta I_s/I_s = \pm (0{,}025 + 0{,}2)\,\% \approx \pm 0{,}23\,\%$. I_t ist nach der Gleichung $I_t = (I_t + I_s) - I_s$ berechnet, so daß $\Delta I_t = \Delta (I_t + I_s) + \Delta I_s$. Mit den oben berechneten relativen Fehlern dieser beiden Größen erhalten wir $\Delta (I_t + I_s) = \pm 0{,}0016 \cdot 2408{,}3 \approx \pm 4 \text{ g cm}^2$ und $\Delta I_s = \pm 0{,}0023 \cdot 951 \approx \pm 2{,}2 \text{ g cm}^2$. Damit folgt $\Delta I_t = \pm (4 + 2{,}6) \approx \pm 7 \text{ g cm}^2$ und $\Delta I_t/I_t = \pm 7/1452{,}9 \approx \pm 0{,}005 = \pm 0{,}5\,\%$. Wir haben aber I_t auch nach (5.7) berechnet, wonach $\Delta I_t/I_t = 2\, \Delta T_t/T_t + \Delta D'/D'$ ist. Nach Tabelle 1 ist $\Delta (50T) = \sqrt{920/(5 \cdot 4)} \cdot 10^{-4} \approx \pm 0{,}07 \text{ s}$, also $\Delta (50\, T_t) / (50\, T_t) = \Delta T_t/T_t = 0{,}07/35{,}84 \approx \pm 0{,}002 = \pm 0{,}2\,\%$. Damit ist $\Delta I_t/I_t = \pm (0{,}4 + 0{,}1)\,\% = \pm 0{,}5\,\%$, also ebenso groß wie oben. Wir werden deshalb aus den beiden erhaltenen Werten den Mittelwert $I_t = 1455{,}2 \text{ g cm}^2$ nehmen.

Demnach lauten unsre Endergebnisse

$$D = (111\,590 \pm 110) \text{ dyn cm}, \qquad \Delta D/D = \pm 0{,}1\,\%;$$

$$I_t = (1455{,}2 \pm 7) \text{ g cm}^2, \qquad \Delta I_t/I_t = \pm 0{,}5\,\%.$$

III. Trägheitsmoment eines unregelmäßig geformten Körpers

Damit haben wir unseren Drehtisch geeicht; jedem zusätzlichen Trägheitsmoment I entspricht eine bestimmte Schwingungsdauer T, und wir können jenes aus ihr entweder nach (5.5) berechnen oder aus Abb. 12 einfach ablesen. Es hängt von der Lage des Körpers auf dem Drehtisch ab und ist am kleinsten, wenn der Körperschwerpunkt in die Drehachse fällt.

Wir wollen ein solche Messung mit einem unregelmäßig geformten Körper (etwa mit einer Messingplatte) ausführen, der wieder mit zwei Stiften auf dem Drehtisch befestigt ist und der längs der Lochreihe schrittweise verschoben werden kann. Wenn wir den Körper über den ganzen Durchmesser des Drehtisches so weit wie möglich nach beiden Seiten hin verschieben und die Schwingungsdauer T als Funktion des Ortes x auftragen, so erhalten wir nach (5.8) einen Hyperbelast, dessen Scheitel (Minimum) dem Minimum des Trägheitsmoments entspricht, das der Körper im Laufe seiner Verschiebung längs der Lochreihe hat. (Auf die Wahl des Nullpunkts der Ortskoordinate kommt es bei dieser Messung nicht an. Wir bezeichnen unten mit $x = 0$ die Lage, bei der der eine der beiden Stifte sich im Mittelpunkt der Scheibe befindet.) Aus der dem Minimum unserer Kurve entsprechenden Schwingungsdauer berechnen wir das Minimum I des Trägheitsmoments.

Beispiel. In Tabelle 5 sind die aus je 50 Schwingungen bestimmten Schwingungsdauern für die verschiedenen Lagen des Körpers angegeben. Abb. 13 gibt eine graphische Darstellung, die die Hyperbelgestalt zeigt.

Tabelle 5

x	−3	−2	−1	0	1	2	cm
T	1,594	1,406	1,250	1,108	0,990	0,894	s
x	3	4	5	6	7	cm	
T	0,844	0,838	0,892	0,972	1,100	s	

Aus Abb. 13 lesen wir ab, daß dem Minimum eine Schwingungsdauer $T = 0{,}835$ s entspricht, so daß $T^2 = 0{,}695\ \mathrm{s}^2$. Aus der Eichkurve, Abb. 12, können wir hierzu den ungefähren Wert $J \approx 500\ \mathrm{g\,cm}^2$ entnehmen. Ein genaueres Ergebnis erhalten wir, wenn wir I nach (5.5) berechnen. Danach ist $I_t + I = D'T^2 = 2826{,}7 \cdot 0{,}695 = 1964\ \mathrm{g\,cm}^2$, also $I = 1964\ \mathrm{g\,cm}^2 - I_t = 1964 - 1455 = 509\ \mathrm{g\,cm}^2$.

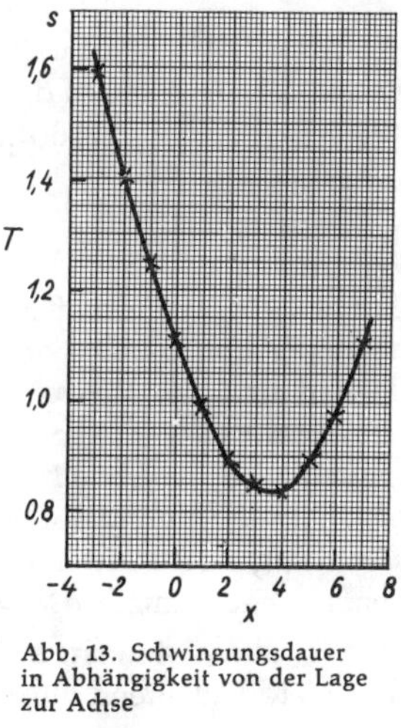

Abb. 13. Schwingungsdauer in Abhängigkeit von der Lage zur Achse

Fehlerrechnung. Wenn wir der Unsicherheit der Kurvenzeichnung in Abbildung 13 Rechnung tragen, so müssen wir den Fehler von T auf ungefähr $\pm 0{,}005$ s schätzen, so daß $\Delta T/T = \pm 0{,}005/0{,}835 \approx \pm 0{,}006 = \pm 0{,}6\,\%$. Demnach beträgt der relative Größtfehler von $I_t + I$ wie oben $\Delta\,(I_t + I)/(I_t + I) = \Delta D'/D' + 2\,\Delta T/T = \pm\,(0{,}1 + 1{,}2)\,\% = \pm\,1{,}3\,\%$. Der absolute Fehler von $I_t + I$ beträgt also $\Delta\,(I_t + I) = \pm\,1964 \cdot 0{,}013 \approx \pm\,26$ g cm². Dann beträgt der absolute Größtfehler von I wie oben $\Delta I = \Delta\,(I_t + I) + \Delta I_t = \pm\,(26 + 7) = \pm\,33$ g cm².

Unser gerundetes Endergebnis lautet also

$$I = (510 \pm 33)\ \text{g cm}^2, \quad \Delta I/I = \pm\,7\,\%.$$

6. Aufgabe. Schubmodul

Westphal, Physik, §§ 42, 57; Kl. Lehrb. d. Physik, §§ 38, 51

Ein rechteckiges Volumelement eines elastischen festen Körpers werde an seiner Unterseite festgehalten (Abb. 14). In seiner oberen Fläche und parallel zu ihr wirke eine über die Fläche A gleichmäßig verteilte Schubkraft F, die die Seitenflächen um einen Winkel α verdreht. Man bezeichnet eine solche elastische Gestaltsänderung als *Schub* oder *Scherung*. Bei kleinem Winkel α ist dieser dem Quotienten F/A aus Schubkraft und Fläche proportional,

$$\alpha = \frac{F}{AG}, \tag{6.1}$$

wobei α im Bogenmaß zu messen ist. G ist eine Stoffkonstante und heißt *Schub-* oder *Scherungsmodul*, auch *Torsionsmodul*, da G auch bei der Torsion eine Rolle spielt. Seine CGS-Einheit ist 1 dyn cm⁻². In Tabellen ist die Angabe in der Einheit $1\ \text{kp mm}^{-2} = 0{,}981 \cdot 10^8\ \text{dyn cm}^{-2}$ üblich.

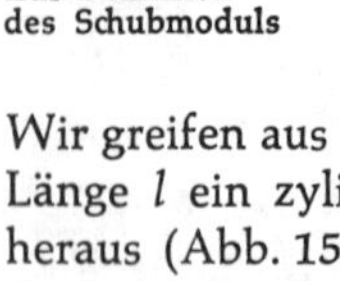

Abb. 14
Zur Definition des Schubmoduls

Ist ein Volumelement eines elastischen festen Körpers in der geschilderten Weise verformt, so erzeugen die in ihm auftretenden inneren Spannungen eine Zwangskraft, die seine ursprüngliche Gestalt wiederherzustellen sucht und der verformenden Kraft das Gleichgewicht hält. Diese zurücktreibende Kraft beträgt also nach (6.1)

$$F = -\,\alpha G A. \tag{6.2}$$

Wir greifen aus einem homogenen Kreiszylinder, z. B. einem Draht, von der Länge l ein zylindrisches Volumelement vom Radius r und der Dicke dr heraus (Abb. 15). Die obere Fläche des Zylinders werde festgehalten. Wir denken uns das Volumelement tordiert, indem in seiner unteren Fläche, über diese gleichmäßig verteilt, tangential gerichtete äußere Kräfte $\varkappa$ angreifen, wie es Abb. 15 schematisch andeutet. Jede dieser Kräfte erzeugt bezüglich der Zylinderachse das statische Moment $r\varkappa$, und da diese Momente sämtlich gleichgerichtet sind, so ist ihre über die ganze Fläche $\mathrm{d}A = 2\pi r\,\mathrm{d}r$ genommene Summe $\mathrm{d}N_a = \Sigma\, r\varkappa = r\,\Sigma\varkappa$.

Nun ist aber, wie man aus Abb. 15 erkennt, eine solche Torsion des Zylinders gleichbedeutend mit einer Scherung um einen Winkel α. Daher ist nach

(6.2) $\Sigma \varkappa = \alpha G \,\mathrm{d}A = \alpha G \cdot 2\pi r \,\mathrm{d}r$. Insgesamt muß also, um eine solche Torsion zu bewirken, an dem betrachteten Volumelement ein äußeres axiales Drehmoment

$$\mathrm{d}N_a = r \Sigma \varkappa = \alpha r G \,\mathrm{d}A = 2\pi\alpha G r^2 \,\mathrm{d}r \tag{6.3}$$

angreifen.

Der Zylinder sei um den Winkel φ (Abb. 15) um seine Achse tordiert. Ist $\alpha \ll 1$, so ist die Länge des Kreisbogens $s \approx l\alpha$. Zweitens ist aber auch $s = r\varphi$, also

$$\alpha = \varphi \frac{r}{l} \cdot \tag{6.4}$$

Durch Einsetzen in (6.3) erhalten wir dann

$$\mathrm{d}N_a = \frac{2\pi r^3 \,\mathrm{d}r}{l} G\varphi . \tag{6.5}$$

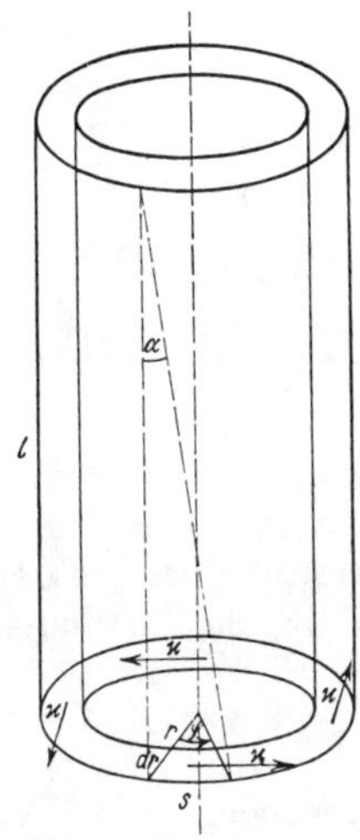

Abb. 15
Torsion eines Zylinders

Es sei R der äußere Radius des ganzen Zylinders. Dann erhalten wir das gesamte an ihm angreifende axiale Drehmoment N_a, indem wir über $\mathrm{d}N_a$ von $r = 0$ bis $r = R$ integrieren,

$$N_a = 2\pi \frac{G}{l} \varphi \int_0^R r^3 \,\mathrm{d}r = \frac{\pi}{2} G \frac{R^4}{l} \varphi . \tag{6.6}$$

Durch die Torsion werden aber im Zylinder innere Spannungen hervorgerufen, die ein ebenso großes, entgegengesetzt gerichtetes Drehmoment $N = -N_a$ erzeugen, so daß

$$N = -\frac{\pi}{2} G \frac{R^4}{l} \varphi = -D\varphi . \tag{6.7}$$

Nach Anhang I, (1), hat also der Zylinder infolge seiner Schubelastizität ein *Richtmoment*

$$D = \frac{\pi}{2} G \frac{R^4}{l} \cdot \tag{6.8}$$

Wird der Zylinder, den wir uns nunmehr als einen langen, hängenden Draht mit einem an ihm hängenden Körper vom Trägheitsmoment I (5. Aufgabe) denken, tordiert und dann losgelassen, so führt er mitsamt jenem Körper Drehschwingungen aus, deren Schwingungsdauer T nach Anhang I, (12), durch die Gleichung

$$T^2 = 4\pi^2 \frac{I}{D} \tag{6.9}$$

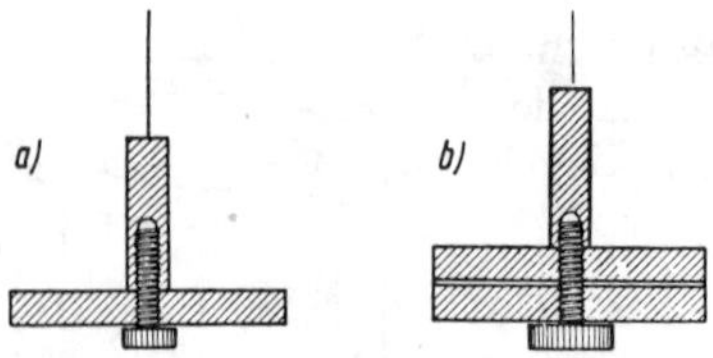

Abb. 16. Zur Messung des Schubmoduls aus Torsionsschwingungen

gegeben ist. Nach (6.9) kann, wenn I bekannt ist, aus T das Richtmoment D und nach (6.8) der Schubmodul

$$G = \frac{2lD}{\pi R^4} \tag{6.10}$$

berechnet werden.

Wir benutzen einen etwa 100 cm langen Draht, der oben gut befestigt ist und an seinem unteren Ende eine an einem Metallstab befestigte kreisförmige Metallscheibe trägt (Abb. 16 a). Das Trägheitsmoment der Vorrichtung betrage in diesem Zustande I_0. Die Schwingungsdauer T_0 ist dann durch die Gleichung

$$T_0^2 = 4\pi^2 \frac{I_0}{D} \tag{6.11}$$

gegeben. An der Vorrichtung kann eine weitere Scheibe befestigt werden (Abb. 16 b), deren Trägheitsmoment I berechnet werden kann. Es ist eine Kreisscheibe vom äußeren Radius r_2, die (zur Hindurchführung der Befestigungsschraube) eine zentrale Bohrung vom Radius r_1 hat. Wie man leicht ableiten kann, beträgt das Trägheitsmoment einer solchen Scheibe, deren Masse m sei,

$$I = \int_{r_1}^{r_2} r^2 \, dm = \tfrac{1}{2} m \left(r_1^2 + r_2^2\right) \tag{6.12}$$

[vgl. den Sonderfall (5.2) für $r_1 = 0$]. Das Trägheitsmoment beträgt nun $I_0 + I$, und für die Schwingungsdauer T gilt die Gleichung

$$T^2 = 4\pi^2 \frac{I_0 + I}{D} \,. \tag{6.13}$$

Aus (6.11) und (6.13) folgt

$$D = 4\pi^2 \frac{I}{T^2 - T_0^2} \,. \tag{6.14}$$

Da die Drehschwingungen nur äußerst wenig gedämpft sind, so kann man über 100 oder mehr Schwingungen beobachten und T und T_0 sehr genau mit der Stoppuhr messen. An der Scheibe ist eine Strichmarke angebracht, der man bei ruhender Vorrichtung eine Marke dicht gegenüberstellt. Man beobachtet die Durchgänge der ersten Marke durch den Ort der zweiten. Bei einem langen, dünnen Draht kann der Drehwinkel φ erhebliche Werte, 2π und mehr, annehmen, ohne daß die Bedingung $\alpha \ll 1$ verletzt wird, da R/l in jedem Fall sehr klein ist. Man darf also mit recht großen Ausschlägen arbeiten.

Beispiel. Wir untersuchen einen Stahldraht von der Länge $l = 104{,}20$ cm. Sein Durchmesser $2R$ wurde an einer Probe aus der gleichen Lieferung an 10 verschiedenen Stellen mit der Schraubenlehre gemessen (Tabelle 1). Der Mittelwert beträgt $2R = 0{,}601$ mm $= 0{,}0601$ cm, so daß $R = 0{,}03005$ cm.

Tabelle 1

$2R$	$v \cdot 10^3$	$v^2 \cdot 10^6$
0,600 mm	−1	1
600	−1	1
598	−3	9
605	+4	16
603	+2	4
600	−1	1
600	−1	1
602	+1	1
601	0	0
599	−2	4
0,601		38

Tabelle 2

$2r_1$	$v \cdot 10^3$	$v^2 \cdot 10^6$	$2r_2$	$v \cdot 10^3$	$v^2 \cdot 10^6$
1,04 cm	+6	36	6,01 cm	+1	1
3	−4	16	2	+11	121
3	−4	16	0	−9	81
3	−4	16	1	+1	1
4	+6	36	1	+1	1
3	−4	16	1	+1	1
3	−4	16	1	+1	1
4	+6	36	1	+1	1
3	−4	16	0	−9	81
4	+6	36	1	+1	1
1,034		240	6,009		290

Die Masse des Zusatzkörpers beträgt 159,72 g. $2r_1$ und $2r_2$ wurden an 10 verschiedenen Stellen mit der Schublehre gemessen (Tabelle 2). Die Mittelwerte betragen $2r_1 = 1{,}034$ cm, $2r_2 = 6{,}009$ cm, so daß $r_1 = 0{,}517$ cm, $r_2 = 3{,}005$ cm und $r_1^2 + r_2^2 = 9{,}297$ cm². Das Trägheitsmoment des Zusatzkörpers beträgt also nach (6.12) $I = \frac{1}{2} \cdot 159{,}72 \cdot 9{,}297 = 742{,}3$ g cm². T und T_0 wurden je fünfmal über je 100 Schwingungen gemessen (Tabelle 3). Es ist $T = 2{,}5112$ s, $T_0 = 1{,}8308$ s und $T^2 - T_0^2 = 2{,}954$ s². Damit erhalten wir nach (6.14)

$D = 4\pi^2 \cdot 742{,}3 / 2{,}954 = 9921$ dyn cm.

Schließlich ergibt sich nach (6.10)

$$G = \frac{2 \cdot 104{,}20 \cdot 9921}{\pi \cdot 0{,}03005^4} = 0{,}8072 \cdot 10^{12}\,\text{dyn cm}^{-2} = 8228\,\text{kp mm}^{-2}.$$

Tabelle 3

$100\,T$	$v \cdot 10^2$	$v^2 \cdot 10^4$	$100\,T_0$	$v \cdot 10^2$	$v^2 \cdot 10^4$
251,0 s	−12	144	183,0 s	−8	64
1	−2	4	1	+2	4
2	+8	64	1	+2	4
2	+8	64	1	+2	4
1	−2	4	1	+2	4
251,12 s		280	183,08 s		80

Fehlerrechnung. Der relative Größtfehler von G beträgt nach (6.10) $\Delta G/G = \Delta l/l + \Delta D/D + 4\,\Delta R/R$. Ferner ist nach (6.14) und (6.12) $\Delta D/D = \Delta I/I + 2\,(T\,\Delta T + T_0\,\Delta T_0)/(T^2 - T_0^2)$ und $\Delta I/I = \Delta m/m + 2\,(r_1\,\Delta r_1 + r_2\,\Delta r_2)/(r_1^2 + r_2^2)$.

Den Fehler von l schätzen wir zu $\pm 0{,}05$ cm, so daß $\Delta l/l = \pm 0{,}05/104{,}20 \approx \pm 0{,}0005 = \pm 0{,}05\,\%$. Die Masse m ist auf $\pm 0{,}005$ g gewogen, so daß $\Delta m/m = \pm 0{,}005/159{,}72 \approx \pm 0{,}000\,03 = \pm 0{,}003\,\%$. Nach Tabelle 2 ist $\Delta\,(2r_1) =$

$2\,\varDelta r_1 = \sqrt{240/(10 \cdot 9)} \cdot 10^{-3} \approx \pm 0{,}0016$ cm, $\varDelta\,(2\,r_2) = 2\,\varDelta r_2 = \sqrt{290/(10 \cdot 9)} \cdot 10^{-3} \approx \pm 0{,}0019$ cm. Damit ergibt sich $2\,(r_1 \varDelta r_1 + r_2 \varDelta r_2)/(r_1^2 + r_2^2) = \pm\,(0{,}517 \cdot 0{,}0016 + 3{,}005 \cdot 0{,}0019)/9{,}297 = \pm\,0{,}00073 = \pm\,0{,}073\,\%$.

Nach Tabelle 3 ist $\varDelta\,(100\,T) = \sqrt{280\,/\,(5 \cdot 4)} \cdot 10^{-2} \approx \pm\,0{,}04$ s, $\varDelta\,(100\,T_0) = \sqrt{80/(5 \cdot 4)} \cdot 10^{-2} \approx \pm\,0{,}02$ s. Demnach ist $2\,\varDelta T = \pm\,0{,}0008$ s und $2\,\varDelta T_0 = \pm\,0{,}0004$ s und $2\,(T \varDelta T + T_0 \varDelta T_0)\,/\,(T^2 - T_0^2) = \pm\,(0{,}0008 \cdot 2{,}511 + 0{,}0004 \cdot 1{,}831)\,/\,2{,}954 \approx \pm\,0{,}001 = \pm\,0{,}1\,\%$. Ferner ist nach Tabelle 1 $\varDelta\,(2\,R) = \sqrt{38\,/\,(10 \cdot 9)} \cdot 10^{-3} \approx \pm\,0{,}00065$ mm, also $4\,\varDelta R = \pm\,0{,}0013$ mm und $4\,\varDelta R/R = \pm\,0{,}0013/0{,}3005 \approx \pm\,0{,}0043 = \pm\,0{,}43\%$. Damit ergibt sich $\varDelta G/G = \pm\,(0{,}05 + 0{,}003 + 0{,}073 + 0{,}1 + 0{,}43)\,\% \approx \pm\,0{,}65\,\%$. Den weitaus größten Fehleranteil liefert, wie zu erwarten, der in der 4. Potenz eingehende Drahtradius R.

Unser — der Fehlerrechnung entsprechend gerundetes — Endergebnis lautet also:

$$\underline{G = (8230 \pm 55)\ \text{kp}\,\text{mm}^{-2},\ \varDelta G/G = \pm\,0{,}65\,\%.}$$

7. Aufgabe. Wägung

Westphal, Physik, § 33; Kl. Lehrb. d. Physik, § 36

I. Behandlung der Waage und Meßverfahren

Wägungen bezwecken fast ausnahmslos die Ermittelung der in einem Körper enthaltenen Stoffmenge, als deren Maß die *Masse* des Körpers dient. Zwar wirken die Körper an einer Waage durch ihr ihrer Masse proportionales Gewicht; indessen ist der Zweck der Wägung eine *Massenmessung*. Darum ist auf den bei Wägungen zum Massenvergleich dienenden *Wägestücken* (nicht gut: Gewichtsstücken) nicht deren (überdies ortsabhängiges) Gewicht, sondern ihre Masse angegeben.

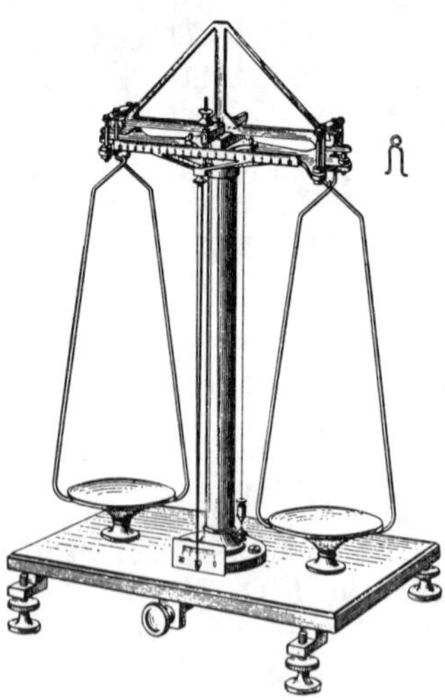

Abb. 17. Analysenwaage.
Nach *Westphal* „Physik".

Wir benutzen eine gute Analysenwaage (Abb. 17). Eine solche ist ein sehr empfindliches und genaues Meßgerät. Vorbedingung für ein entsprechend genaues Ergebnis ist aber eine *äußerst sorgfältige Behandlung*. Besonders zu beachten ist folgendes:

1. Die Waage soll nur während der Dauer der Ablesungen entarretiert sein und dann sofort — und zwar im Augen-

blick des Durchgangs durch den Nullpunkt — wieder arretiert werden. Arretieren und Entarretieren muß sehr vorsichtig geschehen.

2. Der Waagekasten soll nur im Bedarfsfall geöffnet und alsbald wieder geschlossen werden, um Luftströmungen und Temperatureinflüsse fernzuhalten. Beim gewöhnlichen Gebrauch sollen nur die Seitentüren benutzt werden.

3. Die Beseitigung von Schäden an der Waage — z. B. wenn der Waagebalken oder die Schalen aus ihren Lagern geglitten sind — muß sehr vorsichtig erfolgen und wird besser dem Assistenten überlassen.

4. Die Wägestücke, auch der Reiter, dürfen nur mit der Pinzette, nie mit der Hand angefaßt werden.

5. Das Auflegen von Körpern und Wägestücken auf die Schalen und das Aufsetzen und Versetzen des Reiters darf nur bei arretierter Waage geschehen.

Unser leichtestes Wägestück wiegt 0,01 g = 10 mg. Die kleineren Massen — bis 0,001 g = 1 mg — werden durch den „Reiter" ersetzt, der die Masse 10 mg hat und der auf eine in 10 Teile geteilte, am Waagebalken angebrachte Skala gesetzt werden kann. Nach dem Hebelgesetz ist dann seine Wirkung, je nach seiner Lage, gleich derjenigen einer auf die entsprechende Waagschale wirkenden Masse von 1, 2, 3, . . ., 10 mg. Der Reiter kann mittels eines von außen her verschiebbaren Hakens auf den gewünschten Teilstrich der Balkenskala gesetzt werden.

Die Skala, auf der der Zeiger der Waage spielt, ist am besten so beziffert, daß der Teilstrich 10 in der Mitte liegt. Auf diese Weise braucht man bei den ständig nötigen Mittelwertbildungen nur mit positiven Zahlen zu rechnen, was bequemer ist. Als *Nullpunkt* der Waage bezeichnen wir diejenige Stelle der Skala, in die der Zeiger bei unbelasteter oder beiderseitig gleich belasteter Waage einspielt. Er fällt in der Regel nicht genau mit dem mittleren Teilstrich der Skala zusammen, soll aber nicht mehr als 1 bis 2 Skalenteile von ihm abweichen, und führt auch häufig infolge von äußeren Einflüssen kleine, langsame Wanderungen aus.

Beim Entarretieren gerät die Waage meist von selbst in Schwingungen um ihre Gleichgewichtslage. *Es wird grundsätzlich bei schwingender Waage beobachtet.* Tritt keine Schwingung ein, so kann man durch vorsichtige Handhabung der Arretierungsvorrichtung Schwingungen hervorrufen. Die Schwingungsweite soll etwa 3 bis 6 Sk (Skalenteile) nach jeder Seite der jeweiligen Gleichgewichtslage betragen. Man ermittelt diese aus der Beobachtung der Umkehrpunkte des schwingenden Zeigers. Dieses Verfahren arbeitet erstens schneller, als wenn man das Abklingen der wenig gedämpften Schwingung abwarten wollte. Zweitens vermag die schwingende Waage kleine Hemmungen, wie sie z. B. durch ein Staubkörnchen auf der Schneide erzeugt werden und die die endgültige Ruhelage ein wenig beeinflussen können, besser zu überwinden.

Nach dem Entarretieren läßt man die Waage zunächst ein bis zwei Schwingungen ausführen, damit etwa eingetretene Störungen abklingen können. Dann liest man eine *ungerade Zahl von aufeinanderfolgenden Umkehrpunkten* des Zeigers auf Zehntelskalenteile ab. Geübtere können sich mit drei Ablesungen begnügen, rechts-links-rechts oder links-rechts-links. Es seien x_1 und x_2 die Ablesungen auf der einen Seite, x_1' die Ablesung auf der anderen Seite. Wegen der geringen Dämpfung erfolgt die Abnahme der Ausschläge nahezu linear, so daß man die Ruhelage x als den Mittelwert des Mittelwerts $(x_1 + x_2)/2$ der beiden Ablesungen auf der einen Seite und der Ablesung x_1' auf der anderen Seite berechnen darf.

$$x = \tfrac{1}{2}\left(\frac{x_1 + x_2}{2} + x_1'\right).$$

Anfänger sollten aber stets fünf aufeinanderfolgende Umkehrpunkte ablesen, weil bei nur drei Umkehrpunkten ein möglicher grober Ablesefehler des einzigen Wertes auf der einen Seite – z. B. ein Versehen um einen vollen Skalenteil – nicht durch eine zweite Ablesung aufgedeckt werden kann. Man bildet zunächst wieder die Mittelwerte der Ablesungen auf beiden Seiten einzeln und dann deren Mittelwert

$$x = \tfrac{1}{2}\left(\frac{x_1 + x_2 + x_3}{3} + \frac{x_1' + x_2'}{2}\right).$$

Wir bestimmen zunächst den Nullpunkt der unbelasteten Waage und wollen schon hier bemerken, daß beim Arbeiten mit der Waage der *Reiter stets auf dem Reiterlineal sitzen* soll – sofern er an sich nicht benötigt wird, auf seiner Mitte. Es kann vorkommen, daß die Skala um eine Spur seitlich verschoben ist. Dann ergeben sich bei Wägungen Fehler, wenn der Reiter erst nach der Bestimmung des Nullpunktes aufgesetzt wird. Das wird vermieden, wenn der Reiter bereits bei der Nullpunktbestimmung auf dem Nullstrich sitzt.

Tabelle 1

	rechts	links
	13,7	
	13,5	7,6
	13,2	7,3
Mittel	13,47	7,45
Mittel	10,46 ≈ 10,5	

Beispiel. Es soll der Nullpunkt der unbelasteten Waage bestimmt werden. (Reiter auf dem Nullstrich der Skala!) Tabelle 1 zeigt die Umkehrpunkte. Den aus ihnen berechneten Nullpunkt runden wir auf 10,5 ab, weil bereits die Schätzung der Zehntelskalenteile sehr unsicher ist.

Will man die Masse eines Körpers mit der Genauigkeit ermitteln, die mit einer guten Waage erzielbar ist, so muß erstens beachtet werden, daß eine Waage möglicherweise nicht genau gleicharmig ist. Zweitens muß der Auftrieb des Körpers und der Wägestücke in der Luft berücksichtigt werden. Den etwaigen Einfluß der

Ungleicharmigkeit beseitigt man durch Doppelwägung, den des Auftriebes durch Rechnung.

II. Doppelwägung

Eine Doppelwägung besteht darin, daß der Körper erst auf der linken, dann auf der rechten Waagschale gewogen wird. (Diese Reihenfolge ist deshalb zu empfehlen, weil man dann die Feststellung der Masse bis zur 2. Dezimalen mit der rechten Hand vornehmen kann.) Es sei l die Länge des linken, $l + \delta l$ die des rechten Waagenarmes ($\delta l \lesseqgtr 0$). Dann ergeben sich bei den beiden Wägungen zwei etwas verschiedene Werte m_l und m_r. m_r ist der Nennwert der Wägestücke, die die Waage zum Einspielen bringen, wenn der zu wägende Körper auf der rechten Waagschale liegt, m_l ihr Nennwert, wenn er auf der linken Schale liegt. Die beiden Nennwerte sind immer nur äußerst wenig verschieden, da eine gute Waage stets fast genau gleicharmig, also $\delta l/l \ll l$ ist. Die — noch nicht wegen des Auftriebs korrigierte — Masse des Körpers sei m_g. Dann gilt nach dem Hebelgesetz

Körper links	Körper rechts
$m_g l = m_l (l + \delta l)$	$m_g (l + \delta l) = m_r l.$

Damit ergibt sich

$$m_g = \sqrt{m_l m_r}, \tag{7.1}$$

$$1 + \frac{\delta l}{l} = \sqrt{\frac{m_r}{m_l}} = \sqrt{1 + \frac{m_r - m_l}{m_l}}. \tag{7.2}$$

Nach einem bekannten Satz darf man das geometrische Mittel der beiden nahezu gleichen Größen m_l und m_r durch ihr arithmetisches Mittel ersetzen (vgl. Einl. § 7, 2. Beispiel). Ferner ist $(m_r - m_l)/m_l \ll 1$. Wir erhalten dann

$$m_g = \frac{m_l + m_r}{2}, \tag{7.3}$$

$$1 + \frac{\delta l}{l} \approx 1 + \frac{1}{2} \cdot \frac{m_r - m_l}{m_l}, \quad \text{also} \quad \frac{\delta l}{l} = \frac{1}{2} \cdot \frac{m_r - m_l}{m_l}. \tag{7.4}$$

Eine Doppelwägung erfolgt nach folgendem Schema: 1. Nullpunkt bei leeren Schalen, Reiter auf Nullstrich(!), 2. Wägung des Körpers auf der linken Schale, 3. Nullpunkt, Reiter auf Nullstrich, 4. Wägung des Körpers auf der rechten Schale, 5. Nullpunkt, Reiter auf Nullstrich. *Grundsätzlich wird also jede Wägung zwischen zwei Nullpunktsbestimmungen eingeschlossen.* Für jede Wägung ist der Mittelwert der beiden einschließenden Nullpunktsbestimmungen maßgebend.

Wir beginnen also mit einer Nullpunktsbestimmung (1). Bei der ersten Wägung (2) wird zunächst unter vorsichtigem Entarretieren und Arretieren die Masse des Körpers bis auf den nächstliegenden *kleineren* Zentigrammbetrag ermittelt. Der Reiter sitzt dabei auf dem Nullstrich. Dann bleibt der Waagekasten bis zum Ende der Wägung geschlossen. Nun nähert man sich durch Verschieben des Reiters der Masse des Körpers von unten her bis auf den nächstliegenden Milligrammbetrag. Der Zeiger steht dann noch rechts vom vorher ermittelten Nullpunkt ein. (Selbstverständlich werden auch jetzt sämtliche Ausschläge durch Beobachtung der Umkehrpunkte ermittelt, wie in Tabelle 1.) Dann wird der Reiter um einen vollen Teilstrich weiter verschoben und erneut der Ausschlag gemessen, der jetzt links vom Nullpunkt liegt. Die Differenz dieser beiden Ausschläge entspricht einer Änderung der Belastungsdifferenz der beiden Seiten um 1 mg, ergibt also unmittelbar die Empfindlichkeit C der Waage bei der vorliegenden Belastung [vgl. (8.1)]. Dann können wir durch lineare Interpolation den Milligrammbruchteil berechnen, den wir statt 1 mg noch hätten hinzufügen müssen, um den Zeiger zum Einstehen im Nullpunkt zu bringen. Nach erneuter Nullpunktsbestimmung (3) folgt eine gleiche Wägung (4) auf der rechten Schale und schließlich die dritte Nullpunktsbestimmung (5).

Beispiel. Wir geben in Tabelle 2 nur die gerundeten Mittelwerte der einzelnen Ausschlagsmessungen an. Die Abgleichung bis auf die vollen mg hat ergeben, daß die Masse unseres Körpers — eines rechteckigen Glaskörpers — zwischen 5,409 und 5,410 g liegt. Nebenbei merken wir an, daß eine Belastungsänderung um 1 mg bei den beiden Wägungen eine Ausschlagsänderung von 2,40 Sk hervorgerufen hat, was der Empfindlichkeit der Waage bei der vorliegenden Belastung entspricht.

Tabelle 2

	Körper links			Körper rechts		
Nullpunkt	5,409 g	5,410 g	Nullpunkt	5,409 g	5,410 g	Nullpunkt
10,1	11,9	9,5	10,1	8,5	10,9	10,1
	Nullpunkt: 10,1			Nullpunkt: 10,1		

Wir entnehmen der Tabelle weiter, daß der Ausschlag bei 5,409 g bei der Wägung links um $11{,}9 - 10{,}1 = 1{,}8$ Sk, bei der Wägung rechts um $10{,}1 - 8{,}5 = 1{,}6$ Sk vom Nullpunktmittelwert 10,1 entfernt ist. Wir wollen die Milligrammbruchteile mit μ_l und μ_r bezeichnen. Dann ergibt die Interpolation $\mu_l = 1{,}8/2{,}4 = 0{,}75$ mg, $\mu_r = 1{,}6/2{,}4 = 0{,}67$ mg, mit dem Mittelwert $\mu = 0{,}71$ mg, so daß $m_g = 5{,}40971$ g. Ferner folgt aus (7.4) mit $m_r - m_l = \mu_r - \mu_l = -0{,}1\ \text{mg} = -0{,}0001\ \text{g}$: $\delta l/l = -0{,}0001/10{,}8 \approx -10^{-5}$. Unsre Waage ist also sehr genau gleicharmig.

Fehlerrechnung. Auf Grund unserer (hier nicht abgedruckten) Einzelablesungen nehmen wir einen mittleren Fehler der einzelnen Ausschlagsmessungen von

$\pm 0{,}1$ Sk an. Wir haben deshalb für die in unsere obige Rechnung eingehenden Ausschlagsdifferenzen (1,8 und 1,6), die wir mit a und a' bezeichnen wollen, die doppelten Fehler, also $\Delta a = \Delta a' = \pm 0{,}2$ Sk, anzusetzen, da sie ja mit den Fehlern zweier Ausschlagsablesungen behaftet sind. Wir schätzen daher, da eine exakte Fehlerrechnung hier zu umständlich wäre, die Fehler $\Delta\mu_r = \Delta\mu_l = \pm 0{,}2/2{,}4 \approx \pm 0{,}1$ mg. Ebenso groß sind dann auch die Fehler von m_r und m_l. Damit folgt aus (7.3) $\Delta m_g = \pm 0{,}1 \text{ mg} = \pm 0{,}0001$ g.

Bezüglich des Verhältnisses der Längen der Waagarme interessiert uns nur die Feststellung der sehr genauen Gleicharmigkeit. Wir wollen deshalb keine Fehlerrechnung anstellen. (Wer es doch tun will, wird einen Fehler des oben berechneten Wertes -10^{-5} von mehr als $\pm 100\,\%$ erhalten.)

Unser der Fehlerrechnung entsprechend gerundetes vorläufiges Ergebnis lautet also

$$\underline{\underline{m_g = (5{,}4097 \pm 0{,}0001)\text{ g},\ \Delta m_g/m_g = \pm 0{,}002\,\%.}}$$

III. Auftriebskorrektion

Wir müssen jetzt noch berücksichtigen, daß sowohl der gewogene Körper als auch die Wägestücke in der Luft Auftriebe erfahren, die sich bei verschiedenen Dichten der beteiligten Körper nur teilweise aufheben. Dabei ist zu beachten, daß die Nennwerte der Wägestücke ihre wahren Massen angeben, also ihren Gewichten im Vakuum entsprechen sollen. Nach dem Archimedischen Prinzip wirkt der zu wägende Körper von der Masse m und dem Volumen V wegen seines Auftriebs in der Luft nur mit dem scheinbaren Gewicht $mg - \varrho_l V g$, entsprechend einer scheinbaren Masse $m - \varrho_l V = m\,(1 - \varrho_l/\varrho)$, auf die Waage ($\varrho_l = 0{,}00120\text{ g cm}^{-3}$ Dichte der Luft bei Zimmertemperatur, ϱ Dichte des Körpers). Das gleiche gilt aber auch für die Wägestücke vom mittleren Nennwert m_g, die scheinbar nur mit einer Masse $m_g - \varrho_l V_g = m_g\,(1 - \varrho_l/\varrho_g)$ wirken (V_g Volumen, $\varrho_g = 8{,}4\text{ g cm}^{-3}$ Dichte der Wägestücke, $\varrho_l/\varrho_g = 0{,}000143$). Die Waage steht also im Nullpunkt ein, wenn

$$m - \varrho_l V \quad \text{bzw.} \quad m\left(1 - \frac{\varrho_l}{\varrho}\right) = m_g\left(1 - \frac{\varrho_l}{\varrho_g}\right) \tag{7.4}$$

ist. Ist ϱ unbekannt, so muß man das Volumen des Körpers kennen, um m zu berechnen. Dann ist

$$m = m_g\left(1 - \frac{\varrho_l}{\varrho_g}\right) + \varrho_l V. \tag{7.5}$$

Ist aber ϱ bekannt, so ist

$$m = m_g\,\frac{1 - \varrho_l/\varrho_g}{1 - \varrho_l/\varrho}. \tag{7.6}$$

Beispiel. Unser Körper war ein rechteckiger Glaskörper vom Volumen $2{,}15 \cdot 1{,}93 \cdot 0{,}56 = 2{,}32\text{ cm}^3$. Nach (7.5) erhalten wir mit $m_g = 5{,}4097$ g:

$m = 5{,}4097\ (1 - 0{,}000143) + 0{,}00120 \cdot 2{,}32 = 5{,}4097 - 0{,}00077 + 0{,}002784 = 5{,}41171$ g.

Fehlerrechnung. Die Auftriebskorrektion erhöht das Ergebnis um rund das 20-fache des berechneten Fehlers. Darum kann in diesem Fall auch die Korrektion noch merklich zum Fehler des Ergebnisses beitragen. Der zusätzliche Absolutfehler, den wir mit $\Delta' m$ bezeichnen wollen, hängt nach (7.5) nur vom Volumen V ab und beträgt $\Delta' m = \varrho_l \Delta V$. Die Seiten des Glaskörpers seien a, b, c, also $V = abc$ und $\Delta V/V = \Delta a/a + \Delta b/b + \Delta c/c$. Die Fehler der mit der Schublehre gemessenen Seiten schätzen wir zu je $\pm 0{,}01$ cm, so daß $\Delta V/V = \pm 0{,}01\ (1/2{,}15 + 1/1{,}93 + 1/0{,}56) \approx \pm 0{,}03$ und $\Delta V = \pm 0{,}03 \cdot 2{,}32 \approx \pm 0{,}08\ \text{cm}^3$. Dann ist $\Delta' m = \pm 0{,}00120 \cdot 0{,}08 \approx \pm 0{,}0001$ g und $\Delta m = \Delta m_g + \Delta' m = \pm (0{,}0001 + 0{,}0001) \approx \pm 0{,}0002$ g, $\Delta m/m = \pm 0{,}0002/5{,}41171 \approx \pm 0{,}00004 = \pm 0{,}004\,\%$.

Demnach lautet unser gerundetes Endergebnis

$$\underline{m = (5{,}4117 \pm 0{,}0002)\ \text{g}, \quad \Delta m/m = \pm 0{,}004\,\%.}$$

Unter der Voraussetzung, daß die benutzten Wägestücke nur mit einem noch wesentlich kleineren relativen Fehler behaftet sind, besteht kein Grund zu bezweifeln, daß die sehr kleine Größenordnung des berechneten Fehlers zutrifft.

8. Aufgabe. Empfindlichkeit und Schwingungsdauer der Waage

Westphal, Physik, §§ 33 und 42; Kl. Lehrb. d. Physik, §§ 36 und 38

Das wichtigste Merkmal einer Waage ist ihre *Empfindlichkeit*. Da sie ein *schwingungsfähiges System* ist, so besteht eine Beziehung zwischen ihrer Empfindlichkeit und ihrer *Schwingungsdauer: Je größer die Empfindlichkeit, um so größer ist auch die Schwingungsdauer*. Wir wollen das bei einer guten Analysenwaage untersuchen und daran eine Berechnung ihrer wichtigsten Konstanten knüpfen. Das wird uns ein lehrreiches Beispiel dafür geben, wie viele Einzelheiten man manchmal aus einigen wenigen, sorgfältig ausgeführten Messungen herausholen kann.

I. Empfindlichkeit

Auf jede der beiden Waagschalen wirke die gleiche Masse m. Diese Masse m (nicht $2m$) bezeichnen wir, wie üblich, als die *Belastung* der Waage. Ihr Zeiger wird dann nahe der Mitte der Skala einstehen. Diese Einstellung nennen wir Nullpunkt. Kommt dann auf der einen Seite eine kleine Zusatzmasse Δm hinzu, so ruft sie durch das Gewicht $\Delta F = \Delta m g$ ($g = 981\ \text{cm}\,\text{s}^{-2}$ = Fallbeschleunigung) eine Ausschlagsänderung von a Skalenteilen (Sk) hervor, die der Masse Δm sehr genau proportional ist, also

$$a = C \cdot \Delta m. \tag{8.1}$$

Die Größe C ist die *Empfindlichkeit* der Waage. Ihr Kehrwert $R = 1/C$ heißt der *Reduktionsfaktor* der Waage. In der Praxis ist es üblich, C in der Einheit $\mathrm{Sk\,mg^{-1}}$ anzugeben. Es ist also

$$C = \frac{a}{\Delta m} \quad (8.2\,\mathrm{a}) \qquad \text{und} \qquad R = \frac{1}{C} = \frac{\Delta m}{a} \cdot \quad (8.2\,\mathrm{b})$$

Wir wollen C bei den Belastungen $m = 0$, 20, 40, 60, 80 und 100 g messen und verfahren dabei auf folgende Weise: Die Waage wird in der vorgesehenen Weise belastet und der Reiter in die Mitte des Reiterlineals gesetzt. Der Zeiger soll dann nahe dem Mittelstrich der Skala einstehen[1]). Dann verschieben wir den Reiter um eine ganze Zahl von Teilstrichen so weit nach der *einen* Seite, daß die Waage eine Ausschlagsänderung von etwa 5 Sk zeigt, und messen den neuen Anschlag. Dann verschieben wir den Reiter um die gleiche Zahl von Skalenteilen nach der *anderen* Seite und messen erneut den Ausschlag. Da inzwischen der Nullpunkt ein wenig gewandert sein kann, verschieben wir den Reiter noch einmal auf die *andere* Seite, messen den Ausschlag wieder und nehmen aus diesem und dem auf der gleichen Seite zuerst gemessenen Ausschlag das Mittel. Dann berechnen wir die Differenz a der Ausschläge auf beiden Seiten. Haben wir den Reiter jeweils um n Teilstriche (je n mg entsprechend) nach den beiden Seiten verschoben, so entspricht das insgesamt einer Änderung der Belastungsdifferenz der beiden Schalen um $\Delta m = 2\,n$ mg. Wir berechnen dann die Empfindlichkeit C nach (8.2 a). Ferner messen wir bei jeder Belastung die Schwingungsdauer T der Waage.

Beispiel. In Tabelle 1 geben wir unsere Messung von C bei $m = 0$ in allen Einzelheiten wieder. Mit dem rechtsseitigen Mittelwert 9,80 Sk ergibt sich die Ausschlagsänderung bei der Belastungsänderung um $\Delta m = 2$ mg zu $a = 13{,}97 - 9{,}80 = 4{,}17$ Sk. Demnach ist $C = a/\Delta m = 4{,}17/2 = 2{,}09\,\mathrm{Sk\,mg^{-1}}$.

In Tabelle 2 geben wir unsere sämtlichen Messungen. Mit wachsender Belastung nimmt also die Empfindlichkeit monoton ab[2]), die Schwingungsdauer aber wächst. Wer sich mit diesem Teil der Aufgabe begnügen will,

---

[1]) Bei nicht sehr pfleglich behandelten Wägestücken bewirken dem Nennwert nach gleiche beiderseitige Belastungen oft merkliche Abweichungen vom Mittelstrich, die je nach der Belastung verschieden sind, was aber für die folgenden Messungen belanglos ist. Dann stelle man nicht mit der Stellschraube nach, sondern reguliere, indem man den Reiter auf einen anderen Teilstrich des Reiterlineals setzt, und rechne die vorzunehmenden Verschiebungen von diesem ab.

[2]) Man findet gelegentlich die Angabe, daß bei manchen Analysenwaagen bei einer Belastung von 5 bis 10 g ein schwaches Empfindlichkeitsmaximum auftritt. Der Verfasser hat das nie beobachtet, und es ist auch theoretisch nicht zu begründen.

Tabelle 1

1 mg rechts		1 mg links		1 mg rechts	
6,5		20,4		7,0	
	12,9		7,8		12,4
6,9		19,8		7,3	
	12,5		8,4		12,2
7,1		19,3		7,6	
6,83	12,70	19,83	8,10	7,30	12,30
Mittel: 9,77		13,97		9,80	

Tabelle 2

Nr.	m g	C Sk mg^{-1}	T s
1	0	2,09	16,44
2	20	2,03	18,16
3	40	1,96	19,39
4	60	1,90	20,46
5	80	1,81	21,54
6	100	1,76	22,51

möge C als Funktion der Belastung m graphisch darstellen. Die Meßpunkte liegen auf einer meist sehr schwach gekrümmten Kurve.

II. Die Theorie der Waage

Die Waage ist ein *dreiarmiger Hebel*, da an ihrem Balken *drei* Kräfte angreifen: die Gewichte der beiden Waagschalen mit ihren Belastungen in den Seitenschneiden und das Gewicht des Waagebalkens in dessen Schwerpunkt. Die Masse jeder Waagschale sei m_s, also ihr Gewicht einschließlich ihrer Belastungen $F = (m_s + m)\ g$. Die Masse des Waagebalkens sei m_b, also sein Gewicht $F_b = m_b\, g$. Die (als gleich angenommene) Länge der Balkenarme (Abstand Mittelschneide–Seitenschneide) sei l (Abb. 18a). Der Schwerpunkt S des Waagebalkens liegt ein wenig unterhalb der Mittelschneide, da der Balken andernfalls keine stabilen Gleichgewichtslagen einnehmen könnte. Sein Abstand AS von der Mittelschneide sei λ. Bei beiderseits genau gleichbelasteter Waage heben die Drehmomente der beiden gleichen Kräfte F einander auf, und der Waagebalken stellt sich in diejenige Gleichgewichtslage, bei der sein Schwerpunkt lotrecht unterhalb der Mittelschneide liegt, sein Gewicht also kein Drehmoment erzeugt. Wird nun auf eine der Schalen eine kleine Zusatzmasse Δm vom Gewicht $\Delta F = \Delta m g$ gelegt, so ändert sich der Ausschlag um einen Winkel φ. Die Waage nimmt eine neue Gleichgewichtslage ein, in der das Drehmoment $\Delta F l \cos\varphi$ des Gewichts der Zusatzmasse durch das neu auftretende Drehmoment $F_b \lambda \sin\varphi$ des Gewichts des Waagebalkens aufgehoben wird. Dann ist $\Delta F l \cos\varphi = F_b \lambda \sin\varphi$, also auch $\Delta m l \cos\varphi = m_b \lambda \sin\varphi$ und $\tan\varphi = \Delta m l/(m_b \lambda)$.

Dabei haben wir angenommen, daß die drei Schneiden genau in einer Ebene liegen. Das ist aber nie genau der Fall. In Wirklichkeit hat die Mittelschneide A immer einen – allerdings stets sehr kleinen – Abstand $AS' = \lambda'$ von der Ebene der beiden Seitenschneiden und liegt stets über dieser (Abb. 18b). Wir idealisieren nun die Schalen nebst Belastungen als in den Seitenschneiden sitzende Massenpunkte, was an den Kräfteverhältnissen nichts ändert. Es ändert aber auch an der Resultierenden aller am Waagebalken angreifenden Kräfte nichts, wenn wir uns diese beiden Massenpunkte nun auch noch in ihrem Schwerpunkt S' vereinigt denken.

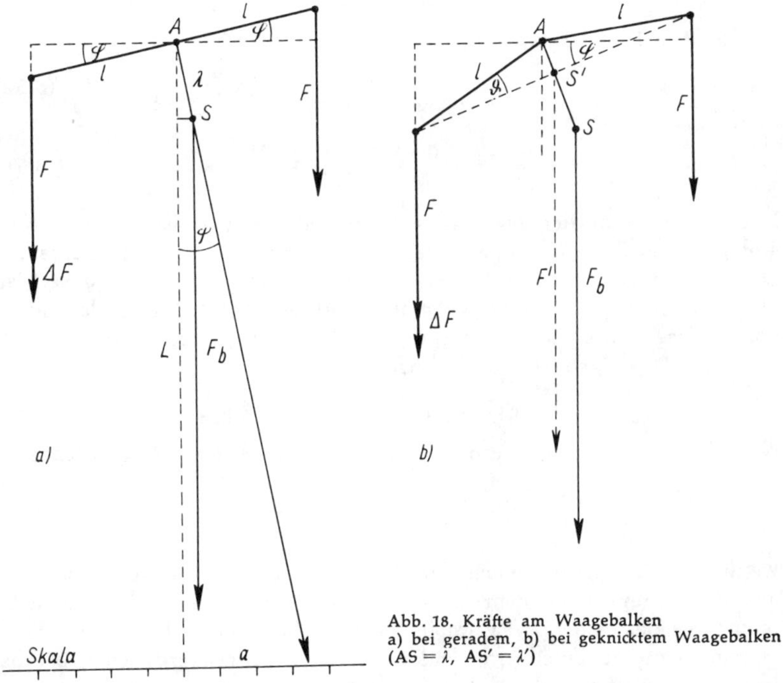

Abb. 18. Kräfte am Waagebalken
a) bei geradem, b) bei geknicktem Waagebalken
($AS = \lambda$, $AS' = \lambda'$)

Läge dieser genau in der Mittelschneide A, so würden sie am Waagebalken kein Drehmoment erzeugen. So aber rufen die Schalen und Belastungen durch ihr Gewicht F' ein zusätzliches Drehmoment $F' \lambda' \sin \varphi = 2\,(m_s + m)\,\lambda'\, g \cdot \sin \varphi$ hervor, und in der Gleichgewichtslage ist nunmehr $\Delta m l \cos \varphi = [m_b \lambda + 2\,(m_s + m)\,\lambda'] \sin \varphi$, so daß

$$\tan \varphi = \frac{\Delta m l}{m_b \lambda + 2\,(m_s + m)\,\lambda'} \,. \tag{8.3}$$

λ bedeutet wiederum den Abstand AS. [Streng genommen müßte jetzt $\cos(\varphi + \vartheta)$ an die Stelle von $\cos \varphi$ treten (Abb. 18b). Da aber stets $\vartheta \ll \varphi$, so ist es erlaubt, dies zu vernachlässigen.] Der Ausschlag φ hängt also nicht nur von der Zusatzmasse Δm, sondern auch von der Belastung m der Waage ab.

Es sei L der Abstand der Skala von der Mittelschneide (Abb. 18a), a der Ausschlag auf der Skala, so daß $\tan \varphi = a/L$. Dann ist

$$a = \frac{Ll}{m_b \lambda + 2(m_s + m)\lambda'} \Delta m, \tag{8.4}$$

und nach (8.2a,b)

$$C = \frac{Ll}{m_b \lambda + 2(m_s + m)\lambda'} \tag{8.5a}$$

$$R = \frac{1}{C} = \frac{m_b \lambda + 2(m_s + m)\lambda'}{Ll} \tag{8.5b}$$

Erteilen wir nun der beiderseits gleich belasteten Waage einen Ausschlag φ aus ihrer Gleichgewichtslage, so tritt an ihr ein rücktreibendes Drehmoment $N = -[m_b \lambda + 2(m_s + m)\lambda'] g \cdot \sin \varphi$ oder, da stets $\varphi \ll 1$ ist, $N = -[m_b \lambda + 2(m_s + m)\lambda'] g \cdot \varphi$ auf. Nach Anhang I, (1), ist der Faktor von φ das *Richtmoment* D der Waage, $N = -D\varphi$. Setzen wir zur Abkürzung $Llg = G$, so ist $R = D/G$ oder

$$D = RG = [m_b \lambda + 2(m_s + m)\lambda'] g. \tag{8.6}$$

Nach Anhang I, (12), gilt ferner für die *Schwingungsdauer* T der Waage

$$T^2 = 4\pi^2 \frac{I}{D}, \tag{8.7}$$

wenn I das *Trägheitsmoment* der Waage ist. Dieses setzt sich zusammen aus dem Trägheitsmoment I_b des Waagebalkens und den Trägheitsmomenten der beiden Waagschalen nebst Belastungen. Um letztere Trägheitsmomente zu berechnen, denken wir uns die Waagschalen nebst Belastungen wiederum als in den Seitenschneiden starr befestigte Massenpunkte idealisiert, die wir uns jetzt aber nicht auch noch in ihrem Schwerpunkt vereinigt denken dürfen. Dann beträgt ihr Trägheitsmoment $2(m_s + m)l^2$ und demnach das gesamte Trägheitsmoment

$$I = I_b + 2(m_s + m)l^2 = I_0 + 2ml^2 \quad (8.8) \qquad \text{mit} \qquad I_0 = I_b + 2m_s l^2. \quad (8.9)$$

Aus (8.6), (8.7), (8.8) und (8.9) folgt

$$RT^2 = 4\pi^2 \frac{I}{G} = 4\pi^2 \frac{I_0 + 2ml^2}{G}. \tag{8.10}$$

Demnach sollten sowohl nach (8.5b) R als auch nach (8.10) RT^2 lineare Funktionen der Belastung m sein,

$$R = R_0 + \beta m \quad (8.11) \qquad\qquad RT^2 = A + Bm \quad (8.12)$$

mit

$$R_0 = \frac{m_b \lambda + 2 m_s \lambda'}{Ll} \quad (8.13\,a) \qquad \beta = \frac{2\lambda'}{Ll} \quad (8.13\,b)$$

$$A = 4\,\pi^2 \frac{I_0}{G} \quad (8.14\,a) \qquad B = 8\,\pi^2 \frac{l^2}{G} = \frac{8\,\pi^2 l}{Lg}. \quad (8.14\,b)$$

Wir wollen dies an Hand unserer Messungen nachprüfen und aus ihnen das Trägheitsmoment I_0 und das Richtmoment D_0 der unbelasteten Waage sowie die Abstände λ und λ' berechnen.

Beispiel. Um diese Größen im CGS-System auszudrücken, muß der Ausschlag a in der Einheit 1 cm und der Reduktionsfaktor $R = 1/C$ in der Einheit 1 g cm^{-1} angegeben werden. Hierfür und für die weiteren Zahlenrechnungen geben wir zunächst die erforderlichen Daten unserer Waage an: Länge der Waagarme (Reiterskala) $l = 6{,}95$ cm, Abstand Mittelschneide-Skala $L = 27{,}5$ cm, $G = Llg = 1{,}872 \cdot 10^5\ cm^3\ s^{-2}$, 24 Sk = 1,81 cm, also 1 Sk = 0,0754 cm, 1 Sk · mg^{-1} = 75,4 cm g^{-1}, Masse des Waagebalkens $m_b = 62{,}0$ g, Masse der beiden Waagschalen $2\,m_s = 127{,}4$ g.

In Tabelle 3 haben wir aus den in der Einheit 1 Sk mg^{-1} gemessenen Empfindlichkeiten C (Tabelle 2) die Reduktionsfaktoren R in der Einheit 1 g cm^{-1} berechnet. Da wir m in Schritten von je 20 g verändert haben, setzen wir in (8.11) $\beta = \delta/20$ g, schreiben also

$$R = R_0 + \delta \frac{m}{20\ \text{g}} \qquad (8.15)$$

und berechnen δ durch Ausgleichungsrechnung aus den Zahlen der Tabelle 3 nach Einl. § 12, (6). Es ergibt sich

$$\delta = \frac{6}{6 \cdot 35}\,(5 \cdot 1{,}19 + 3 \cdot 0{,}80 + 1 \cdot 0{,}21) \cdot 10^{-3} = 0{,}245 \cdot 10^{-3}\ \text{g cm}^{-1}.$$

Tabelle 3

Nr.	m	$R \cdot 10^3$	$\delta \frac{m}{20\ \text{g}} \cdot 10^3$	$R_0 \cdot 10^3$	$v \cdot 10^5$	$v^2 \cdot 10^{10}$
1	0 g	6,34 g cm^{-1}	0,00 g cm^{-1}	6,34 g cm^{-1}	+ 4	16
2	20	6,53	0,25	28	− 2	4
3	40	6,77	0,49	28	− 2	4
4	60	6,98	0,74	24	− 6	36
5	80	7,33	0,98	35	+ 5	25
6	100	7,53	1,23	30	0	0
				6,30 g cm^{-1}		85

Der damit in Tabelle 3 berechnete Mittelwert $R_0 = 6{,}30 \cdot 10^{-3}$ g cm^{-1} stimmt befriedigend mit dem für $m = 0$ gemessenen Wert $6{,}34 \cdot 10^{-3}$ g cm^{-1} überein. Es ergibt sich weiter $\beta = \delta/20\text{ g} = 1{,}23 \cdot 10^{-5}$ cm^{-1}. Nun ist nach (8.13b) $\beta = 2\lambda'/(Ll)$, also $\lambda' = \frac{1}{2}\beta Ll = \frac{1}{2} \cdot 1{,}23 \cdot 10^{-5} \cdot 27{,}5 \cdot 6{,}95 = 1{,}175 \cdot 10^{-3}$ cm. Aus $\sin\vartheta \approx \vartheta = \lambda'/l$ berechnet man, daß die Waagebalken nur um den sehr kleinen Winkel $\vartheta \approx 0{,}01° = 0{,}6'$ gegen die Ebene der beiden Seitenschneiden geneigt sind. Ferner ist nach (8.13a) $R_0 = (m_b\lambda + 2m_s\lambda')/Ll$, also

$$\lambda = \frac{R_0 Ll - 2m_s\lambda'}{m_b} = \frac{(R_0 - m_s\beta)Ll}{m_b} \qquad (8.16)$$

Die Berechnung ergibt $\lambda = 1{,}70 \cdot 10^{-2}$ cm.

In der Abb. 19 ist R als Funktion der Belastung dargestellt. Die ausgleichende Gerade ist mit Hilfe der berechneten Werte von R_0 und β gezeichnet.

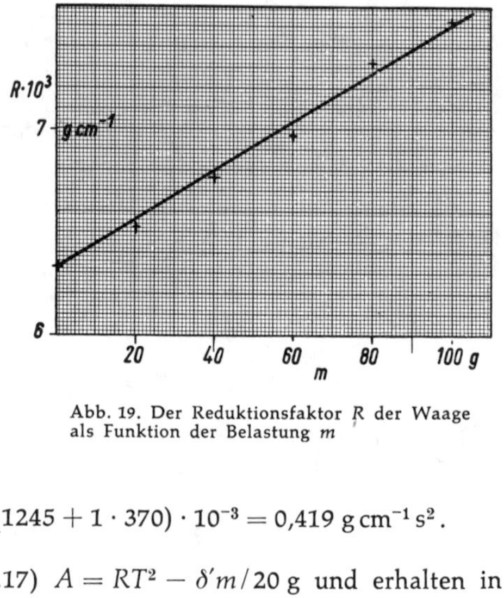

Abb. 19. Der Reduktionsfaktor R der Waage als Funktion der Belastung m

Nach (8.14a) ist $A = 4\pi^2 J_0/G$, also $I_0 = AG/4\pi^2$. Wir setzen nun in (8.12)

$$RT^2 = A + Bm$$
$$= A + \delta' \frac{m}{20\text{ g}} \qquad (8.17)$$

mit $B = \delta'/20$ g und berechnen δ' nach Einl. § 12, (6). Es ergibt sich

$$\delta' = \frac{6}{6 \cdot 35}(5 \cdot 2110 + 3 \cdot 1245 + 1 \cdot 370) \cdot 10^{-3} = 0{,}419\text{ g cm}^{-1}\text{ s}^2.$$

Damit berechnen wir nach (8.17) $A = RT^2 - \delta' m/20$ g und erhalten in Tabelle 4 als Mittelwert $A = 1{,}712$ g cm^{-1} s^2. Damit ergibt sich

$$I_0 = \frac{AG}{4\pi^2} = \frac{1{,}712 \cdot 1{,}872 \cdot 10^5}{4\pi^2} = 8130\text{ g cm}^2.$$

Weiter ergibt sich

$$B = \frac{\delta'}{20\text{ g}} = 0{,}0210\text{ cm}^{-1}\text{ s}^2.$$

Nach (8.14b) kann man aber B auch schon aus den Daten der Waage berechnen.

$$B = \frac{8\pi^2 l}{Lg} = \frac{8\pi^2 \cdot 6{,}95}{27{,}5 \cdot 981} = 0{,}0203\text{ cm}^{-1}\text{ s}^2.$$

Tabelle 4

Nr.	m g	$R \cdot 10^3$ g cm^{-1}	T^2 s^2	$RT^2 \cdot 10^3$ g cm^{-1} s^2	$\delta' \frac{m}{20\,g} \cdot 10^3$ g cm^{-1} s^2	$A \cdot 10^3$ g cm^{-1} s^2	$v \cdot 10^3$	$v^2 \cdot 10^6$
1	0	6,34	270	1710	0	1710	− 2	4
2	20	6,53	330	2155	419	1736	+ 24	256
3	40	6,77	376	2550	838	1712	0	0
4	60	6,98	418	2920	1257	1663	− 49	2401
5	80	7,33	464	3400	1676	1724	+ 12	144
6	100	7,53	507	3820	2095	1725	+ 13	169
						1712		3294

Dieser natürlich sehr zuverlässige Wert stimmt befriedigend mit dem aus unseren Messungen recht indirekt berechneten Wert 0,0210 überein; ein Beweis für die Richtigkeit der Theorie und die Genauigkeit der Messungen.

In Abb. 20 ist RT^2 als Funktion von m dargestellt. Die ausgleichende Gerade ist mit Hilfe der berechneten Werte von A und B gezeichnet.

Wir können jetzt auch das Richtmoment D_0 der unbelasteten Waage nach (8.6) berechnen. Es ergibt sich

$$D_0 = R_0 G = 6{,}30 \cdot 10^{-3} \cdot 1{,}872 \cdot 10^5 = 1180 \text{ dyn cm}.$$

Fehlerrechnung. Die oben ohne Erläuterung ihrer Messung in unsere Rechnungen eingeführten Größen L, l, G, m_b, m_s und der Umrechnungsfaktor für die Skalenteile sind sicher viel genauer bestimmt als die hier berechneten Größen, so daß wir sie als fehlerfrei betrachten dürfen. Aus Tabelle 3 ergibt sich $\Delta R_0 = \sqrt{85/(6 \cdot 5)} \cdot 10^{-5} \approx \pm 1{,}7 \cdot 10^{-5}$ g cm^{-1}, so daß $\Delta R_0/R_0 = \pm 1{,}7 \cdot 10^{-5}/(6{,}30 \cdot 10^{-3}) \approx \pm 0{,}27 \cdot 10^{-2} \approx \pm 0{,}3\,\%$. Dann ist nach Einl. § 12, (8), $\Delta\delta = \Delta R_0 \sqrt{12/35} \approx 1 \cdot 10^{-5}$ g cm^{-1} und demnach $\Delta\delta/\delta = \pm 1 \cdot 10^{-5}/(0{,}245 \cdot 10^{-3}) \approx \pm 0{,}04 = \pm 4\,\%$. Nun ist $\beta = \delta/20\,\text{g} = 2\lambda'/(Ll)$, also $\Delta\beta/\beta = \Delta\delta/\delta = \Delta\lambda'/\lambda' = \pm 4\,\%$ und $\Delta\lambda' = \pm 0{,}04 \cdot 11{,}75 \cdot 10^{-4} \approx \pm 0{,}5 \cdot 10^{-4}$ cm. Weiter ist nach (8.16) $\Delta\lambda = (\Delta R_0 Ll + 2\, m_s \Delta\lambda')/m_b$, woraus sich $\Delta\lambda \approx \pm 0{,}14 \cdot 10^{-3}$ cm und $\Delta\lambda/\lambda \approx \pm 0{,}8\,\%$ ergibt. Nach Tabelle 4 ist $\Delta A = \sqrt{3294/(6 \cdot 5)} \cdot 10^{-3} \approx \pm 10^{-2}$ g cm^{-1} s^2. Daraus folgt nach Einl. § 12, (8), $\Delta\delta' = \pm 10^{-2} \sqrt{12/35} \approx \pm 0{,}6 \cdot 10^{-2}$ g cm^{-1} s^2 und $\Delta\delta'/\delta' = \pm 0{,}6 \cdot 10^{-2}/0{,}419 \approx \pm 1{,}4 \cdot 10^{-2} = \pm 1{,}4\,\%$. Aus $B = \delta'/20$ g ergibt sich $\Delta B/B = \Delta\delta'/\delta'$ und $\Delta B = \pm 0{,}014 \cdot 0{,}210 \approx \pm 0{,}003$ cm^{-1} s^2. Der unmittelbar berechnete Wert $B = 0{,}0203$ cm^{-1} s^2 liegt also nur etwa 2 % unterhalb der hier berechneten Fehlergrenze. Mehr kann man nicht erwarten, wenn man bedenkt, daß in den nur indirekt berechneten Wert von B ein etwaiger Gangfehler der Stoppuhr quadratisch eingeht.

Da $I_0 = AG/4\pi^2$, so ist $\Delta I_0/I_0 = \Delta A/A$, also $\Delta I_0 = \pm 0{,}6 \cdot 10^{-2} \cdot 8130 \approx \pm 50$ g cm^2. Endlich ergibt sich aus $D_0 = R_0 G$, daß $\Delta D_0/D_0 = \Delta R_0/R_0 = \pm 0{,}3 \cdot 10^{-2}$ und $\Delta D_0 = \pm 0{,}3 \cdot 10^{-2} \cdot 1180 \approx \pm 3$ dyn cm.

Unsere der Fehlerrechnung entsprechend gerundeten Hauptergebnisse lauten also:

$R_0 = (6{,}30 \pm 0{,}02) \cdot 10^{-3}\,\mathrm{g\,cm^{-1}}$,	$\Delta R_0/R_0 = \pm\,0{,}3\,\%$,
$D_0 = (1180 \pm 3)\,\mathrm{dyn\,cm}$,	$\Delta D_0/D_0 = \pm\,0{,}3\,\%$,
$I_0 = (8130 \pm 50)\,\mathrm{g\,cm^2}$,	$\Delta I_0/I_0 = \pm\,0{,}6\,\%$,
$\lambda' = (1{,}18 \pm 0{,}05) \cdot 10^{-3}\,\mathrm{cm}$,	$\Delta\lambda'/\lambda' = \pm\,4\,\%$,
$\lambda = (17{,}0 \pm 0{,}14) \cdot 10^{-3}\,\mathrm{cm}$,	$\Delta\lambda/\lambda = \pm\,0{,}8\,\%$.

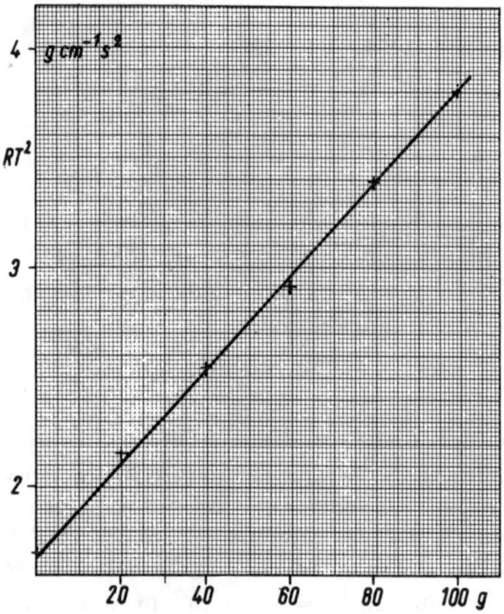

Abb. 20. RT^2 als Funktion der Belastung m

I_0 und λ' sind echte, in der Konstruktion der Waage festgelegte Konstante. Dagegen kann λ durch Verstellen der die Empfindlichkeit regelnden Schraube verändert werden und mit ihm R_0 und D_0, die linear mit λ wachsen, also mit zunehmender Empfindlichkeit abnehmen. Es ist zu empfehlen, diese Messungen und Berechnungen mit der gleichen Waage bei verschiedenen Empfindlichkeiten durchzuführen und sich dabei davon zu überzeugen, daß dann innerhalb der Fehlergrenzen für I_0 und λ' die gleichen Werte erhalten werden, während die übrigen Größen sich in weiten Grenzen ändern.

9. Aufgabe. Messung der Fallbeschleunigung mit dem Pendel

Westphal, Physik, § 43; Kl. Lehrb. d. Physik, § 39

Das einfachste Verfahren zur Messung der Fallbeschleunigung g ist das mit dem Fadenpendel. Da der runde Wert $g = 981\,\mathrm{cm\,s^{-2}}$ allgemein bekannt ist, wird man es als unbefriedigend empfinden, wenn man nicht einen Wert erhält, der zumindest zwischen 980 und 982 $\mathrm{cm\,s^{-2}}$ liegt. Das bedeutet aber eine Genauigkeit auf etwa $\pm\,0{,}1\,\%$. Um eine solche zu erreichen, muß man schon recht gute Meßmittel verwenden, für die erforderlichen Längenmessungen ein gutes Kathetometer, für die Zeitmessung eine gute und mit einer sehr zuverlässigen Uhr verglichene Stoppuhr. Um einen von systematischen Fehlern möglichst freien Wert zu erhalten, ist ferner die Anbringung von Korrektionen erforderlich, auf die wir später zurückkommen.

I. Bestimmung von g ohne Korrektionen

Unser Pendel ist eine Messingkugel mit dem Radius $r \approx 2$ cm an einem dünnen Stahldraht von der Länge $l \approx 100$ cm. Das Pendel hängt an einer nach unten gerichteten Stahlschneide, die auf einer Stahlplatte schwingt und die Achse des Pendels bildet. Ein solches Pendel können wir in 1. Näherung als ein mathematisches Pendel – einen Massenpunkt an einem masselosen Faden – betrachten, indem wir uns die Masse der Kugel in ihrem Schwerpunkt (Mittelpunkt) vereinigt denken. Als Pendellänge l ist dann der Abstand des Kugelmittelpunkts von der Schneide anzusetzen. Die Schwingungsdauer des mathematischen Pendels ist $T = 2\pi \sqrt{l/g}$, also

$$g = 4\pi^2 \frac{l}{T^2}\,. \tag{9.1}$$

Die Pendellänge l und den für eine genauere Berechnung auch nötigen Kugelradius r messen wir mit einem Kathetometer. Da solche in den verschiedensten Konstruktionen existieren, so verzichten wir hier auf eine Beschreibung. Das Kathetometer muß vor der Messung sehr gut justiert und während der Messung vor Störungen bewahrt werden. Wir lesen mit ihm 5- bis 10mal – jedesmal in der gleichen Reihenfolge – die folgenden Höhen ab: die Höhe der unteren (x_1) und der oberen Tangentialebene (x_2) der Kugel und die Höhe der Schneide (x_3). Dann ist

$$r = (x_2 - x_1)/2 \quad (9.2\,\mathrm{a}) \qquad l = x_3 - x_2 + r = x_3 - (x_1 + x_2)/2\,. \quad (9.2\,\mathrm{b})$$

Der relative Größtfehler von g beträgt nach (9.1) $\Delta g/g = \Delta l/l + 2\Delta T/T$. Wenn wir zunächst von dem Fehler von l absehen, muß dem Betrage nach $\Delta T/T < \Delta g/2g$, also $< 0{,}05\,\%$ sein, wenn eine Genauigkeit auf $\pm\,0{,}1\,\%$ erreicht werden soll. Als absoluten Fehler einer Einzelmessung von T wollen wir $\Delta T = \pm\,0{,}2$ s ansetzen (je $\pm\,0{,}1$ s zu Beginn und am Ende). Bei einer Schwingungsdauer von etwa 2 s und Messung über eine einzige Schwingung bedeutet das einen Fehler von $\pm\,10\,\%$, also das 200fache von $\pm\,0{,}05\,\%$. Wir müssen also über mehr als 200 Schwingungen messen. Zur Erhöhung der Genauigkeit werden wir aber über 1000 Schwingungen messen. Das dauert aber eine gute halbe Stunde, und das Auszählen von 1000 Schwingungen ist sehr langweilig und ermüdend, so daß die Gefahr des Verzählens vorliegt. Das vermeiden wir, indem wir zunächst eine immerhin schon ziemlich genaue Messung von $100\,T$ über 100 Schwingungen machen. Das Ergebnis tragen wir als erste „Erwartungszeit" in unsere Tabelle ein (Tabelle 2). Dann beginnen wir mit der eigentlichen Messung, beobachten die Stoppuhr, *ohne die Schwingungen zu zählen*, lesen nach Ablauf der Erwartungszeit den Moment des dem Ablauf von 100 Schwingungen entsprechenden Durchgangs des Pendels durch seine Gleichgewichtslage *bei laufender Stoppuhr* möglichst auf $\pm\,0{,}5$ s ab und notieren diese Zeit in der

Tabelle als „beobachtete Zeit". Zu dieser addieren wir die erste Erwartungszeit und erhalten damit die Erwartungszeit für den Ablauf von 200 Schwingungen. Zu dieser Zeit beobachten wir erneut, addieren zu dieser zweiten beobachteten Zeit wiederum die erste Erwartungszeit und erhalten dadurch die Erwartungszeit für den Ablauf von 300 Schwingungen, usf. bis zum Ablauf von 1000 Schwingungen, wo nach Ablauf der Erwartungszeit beim Durchgang durch die (irgendwie markierte) Ruhelage abgestoppt wird. Die Zwischenbeobachtungen dienen nur der Kontrolle und ersetzen die Zählung. (Würde man nur die Erwartungszeit für 1000 Schwingungen berechnen, so wäre wegen der Unsicherheit der vorläufigen Messung von 100 T schon ein Irrtum um eine Schwingung denkbar. Bei den Intervallen von je 100 Schwingungen ist das nicht möglich.) Um die Korrektion wegen der endlichen Schwingungsweite (s. u.) möglichst klein zu machen, beobachten wir bei recht kleiner Schwingungsweite (1 bis 2°).

Beispiel. Unsere Längenmessungen sind in Tabelle 1, unsere Zeitmessungen in Tabelle 2 zusammengestellt. Die vorläufige Messung ergab $100\,T = 3$ min 17,8 s, die wir als erste Erwartungszeit eintragen.

Tabelle 1

x_1 cm	x_2 cm	x_3 cm	r cm	l cm	$v \cdot 10^3$	$v^2 \cdot 10^6$
4,330	7,990	103,384	1,830	97,224	− 9	81
316	990	410	37	57	+ 24	576
326	8,000	380	37	17	− 16	256
342	7,982	384	20	22	− 11	121
330	962	404	16	58	+ 25	625
308	968	364	30	26	− 7	49
306	952	362	23	33	0	0
300	956	354	28	26	− 7	49
294	956	366	31	41	+ 8	64
310	950	360	20	30	− 3	9
			1,827	97,233		1830

Mit den Werten der Tabelle 1 erhalten wir nach (9.2 a, b) $r = 1{,}827$ cm, $l = 97{,}233$ cm. Die Zeitmessung ergibt $T = 1{,}9781$ s. Damit ergibt sich nach (9.1) $g = 4\pi^2 \cdot 97{,}233/1{,}9781^2 = 981{,}00\ \text{cm}\,\text{s}^{-2}$, also zufällig genau der bekannte runde Wert.

Fehlerrechnung. Den Ansatz $\Delta g/g = \Delta l/l + 2\,\Delta T/T$ haben wir schon oben verwendet. Nach Tabelle 1 ist $\Delta l = \sqrt{1830/(10 \cdot 9)} \cdot 10^{-3} \approx \pm\,0{,}0045$ cm, also $\Delta l/l = \pm\,0{,}0045/97{,}23 \approx \pm\,0{,}00005 = \pm\,0{,}005\,\%$. Den Fehler unsrer Zeitmessung haben wir zu $\Delta\,1000\,T = \pm\,0{,}2$ s geschätzt, so daß $\Delta\,1000\,T/1000\,T = \Delta T/T = \pm\,0{,}2/1978{,}1 \approx \pm\,0{,}0001 = \pm\,0{,}01\,\%$. Damit folgt $\Delta g/g = \pm\,(0{,}005 + 0{,}02)\,\% = \pm\,0{,}025\,\%$ und $\Delta g = \pm\,0{,}00025 \cdot 981 \approx \pm\,0{,}25\ \text{cm}\,\text{s}^{-2}$.

Tabelle 2

Zahl der Schwingungen	Erwartungszeit	beobachtete Zeit	abgestoppte Zeit
0			0 min 0 s
100	3 min 17,8 s	3 min 18 s	
200	6 35,8	6 35,5	
300	9 53,3	9 53,5	
400	13 11,3	13 11	
500	16 28,8	16 29	
600	19 46,8	19 47	
700	23 4,8	23 4,5	
800	26 22,3	26 22,5	
900	29 40,3	29 40,5	
1000	32 58,3		32 min 58,1 s

Sehen wir also von den noch vorhandenen systematischen Fehlern unseres Ansatzes ab, die wir unter II korrigieren werden, so erhalten wir das Ergebnis

$$\underline{g = (981{,}00 \pm 0{,}25)\ \mathrm{cm\,s^{-2}},\ \Delta g/g = \pm\ 0{,}025\,\%.}$$

II. Korrektionen

Die Differentialgleichung der Schwingung eines nicht gedämpften Pendels lautet

$$I\,\frac{\mathrm{d}^2\varphi}{\mathrm{d}t^2} = -\,D\sin\varphi\,. \tag{9.3}$$

I ist das Trägheitsmoment des Pendels, D sein Richtmoment (Anhang I, A), φ sein Momentanausschlag. Ist (im Bogenmaß) $\varphi \ll 1$, so gilt für die Schwingungsdauer, die wir T_0 nennen wollen, in 1. Näherung

$$T_0^2 = 4\,\pi^2\,\frac{I}{D} \tag{9.4}$$

[Anhang I, A, (12)]. Betrachtet man das Pendel als Massenpunkt an einem masselosen Faden von der Länge l, so ist $I = ml^2$, $D = mgl$, und es folgt

$$T_0^2 = 4\,\pi^2\,\frac{l}{g}\,, \tag{9.5}$$

wie (9.1) mit $T = T_0$. Unsere Pendelkugel hat aber das Trägheitsmoment $2\,mr^2/5$ bezüglich ihrer Schwerpunktachse, und dieses kommt zu dem Trägheitsmoment ml^2 hinzu, das sie als Massenpunkt hätte (*Steiner*scher Satz, 5. Aufgabe). Ihr gesamtes Trägheitsmoment beträgt also $I_1 = ml^2 + 2\,mr^2/5$. Es kommt ferner das Trägheitsmoment des Drahtes (Masse μ) bezüglich der

Pendelachse hinzu, das $I_2 = \mu l^2/3$ beträgt. Das gesamte Trägheitsmoment des Pendels beträgt also

$$I = ml^2 \left(1 + \frac{2}{5} \frac{r^2}{l^2} + \frac{1}{3} \frac{\mu}{m}\right). \tag{9.6}$$

Da aber auch an dem Draht die Schwerkraft μg wirkt, die wir uns im Abstand $l/2$ von der Achse angreifend denken können, so liefert er ein Richtmoment $D_2 = \mu g l/2$, das zu dem von der Kugel gelieferten Richtmoment $D_1 = mgl$ hinzukommt. Das gesamte Richtmoment beträgt also

$$D = mgl \left(1 + \frac{1}{2} \frac{\mu}{m}\right). \tag{9.7}$$

Berücksichtigt man, daß $\mu/m \ll 1$, so tritt nach (9.4) und (9.6) an die Stelle von (9.5) die Gleichung

$$T_0^2 = 4\pi^2 \frac{l}{g} \left(1 + \frac{2}{5} \frac{r^2}{l^2} - \frac{1}{6} \frac{\mu}{m}\right). \tag{9.8}$$

Gehen wir nun zur 2. Näherung von (9.3) über, so ergibt die Theorie ein Wachsen der Schwingungsdauer mit wachsender Schwingungsweite φ_m, und zwar gilt

$$T'^2 = T_0^2 \left(1 + \varphi_m^2/8\right). \tag{9.9}$$

Mit (9.6) erhalten wir, da $\varphi_m^2/8 \ll 1$ ist,

$$T'^2 = 4\pi^2 \frac{l}{g} \left(1 + \frac{2}{5} \frac{r^2}{l^2} - \frac{1}{6} \frac{\mu}{m} + \frac{1}{8} \varphi_m^2\right) \tag{9.10}$$

Schließlich beeinflußt auch die Luft die Schwingungsdauer, und zwar erstens durch den Auftrieb in der Luft, der der Schwerkraft entgegenwirkt, zweitens infolge Dämpfung durch Luftreibung. Es gilt die halbempirische Gleichung $T^2 = T'^2 \left(1 + \frac{8}{5} \frac{\varrho_l}{\varrho}\right)$, wobei $\varrho_l = 0{,}00120\ \mathrm{g\,cm^{-3}}$ die Dichte der Luft und $\varrho = 8{,}3\ \mathrm{g\,cm^{-3}}$ die Dichte der Messingkugel ist. Da $\varrho_l/\varrho \ll 1$ ist, so folgt aus (9.10) für die tatsächlich beobachtete Schwingungsdauer T die Gleichung

$$T^2 = 4\pi^2 \frac{l}{g} \left(1 + \frac{2}{5} \frac{r^2}{l^2} - \frac{1}{6} \frac{\mu}{m} + \frac{1}{8} \varphi_m^2 + \frac{8}{5} \frac{\varrho_l}{\varrho}\right). \tag{9.11}$$

Hieraus ergibt sich, daß unser nach (9.1) berechneter g-Wert mit dem Korrektionsfaktor in (9.11) zu multiplizieren ist.

Da $g \approx 1000\ \mathrm{cm\,s^{-2}}$ ist, geben wir die einzelnen Korrektionen in ‰ an, da ihre Zahlenwerte dann praktisch identisch mit denen der in $\mathrm{cm\,s^{-2}}$ an g anzubringenden Verbesserungen sind. Es ist $2r^2/5l^2 = 2 \cdot 1{,}827^2/(5 \cdot 97{,}23^2)$

$\approx 0{,}14 \cdot 10^{-3} = 0{,}14\,‰$. Die aus den Abmessungen des Drahtes und seiner Dichte (Stahl) berechnete Masse desselben ist $\mu \approx 0{,}5$ g, die ebenso berechnete Masse der Messingkugel ist $m = 212$ g, so daß $\mu/6\,m = 0{,}5/(6 \cdot 212) \approx 0{,}39 \cdot 10^{-3} = 0{,}39\,‰$. Bei unsrer Messung war $\varphi_m \approx 2^\circ$, also im Bogenmaß $\varphi_m = 2^\circ \cdot 2\pi/360^\circ = 0{,}035$ und daher $\varphi_m^2/8 = 0{,}15 \cdot 10^{-3} = 0{,}15\,‰$. Schließlich ist $8\,\varrho_l/5\,\varrho = 8 \cdot 0{,}00120/(5 \cdot 8{,}3) \approx 0{,}23 \cdot 10^{-3} = 0{,}23\,‰$. Die gesamte Verbesserung beträgt also $(+\,0{,}14 - 0{,}39 + 0{,}15 + 0{,}23)\,‰ = +\,0{,}13\,‰$ entsprechend einer Verbesserung des oben berechneten g-Wertes um $+\,0{,}13$ cm s^{-2}. An unsrer Fehlerrechnung ändern diese kleinen Verbesserungen natürlich nichts.

Unser Endergebnis lautet also

$$\underline{g = (981{,}13 \pm 0{,}25)\ \text{cm}\,\text{s}^{-2},\ \Delta g/g = \pm\,0{,}025\,\%.}$$

Das entspricht innerhalb der Fehlergrenzen dem mit sehr viel besseren Mitteln gemessenen Wert $g = 981{,}29$ cm s^{-2} für Berlin (Technische Universität).

III. Messungen bei verschiedenen Schwingungsweiten

Wir wollen noch eine Reihe von Messungen bei größeren Schwingungsweiten ausführen und die Gültigkeit von (9.9) nachprüfen, indem wir aus den bei verschiedenen Schwingungsweiten gemessenen T'-Werten T_0 berechnen.

Beispiel. Zur Ermittlung der Schwingungsweiten ist hinter unserem Pendel eine Winkelteilung angebracht. Da die Schwingungsweite während der Dauer einer Messung abnimmt, rechnen wir mit den Mittelwerten φ_m aus den Werten zu Beginn und am Ende der Messung. Die Schwingungsdauern T' messen wir nur über je 100 Schwingungen. Tabelle 3, in der die Mittelwerte der Schwingungsweiten in Bogenmaß umgerechnet sind, gibt unsre Messungen; Abb. 21 zeigt, daß in der Tat T' recht genau linear mit φ_m^2 wächst.

Tabelle 3

φ_m		φ_m^2	T'	Diff. φ_m^2	Diff. T'	B
2,5° =	0,044	0,002	1.979 s	0,038	$5 \cdot 10^{-3}$ s	0,132 s
5	87	8	80	60	8	3
8	140	20	82	108	14	0
11,5	200	40	84			
15	261	68	88			0,132 s
20,5	357	128	96			

Wir schreiben jetzt (9.9) in der Form

$$T' = T_0 + B\varphi_m^2 \qquad (9.12) \qquad \text{mit} \qquad B \approx \frac{T_0}{16} \qquad (9.13)$$

und wollen T_0 und B nach (9.12) aus unsern Messungen berechnen. Die für das Verfahren nach Einl. § 12/I, (2), nötigen Diff. φ_m^2 und Diff. T' und die damit berechneten Werte von $B = \text{Diff. } T'/\text{Diff. } \varphi_m^2$ sind in Tabelle 3 berechnet. Aus den drei B-Werten ergibt sich $B = 0{,}132$ s. Damit sind in

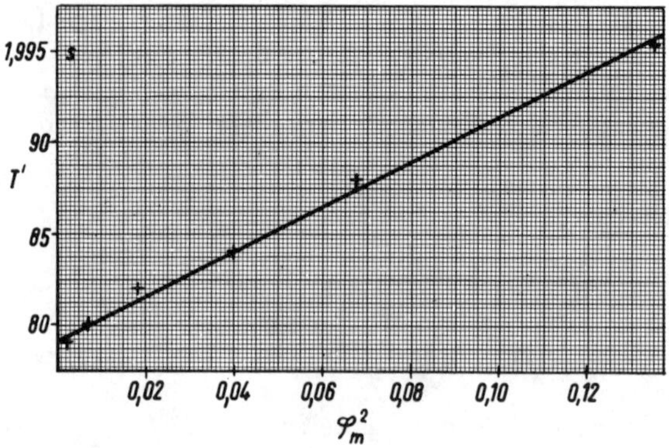

Abb. 21
Schwingungsdauer T' als Funktion von φ_m^2

Tabelle 4 T_0-Werte nach $T_0 = T' - B\varphi_m^2$ berechnet. Sie zeigen eine recht geringe Streuung um den Mittelwert $T_0 = 1{,}9789$ s, der von dem unter I. bei sehr kleinem φ_m gemessenen Wert 1,9781 s nur sehr wenig abweicht.

Tabelle 4

φ_m^2	T'	$B\varphi_m^2$	T_0
0,002	1,979 s	0,0003 s	1,9787 s
8	80	9	91
20	82	24	96
40	84	52	88
68	88	89	91
128	96	178	82
			1,9789 s

Daß wir nach (9.13) den viel schlechteren Wert $T_0 = 16\,B = 2{,}11$ s erhalten, ist nicht überraschend, weil die Fehler der nur recht ungenau gemessenen mittleren Schwingungsweiten in die Berechnung von B viel stärker eingehen als in die Berechnung der T_0-Werte. Wir begnügen uns mit der sehr befriedigenden Bestätigung von (9.9) bzw. (9.12) und verzichten auf eine Fehlerrechnung.

10. Aufgabe. Gekoppelte Pendel

Sind zwei schwingungsfähige Gebilde miteinander gekoppelt, wirken also zwischen ihnen von den Momentanwerten ihrer Auslenkungen abhängige Kräfte, so wird zwischen ihnen Schwingungsenergie hin und her übertragen, und ihre Schwingungsweiten ändern sich periodisch mit der Zeit. Wir betrachten zwei gleiche Pendel, die wir durch die Indices 1 und 2 unterscheiden. Sie bestehen je aus einem an einer Stange verschiebbaren Körper von der Masse m und sind mit Blattfedern oder in Schneiden derart in einem Gestell aufgehängt, daß sie nur in der gleichen Ebene schwingen können (Abb. 22). Sie sind genau gleich eingestellt und können in einer beliebig wählbaren Höhe durch eine gespannte Gummischnur oder Wendelfeder gekoppelt werden. Die Koppelung ist um so stärker, je tiefer an den Stangen sie angreift. Die Stangen betrachten wir als masselos. Auf das Ergebnis der folgenden Überlegungen und die Auswertung unsrer Messungen hat das keinen Einfluß.

Auf jedes Pendel wirken zwei Drehmomente. Das eine rührt von der Schwerkraft her und beträgt $-mgl\varphi_1 = -D\varphi_1$ bzw. $-mgl\varphi_2 = -D\varphi_2$, wenn g die Fallbeschleunigung, $D = mgl$ und φ_1 und φ_2 die – stets sehr kleinen – Auslenkungen der Pendel aus der Vertikalen sind. Wir rechnen die Winkel in Abb. 22 nach rechts positiv. Das zweite Drehmoment liefert die Koppelung. Werden die beiden Pendel in ihre vertikale Lage gebracht – die nicht ihre Gleichgewichtslage ist (siehe unten) –, so sei dieses Drehmoment beim ersten Pendel N_0, beim zweiten also $-N_0$. Erteilt man jetzt bei festgehaltenem ersten Pendel dem zweiten Pendel einen Ausschlag φ_2,

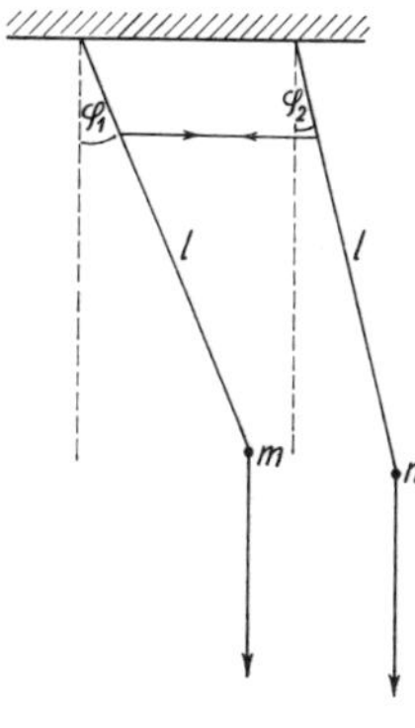

Abb. 22. Gekoppelte Pendel

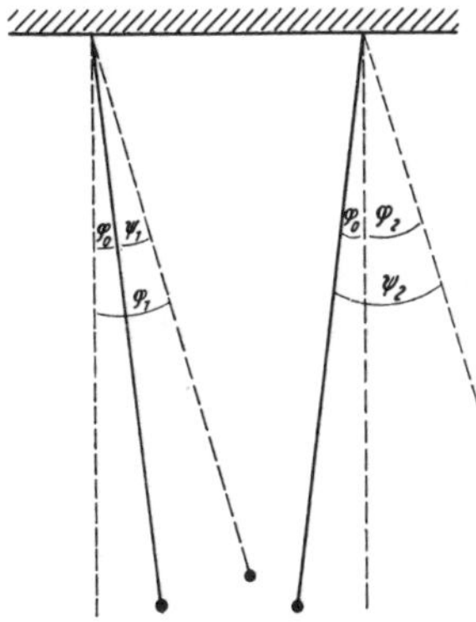

Abb. 23. Gekoppelte Pendel

so wächst dieses Drehmoment bei kleinem Winkel φ_2 um einen zu φ_2 proportionalen Betrag $D'\varphi_2$ und beträgt dann $N_0 + D'\varphi_2$. Erteilen wir nun, indem wir das zweite Pendel in seiner letzten Lage festhalten, dem ersten Pendel einen Ausschlag φ_1, so nimmt das Drehmoment um einen zu φ_1 proportionalen Betrag $D'\varphi_1$ ab und beträgt nun $N_0 - D'(\varphi_1 - \varphi_2)$. Das auf das zweite Pendel wirkende Drehmoment ist nach dem Wechselwirkungssatz ebenso groß, aber umgekehrt gerichtet. Die gesamten Drehmomente betragen also:

$$\left.\begin{aligned} &1.\ \text{Pendel:}\quad N_1 = -D\varphi_1 + N_0 - D'(\varphi_1 - \varphi_2), \\ &2.\ \text{Pendel:}\quad N_2 = -D\varphi_2 - N_0 + D'(\varphi_1 - \varphi_2). \end{aligned}\right\} \qquad (10.1)$$

Es ist nun zweckmäßiger, wenn wir die Ausschläge nicht auf die vertikale Lage der Pendel beziehen, sondern auf ihre Gleichgewichtslage, die sie unter der gemeinsamen Wirkung von Schwerkraft und koppelnder Kraft einnehmen und in der die Pendel durch die letztere einander ein wenig genähert sind (Abb. 23). In dieser Lage heben die beiden Drehmomente einander an jedem Pendel auf. Bezeichnen wir den Winkel, den das erste Pendel dann mit der Vertikalen bildet, mit φ_0, so ergibt sich aus (10.1) mit $N_1 = N_2 = 0$: $\varphi_1 = -\varphi_2 = \varphi_0 = N_0/(D + 2D')$. Wenn wir die Auslenkungen aus der Gleichgewichtslage mit ψ_1 und ψ_2 bezeichnen (Abb. 23), so ist $\varphi_1 = \psi_1 + \varphi_0$, $\varphi_2 = \psi_2 - \varphi_0$. Führt man dies in (10.1) ein, so folgt

$$\left.\begin{aligned} &\text{1. Pendel:} \quad N_1 = -D\psi_1 - D'(\psi_1 - \psi_2), \\ &\text{2. Pendel:} \quad N_2 = -D\psi_2 + D'(\psi_1 - \psi_2). \end{aligned}\right\} \tag{10.2}$$

Ist I das Trägheitsmoment jedes der beiden Pendel, so ist $N_1 = I\,d^2\psi_1/dt^2 = I\,\ddot{\psi}_1$ und $N_2 = I\,d^2\psi_2/dt^2 = I\,\ddot{\psi}_2$, und wir erhalten zwei simultane Differentialgleichungen 2. Grades,

$$I\,\ddot{\psi}_1 = -D\psi_1 - D'(\psi_1 - \psi_2), \quad I\,\ddot{\psi}_2 = -D\psi_2 + D'(\psi_1 - \psi_2).$$

Um diese Gleichungen zu lösen, müssen wir sie einmal addieren, dann subtrahieren, und erhalten

$$I\,(\ddot{\psi}_1 + \ddot{\psi}_2) = -D\,(\psi_1 + \psi_2), \tag{10.2 a}$$

$$I\,(\ddot{\psi}_1 - \ddot{\psi}_2) = -(D + 2D')\,(\psi_1 - \psi_2). \tag{10.2 b}$$

Die erste Gleichung ist die einer ungedämpften harmonischen Schwingung der *Winkelsumme* $\psi_1 + \psi_2$ mit dem Richtmoment D, die zweite die einer solchen der *Winkeldifferenz* $\psi_1 - \psi_2$ mit dem Richtmoment $D + 2D'$. Diesen Schwingungen entsprechen die Kreisfrequenzen

$$\psi_1 + \psi_2: \quad \omega_0 = \sqrt{\frac{D}{I}} \qquad \psi_1 - \psi_2: \quad \omega_1 = \sqrt{\frac{D + 2D'}{I}}\,. \tag{10.3 a, b}$$

Die allgemeinen Lösungen von (10.2 a, b) lauten also

$$\psi_1 + \psi_2 = 2a\,\sin\,\omega_0 t + 2b\,\cos\,\omega_0 t, \tag{10.4 a}$$

$$\psi_1 - \psi_2 = 2a'\,\sin\,\omega_1 t + 2b'\,\cos\,\omega_1 t. \tag{10.4 b}$$

(Vgl. Anhang I.) Die Faktoren der Winkelfunktionen sind auf Grund der Anfangsbedingungen in jedem Fall besonders zu bestimmen.

Nun können wir die Variabeln ψ_1 und ψ_2 wieder trennen, indem wir (10.4 a) und (10.4 b) einmal addieren, dann subtrahieren,

$$\psi_1 = a\,\sin\,\omega_0 t + b\,\cos\,\omega_0 t + a'\,\sin\,\omega_1 t + b'\,\cos\,\omega_1 t, \tag{10.5 a}$$

$$\psi_2 = a\,\sin\,\omega_0 t + b\,\cos\,\omega_0 t - a'\,\sin\,\omega_1 t - b'\,\cos\,\omega_1 t. \tag{10.5 b}$$

Bei jedem der beiden Pendel überlagern sich also im allgemeinen zwei Schwingungen mit den etwas verschiedenen Kreisfrequenzen ω_0 und ω_1. ω_0 ist die Kreisfrequenz der nicht gekoppelten Pendel ($D' = 0$), während ω_1 auch von der Koppelung abhängt.

Wir wollen die Bedingung einführen, daß beide Pendel zur Zeit $t = 0$ sich in ihren natürlichen Gleichgewichtslagen $\psi_1 = \psi_2 = 0$ befinden bzw. gerade durch sie hindurchgehen sollen. Dann folgt aus (10.5 a, b) $b = b' = 0$, und es wird

$$\psi_1 = a \sin \omega_0 t + a' \sin \omega_1 t, \quad \psi_2 = a \sin \omega_0 t - a' \sin \omega_1 t. \qquad (10.6\,\text{a, b})$$

Durch Differenzieren nach der Zeit erhalten wir die Winkelgeschwindigkeiten,

$$\dot{\psi}_1 = a\,\omega_0 \cos \omega_0 t + a'\,\omega_1 \cos \omega_1 t, \qquad (10.7\,\text{a})$$

$$\dot{\psi}_2 = a\,\omega_0 \cos \omega_0 t - a'\,\omega_1 \cos \omega_1 t. \qquad (10.7\,\text{b})$$

Wir wollen drei Sonderfälle untersuchen.

I. Gleichsinnige Schwingungen. Wir stoßen zur Zeit $t = 0$ beide Pendel gleichsinnig und gleich stark an und erteilen ihnen damit die gleiche und gleichgerichtete Winkelgeschwindigkeit $\dot{\psi}_1 = \dot{\psi}_2 = u_0$.

Setzen wir dies (mit $t = 0$) in (10.7 a) und (10.7 b) ein, so folgt $a\,\omega_0 + a'\,\omega_1 = u_0$ und $a\,\omega_0 - a'\,\omega_1 = u_0$ mit der Lösung $a = u_0/\omega_0$ und $a' = 0$. Dann ist nach (10.6 a, b) $\psi_1 = \psi_2 = u_0/\omega_0 \cdot \sin \omega_0 t$.

Die beiden Pendel führen also vollkommen gleiche, zeitlich übereinstimmende Schwingungen mit der Kreisfrequenz ω_0 aus. Das ist selbstverständlich, weil die Koppelung überhaupt nicht in Wirkung tritt. Die Schwingungsdauer beider Pendel beträgt also

$$T_0 = \frac{2\,\pi}{\omega_0}. \qquad (10.8)$$

II. Gegensinnige Schwingungen. Wir stoßen beide Pendel zur Zeit $t = 0$ gegensinnig und gleich stark an und erteilen ihnen so die einander entgegengerichteten Winkelgeschwindigkeiten $\dot{\psi}_1 = u_0$, $\dot{\psi}_2 = -u_0$. Setzen wir dies (mit $t = 0$) in (10.7 a, b) ein, so folgt $a\,\omega_0 + a'\,\omega_1 = u_0$ und $a\,\omega_0 - a'\,\omega_1 = -u_0$ mit der Lösung $a = 0$ und $a' = u_0/\omega_1$. Dann ist nach (10.6 a, b)

$$\psi_1 = \frac{u_0}{\omega_1} \sin \omega_1 t, \qquad \psi_2 = -\frac{u_0}{\omega_1} \sin \omega_1 t.$$

Die Pendel führen also spiegelbildliche Schwingungen mit der Kreisfrequenz ω_1 aus. Die Schwingungsdauer beträgt

$$T_1 = \frac{2\,\pi}{\omega_1} \qquad (10.9)$$

und ist, da $\omega_1 > \omega_0$, kleiner als T_0.

III. Schwebungsschwingungen. Zur Zeit $t = 0$ erteilen wir nur dem ersten Pendel eine Winkelgeschwindigkeit u_0, während sich das zweite Pendel in diesem Augenblick in seiner Gleichgewichtslage in Ruhe befindet. Es gilt also jetzt $\dot{\psi}_1 = u_0$, $\dot{\psi}_2 = 0$. Durch Einsetzen (mit $t = 0$) in (10.7 a, b) folgt $a\,\omega_0 + a'\,\omega_1 = u_0$, $a\,\omega_0 - a'\,\omega_1 = 0$ mit der Lösung $a\,\omega_0 = a'\,\omega_1 = u_0/2$. Dann nehmen (10.7 a, b) die Gestalt an

$$\dot{\psi}_1 = \frac{u_0}{2}\,(\cos\omega_0 t + \cos\omega_1 t)\,, \qquad \dot{\psi}_2 = \frac{u_0}{2}\,(\cos\omega_0 t - \cos\omega_1 t)\,.$$

Nach einer bekannten Formel kann man statt dessen schreiben

$$\dot{\psi}_1 = u_0 \cos\frac{\omega_1 - \omega_0}{2}\,t \cos\frac{\omega_1 + \omega_0}{2}\,t\,,$$

$$\dot{\psi}_2 = u_0 \sin\frac{\omega_1 - \omega_0}{2}\,t \sin\frac{\omega_1 + \omega_0}{2}\,t\,.$$

Ist die Koppelung, wie vorausgesetzt, schwach, so ist $(\omega_1 - \omega_0) \ll (\omega_1 + \omega_0)$. Dann kann man die langsam veränderlichen Größen $u_0 \cos\frac{\omega_1 - \omega_0}{2}\,t$ bzw. $u_0 \sin\frac{\omega_1 - \omega_0}{2}\,t$ als die Scheitelwerte der Winkelgeschwindigkeit $\dot{\psi}_1$ bzw. $\dot{\psi}_2$ und die Pendelschwingungen also solche mit der Kreisfrequenz $(\omega_1 + \omega_0)/2$ betrachten, deren Scheitelwert mit der Kreisfrequenz $(\omega_1 - \omega_0)/2$ zeitlich langsam periodisch veränderlich ist. Die Schwingungsdauer beträgt

$$T_2 = \frac{4\,\pi}{\omega_1 + \omega_0}\,. \tag{10.10}$$

Die Schwingungen der beiden Pendel sind um $\pi/2$ in Phase gegeneinander verschoben.

Nach dem Anstoßen des ersten Pendels gerät das zweite Pendel unter der Wirkung der Koppelung ebenfalls in Schwingungen von zunächst zunehmender Schwingungsweite, während die Schwingungsweite des ersten Pendels abnimmt. Nach dem Energieprinzip muß ja der Energiezuwachs des zweiten Pendels auf Kosten der Energie des ersten gehen. Ist $(\omega_1 - \omega_0)t/2 = \pi/2$, also $\cos\frac{\omega_1 - \omega_0}{2}\,t = 0$ und $\sin\frac{\omega_1 - \omega_0}{2}\,t = 1$ geworden, so ist die Energie des ersten Pendels vollkommen auf das zweite übergegangen. Dann wiederholt sich das Spiel in umgekehrter Richtung, es wird Energie vom zweiten Pendel wieder auf das erste übertragen, und so fort. Die Pendel führen *Schwebungen* aus. Das zweite Pendel kommt jeweils momentan zur Ruhe, wenn $(\omega_1 - \omega_0)t/2 = n\,\pi$, also $t = n \cdot 2\,\pi/(\omega_1 - \omega_0)$ ist. $(n = 1, 2, 3, \ldots)$ Die Zeitspanne zwischen zwei aufeinanderfolgenden Stillständen beträgt demnach $2\pi/(\omega_1 - \omega_0)$. Aber $\dot{\psi}_1$ hat bei zwei aufeinanderfolgenden Stillständen des zweiten Pendels jeweils entgegengesetztes Vorzeichen, und daher schwingt das Pendel abwechselnd einmal von rechts, einmal von links in die Zustände verschwindender Schwingungsweite ein, ebenso auch das andere Pendel. Der Schwebungsvorgang durchläuft also seine sämtlichen Phasen erst in der Zeitspanne (Schwebungsdauer)

$$T_s = \frac{4\pi}{\omega_1 - \omega_0}, \tag{10.11}$$

die doppelt so groß ist wie der zeitliche Abstand zweier Stillstände.

Wir berechnen die Frequenzen $\nu_0 = 1/T_0$, $\nu_1 = 1/T_1$, $\nu_2 = 1/T_2$, $\nu_s = 1/T_s$, zwischen denen auf Grund der allgemeinen Beziehung $\nu = \omega/2\pi$ und nach (10.8), (10.9), (10.10), (10.11) die folgenden Beziehungen bestehen:

$$\nu_2 = \tfrac{1}{2}(\nu_1 + \nu_0), \qquad \nu_s = \tfrac{1}{2}(\nu_1 - \nu_0). \tag{10.12 a, b}$$

Als *Koppelungsgrad* der Pendel bezeichnet man das Verhältnis $\varkappa = D'/(D + D')$. Mit Hilfe von (10.3 a, b), (10.8), (10.9) verwandelt man das in die Form

$$\varkappa = \frac{T_0^2 - T_1^2}{T_0^2 + T_1^2} = \frac{\nu_1^2 - \nu_0^2}{\nu_1^2 + \nu_0^2}. \tag{10.13}$$

Es ist unsere weitere Aufgabe, den Koppelungsgrad $\varkappa$ zu berechnen.

Vor dem Beginn der Messungen ist es unbedingt nötig, das Gestell mit den Pendeln so aufzustellen, daß es bei den Pendelschwingungen *nicht wackelt*. Andernfalls treten zusätzliche Koppelungen mit den Schwingungen des Gestells auf, welche die Messung in höchstem Grade stören. Dann entfernen wir zunächst die Koppelung und verschieben die Pendelkörper, bis die Schwingungsdauern der Pendel gleich sind. Dann bringen wir die Koppelung an und regeln sie durch Verschieben der Angriffspunkte so, daß beim Schwebungsversuch (III.) zwischen zwei Stillständen eines Pendels 15 bis 20 Schwingungen erfolgen. Ferner achte man darauf, daß die Koppelung sich bei den Schwingungen nie ganz entspannt. (Kleine Schwingungsweiten!)

Tabelle 1

$50\,T_0$	$50\,T_1$	$10\,T_2$	T_s
75,8 s	69,6 s	14,5 s	44,4 s
74,7	70,8	5	45,0
7	3	4	44,2
0	69,2	6	45,6
7	7	4	6
		5	
		5	
		6	
		5	
		4	
74,8 s	69,9 s	14,49 s	45,0 s

Beispiel. T_0 und T_1 haben wir über je 50 Schwingungen je fünfmal gemessen, T_2 nur über je 10 Schwingungen zehnmal, weil sich diese Schwingungen auch bei größter Vorsicht meist nicht sehr lange rein aufrechterhalten lassen. Die Schwebungszeit T_s haben wir fünfmal unmittelbar aus Stillständen des zweiten Pendels gemessen. Hier gelingt eine saubere Messung erst nach einigen Vorübungen. Wir haben die in Tabelle 1 wiedergegebenen Werte erhalten. Es ist also

$$\underline{T_0 = 1{,}496 \text{ s}, \quad T_1 = 1{,}398 \text{ s}, \quad T_2 = 1{,}449 \text{ s}, \quad T_s = 45{,}0 \text{ s}.}$$

In Tabelle 2 bringen wir die aus den T-Werten berechneten ν-Werte und die nach (10.12) berechneten Werte von ν_2 und ν_s. Die Übereinstimmung bei ν_2 ist ausgezeichnet. Wenn der Unterschied bei ν_s 8 % beträgt, so ist das nicht verwunderlich. Der berechnete Wert ist die Differenz zweier nur wenig verschiedener Größen, so daß schon ein kleiner relativer Fehler dieser Größen einen großen relativen Fehler der Differenz erzeugt. (Man berechnet leicht, daß ein Fehler von ± 1 % in ν_0 und ν_1 einen Fehler von etwa ± 30 % in ν_s erzeugt.)

Tabelle 2

	beob.	ber.
ν_0	0,668 s^{-1}	
ν_1	0,716	
ν_2	0,690	0,692 s^{-1}
ν_s	0,0222	0,0240

So können wir mit unserem Ergebnis ganz zufrieden sein. Es kommt noch hinzu, daß die Zeit T_s erheblich weniger genau gemessen werden kann als die Zeiten T_0, T_1 und T_2. Letztere werden aus sehr genau beobachtbaren Nulldurchgängen ermittelt, T_s aber aus der Beobachtung von momentanen Stillständen. Diese kann man aber immer erst verifizieren, wenn die Bewegung bereits eben wieder begonnen hat.

Der Koppelungsgrad ergibt sich nach (10.13) zu $\varkappa = 0{,}068 = 6{,}8$ %. Von einer Fehlerrechnung sehen wir ab.

III. Wärme, Gastheorie, Akustik

11. Aufgabe. Messung spezifischer Wärmekapazitäten

Westphal, Physik, § 110; Kl. Lehrb. d. Physik, § 98

Innerhalb nicht allzu großer Temperaturbereiche ist die Wärmemenge Q, die ein Körper bei einer Temperaturänderung aufnimmt oder abgibt, der Temperaturdifferenz $t_2 - t_1$ zwischen der Endtemperatur t_2 und der Anfangstemperatur t_1 proportional.

$$Q = C\,(t_2 - t_1)\,. \tag{11.1}$$

C heißt die *Wärmekapazität* des Körpers und wird heute noch meist in der Einheit 1 cal grd^{-1} gemessen (Einl. § 4). Sie ist bei gegebenem Stoff der Masse m des Körpers proportional,

$$C = c\,m\,. \tag{11.2}$$

Die Stoffkonstante c heißt *spezifische Wärmekapazität* (weniger korrekt: spezifische Wärme). Ihre Einheit ist 1 cal g^{-1} grd^{-1}.

Tauschen zwei Körper mit den Wärmekapazitäten C und C', den Anfangstemperaturen t_1 und t_1' und der gemeinsamen Endtemperatur t_2 die Wärmemenge Q aus, wobei $t_1 > t_2 > t_1'$ sei, so gibt der eine Körper die Wärmemenge $Q = C\,(t_1 - t_2)$ ab und der andre nimmt nach dem Energieprinzip die gleiche Wärmemenge $Q = C'\,(t_2 - t_1')$ auf, so daß

$$C\,(t_1 - t_2) = C'\,(t_2 - t_1')\,. \tag{11.3}$$

Hierauf beruht das *Mischungsverfahren* zur Messung von Wärmekapazitäten. Besonders bequem ist bei nicht allzu großen Ansprüchen an Genauigkeit für feste Stoffe das *Wasserkalorimeter*, ein mit Wasser gefülltes, gegen Wärmeaustausch mit der Umgebung tunlichst geschütztes Gefäß. Man bringt den auf eine Temperatur t_1 erwärmten Körper in das Wasser von der Anfangstemperatur t_1' und kann dann nach erfolgtem Ausgleich auf die Endtemperatur t_2 seine Wärmekapazität C nach der Gleichung

$$C = C'\,\frac{t_2 - t_1'}{t_1 - t_2} \tag{11.4}$$

berechnen, wenn die Wärmekapazität C' des Kalorimeters mit Inhalt bekannt ist. Dann kann nach (11.2) auch seine spezifische Wärmekapazität $c = C/m$ berechnet werden.

Unser Wasserkalorimeter besteht aus einem Aluminiumgefäß, das – rings lose mit Watte umgeben – in einem Becherglas steht. Wir untersuchen einen Metallkörper, den wir in siedendem Wasser auf $t_1 \approx 100\ ^\circ\mathrm{C}$

erwärmen. Dabei darf er nicht unmittelbar auf dem Boden des Gefäßes stehen, sondern auf einem Rost, da er sich sonst leicht auf mehr als 100 °C erwärmt. Das Wasser im Kalorimeter kühlt man am besten so weit unter Zimmertemperatur ab, daß die Endtemperatur t_2 etwa ebenso weit über dieser liegt, was nach einem Vorversuch annähernd zu erreichen ist. Dann gleichen sich die immer noch vorhandenen Wärmeverluste in der ersten und der zweiten Phase des Versuchs bis zu einem gewissen Grade aus. Zur Ermittlung der Temperaturen t_1' und t_2 messen wir die Wassertemperatur vor dem Einbringen des Körpers 5 Minuten lang jede halbe Minute, bringen dann den Körper schnell ein und messen die Temperatur 5 bis 10 Minuten lang weiter. Die Auswertung dieser Messungen besprechen wir an Hand unsres Beispiels.

Die Wärmekapazität C' setzt sich zusammen aus der Wärmekapazität $C_w = c_w m_w$ des Wassers und der Wärmekapazität $C_k = c_k m_k$ des Gefäßes, wobei $c_w = 1{,}00 \text{ cal g}^{-1} \text{grd}^{-1}$ die spezifische Wärmekapazität, m_w die Masse Wassers, c_k die spezifische Wärmekapazität des Gefäßmaterials, m_k die Masse des Gefäßes ist[1]).

Demnach ist

$$C' = c_w m_w + c_k m_k . \qquad (11.5)$$

m_w ermittelt man durch Wägung des gefüllten und des leeren Kalorimeters.

Beispiel. Messingkörper, Kalorimetergefäß aus Aluminium, $c_k = 0{,}214$ cal g^{-1} grd^{-1}. Die Wägungen erfolgten mit einer groben Waage auf ± 0,05 g. Es war $m = 361{,}2$ g, $m_k = 27{,}05$ g, $m_w = 185{,}95$ g. Damit ergibt sich nach (11.5) $C' = 1{,}00 \cdot 185{,}95 + 0{,}214 \cdot 27{,}05 = 191{,}7 \text{ cal grd}^{-1}$.

Die Tabelle 1 zeigt unsre Temperaturmessungen, Abb. 24 ihre graphische Darstellung. Der Temperaturausgleich erfolgt natürlich nicht momentan. Ferner findet schon vor dem Erreichen der Höchsttemperatur ein gewisser

Tabelle 1

0	0,5	1	1,5	2	2,5	3	3,5	4	4,5	5	min
20,8	20,8	20,9	20,9	20,9	21,0	21,0	21,0	21,1	21,1	21,2	°C

Körper eingebracht

5,5	6	6,5	7	7,5	8	8,5	9	9,5	min
30,8	32,2	32,4	32,3	32,3	32,2	32,1	32,0	32,0	°C
10	10,5	11	11,5	12	12,5	13			min
31,9	31,8	31,7	31,6	31,6	31,5	31,4			°C

[1]) Die Wärmekapazität des Thermometers kann im allgemeinen vernachlässigt werden. Andernfalls muß man zu C_k noch $0{,}46 \text{ cal cm}^{-3} \text{grd}^{-1} \cdot \dot{V}$ addieren, was wir hier nicht beweisen wollen und wo V bei einem Stabthermometer das Volumen des eingetauchten Teils des Thermometers ist. Wird ein Rührer benutzt, so ist dessen Wärmekapazität zu C_k zu addieren. Bei genügender Vorsicht kann aber mit dem Thermometer gerührt werden.

Wärmeverlust an die Umgebung statt, so daß die theoretische Endtemperatur nicht ganz erreicht wird. Man kann nun beweisen, daß man auf den Fall unendlich schnellen (also auch verlustlosen) Ausgleichs extrapolieren kann, indem man die Anlaufkurve *AB* nach vorn, die Auslaufkurve *CD* rückwärts verlängert und senkrecht zur Zeitachse eine Gerade *EF* derart

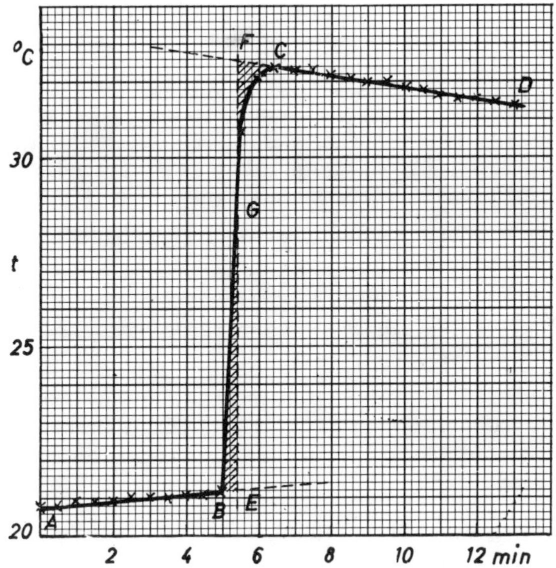

Abb. 24
Temperaturverlauf im Kalorimeter

zeichnet, daß die Flächen *BEG* und *CFG*, die sie mit der gemessenen Kurve bildet, gleich groß sind. Im allgemeinen genügt Zeichnung nach Augenmaß. Die in *E* und *F* abgelesenen Temperaturen t_1' und t_2 entsprechen dann dem Fall unendlich schnellen Ausgleichs.

Wir lesen aus der Abb. 24 ab: $t_1' = 21{,}2$ °C, $t_2 = 32{,}6$ °C. Der Luftdruck betrug 751 Torr, so daß nach Tabelle III $t_1 = 99{,}7$ °C. Es ist also $t_1 - t_2 = 67{,}1$ grd, $t_2 - t_1' = 11{,}4$ grd. Damit folgt nach (11.4) $C = 191{,}7 \cdot 11{,}4/67{,}1 = 32{,}63$ cal grd^{-1} und nach (11.2) $c = C/m = 32{,}63/361{,}2 = 0{,}0904$ cal g^{-1} grd^{-1}.

Wir wollen dieses Ergebnis dazu benutzen, die *Regel von Dulong-Petit* nachzuprüfen. Sie besagt, daß die *molaren Wärmekapazitäten* (Einl. A 3) der Metalle – die Größe $C_m = C/n = C\,M_m/m = c\,M_m$, also das Produkt aus ihrer molaren Masse M_m und ihrer spezifischen Wärmekapazität c – näherungsweise 5,94 cal mol^{-1} grd^{-1} beträgt. Messing besteht aus 62 % Cu ($M_m = 63{,}57$ g mol^{-1}) und 38 % Zn ($M_m = 65{,}38$ g mol^{-1}), die mittlere molare Masse des Messings beträgt also 64,26 g mol^{-1}. Damit ergibt sich $C_m = 64{,}26 \cdot 0{,}0904 = 5{,}82$ cal mol^{-1} grd^{-1}, was dem obigen Wert genügend nahekommt.

Fehlerrechnung. Von den zur Berechnung von C und c benutzten Daten sind zweifellos die durch Extrapolation ermittelten Temperaturen t_1' und t_2 weitaus am wenigsten sicher, so daß wir uns auf deren Fehlereinfluß beschränken dürfen. Ferner beeinflußt ein Fehler in t_2 den Nenner $t_1 - t_2 = 67{,}1$ grd relativ weit weniger als den erheblich kleineren Zähler $t_2 - t_1' = 11{,}4$ grd. Zudem geht in den Nenner die sehr zuverlässige Temperatur t_1 ein, dagegen in den Zähler die weit weniger zuverlässige Temperatur t_1'. Das berechtigt uns, uns auf den Fehlereinfluß des Zählers zu beschränken. Dann ist der relative Größtfehler von C nach (11.4) $\Delta C/C = (\Delta t_2 + \Delta t_1')/(t_2 - t_1')$. Wir schätzen den Fehler unsrer Extrapolationen auf $\pm 0{,}5$ mm $\triangleq \pm 0{,}1$ grd $= \Delta t_2 = \Delta t_1'$, so daß $\Delta C/C = \pm 0{,}2/11{,}4 \approx \pm 0{,}02 = \pm 2\,\%$. Da wir m und C' als weitgehend fehlerfrei ansehen dürfen, so ist nach (11.2) $\Delta c/c = \Delta C/C = \pm 2\,\%$, was wir aber wegen der gemachten Vernachlässigungen vorsichtig auf $\pm 2{,}5\,\%$ aufrunden wollen. Dann ist $\Delta c = \pm 0{,}025 \cdot 0{,}0904 \approx \pm 0{,}0025$ cal g^{-1} grd^{-1}.

Unser entsprechend gerundetes Ergebnis lautet also

$$\underline{c = (0{,}0905 \pm 0{,}0025)\ \text{cal}\,\text{g}^{-1}\,\text{grd}^{-1}, \quad \Delta c/c = \pm 2{,}5\,\%.}$$

Ein weiteres Ergebnis ist die befriedigende Bestätigung der Regel von *Dulong-Petit.*

Nach dem gleichen Verfahren kann natürlich auch die spezifische Wärmekapazität einer statt des Wassers in das Kalorimeter gegebenen Flüssigkeit gemessen werden, wenn man über einen Körper von bekannter Wärmekapazität verfügt.

12. Aufgabe.
Spezifische Schmelz- und Verdampfungswärme des Wassers

Westphal, Physik, §§ 115, 116; Kl. Lehrb. d. Physik, §§ 103, 105

I. Spezifische Schmelzwärme

Zum Schmelzen eines auf seinem Schmelzpunkt befindlichen Körpers von der Masse m aus einheitlichem Stoff ist die Wärmemenge $Q = \lambda m$ erforderlich. Die Stoffkonstante λ heißt *spezifische Schmelzwärme;* ihre heute noch meist übliche Einheit ist 1 cal g^{-1}. Wir wollen die des Wassers messen und verwenden das gleiche Kalorimeter und das gleiche Verfahren wie bei der 11. Aufgabe. Wir bringen eine Eismenge von der Masse m_e in das auf der Temperatur t_1 befindliche Wasser im Kalorimeter und ermitteln dessen Temperatur t_2 nach beendetem Schmelzen. Dabei nimmt das Eis zunächst die zu seinem Schmelzen nötige Wärmemenge λm_e auf, und das aus ihm gebildete Wasser erwärmt sich dann von 0 °C auf die Temperatur t_2, wobei es die Wärmemenge $c_w m_e t_2$ aufnimmt; das Kalorimeter gibt die Wärmemenge $C'(t_1 - t_2)$ ab, wobei C' die Wärmekapazität des Kalorimeters nebst Inhalt vor dem Einbringen des Eises ist und nach (11.5) ebenso wie bei der 11. Aufgabe zu berechnen ist, auf die wir wegen der Einzelheiten verweisen. Dann ist $m_e(\lambda + c_w t_2) = C'(t_1 - t_2)$, also

$$\lambda = \frac{C'}{m_e}(t_1 - t_2) - c_w t_2 . \qquad (12.1)$$

Die Messung wird um so genauer, je mehr Eis geschmolzen wird. Es empfiehlt sich deshalb, das Wasser im Kalorimeter auf 40 bis 50 °C vorzuwärmen und so viel Eis zu verwenden, daß t_2 um 10 bis 15 grd unter Zimmertemperatur liegt. Doch darf die Temperatur 0 °C nicht erreicht werden, da sonst ungeschmolzenes Eis übrig bleibt. Zur Abschätzung der günstigsten Eismenge mache man einen Vorversuch. Die Masse des Eises wird durch Wägung des Kalorimeters nebst Wasser vor und nach dem Versuch bestimmt.

Beispiel. Wir haben das gleiche Kalorimeter verwendet wie bei der 11. Aufgabe, auf die wegen der Bezeichnungen hingewiesen wird. Es war $m_k = 27{,}05$ g, $m_w = 175{,}7$ g, $m_e = 71{,}6$ g, $c_w = 1{,}00$ cal g^{-1} grd^{-1}, $c_k = 0{,}214$ cal g^{-1} grd^{-1}. Dann ist nach (11.5) $C' = 1{,}00 \cdot 175{,}7 + 0{,}214 \cdot 27{,}05 = 181{,}5$ cal grd^{-1}.

Unsre wie bei der 11. Aufgabe ausgeführten Temperaturmessungen gibt die Tabelle 1, Abb. 25 die graphische Darstellung. Aus dieser extrapolieren wir die Temperaturen $t_1 = 44{,}8$ °C und $t_2 = 10{,}0$ °C. Daraus folgt nach (12.1) $\lambda = 181{,}5 \cdot 34{,}8/71{,}6 - 1{,}00 \cdot 10{,}0 = 78{,}3$ cal g^{-1}.

Tabelle 1

0	0,5	1	1,5	2	2,5	3	3,5	4	4,5	4 min
49,8	49,35	48,8	48,4	47,9	47,6	47,1	46,65	46,2	45,9	45,4 °C
					Eis eingebracht					
5,5	6	6,5	7	7,5	8	8,5	9	9,5	10	10,5	11 min
27,0	17,0	12,2	10,7	10,35	10,3	10,35	10,4	10,45	10,5	10,5	10,55 °C

Fehlerrechnung. Den Fehlereinfluß der in die Berechnung von λ eingehenden Wägungen (also auch von C') ist jedenfalls viel geringer als der der extrapolierten Temperaturen t_1 und t_2, so daß wir nur letztere berücksichtigen wollen. Wie bei der 11. Aufgabe schätzen wir $\Delta t_1 = \Delta t_2 = \pm 0{,}1$ grd. Aus (12.1) ergibt sich also absoluter Größtfehler von λ: $\Delta\lambda = C'/m_e \cdot \Delta t_1 + (C'/m_e + c_w)\,\Delta t_2 = \pm\,(2 \cdot 181{,}5/71{,}6 + 1{,}00) \cdot 0{,}1 = \pm\,0{,}6$ cal g^{-1} und damit als relativer Größtfehler $\Delta\lambda/\lambda = \pm\,0{,}6/78{,}3 \approx \pm\,0{,}01 \approx \pm\,1\,\%$.

Demnach lautet unser gerundetes Endergebnis

$$\underline{\lambda = (78{,}3 \pm 0{,}8)\ \text{cal g}^{-1},\ \Delta\lambda/\lambda = \pm\,1\,\%.}$$

Als Bestwert gilt $\lambda = 79{,}5$ cal g^{-1}; er liegt nur wenig außerhalb unserer Fehlergrenzen. Eine kleine Abweichung nach unten kann man bei unserem einfachen Verfahren erwarten, weil es nie gelingt, das Eis, das auch oft zahlreiche Poren hat, ganz wasserfrei in das Kalorimeter zu bringen. Der Wasseranteil trägt zu m_e bei, nimmt aber keine Schmelzwärme auf, so daß die berechnete Schmelzwärme etwas zu klein ausfallen muß.

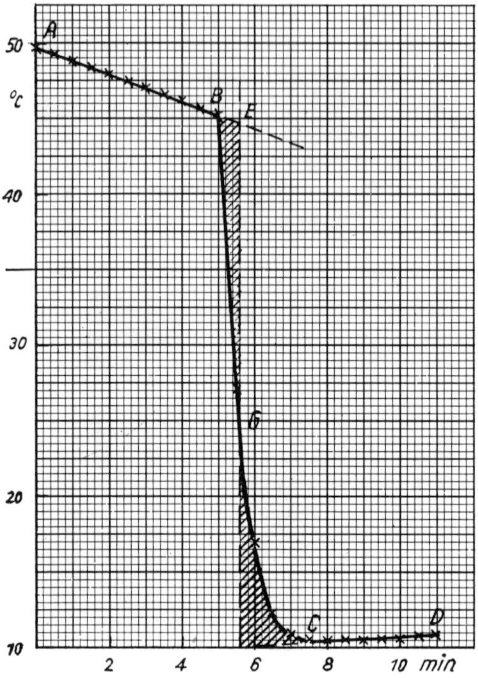

Abb. 25
Temperaturverlauf
im Kalorimeter (Schmelzwärme)

II. Spezifische Verdampfungswärme

Die zum Verdampfen eines Körpers aus einheitlichem Stoff von der Masse m bei konstanter Temperatur nötige Wärmemenge beträgt $Q = rm$. Die gleiche Wärmemenge wird bei der Kondensation frei. Die Stoffkonstante r heißt *spezifische Verdampfungswärme* und ist temperaturabhängig. Ihre heute noch meist übliche Einheit ist $1\ \mathrm{cal\,g^{-1}}$.

Wir wollen die Verdampfungswärme des Wassers bei seinem normalen Siedepunkt bestimmen, indem wir eine Wasserdampfmenge von bekannter Masse aus einem Siedegefäß in ein Kalorimeter mit Wasser leiten, sie dort kondensieren lassen und die von ihr abgegebene Wärmemenge messen. Es sei t_1 ($\approx 100\ °C$) die Temperatur des Dampfes, t_1' die Anfangstemperatur, t_2 die Endtemperatur des Wassers im Kalorimeter, m_d die Masse des kondensierten Dampfes, m_w die des anfänglich im Kalorimeter enthaltenen Wassers, C' die (effektive) Wärmekapazität des Kalorimeters mit diesem Wasser. m_d messen wir aus der bei dem Versuch erfolgten Massenzunahme des Kalorimeterinhalts.

Bei der Kondensation gibt der Dampf die Wärmemenge rm_d ab und kühlt sich dann als Wasser auf die Endtemperatur t_2 ab, wobei er die weitere Wärmemenge $c_w m_d (t_1 - t_2)$ abgibt; das Kalorimeter nimmt die Wärmemenge $C' (t_2 - t_1')$ auf. Es ist also $rm_d + c_w m_d (t_1 - t_2) = C' (t_2 - t_1')$ und demnach

$$r = \frac{C'}{m_d} (t_2 - t_1') - c_w (t_1 - t_2). \tag{12.2}$$

Als Kalorimetergefäß verwenden wir diesmal eine doppelwandige *Dewar*sche (*Weinhold*sche) Flasche. Der Wärmeaustausch mit der Umgebung ist dann äußerst klein, so daß wir für t_1' und t_2 die Anfangs- und die Endtemperatur des Wassers einsetzen dürfen, so wie wir sie unmittelbar messen. Wir kommen also ohne die langwierige Temperaturbeobachtung und ohne das graphische Verfahren aus. Die Masse des Wassers im Kalorimeter wird durch Wägung des leeren und des vollen Kalorimeters ermittelt, die Masse m_d des Dampfes durch erneute Wägung nach der Messung.

Wir dürfen aber in C' nicht die volle Wärmekapazität des Kalorimetergefäßes einsetzen, da sich wegen der geringen Wärmeleitfähigkeit des Glases nur die inneren Teile auf die Temperatur des Kalorimeterwassers erwärmen. Seine „effektive" Wärmekapazität C' können wir aber durch folgenden Versuch genügend genau ermitteln: Wir füllen zuerst das Kalorimeter, damit es eine wohldefinierte Temperatur annimmt, mit Wasser von Zimmertemperatur etwa so hoch, wie es bei der Messung der Verdampfungswärme mit Wasser gefüllt werden soll, und warten, bis das Wasser eine konstante Temperatur t_1' angenommen hat. Dann wird das Wasser ausgegossen, sofort etwa die gleiche Menge siedenden Wassers ($t_1 \approx 100$ °C) eingegossen, seine Endtemperatur t_2 gemessen und seine Masse m_w' ermittelt. Das Wasser gibt die Wärmemenge $c_w m_w' (t_1 - t_2)$ ab; das Kalorimeter nimmt die Wärmemenge $C_k (t_2 - t_1')$ auf. Es ist also $C_k (t_2 - t_1') = c_w m_w' (t_1 - t_2)$ und demnach

$$C_k = c_w m_w' \frac{t_1 - t_2}{t_2 - t_1'}. \tag{12.3}$$

Ist m_w die Masse des Wassers im Kalorimeter bei der Hauptmessung, so ist

$$C' = c_w m_w + C_k. \tag{12.4}$$

Beispiel. 1. Bestimmung von C_k. Es war $m_w' = 260{,}0$ g, Luftdruck 750 Torr, also nach Tabelle III $t_1 = 99{,}6$ °C, ferner $t_1' = 20{,}2$ °C, $t_2 = 91{,}3$ °C. Demnach ist $C_k = 1{,}00 \cdot 260{,}0 \cdot 8{,}3/71{,}1 = 30{,}4$ cal grd^{-1}.

2. *Messung von r.* Es war $m_w = 297{,}6$ g, $m_d = 33{,}5$ g. Demnach ist nach (12.4) $C' = 1{,}00 \cdot 297{,}6 + 30{,}4 = 328{,}0$ cal grd^{-1}. Wir haben das Wasser auf $t_1' = 2{,}2$ °C vorgekühlt, und es war $t_2 = 60{,}7$ °C. Bei der Temperatur t_1 des Dampfes müssen wir beachten, daß das Dampfrohr etwa 5 cm tief in das Wasser eintauchte, das Wasser also unter dem zusätzlichen Druck einer Wassersäule von 50 mm Höhe siedete und kondensierte, der einer Quecksilbersäule von 50/13,5 mm Höhe $\triangleq$ 3,7 Torr entspricht, also unter dem Druck 750 + 3,7 = 753,7 Torr. Nach Tabelle III war also $t_1 = 99{,}8$ °C. Damit folgt aus (12.2) $r = 328{,}0 \cdot 58{,}5/33{,}5 - 1{,}00 \cdot 39{,}1 = 572{,}8 - 39{,}1 = 533{,}7$ cal g^{-1}.

Fehlerrechnung. In die Berechnung von r gehen 6 Wägungen (m'_w, m_w, m_d sind als Massendifferenzen berechnet) und 4 Temperaturmessungen ein (t_1 ist Tabellenwert, also als fehlerfrei zu betrachten). Das macht eine mathematisch exakte Fehlerrechnung sehr verwickelt und legt den Gedanken an eine Vereinfachung nahe. Wenn wir den Fehler jeder Einzelwägung zu ±0,05 g, also den Fehler jeder der drei Massen zu ±0,1 g schätzen, so sieht man, daß die relativen Fehler von m'_w und m_w sehr klein sind, derjenige von m_d aber rund zehnmal größer ist. Wir werden also nur diesen berücksichtigen. Zweitens trägt das zweite Glied in (12.2) nur ziemlich wenig zum Ergebnis bei, und noch weniger zum Fehler von r, da es nur mit dem Fehler von t_2 behaftet ist, das erste Glied aber mit den Fehlern von C', m_d und $t_2 - t_1'$. Wir werden also den Fehlereinfluß des zweiten Gliedes vernachlässigen. Drittens ist in (12.3) der Zähler viel kleiner als der Nenner, also sein relativer Fehler viel größer als der des Nenners. Wir werden deshalb nur den Fehlereinfluß des Zählers berücksichtigen. Damit ergibt sich $\Delta r/r = \Delta C'/C' + \Delta m_d/m_d + (\Delta t_2 + \Delta t_1')\,(t_2 - t_1')$. Nach (12.4) ist unter den obigen Voraussetzungen $\Delta C' = \Delta C_k$ und nach (12.3) $\Delta C_k/C_k = \Delta t_2/(t_1 - t_2)$. Wir schätzen die Fehler aller gemessenen Temperaturen zu ±0,1 grd. Dann ist $\Delta C_k/C_k = \pm 0{,}1/8{,}3 \approx \pm 0{,}012$ und $\Delta C_k = \Delta C' = 0{,}012 \cdot 30{,}4 \approx \pm 0{,}37$ cal grd^{-1}, also $\Delta C'/C' = \pm 0{,}37/328{,}3 \approx \pm 0{,}001 = \pm 0{,}1\,\%$. Weiter ist $\Delta m_d = \pm 0{,}1$ g (siehe oben), also $\Delta m_d/m_d = \pm 0{,}1/33{,}5 \approx \pm 0{,}003 = \pm 0{,}3\,\%$. Mit $\Delta t_2 = \Delta t_1' = \pm 0{,}1$ grd ist $(\Delta t_2 + \Delta t_1')/(t_2 - t_1') = \pm 0{,}2/58{,}5 \approx \pm 0{,}0035 = \pm 0{,}35\,\%$. Damit erhalten wir schließlich $\Delta r/r = \pm (0{,}1 + 0{,}3 + 0{,}35)\,\% = \pm 0{,}75\,\%$, was wir wegen der gemachten Vernachlässigungen vorsichtig auf ±1 % aufrunden wollen.

Demnach lautet unser entsprechend gerundetes Endergebnis

$$\underline{r = (534 \pm 5{,}5)\ \text{cal g}^{-1},\ \Delta r/r = \pm 1\,\%.}$$

Der Bestwert $r = 539{,}1$ cal g^{-1} liegt also ungefähr an unsrer oberen Fehlergrenze. Daß wir einen etwas zu kleinen Wert erhalten würden, war auch hier zu erwarten. Es läßt sich nicht vermeiden, daß zugleich mit dem Dampf ein wenig Kondenswasser aus der Dampfzuleitung mit in das Kalorimeter gelangt. Es trägt zwar zur Masse m_d, so wie wir sie messen, bei, bringt aber keine Verdampfungswärme mit in das Kalorimeter, so daß unser Wert zu klein ausfallen muß.

13. Aufgabe. Messung der molaren Wärmekapazität der Luft

Westphal, Physik, § 110; Kl. Lehrb. d. Physik, § 99

Die molare Wärmekapazität eines Stoffes ist das Produkt $C_m = cM_m$ aus seiner spezifischen Wärmekapazität c und seiner molaren Masse M_m (vgl. die 11. Aufgabe). Ebenso wie man bei der spezifischen Wärmekapazität der Gase zwischen derjenigen bei konstantem Volumen (c_v) und konstantem Druck (c_p) unterscheiden muß, so gilt das auch für die molare Wärmekapazität ($C_v = M_m c_v$ bzw. $C_p = M_m c_p$). Bei einem idealen Gase ist $C_v = zR/2$ und $C_p = C_v + R$, wobei $R = 1{,}985$ cal K^{-1} mol^{-1} die allgemeine Gaskonstante und z die Anzahl der Freiheitsgrade (Translation und Rotation) der Gasmoleküle ist.

Wir wollen C_p für Luft messen, die dem idealen Gaszustand sehr nahe ist. Ihre zweiatomigen Moleküle haben 3 Freiheitsgrade der Translation und 2 Freiheitsgrade der Rotation, so daß $z = 5$ ist. Demnach ist sehr angenähert $C_p = 7\,R/2 = 6{,}94$ cal K^{-1} mol^{-1}. Wir wollen das nachprüfen.

Wir leiten erhitzte Luft durch eine Kühlschlange in einem Wasserkalorimeter (Dewar-Gefäß), wo sie sich auf dessen Temperatur abkühlt. (Ob das zutrifft, prüft man am Ausgang mit einem Thermometer.) Die von dem Kalorimeter aus einer mit einer Gasuhr gemessenen Luftmenge aufgenommene Wärmemenge ermitteln wir, indem wir laufend die Temperatur des Kalorimeterwassers mit einem Thermometer und die Temperaturdifferenz der Luft zwischen Eingang und Ausgang des Kalorimeters mit einem Thermoelement messen. Die Heizung der Luft erfolgt in einem zylindrischen elektrischen Ofen. Der Luftstrom (etwa 5 l je Minute) wird mit einer Pumpe erzeugt und durch Zwischenschaltung eine großen Luftkessels (Gasometer) gepuffert, so daß ein stetiger Strom entsteht. Der Versuch soll so lange dauern, bis sich das Kalorimeter um 15 bis 20 grd erwärmt hat. Falls das Gasometer oder die Gasuhr mit einer Wasserfüllung arbeitet, dürfen wir unsere kalorimetrischen Messungen erst ungefähr bei Zimmertemperatur beginnen. Würden wir – wie sonst zweckmäßig – bereits unterhalb derselben beginnen, so würde sich aus der mit Wasserdampf gesättigten Luft von Zimmertemperatur Wasserdampf im Kalorimeter kondensieren, solange dieses sich unter Zimmertemperatur befindet, und die Kondensationswärme des Wasserdampfes würde eine zusätzliche Erwärmung liefern, die unser Ergebnis fälscht. Deshalb setzen wir zwar den Versuch mit Wasser von 2 bis 3 grd unter Zimmertemperatur an, lassen ihn aber zunächst so lange laufen, bis das Thermoelement keine steigende Temperaturdifferenz mehr anzeigt. Erst dann beginnen wir mit der Messung.

Das Thermoelement eichen wir, indem wir seine eine Lötstelle in schmelzendes Eis, die andere in ein elektrisch langsam aufgeheiztes Ölbad tauchen. Als Anzeigegerät dient ein Milliamperemeter, dessen Skala wir als Temperaturskala eichen. Ferner bestimmen wir die effektive Wärmekapazität C_k des Kalorimetergefäßes nebst Kühlschlange, wie bei der 12. Aufgabe (II) beschrieben, durch Messung der Temperaturabnahme einer abgewogenen Menge eingegossenen heißen Wassers. Ist dann bei unserer Messung m die Masse des Wassers im Kalorimeter, so beträgt seine gesamte effektive Wärmekapazität $C = mc_w + C_k$ ($c_w = 1{,}000$ cal g^{-1} grd^{-1}, spez. Wärmekapazität des Wassers).

Wenn vor Beginn unserer eigentlichen Messung die Anzeige des Milliamperemeters ihren höchsten Stand erreicht hat, so sinkt sie im weiteren Verlauf ganz langsam wieder ab, da sie ja der Temperatur*differenz* zwischen der mit gleichbleibender Temperatur eintretenden Luft und der mit Kalorimetertemperatur austretenden Luft entspricht, letztere Temperatur aber langsam steigt.

Es sei t_0 die Anfangstemperatur der Luft, t die jeweilige Temperatur des Kalorimeters, also auch der austretenden Luft, und demnach $t_0 - t$ die vom Thermoelement angezeigte Temperaturdifferenz, c_p die spezifische Wärmekapazität der Luft bei konstantem Druck, M_m die molare Masse, ϱ die Dichte der Luft, dm die Masse, dV das Volumen der die Wärmemenge dQ an das Kalorimeter abgebenden Luft. Dann beträgt diese Wärmemenge

$$\mathrm{d}Q = c_p\,(t_0 - t)\,\mathrm{d}m = c_p\,(t_0 - t)\,\varrho\,\mathrm{d}V\,. \tag{13.1}$$

Nun ist $\varrho = M_m/V_m$, wenn V_m das molare Volumen (Einl. § 3) bei den herrschenden Druck- und Temperaturverhältnissen ist. Da ferner $c_p M_m = C_p$ ist, so ergibt sich

$$\mathrm{d}Q = C_p\,(t_0 - t)\,\frac{\mathrm{d}V}{V_m}\,. \tag{13.2}$$

Diese Wärmemenge wird vom Kalorimeter aufgenommen und bewirkt einen Temperaturanstieg dt. Sie beträgt also auch

$$\mathrm{d}Q = C\,\mathrm{d}t\,. \tag{13.3}$$

Aus (13.2) und (13.3) folgt

$$\frac{\mathrm{d}t}{t_0 - t} = \frac{C_p}{C}\cdot\frac{\mathrm{d}V}{V_m}\,. \tag{13.4}$$

Setzen wir für den Beginn unserer Messung $V = 0$ und $t = t_1$, so ergibt die Integration von (13.4)

$$\ln\,(t_0 - t_1) - \ln\,(t_0 - t) = \frac{C_p}{C}\cdot\frac{V}{V_m}\,. \tag{13.5}$$

Hieraus können wir C_p berechnen.

Das molare Normvolumen der idealen Gase (vgl. die 37. Aufgabe) bei 0 °C (273 K) und 760 Torr beträgt $V_m^0 = 22{,}41\,\mathrm{l\,mol^{-1}}$ (l = Liter = dm³), also bei der Temperatur T und dem Druck p

$$V_m = \frac{T}{273\,\mathrm{K}} \cdot \frac{760\,\mathrm{Torr}}{p} \cdot 22{,}41\,\mathrm{l\,mol^{-1}}. \tag{13.6}$$

Dabei ist zu beachten, daß wir die Masse des durchgeströmten Gases aus der Volumenanzeige der Gasuhr berechnen, für V_m also auch das molare Volumen einsetzen müssen, welches die Luft in der Gasuhr hat. Demnach ist T die Zimmertemperatur, p der Druck in der Gasuhr. Ein Versuch mit einem Wassermanometer hat ergeben, daß das Druckgefälle zwischen der Gasuhr und der äußeren Luft nur wenige mm Wassersäule, also nur einen kleinen Bruchteil von 1 Torr beträgt, so daß wir für p ohne merklichen Fehler den äußeren Luftdruck einsetzen dürfen.

Bei der Berechnung ersetzen wir in (13.5) die natürlichen durch die *Briggs*schen Logarithmen. ($\ln x = 2{,}303 \lg x$). Wir erhalten dann

$$\lg(t_0 - t_1) - \lg(t_0 - t) = \frac{1}{2{,}303} \frac{C_p}{C} \cdot \frac{V}{V_m}. \tag{13.7}$$

Ferner setzen wir

$$\lg(t_0 - t_1) = A, \quad \frac{1}{2{,}303} \frac{C_p}{C V_m} = B, \tag{13.8a, b}$$

so daß

$$\lg(t_0 - t) = A - BV, \tag{13.9}$$

und berechnen A und B mittels des Ausgleichungsverfahrens in der Einleitung, § 12/II, da wir V in gleichen Schritten ablesen. Dann ist

$$C_p = 2{,}303\, C V_m B. \tag{13.10}$$

Die Temperaturdifferenz $t_0 - t$ können wir aber nicht unmittelbar aus der Anzeige des Milliamperemeters entnehmen, da es gegen die untere Temperatur 0 °C geeicht ist, das Thermoelement hier aber gegen die höheren Temperaturen t des Kalorimeters arbeitet und das Thermoelement nicht linear arbeitet. Wir werden daher t_0 gesondert berechnen (siehe unten unser Beispiel) und $t_0 - t$ aus diesem Wert von t_0 und der jeweils unmittelbar gemessenen Temperatur t des Kalorimeterwassers berechnen. Der berechnete Wert von A kann uns dann noch eine nachträgliche Kontrolle von t_0 liefern.

Beispiel. In Tabelle 1 und Abb. 26 geben wir die Eichung unseres Thermoelements. Die Anzeigen des Milliamperemeters sind mit i bezeichnet.

Die effektive Wärmekapazität des Kalorimetergefäßes nebst Kühlschlange ergab sich zu $C_k = 32{,}6\,\mathrm{cal\,grd^{-1}}$. Seine Wasserfüllung betrug bei der

Tabelle 1

$t = 0$	18	37	57	84	112	123	135	147,5	153	159	173 °C
$i = 0$	7,5	21	34	56	79	90	99	109	114	119	130 Sk

eigentlichen Messung $m_w = 208{,}6$ g, so daß seine gesamte effektive Wärmekapazität $C = c_w m_w + C_k = 241{,}2$ cal grd^{-1} betrug.

Bei unserer Messung, mit der wir nach Eintritt des Maximalausschlags des Milliamperemeters beginnen, lesen wir unter Beobachtung der Gasuhr jeweils nach dem Durchgang von 10 l Luft die Temperatur des Kalorimeters und die Anzeige des Thermoelements ab. In der Zwischenzeit muß das

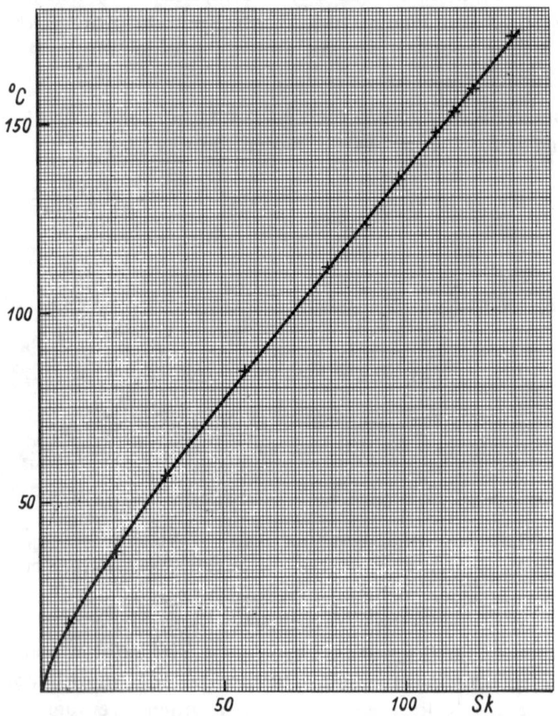

Abb. 26
Eichkurve
des Thermoelements

Kalorimeterwasser ständig mit dem dafür eingebauten Rührer gut durchmischt werden, damit sich keine verschieden temperierten Schichten ausbilden. Wir beenden den Versuch, nachdem die Temperatur im Kalorimeter um etwa 20 grd gestiegen ist. In der Tabelle 2 geben wir unsere Messungen.

Zur Berechnung von t_0 entnehmen wir aus unserer Eichkurve zu jeder Temperatur t die Ausschläge i_t, die wir erhalten hätten, wenn das Thermo-

Tabelle 2

V l	t grd	i Sk	i_t Sk	$i+i_t$ Sk	t_0-t grd	lg (t_0-t)	Diff. lg (t_0-t)
0	16,2	124	7	131	160,8	2,2063	0,0568
10	18,4	124	8	132	158,6	2003	456
20	20,7	122	9	131	156,3	1940	347
30	21,7	122	10	132	155,3	1912	272
40	23,4	121	11	132	153,6	1864	169
50	25,5	121	12	133	151,5	1804	058
60	27,5	119	13	132	149,5	1746	
70	29,2	119	14	133	147,8	1697	
80	31,1	118	16	134	145,9	1640	
90	32,7	117	17	134	144,3	1593	
100	34,2	117	18	135	142,8	1547	
110	35,9	115	19	134	141,1	1495	
				133			

element mit seiner einen Lötstelle auf 0 °C und mit der anderen auf der Temperatur t gewesen wäre, und addieren diese zu den abgelesenen Werten i. Dann ergibt uns $i + i_t$ den Ausschlag, den wir erhalten hätten, wenn sich die eine Lötstelle auf 0 °C und die andere auf der Temperatur t_0 der einströmenden Luft befunden hätte. Demnach ist t_0 dann der in der Eichkurve zu $i + i_t$ gehörige Wert. In der Tabelle 2 erhalten wir aus unseren Messungen mit recht geringen Abweichungen der Einzelwerte $i + i_t = 133$ Sk, und aus unserer Eichkurve lesen wir die dem entsprechende Temperatur $t_0 = 176$ °C ab. Mit diesem Wert bilden wir in Tabelle 2 die Werte von $t_0 - t$ und lg $(t_0 - t)$. Da wir mit V in Schritten von je 10 l fortschreiten, schreiben wir statt (13.9) lg $(t_0 - t) = A - \delta \cdot V/10\,\text{l}$, mit $\delta = B \cdot 10\,\text{l}$ und erhalten nach Einl. § 12, (6),

$$\delta = \frac{6}{12 \cdot 143}(11 \cdot 0{,}0568 + 9 \cdot 0{,}0456 + 7 \cdot 0{,}0347 + 5 \cdot 0{,}0272 + 3 \cdot 0{,}0169 + 1 \cdot 0{,}0058) = 0{,}00515\,,$$

also $B = \delta / 10\,\text{l} = 0{,}000515\ \text{l}^{-1}$. In Tabelle 3 berechnen wir nach (13.9) $A = \lg (t_0 - t_1) = \lg (t_0 - t) + BV$ und erhalten als Mittelwert lg $(t_0 - t_1) = 2{,}2058$ und $t_0 - t_1 = 160{,}6$ grd. Mit $t_1 = 16{,}2$ °C ergibt sich dann $t_0 = 176{,}8$ °C, was mit dem oben berechneten Wert 176 °C genauer übereinstimmt, als man es im allgemeinen wird erwarten dürfen. Jedenfalls dürfen wir daraus den Schluß ziehen, daß unser Berechnungsverfahren genügend genau ist.

Der Luftdruck betrug 745 Torr, die Zimmertemperatur 17,3 °C oder 290,3 K. Demnach ist nach (13.6) $V_m = 22{,}41 \cdot 290{,}3 \cdot 760/(273 \cdot 745) =$

Tabelle 3

lg (t_0-t)	BV	A	$v \cdot 10^4$	$v^2 \cdot 10^8$
2,2063	0,0000	2,2063	+ 5	25
2003	052	55	− 3	9
1940	103	43	− 15	225
1912	155	67	+ 9	81
1864	206	70	+ 12	144
1804	258	62	+ 4	16
1746	309	55	− 3	9
1697	361	58	± 0	0
1640	412	52	− 6	36
1593	464	57	− 1	1
1547	515	62	+ 4	16
1495	562	62	+ 4	16
		2,2058		578

24,31 l mol^{-1}. Dann erhalten wir nach (13.10) mit den oben angegebenen Werten von C und B

$$C_p = 2{,}303 \cdot 241{,}2 \cdot 24{,}31 \cdot 0{,}000515 = 6{,}97 \text{ cal grd}^{-1}\,\text{mol}^{-1}\,.$$

Fehlerrechnung. Nach (13.10) ist der relative Größtfehler von C_p: $\Delta C_p/C_p = \Delta C/C + \Delta V_m/V_m + \Delta B/B$. Da $C = c_w m + C_k$, so ist $\Delta C = c_w \Delta m + \Delta C_k$. Wir schätzen $\Delta m = \pm 0{,}1$ g. Um unsre Fehlerrechnung für C_k abzukürzen, beziehen wir uns auf die ganz entsprechende Rechnung zur 12. Aufgabe (II) und wollen es uns zunutze machen, daß unser $C_k = 32{,}6$ cal grd^{-1} und der dortige Wert $C_k = 30{,}4$ cal grd^{-1} fast gleich groß sind und unter ganz gleichen Verhältnissen gemessen wurden. Wir können deshalb den dort berechneten Fehler $\Delta C_k = \pm 0{,}37$ cal grd^{-1} ohne Bedenken übernehmen und erhalten damit $\Delta C = \pm (1{,}00 \cdot 0{,}1 + 0{,}37) \approx \pm 0{,}5$ cal grd^{-1} und $\Delta C/C = \pm 0{,}5/241{,}2 \approx \pm 0{,}002 = \pm 0{,}2\,\%$. Nach (13.6) beträgt der relative Größtfehler von V_m: $\Delta V_m/V_m = \Delta T/T + \Delta p/p$. Wir schätzen $\Delta T = \pm 0{,}1$ grd und $\Delta p = \pm 0{,}1$ Torr, so daß $\Delta V_m/V_m = \pm (0{,}1/290{,}3 + 0{,}1/745) \approx \pm 0{,}0005 = \pm 0{,}05\,\%$ ist. Nach Tabelle 3 ist $\Delta A = \sqrt{578/(12 \cdot 11)} \cdot 10^{-4} \approx \pm 0{,}0002$ und nach Einl. § 12/II $\Delta\delta = 0{,}0002\,\sqrt{12/143} \approx \pm 0{,}000057$, also, da $B = \delta/10$ l, $\Delta B/B = \Delta\delta/\delta = \pm 0{,}000057/0{,}00515 \approx \pm 0{,}01 = \pm 1\,\%$. Demnach ist $\Delta C_p/C_p = \pm (0{,}2 + 0{,}05 + 1{,}0)\,\% = \pm 1{,}25\,\%$, was wir auf $\pm 1{,}5\,\%$ aufrunden wollen.

Unser Endergebnis lautet also

$$\underline{C_p = (6{,}97 \pm 0{,}10) \text{ cal grd}^{-1}\,\text{mol}^{-1}, \quad \Delta C_p/C_p = \pm 1{,}5\,\%.}$$

Der Wert 6,94 cal $\mathrm{grd}^{-1}\,\mathrm{mol}^{-1}$ für ein ideales zweiatomiges Gas liegt also innerhalb unserer Fehlergrenzen. Dieser Wert gilt in guter Näherung auch für trockne Luft. Unsre Luft hat sich zwar im Gasometer mit Wasserdampf gesättigt; man kann aber berechnen, daß auch dieser Einfluß innerhalb unsrer Fehlergrenze liegt.

14. Aufgabe. Messungen mit dem Volumenometer Boyle-Mariottesches Gesetz

Westphal, Physik, § 69; Kl. Lehrb. d. Physik, § 62

I. Prüfung des Boyle-Mariotteschen Gesetzes

Es sei p der Druck, V das Volumen eines idealen Gases. Dann gilt bei konstanter Temperatur bei allen Zustandsänderungen des Gases

$$pV = const \tag{14.1}$$

(*isotherme Zustandsgleichung der idealen Gase, Gesetz von Boyle und Mariotte*). Zur Prüfung dieses Gesetzes benutzen wir das in Abb. 27 dargestellte *Volumenometer*, ein Glasgefäß, das oben durch einen weiten, mit einem Hahn versehenen konischen, gefetteten Schliff gasdicht verschlossen ist. Unten läuft es in eine etwas über 25 cm lange, unten offene Röhre aus, die einen sehr gleichmäßigen Querschnitt von 1 cm² hat und von einer Stelle ab eine nach unten verlaufende mm-Teilung trägt. Demnach entfällt auf je 1 cm der Röhrenlänge ein Volumen von 1 cm³. Die Röhre ist an einem Stativ befestigt und kann verschieden tief in Quecksilber getaucht werden, das sich in einem Glaszylinder befindet, so daß bei geschlossenem Hahn das Volumen des im Volumenometer enthaltenen Gases durch Änderung seines Druckes verändert werden kann. Wir verwenden Luft, die dem idealen Gaszustand sehr nahe ist.

Abb. 27 Volumenometer

Zunächst öffnen wir den Hahn und tauchen die Röhre so tief in das Quecksilber ein, daß das Quecksilber innerhalb und außerhalb der Röhre am Nullstrich der Röhrenteilung steht. (Es wird stets an der Kuppe des Quecksilbermeniskus abgelesen.) Dann wird der Hahn geschlossen. Bei allen Handhabungen mit dem Volumenometer ist streng darauf zu achten, daß die Luft *nicht durch Berühren mit der Hand erwärmt wird.* In dem Volumenometer ist jetzt eine Luftmenge eingeschlossen, deren Druck gleich dem äußeren Luftdruck und deren Volumen gleich dem oberen, nicht kalibrierten, also vorläufig unbekannten Volumteil des Volumenometers ist.

Nun heben wir das Volumenometer bei geschlossenem Hahn schrittweise höher aus dem Quecksilber heraus. Dadurch wird das Gasvolumen vergrößert, der Gasdruck also verkleinert. Das Quecksilber steht jetzt in der Röhre höher als außen, aber die Quecksilbersäule in der Röhre ist weniger hoch gestiegen, als wir das Gefäß gehoben haben, und die Kuppe steht unterhalb des Nullstrichs. Wir können an der Skala die Vergrößerung des Volumens ablesen. Gleichzeitig zeigt uns die Höhendifferenz des Quecksilbers innerhalb und außerhalb der Röhre die Druckdifferenz p' zwischen dem äußeren Luftdruck p_b und dem inneren Luftdruck p an, so daß wir diesen aus jenem berechnen können,

$$p = p_b - p'. \tag{14.2}$$

Wir bezeichnen den nicht kalibrierten oberen Volumteil des Volumenometers (Restvolumen) mit V_0, den bekannten Volumteil innerhalb der kalibrierten Röhre mit V, so daß das Gesamtvolumen des Gases $V + V_0$ beträgt. Dann ist nach (14.1)

$$p\,(V + V_0) = const = A \quad \text{oder} \quad \frac{A}{p} = V + V_0. \tag{14.3}$$

Tabelle 1

x_2 cm	x_1 cm / V cm³	$x_2 - x_1$ cm	p' Torr	p Torr	$1/p$ Torr⁻¹
0	0	0	0	747,1	0,001339
2	0,64	1,36	13,6	33,5	62
4	1,31	2,69	26,9	20,2	87
6	1,97	4,03	40,3	06,8	415
8	2,64	5,36	53,6	693,5	40
10	3,32	6,68	66,8	80,3	68
12	4,07	7,93	79,3	67,8	95
14	4,80	9,20	92,0	55,1	525
16	5,57	10,43	104,3	42,8	53
18	6,34	11,66	116,6	30,5	84
20	7,11	12,89	128,9	18,2	617
22	7,91	14,09	140,9	06,2	50
24	8,79	15,21	152,1	595,0	80

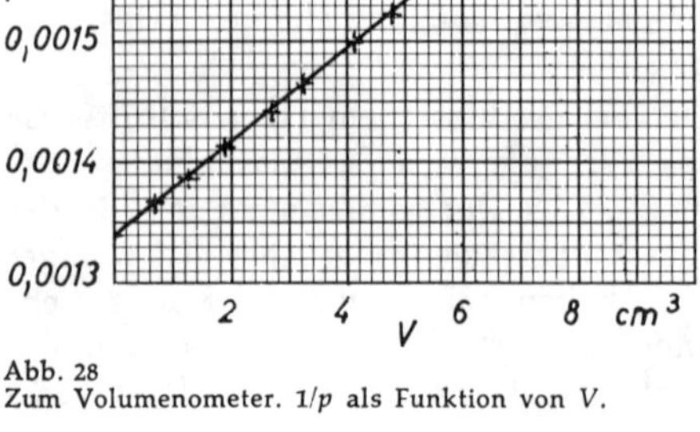

Abb. 28
Zum Volumenometer. $1/p$ als Funktion von V.

Wir bezeichnen den auf der Skala des Volumenometers abgelesenen Stand des inneren Quecksilberniveaus mit x_1, den des äußeren mit x_2. Wegen der besonderen Kalibrierung des Volumenometers sind die Zahlenwerte von V in cm³ und von x_1 in cm identisch. Die Differenz $x_2 - x_1$ ist proportional der Druckdifferenz $p' = p_b - p$. Da die Druckeinheit 1 Torr als der Druck einer Quecksilbersäule von 1 mm Höhe definiert ist, so entspricht einer Druckhöhe von 1 cm der Druck 10 Torr. Ist z. B. $x_2 - x_1 = 1{,}36$ cm, so ist $p' = 13{,}6$ Torr.

Beispiel. Am Barometer haben wir $p_b = 741{,}1$ Torr abgelesen. (Nicht nach Tabelle IV reduzieren, da Barometer und Volumenometer nahezu die gleiche Temperatur haben!) Wir stellen das Volumenometer, wie oben beschrieben, bei offenem Hahn sorgfältig ein, schließen dann den Hahn und heben das Volumenometer schrittweise derart, daß sich das *äußere* Quecksilberniveau um je 2 cm verschiebt, also x_2 um je 2 cm wächst, und lesen jedesmal x_1 ab, was uns unmittelbar V liefert. Dann berechnen wir p' aus $x_2 - x_1$, daraus $p = p_b - p'$ und schließlich $1/p$. Die Tabelle 1 und Abb. 28 zeigen unsre Ergebnisse. Zwischen $1/p$ und V besteht in der Tat eine sehr genaue lineare Beziehung, wie (14.3) es fordert.

II. Volummessung mit dem Volumenometer

Nach (14.3) können wir aus zwei Wertepaaren p, V das Restvolumen V_0 berechnen. Wir wollen das dazu benutzen, um die Dichte $\varrho = m/V_k$ eines Körpers zu bestimmen, dessen Volumen V_k wir nicht nach den sonst üblichen Verfahren (Ausmessung, Auftrieb in Wasser) bestimmen können. Zu diesem Zweck bestimmen wir zunächst das Restvolumen V_0. Darauf bringen wir den zu untersuchenden Körper oben in das Volumenometer und messen das nunmehr kleinere Restvolumen V_0'. Dann ist das Volumen des Körpers

$$V_k = V_0 - V_0' \tag{14.4}$$

Die Messung erfolgt so, daß wir das Volumenometer zunächst, wie oben, bei offenem Hahn mit Luft von Atmosphärendruck füllen, während das Quecksilber innen und außen am Nullstrich der Skala steht. (Nicht mit der Hand berühren!) Dann schließen wir den Hahn und heben das Volumenometer so weit aus dem Quecksilber heraus, daß der äußere Quecksilberspiegel auf dem Teilstrich 25 cm der Skala steht, lesen das Volumen V ab und berechnen die Druckdifferenz p'. Dann ist der Druck anfänglich gleich dem äußeren Luftdruck, $p = p_b$, das Volumen gleich V_0 bzw. V_0'. Nachher ist der Druck $p = p_b - p'$ und das Gesamtvolumen gleich $V + V_0$ bzw. $V + V_0'$. Beide Teile der Messung wiederholen wir je zehnmal. Es muß aber *bei jeder Messung zunächst auch der Hahn wieder geöffnet und das Volumenometer neu eingestellt werden,* da auch hierbei Fehler vorkommen können. Aus (14.3) erhalten wir für V_0 die Bestimmungsgleichungen $A/p_b = V_0$, $A/(p_b - p') = V + V_0$, so daß

$$V_0 = V\,\frac{p_b - p'}{p'}\,. \tag{14.5}$$

Eine entsprechende Gleichung gilt mit einem anderen Wert für p' für V_0'.

Beispiel. Es soll die Dichte eines sehr porösen Gummischwammes bestimmt werden. Die in ihm eingeschlossene Luft folgt im Volumenometer allen Zustandsänderungen der ihn umgebenden Luft, so daß man nach dem obigen Verfahren nur das Volumen des Gummis bestimmt. Es schadet also nicht, wenn der Schwamm stark zusammengedrückt wird.

Die Masse des Schwammes betrug $m = 5{,}21$ g, der Luftdruck $p_b = 747{,}3$ Torr. Tabelle 2 enthält unsre Messungen. Wir bezeichnen wieder den Stand des

Tabelle 2

x_1 V cm cm³	$v \cdot 10^2$	$v^2 \cdot 10^4$	x_1 V' cm cm³	$v \cdot 10^2$	$v^2 \cdot 10^4$
9,09	−1	1	8,41	+1	1
10	0	0	40	0	0
10	0	0	39	−1	1
11	+1	1	41	+1	1
10	0	0	39	−1	1
10	0	0	40	0	0
09	−1	1	41	+1	1
11	+1	1	39	−1	1
10	0	0	41	+1	1
10	0	0	39	−1	1
9,10 cm³		4	8,40 cm³		8

oberen Quecksilberniveaus mit x_1, den des unteren mit x_2. Es ist also $x_2 = 25$ cm, und x_1 ist zahlenwertgleich mit V bzw. V'. Die Druckdifferenz p' in Torr ist zahlenwertgleich mit $10\,(x_2 - x_1)$ (siehe oben). Demnach ist

ohne Schwamm: $V = 9{,}10\ \text{cm}^3,\ p' = 159{,}0\ \text{Torr},\quad p_b - p' = 588{,}3\ \text{Torr},$
$V_0 = 9{,}10 \cdot 588{,}3/159{,}0 = 33{,}67\ \text{cm}^3;$

mit Schwamm: $V' = 8{,}40\ \text{cm}^3,\ p' = 166{,}0\ \text{Torr},\quad p_b - p' = 581{,}3\ \text{Torr},$
$V_0' = 8{,}40 \cdot 581{,}3/166{,}0 = 29{,}42\ \text{cm}^3.$

Demnach ist $V_k = V_0 - V_0' = 4{,}25\ \text{cm}^3$ und $\varrho = m/V_k = 5{,}21/4{,}25 = 1{,}226\ \text{g cm}^{-3}$.

Fehlerrechnung. Der relative Größtfehler von ϱ ist $\Delta\varrho/\varrho = \Delta m/m + \Delta V_k/V_k$. Wir schätzen $\Delta m = \pm\,0{,}005$ g, so daß $\Delta m/m = \pm\,0{,}005/5{,}21 \approx \pm\,0{,}001 = \pm\,0{,}1\,\%$. Der Größtfehler von V_k ist nach (14.4) $\Delta V_k = \Delta V_0 + \Delta V_0'$. Eine nach Einl. § 11, (3), durchgeführte Rechnung ergibt die Gleichung

$$\frac{\Delta V_0}{V_0} = \frac{\Delta V}{V} + \frac{\Delta p_b}{p_b - p'} + \frac{p_b\,\Delta p'}{p'\,(p_b - p')} \tag{14.6}$$

Eine entsprechende Gleichung gilt für V_0'. Aus Tabelle 2 ergibt sich $\Delta V = \sqrt{4/(10 \cdot 9)} \cdot 10^{-2} \approx \pm\,0{,}002\ \text{cm}^3$, $\Delta V' = \sqrt{8/(10 \cdot 9)} \cdot 10^{-2} \approx \pm\,0{,}003\ \text{cm}^3$. Da V

und V' nur wenig verschieden sind und in ganz gleicher Weise gemessen worden sind, so genügt es, wenn wir die Fehlerrechnung für ihren Mittelwert 8,75 cm³ durchführen und mit dem Mittelwert $\Delta V = \Delta V' = \pm 0{,}0025$ cm³ rechnen. Dann ergibt sich $\Delta V/V = \Delta V'/V' = \pm 0{,}0025/8{,}75 \approx \pm 0{,}0003 = \pm 0{,}03\,\%$.

Da der Zahlenwert von p' in Torr gleich dem zehnfachen Zahlenwert von $x_2 - x_1$ in cm ist, so gilt das auch für die Zahlenwerte ihrer Fehler. Da ferner x_1 und V bzw. V' zahlenwertgleich sind, so gilt das ebenfalls für sie. Demnach ist $\Delta x_1 = \pm 0{,}0025$ cm. x_2 ist genauso gemessen wie x_1, so daß wir $\Delta x_2 = \Delta x_1 = \pm 0{,}0025$ cm setzen dürfen. Damit ergibt sich $\Delta p' = \pm 10 \cdot 2 \cdot 0{,}0025 = \pm 0{,}05$ Torr. Den Fehler von p_b, das nur einmal abgelesen wurde, schätzen wir zu $\Delta p_b = \pm 0{,}1$ Torr. Mit dem Mittelwert $p_b - p' = 585$ Torr ist dann $\Delta p_b/(p_b - p') = \pm 0{,}1/585 \approx \pm 0{,}00017 = \pm 0{,}017\,\%$ und $p_b \Delta p'/[p'(p_b - p')] = \pm 747{,}3 \cdot 0{,}05/(162{,}5 \cdot 585) \approx \pm 0{,}0004 = \pm 0{,}04\,\%$. Dann ergibt sich aus (14.6) $\Delta V_0/V_0 = \Delta V_0'/V_0' = \pm (0{,}03 + 0{,}017 + 0{,}04)\,\% \approx \pm 0{,}09\,\%$. Mit dem Mittelwert 31 cm³ von V_0 und V_0' ist dann $\Delta V_0 = \Delta V_0' = \pm 0{,}0009 \cdot 31 \approx \pm 0{,}03$ cm³ und $\Delta V_k = \pm 2 \cdot 0{,}03$ cm³ $= \pm 0{,}06$ cm³, $\Delta V_k/V_k = \pm 0{,}06/4{,}25 \approx \pm 0{,}014 = \pm 1{,}4\,\%$. Damit ergibt sich schließlich $\Delta \varrho/\varrho = \pm (1{,}4 + 0{,}1)\,\% = \pm 1{,}5\,\%$ und $\Delta \varrho = \pm 0{,}015 \cdot 1{,}226 \approx \pm 0{,}02$ g cm⁻³.

Unser entsprechend gerundetes Endergebnis lautet also

$$\underline{\varrho = (1{,}23 \pm 0{,}02)\ \text{g cm}^{-3},\quad \Delta\varrho/\varrho = \pm 1{,}5\,\%.}$$

15. Aufgabe. Messung des Druckkoeffizienten der Luft mit dem Gasthermometer

Westphal, Physik, §§ 107, 109; Kl. Lehrb. d. Physik, §§ 95, 96

Die Luft ist zwar kein ideales Gas, aber von einem solchen nur sehr wenig verschieden, so daß sie sehr angenähert der Zustandsgleichung der idealen Gase

$$pV = p_e V_e (1 + \alpha t) \tag{15.1}$$

gehorcht, in der p und V Druck und Volumen bei der Celsiustemperatur t, p_e und V_e Druck und Volumen beim Eispunkt 0 °C sind. Doch hat α einen von dem Wert für ideale Gase etwas – wenn auch nur sehr wenig – verschiedenen Wert. Wird das Volumen des Gases konstant gehalten, $V = V_e$, so gilt

$$p = p_e (1 + \alpha t)\,. \tag{15.2}$$

α heißt *Druckkoeffizient*. Seine Einheit ist °C⁻¹. Wird hingegen p konstant gehalten, $p = p_e$, also $V = V_e (1 + \alpha t)$, so erhält man bei einem wirklichen Gase einen ein wenig anderen Wert, *Ausdehnungskoeffizient* genannt. Es ist unsre Aufgabe, α nach (15.2) zu bestimmen.

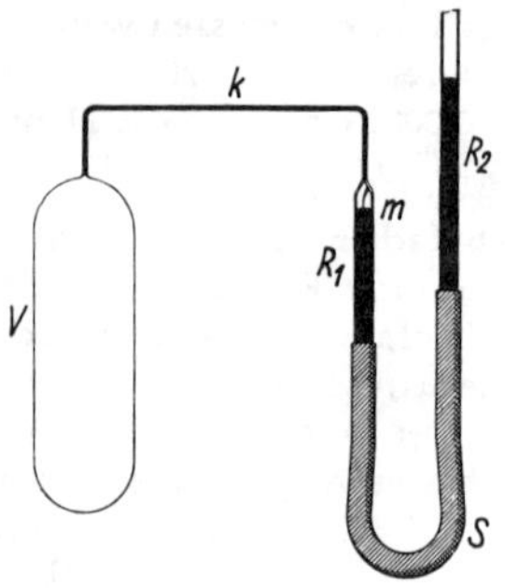

Abb. 29
Schema des Gasthermometers.
Nach *Müller-Pouillet*
„Lehrbuch der Physik".

Wir benutzen dazu ein Luftthermometer (Abb. 29). Die Luft in dem Glaskolben V ist von der Außenluft durch Quecksilber in den Glasröhren R_1, R_2 abgeschlossen, die durch den Druckschlauch S verbunden sind. Das Volumen der Luft wird konstant gehalten, indem man durch Heben oder Senken von R_2 dafür sorgt, daß der Meniskus in R_1 stets genau eine feine, bei m eingeschmolzene Glasspitze berührt. (Spitze in genaue Berührung mit ihrem Spiegelbild im Quecksilber bringen.) Die Höhendifferenz des Quecksilbers in mm, die wir an einer verspiegelten Skala ablesen, ist zahlenwertgleich mit der Druckdifferenz p' zwischen dem Druck p der eingeschlossenen Luft und dem äußeren Luftdruck p_b in Torr, so daß $p = p_b + p'$. Wir messen einmal den Druck p_e bei der Temperatur 0 °C des Eispunkts, dann den Druck p_d bei der Temperatur $t_d \approx 100$ °C des Dampfpunkts,

$$p_e = p_b + p_e', \qquad p_d = p_b + p_d', \tag{15.3}$$

wobei p_d' und p_e' die jeweiligen Überdrucke bedeuten. Wir bringen zu diesem Zweck den Kolben einmal in schmelzendes Eis, dann in den Dampf siedenden Wassers. Nach Abschluß der letzten Messung muß *vor dem Entfernen des Kolbens aus dem Dampf* R_2 *unbedingt so weit gesenkt werden,* daß beim Abkühlen kein Quecksilber in die Kapillare k oder gar in den Kolben eindringen kann. Ferner müssen die Verbindungen zwischen Schlauch und Röhren stets unter Quecksilberdruck stehen, da andernfalls Luft in das Gasthermometer eintreten kann.

Will man ein möglichst genaues Ergebnis erzielen, so muß für t_d die dem herrschenden Luftdruck entsprechende Siedetemperatur des Wassers eingesetzt werden (Tabelle III). Auch ist noch zweierlei zu berücksichtigen:

1. *Die Ausdehnung des Kolbens.* Dieser hat beim Dampfpunkt ein etwas größeres Volumen als beim Eispunkt, $V_d = V_e\,(1 + \beta t_d)$, wo $\beta = 2{,}43 \cdot 10^{-5}$ °C^{-1} der kubische Ausdehnungskoeffizient des Glases ist. Für diese – sehr kleine – Korrektion müssen wir also (15.1) heranziehen, $p_d V_d = p_d V_e\,(1 + \beta t_d) = p_e V_e\,(1 + \alpha t_d)$, so daß

$$p_d\,(1 + \beta t_d) = p_e\,(1 + \alpha t_d)\,. \tag{15.4}$$

2. *Der schädliche Raum.* In den Kapillaren k vollzieht sich ein Übergang zwischen der Temperatur im Kolben und der Zimmertemperatur t_z. Auch kann bei der zweiten Messung eine Erwärmung von der Gasflamme des Siedegefäßes her erfolgen. Da es sich aber nur um eine sehr kleine Korrektion handelt, so genügt es, anzunehmen, daß die Luft in der Kapillaren sich

auf Zimmertemperatur befindet. Dann ist, wie wir hier nicht beweisen wollen, jeder Druck mit dem Faktor $1 + v/V \cdot T/T_z$ zu multiplizieren, wobei v das Volumen der Kapillaren nebst der Erweiterung bei m, V das Volumen, T die Temperatur des Kolbens und T_z die Zimmertemperatur, beide in K, sind. Statt (15.4) schreiben wir demnach

$$p_d\,(1 + \beta\, t_d)\left(1 + \frac{v}{V}\frac{T_d}{T_z}\right) = p_e\,(1 + \alpha\, t_d)\left(1 + \frac{v}{V}\frac{T_e}{T_z}\right)$$

also
$$1 + \alpha\, t_d = \frac{p_d}{p_e}\,(1 + \beta\, t_d)\,\frac{1 + \dfrac{v}{V}\dfrac{T_d}{T_z}}{1 + \dfrac{v}{V}\dfrac{T_e}{T_z}}\,. \qquad (15.5)$$

Nun sind die zweiten Glieder der drei Korrektionsfaktoren rechts $\ll 1$. Deshalb können wir schreiben

$$1 + \alpha\, t_d = \frac{p_d}{p_e}\left(1 + \beta\, t_d + \frac{v}{V}\,\frac{T_d - T_e}{T_z}\right) = \frac{p_d}{p_e}\left[1 + \left(\beta + \frac{v}{V}\frac{1}{T_z}\right) t_d\right], \qquad (15.6)$$

da die Differenz $T_d - T_e$ der Temperatur t_d in °C entspricht. Den Zahlenwert von T_z erhalten wir genügend genau, indem wir zu dem Zahlenwert von t_z in °C den runden Zahlenwert 273 des Eispunkts T_e in K addieren [1]). Das Verhältnis v/V braucht nur ungefähr abgeschätzt zu werden.

Beispiel. Der am Barometer abgelesene Luftdruck betrug $p_b = 751{,}5$ Torr, die Zimmertemperatur $t_z = 18$ °C, also $T_z = 291$ K. (p_b darf nicht nach Tabelle III reduziert werden, da das Quecksilber im Gasthermometer und das im Barometer etwa die gleiche Temperatur haben.) Nach Tabelle IV war $t_d = 99{,}67$ °C. Der Meniskus stand in R_1 bei beiden Messungen auf 220,0 mm (Ort der Glasspitze). Unsre Messungen haben ergeben

$$t_e = 0\ ^\circ\text{C},\quad p_e' = 222{,}0 - 220{,}0 = 2{,}0\ \text{Torr},\quad p_e = 753{,}5\ \text{Torr},$$
$$t_d = 99{,}7\ ^\circ\text{C},\quad p_d' = 492{,}6 - 220{,}0 = 272{,}6\ \text{Torr},\quad p_d = 1024{,}1\ \text{Torr}.$$

Wir haben aus den Abmessungen des Kolbens $V = 138{,}5\ \text{cm}^3$, aus denen der Kapillaren und der Erweiterung $v = 0{,}56\ \text{cm}^3$ berechnet, so daß

---

[1]) Wäre die Luft ein ideales Gas, so würden wir im Prinzip damit unser Ergebnis vorwegnehmen. Denn für ein solches ist $-1/\alpha = -273{,}15$ °C, der absolute Nullpunkt in der Celsius-Skala, und der Zahlenwert von $1/\alpha$ ist der Zahlenwert des Eispunkts T_e in K. Wir betrachten aber unsere Aufgabe als eine ganz selbständige Messung des Druckkoeffizienten der Luft, eines wirklichen Gases, der mit dem eines idealen Gases nicht ganz identisch ist. Wir können uns darauf berufen, daß T_e auch ohne Benutzung eines Gasthermometers mit Hilfe eines *Carnot*schen Kreisprozesses unabhängig von irgendwelchen Stoffeigenschaften sehr genau gemessen werden kann, so daß sein Zahlenwert als anderweitig bekannt gelten kann.

$v/V \cdot 1/T_z = 1{,}39 \cdot 10^{-5}\ °C^{-1}$. (K = °C, siehe Einl. § 3.) Der Korrektionsfaktor in (15.6) beträgt also mit $t_d \approx 100\ °C$: $1+0{,}00243+0{,}00139 \approx 1{,}004$. Damit erhalten wir nach (15.6) $1 + \alpha t_d = 1024{,}1 \cdot 1{,}004/753{,}5 = 1{,}3646$ und $\alpha = 0{,}3646/99{,}7 = 0{,}003658\ °C^{-1}$.

Fehlerrechnung. Wir setzen $1 + \alpha t_d = x$. Der relative Fehler des Korrektionsfaktors, der selbst nur 0,4 % zum Ergebnis beiträgt, ist auf jeden Fall so klein, daß wir ihn und seinen Fehler nicht zu berücksichtigen brauchen. Wir rechnen also nach der Näherung $x = p_d/p_e$ von (15.6). Nach (15.3) ist $\Delta p_d = \Delta p_b + \Delta p_d'$ und $\Delta p_e = \Delta p_b + \Delta p_e'$. p_b ist mit dem Barometer sicher viel genauer gemessen als die mit wesentlich weniger genauen Mitteln als Differenzen der Ablesungen zweier Quecksilberstände berechneten Werte von p_d' und p_e'. Ferner ergibt die nach Einl. § 11, (3), berechnete genaue Gleichung für Δx, das in ihr Δp_b nur mit dem Faktor $(p_d' - p_e')$ behaftet ist, p_d' bzw. p_e' dagegen mit den wesentlich größeren Faktoren p_e bzw. p_d. Das berechtigt uns, von einem Fehlereinfluß von p_b abzusehen. Damit ergibt sich als relativer Größtfehler von x: $\Delta x/x = \Delta p_d'/p_d + \Delta p_e'/p_e$. Wir schätzen den Fehler jeder Einzelablesung am Gasthermometer sehr vorsichtig zu $\pm 0{,}2$ mm $\triangleq \pm 0{,}2$ Torr, so daß $\Delta p_d' = \Delta p_e' = \pm 0{,}4$ Torr. Damit erhalten wir $\Delta x/x = \pm 0{,}4\,(1/753{,}5 + 1/1024{,}1) \approx \pm 0{,}001$ und $\Delta x = \pm 0{,}001 \cdot 1{,}3646 \approx \pm 0{,}0015$. Nun ist $\Delta x = \Delta \alpha t_d$, also $\Delta \alpha = \Delta x/t_d = \pm 0{,}0015/100 = \pm 0{,}000015\ °C^{-1}$ und $\Delta\alpha/\alpha = \pm 0{,}000015/0{,}003658 \approx \pm 0{,}004 = \pm 0{,}4$ %.

Unser Endergebnis lautet also

$$\underline{\alpha = (0{,}003658 \pm 0{,}000015)\ °C^{-1},\ \Delta\alpha/\alpha = \pm 0{,}4\,\%.}$$

Der richtige Wert für Luft, $\alpha = 0{,}003674\ °C^{-1}$, liegt unmittelbar oberhalb unsrer oberen Fehlergrenze. Für ein ideales Gas ist $\alpha = 0{,}003661\ °C^{-1}$.

16. Aufgabe. Luftdichte, Luftfeuchte

Westphal, Physik, §§ 54, 107, 116; Kl. Lehrb. d. Physik, §§ 48, 95, 104

I. Messung der Luftdichte

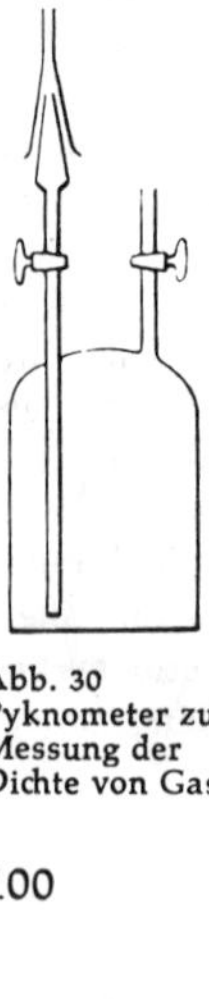

Abb. 30 Pyknometer zur Messung der Dichte von Gasen

Die Bestimmung der Dichte der Luft

$$\varrho = \frac{m}{V} \tag{16.1}$$

erfordert die Messung der Masse m und des Volumens V einer Luftmenge. (Vgl. die 1. Aufgabe.) Wir benutzen dazu ein Pyknometer (Abb. 30), das zunächst gründlich gereinigt, mit Alkohol ausgewaschen und durch Hindurchsaugen von Luft getrocknet wird. Die beiden Hähne und der Schliff werden mit *wenig* Hahnfett gedichtet.

Wegen des oft im Laufe kurzer Zeit stark wechselnden Zustandes der Zimmerluft nehmen wir die Messung nicht mit solcher, sondern mit *Außenluft* vor. Das Pyknometer wird zunächst evakuiert, z. B. mit einer Kapselpumpe, die den Druck im Pyknometer auf weniger als 1 Torr herabsetzt. Zur Verbindung des Pyknometers mit der Pumpe dient der Schliff. Mit der Pumpe ist ein abgekürztes Quecksilbermanometer zur Kontrolle des Druckes verbunden. Nach dem Auspumpen wird der *Schliff mit Xylol gut von Fett gereinigt*, damit nicht die folgenden Wägungen dadurch verfälscht werden, daß etwa ein Teil des Fettes inzwischen abgewischt wird.

Nun füllen wir das Pyknometer *im Freien* durch Öffnen eines Hahnes mit Luft und messen die *Temperatur* der Außenluft. Mit dem Schließen des Hahnes warten wir ein wenig, damit die Luft im Pyknometer, die sich beim Einströmen etwas abkühlt, die gleiche Temperatur und den gleichen Druck hat wie die Außenluft. Dabei fassen wir das Pyknometer nur an den Röhren an, um es nicht zu erwärmen. Ferner messen wir den *Luftdruck* mit einem etwa in der gleichen Höhenlage wie der Füllort befindlichen Barometer und reduzieren ihn nach Tabelle IV.

Das Pyknometer wird mit einer Analysenwaage auf ± 0,0001 g gewogen, erneut gut evakuiert und noch einmal gewogen. Die Differenz $m = m_1 - m_2$ der Wägungen ergibt die Masse m der eingeschlossenen Luft. (Von einer Doppelwägung und einer Auftriebskorrektion kann abgesehen werden.) Vor dem Evakuieren muß der Schliff wieder leicht gefettet, aber vor der zweiten Wägung wieder gut gereinigt werden. Schließlich füllen wir das Pyknometer mit Wasser, das vorher ausgekocht wurde, um es möglichst luftfrei zu machen. Die Füllung erfolgt, indem wir die Öffnung des bis an den Boden des Pyknometers führenden Rohres in das Wasser tauchen und den Hahn öffnen, so daß der Luftdruck das Wasser in das Pyknometer drückt. Wenn doch noch Luft aus dem Wasser frei wird, füllt man bis an die Hähne von außen nach. (Größere Luftmengen im Pyknometer zeigen an, daß entweder nicht genügend evakuiert wurde oder daß das Pyknometer nicht dicht war. Das ruft beträchtliche Fehler hervor.) Dann wird das mit Wasser gefüllte Pyknometer noch einmal mit einer gröberen Waage auf ± 0,01 g gewogen (m_3). Die Massendifferenz $m_3 - m_2$ des mit Wasser gefüllten und des leeren Pyknometers liefert uns die Masse des Wassers und damit das Volumen $V = (m_3 - m_2)/\varrho_W$ des Pyknometers (ϱ_W Dichte des Wassers). Nach (16.1) ist also

$$\varrho = \varrho_W \frac{m_1 - m_2}{m_3 - m_2}\,. \tag{16.2}$$

Beispiel. Fülltemperatur 18,7 °C, Luftdruck gemessen 744,4 Torr, reduziert nach Tabelle IV: $p = 742{,}2$ Torr; $m_1 = 98{,}2371$ g, $m_2 = 98{,}0046$ g, $m_3 = 295{,}08$ g, $m_1 - m_2 = 0{,}2325$ g, $m_3 - m_2 = 197{,}08$ g. Nach Tabelle I ist bei 18,7 °C $\varrho_W = 0{,}9985\ \mathrm{g\,cm^{-3}}$. Damit ergibt sich nach (16.2) $\varrho = 0{,}9985 \cdot 0{,}2325/197{,}08 = 0{,}001178\ \mathrm{g\,cm^{-3}}$.

Fehlerrechnung. Der absolute Fehler von m_3, das nur auf ± 0,01 g gemessen wurde, ist sicher sehr viel größer als der absolute Fehler der auf ± 0,0001 g gemessenen Masse m_2. Auch trägt m_2 zum Nenner nur relativ wenig bei. Wir dürfen also den Fehlereinfluß von m_2 auf den Nenner von (16.2) vernachlässigen. Dann beträgt der relative Größtfehler von ϱ: $\Delta\varrho/\varrho = (\Delta m_1 - \Delta m_2)/(m_1 - m_2) + \Delta m_3/(m_3 - m_2)$. Das zweite Glied können wir, wie aus den angegebenen Zahlen ersichtlich, vernachlässigen. Mit $\Delta m_1 = \Delta m_2 = \pm 0{,}0001$ g erhalten wir dann $\Delta\varrho/\varrho = \pm 0{,}0002/0{,}2325 \approx \pm 0{,}001 = \pm 0{,}1\,\%$ und $\Delta\varrho = \pm 0{,}001 \cdot 0{,}001178 \approx \pm 0{,}000012\ \mathrm{g\,cm^{-3}}$

Unser Endergebnis lautet also

$$\underline{\varrho = (0{,}001178 \pm 0{,}000012)\ \mathrm{g\,cm^{-3}}, \quad \Delta\varrho/\varrho = \pm 0{,}1\,\%}$$

bei $p = 742{,}2$ Torr und $t = 18{,}7\ °\mathrm{C}$.

II. Berechnung der Luftnormdichte

Wir wollen dieses Ergebnis auf die Dichte *trockener Luft im Normzustand* (0 °C, 760,0 Torr) umrechnen und dürfen dabei auf den in der Luft enthaltenen Wasserdampf wegen seiner geringen Dichte ebenso wie auf die Luft selbst mit genügender Genauigkeit die Zustandsgleichung der idealen Gase anwenden. Nach dieser besteht zwischen dem Druck p, der Dichte ϱ, der Temperatur T in K und der molaren Masse M_m (Einl. § 4) eines idealen Gases die Beziehung

$$\varrho = \frac{M_m p}{RT}, \tag{16.3}$$

wobei R die universelle Gaskonstante ist. Bei einem Gasgemisch ist für p der Partialdruck des betreffenden Gasanteils einzusetzen.

Es seien p_l und p_w die Partialdrucke der Luft und des in ihr enthaltenen Wasserdampfes, ϱ_l und ϱ_w ihre Dichten. Die (mittlere) molare Masse der Luft ist $M_l = 28{,}8\ \mathrm{g\,mol^{-1}}$, die des Wasserdampfes $M_w = 18\ \mathrm{g\,mol^{-1}}$. Dann folgt aus (16.3) ($M_w/M_l = 18/28{,}8 = 5/8$)

$$\varrho_w = \varrho_l \frac{5}{8} \frac{p_w}{p_l}. \tag{16.4}$$

Die Dichte des Gasgemisches – wie wir sie oben bestimmt haben – beträgt also

$$\varrho = \varrho_l + \varrho_w = \varrho_l \left(1 + \frac{5}{8} \frac{p_w}{p_l}\right), \quad \text{so daß} \quad \varrho_l = \frac{\varrho}{1 + 5p_w/8p_l}. \tag{16.5}$$

Es sei V_n das Volumen der Luft im Normzustand, V_l bei der Temperatur t. Dann ist nach (15.1) $p_l V_l = p_n V_n (1 + \alpha t)$, wobei $\alpha = 0{,}003674\ °\mathrm{C}^{-1}$ der Druckkoeffizient der Luft ist. Ist m ihre Masse, ϱ_n ihre Dichte im Normzustand, so ist $m = \varrho_n V_n = \varrho_l V_l$, also $V_n = V_l \varrho_l/\varrho_n$, so daß $p_l/\varrho_l =$

$p_n/\varrho_n \cdot (1+\alpha t)$, also $\varrho_n = \varrho_l p_n/p_l \cdot (1+\alpha t)$ und nach (16.5), und mit $p = p_l + p_w$ erhält man

$$\varrho_n = \varrho \frac{p_n}{p} \frac{1+\alpha t}{(1-p_w/p)(1+5p_w/8p_l)}.$$

Da $p_w \ll p$, also $p_l \approx p$, können wir ohne ins Gewicht fallenden Fehler $p_w/p_l = p_w/p$ setzen und erhalten dann

$$\varrho_n = \varrho \frac{p_n}{p} \frac{1+\alpha t}{(1-p_w/p)(1+5p_w/8p)} \approx \varrho \frac{p_n}{p}(1+\alpha t)\left(1+\frac{3}{8}\frac{p_w}{p}\right). \quad (16.6)$$

Den Partialdruck p_w des Wasserdampfs bestimmen wir aus dem *Taupunkt*, der Temperatur, bei welcher der in der Luft enthaltene Wasserdampf gesättigt ist und zu kondensieren beginnt. Die Sättigungsdrucke für die verschiedenen Temperaturen sind aus Tabelle II zu entnehmen. (Daß der Taupunkt tiefer liegt als die Meßtemperatur, so daß der Druck p_w bei dieser Temperatur etwas höher ist, spielt keine ins Gewicht fallende Rolle. Ist die relative Feuchte groß, so liegt der Taupunkt dicht bei der Meßtemperatur; ist sie klein, so ist er weiter entfernt, aber dann ist auch der Einfluß der Korrektion sehr gering.) Zur Ermittlung des Taupunktes benutzen wir z. B. ein *Taupunkthygrometer* (Abb. 31). Das zylindrische Gefäß enthält flüssigen Äther, der durch Hindurchblasen von Luft mittels eines Gummiballs zum schnellen Verdampfen gebracht und dadurch abgekühlt wird. Man treibt das so lange weiter, bis sich an der verspiegelten Scheibe die ersten Spuren von Taubildung zeigen, und liest die Temperatur an dem Thermometer ab. Dann wartet man, bis die letzten Spuren von Tau eben wieder verschwinden, liest wieder die Temperatur ab und nimmt als Taupunkt das Mittel zwischen diesen beiden Temperaturen. Selbstverständlich muß diese Messung dort vorgenommen werden, *wo das Pyknometer gefüllt wurde*, und es darf zwischen der Füllung und der Messung der Luftfeuchte keine allzu lange Zeit verstrichen und nicht etwa gar Regen gefallen sein.

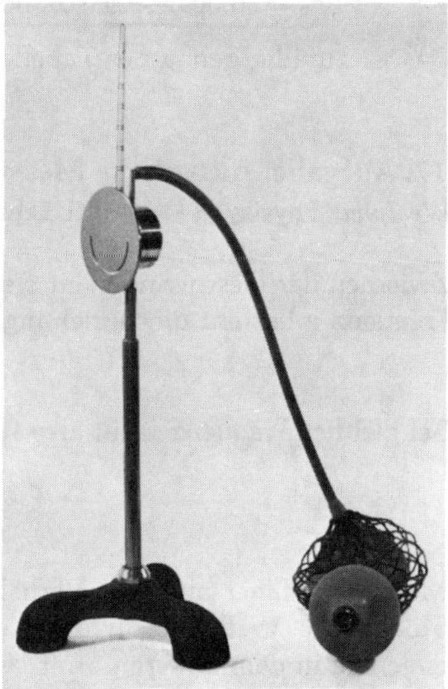

Abb. 31. Taupunkthygrometer

Als Nebenergebnis erhalten wir die *relative Feuchte* der Luft am Versuchstage, d. h. das Verhältnis des herrschenden Wasserdampfdruckes p_w zu dem

Druck, der bei der Versuchstemperatur bei Sättigung der Luft mit Wasserdampf herrschen würde.

Beispiel. Der Taupunkt ergab sich aus 1,7 °C (erster Beschlag) und 2,2 °C (Verschwinden des Beschlages) im Mittel zu 1,95 °C. Wir entnehmen dazu aus Tabelle II den Wasserdampfdruck $p_w = 5{,}3$ Torr. Der Sättigungsdruck bei der Versuchstemperatur von 18,7 °C beträgt nach Tabelle II 16,2 Torr. Die relative Feuchte betrug also $0{,}53/1{,}62 \approx 0{,}33 = 33\,\%$.

Mit $p_w = 5{,}3$ Torr und $p = 742{,}2$ Torr ist $1 + 3p_w/8p = 1{,}0027$. Ferner ist mit $t = 18{,}7$ °C und $\alpha = 0{,}003674$ °C^{-1} $1 + \alpha t = 1{,}0687$. Mit $\varrho = 0{,}001178\ \mathrm{g\,cm^{-3}}$ und $p_n = 760{,}0$ Torr erhalten wir schließlich $\varrho_n = 0{,}001178 \cdot 760 \cdot 1{,}0687 \cdot 1{,}0027/742{,}2 = 0{,}001293\ \mathrm{g\,cm^{-3}}$.

Fehlerrechnung. Die kleine Korrektion wegen p_w können wir vernachlässigen und mit der Näherung $\varrho_n = \varrho p_n/p \cdot (1 + \alpha t)$ rechnen. Dann ist der relative Größtfehler von ϱ_n: $\Delta\varrho_n/\varrho_n = \Delta\varrho/\varrho + \Delta p/p + \alpha\Delta t/(1 + \alpha t)$. $\Delta\varrho/\varrho = \pm 0{,}1\,\%$ haben wir schon berechnet. Wir schätzen $\Delta p = \pm 0{,}1$ Torr und $\Delta t = \pm 0{,}1$ grd, so daß $\Delta p/p = \pm 0{,}1/742{,}2 \approx \pm 0{,}00014 = \pm 0{,}014\,\%$ und $\alpha\Delta t/(1 + \alpha t) = \pm 0{,}1 \cdot 0{,}003674/1{,}07 \approx \pm 0{,}00035 = \pm 0{,}035\,\%$. Damit erhalten wir $\Delta\varrho_n/\varrho_n = \pm (0{,}1 + 0{,}014 + 0{,}035)\,\% \approx \pm 0{,}15\,\%$ und $\Delta\varrho_n = \pm 0{,}0015 \cdot 0{,}001293 \approx \pm 0{,}000002\ \mathrm{g\,cm^{-3}}$.

Unser Endergebnis lautet also

$$\underline{\varrho_n = (0{,}001293 \pm 0{,}000002)\ \mathrm{g\,cm^{-3}},\quad \Delta\varrho_n/\varrho_n = \pm\, 0{,}15\,\%\,.}$$

Das ist zufällig genau der Tabellenwert der Luftnormdichte.

17. Aufgabe. Akustische Messungen

Westphal, Physik, §§ 85, 89; Kl. Lehrb. d. Physik, §§ 74, 80

Zwischen der Geschwindigkeit c einer Welle, ihrer Wellenlänge λ und ihrer Frequenz ν besteht die Beziehung

$$c = \lambda\nu\,. \tag{17.1}$$

Bei gleicher Frequenz ν gilt also für zwei verschiedene Stoffe

$$\frac{c}{c'} = \frac{\lambda}{\lambda'}\,. \tag{17.2}$$

Man kann daher aus dem Verhältnis λ/λ' der Wellenlängen in den beiden Stoffen die Wellengeschwindigkeit in dem einen Stoff berechnen, wenn diejenige in dem anderen Stoff bekannt ist.

Das bequemste Verfahren zur Messung von Wellenlängen liefern die *stehenden Wellen,* in denen Knoten und Bäuche der Schwingung in Abständen von je $^1/_4$ Wellenlänge aufeinander folgen, so daß zwischen je zwei Knoten bzw. je zwei Bäuchen ein Abstand von $^1/_2$ Wellenlänge besteht. Bei

Gasen kann man die Orte der Knoten und Bäuche nach dem Verfahren der *Kundt*schen *Staubfiguren* sichtbar machen. Das Gas befindet sich in einer Glasröhre von etwa 100 cm Länge, die an ihrem einen Ende fest geschlossen ist (Abb. 32). Durch Reflexion eines am offenen Ende eintretenden Schalls am geschlossenen Ende bildet sich in der Röhre durch Interferenz der hin- und rücklaufenden Welle eine stehende Welle aus. Den Schall erzeugen wir durch Schwingungen eines mit einer leichten Scheibe versehenen, etwa

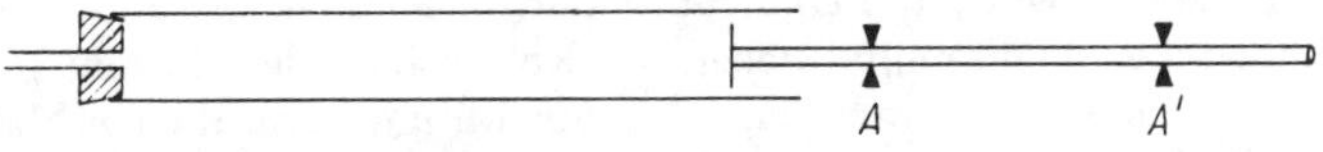

Abb. 32. *Kundt*sche Röhre

150 cm langen Metall- oder Glasrohrs. Dieses ist entweder bei *A* und *A'* in 1/4 und 3/4 seiner Länge oder nur in seiner Mitte fest eingespannt[1]) und wird durch Reiben mit einem mit Kolophoniumpulver bestreuten oder feuchten Filz oder Lappen zu Longitudinalschwingungen erregt, wobei es einen hohen Ton von sich gibt. Bei Einklemmung wie in Abb. 32 ist die Wellenlänge seiner Grundschwingung gleich seiner Länge, bei Einklemmung in der Mitte gleich seiner doppelten Länge. Die Frequenz ν ist also im ersten Fall doppelt so groß, der Ton um eine Oktave höher als im zweiten. Auch die Schwingungen des Rohres bilden eine stehende Welle, die an den Einspannstellen Knoten, an den freien Enden — bei zwei Einspannstellen auch in der Mitte — Bäuche hat.

Längs der Glasröhre ist feines Korkpulver recht gleichmäßig verteilt. Man versuche, mit *möglichst wenig Korkpulver* auszukommen, da sich die Staubfiguren dann am saubersten ausbilden. Auch müssen die Röhre und das Pulver gut trocken sein. Zunächst wird das Pulver durch Klopfen von den Wänden gelöst, so daß es einen Streifen unten in der Röhre bildet. Dieser wird dann durch vorsichtiges Drehen der Röhre um 45 bis 60° um ihre Achse gehoben. Wird jetzt in der Röhre eine stehende Welle erregt, so fällt das Pulver in den Schwingungsbäuchen herab und bleibt in den Schwingungsknoten liegen (Abb. 33). Die Knoten sind wesentlich schärfer ausgeprägt als die Bäuche und werden deshalb allein zur Messung verwendet.

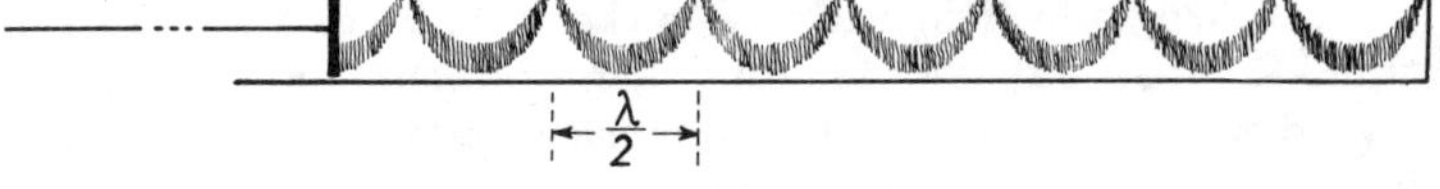

Abb. 33. *Kundt*sche Staubfiguren

---

1) Es empfiehlt sich, an den Einspannstellen auf die Rohre schmale Ringscheiben aufzulöten. Die Rohre sprechen dann viel leichter an als etwa bei Einspannung mit Stativklammern unmittelbar am Rohr.

Die stehende Welle bildet sich am besten aus, wenn der Abstand des Stabendes vom Röhrenende gleich $(2z+1)\ \lambda/4$ ist, wobei z eine ganze Zahl ist. Man erreicht dies durch Probieren, indem man die Röhre so lange verschiebt, bis gute Staubfiguren entstehen, bei denen man die Lage der Knoten ungefähr auf $\pm$ 0,1 cm genau messen kann. Die Wellenlänge ist ziemlich klein gegen die Länge der Röhre, so daß auf sie eine größere Anzahl von Knoten und Bäuchen entfällt. Man wählt zwei möglichst weit auseinanderliegende, recht gut ausgebildete Knoten aus und mißt ihren Abstand a mit Hilfe eines neben der Röhre liegenden, in mm geteilten Maßstabes und einer einfachen Visiervorrichtung. Entfallen n Halbwellen auf den Abstand a, so ist $a = n\lambda/2$ oder

$$\lambda = \frac{2a}{n}. \tag{17.3}$$

Jede Messung ist fünf- bis zehnmal anzustellen, indem *die Staubfiguren jedesmal neu erzeugt* werden. Es empfiehlt sich, vor jeder neuen Ablesung den Maßstab gegen die Röhre zu verschieben, um andere Zahlenwerte zu erhalten (Einl. § 14).

Wir messen zunächst die Wellenlänge in Luft. Dann leiten wir durch ein enges, durch das geschlossene Röhrenende eingeführtes Rohr Kohlendioxid CO_2, das in einer Vorlage getrocknet ist, in langsamem Strom durch die Röhre und wiederholen unsere Messungen. (Die langsame Strömung hat keinen merklichen Einfluß auf die Schallgeschwindigkeit.)

In einem idealen Gas ist

$$c = \sqrt{\varkappa \frac{RT}{M_m}}. \tag{17.4}$$

$R = 8{,}314 \cdot 10^7$ erg mol^{-1} K^{-1} ist die allgemeine Gaskonstante, T die Temperatur in K, M_m die molare Masse (Einl. § 3) des Gases und $\varkappa = c_p/c_v$ das Verhältnis seiner spezifischen Wärmekapazität c_p bei konstantem Druck zu seiner spezifischen Wärmekapazität c_v bei konstantem Volumen. Wir wollen die Luft und das CO_2 wie ideale Gase behandeln, was allerdings für letzteres keineswegs genau gilt. Unsere Aufgabe ist folgende:

1. Die Schallgeschwindigkeit c_0 in trockener Luft bei 0 °C, also bei $T = T_0 = 273$ K, beträgt $c_0 = 33\,130$ cm s^{-1}. In feuchter Luft ergeben sich etwas abweichende Werte. Wir wollen aber mit diesem Wert rechnen. Die Schallgeschwindigkeit bei der Temperatur T in K ergibt sich dann aus derjenigen bei 0 °C ≙ 273 K nach (17.4) zu

$$c = c_0 \sqrt{\frac{T}{T_0}} = c_0 \sqrt{1 + \alpha t}, \tag{17.5}$$

mit $\alpha = 1/273\ ^\circ C^{-1}$ (t in °C, Einl. § 4). Wir messen die Wellenlänge in Luft, berechnen c für die Versuchstemperatur t nach (17.5) und die Frequenz ν nach (17.1).

2. Wir messen die Wellenlänge in CO_2 bei möglichst genau der gleichen Versuchstemperatur wie in Luft. Es seien c' die Schallgeschwindigkeit und λ' die Wellenlänge in CO_2, c und λ diejenigen in Luft. Da t in beiden Fällen gleich groß sein soll, so folgt aus (17.2) und (17.5):

$$\frac{c'}{c} = \frac{c_0'}{c_0} = \frac{\lambda'}{\lambda} \qquad \text{oder} \qquad c_0' = c_0 \frac{\lambda'}{\lambda} \,. \tag{17.6}$$

Wir erhalten so die *Schallgeschwindigkeit* c_0' *in Kohlendioxid bei* 0 °C.

3. Damit berechnen wir $\varkappa$ für CO_2 nach (17.4)

$$\varkappa = \frac{c'^2 M_m}{RT} = \frac{c_0'^2 M_m}{RT_0} \,. \tag{17.7}$$

mit $T_0 = 273$ K und $M_m = 44$ g mol^{-1}.

4. Nach *Newton* beträgt die Geschwindigkeit longitudinaler Wellen in einem Stab oder Rohr

$$c = \sqrt{\frac{E}{\varrho}}\,, \tag{17.8}$$

wobei E der *Elastizitätsmodul* des Stoffes (2. Aufgabe) und ϱ seine Dichte ist. Man kann also E aus c und ϱ berechnen. Nach (17.1) ist die Schallgeschwindigkeit c'' im Rohr, dessen Länge L sei,

$$c'' = \lambda'' \nu = L\nu \qquad \text{bzw.} \qquad \frac{1}{2} L\nu\,, \tag{17.9}$$

je nachdem wir das Rohr in $^1/_4$ und $^3/_4$ oder in $^1/_2$ seiner Länge eingeklemmt haben.

5. Damit und mit $c = c''$ berechnen wir nach (17.8) den Elastizitätsmodul des Rohrmaterials

$$E = c''^2 \varrho \,. \tag{17.10}$$

Bei Anwendung von CGS-Einheiten erhalten wir ihn in der Einheit dyn cm^{-2} und rechnen ihn in die in Tabellen übliche Einheit kp mm^{-2} = 0,981 · 10^8 dyn cm^{-2} um.

Beispiel. Es war $t = 18{,}0$ °C, also $T = 291$ K. Wir bezeichnen mit x_1 und x_2 die den Enden der jeweiligen Meßstrecke a entsprechenden Ablesungen auf der Skala, die wir vor jeder Messung blindlings etwas verschoben haben. Es ist also $a = x_2 - x_1$. n ist die Anzahl der auf a entfallenden Halbwellen. Die Tabelle zeigt unsere Messungen in Luft. Als Mittelwert ergibt sich

$\lambda/2 = 5{,}110$ cm, also in Luft $\lambda = 10{,}220$ cm. Mit $t = 18{,}0$ °C ergibt sich für die Schallgeschwindigkeit nach (17.5) $c = 34\,205$ cm s^{-1}. Dann folgt aus (17.1) $\nu = 34\,205 / 10{,}220 = 3346{,}9$ s^{-1} oder Hz.

Tabelle

x_1 cm	x_2 cm	a cm	n	$\lambda/2$ cm	$v \cdot 10^3$	$v^2 \cdot 10^6$
23,70	90,00	66,30	13	5,100	− 10	100
20,10	91,45	71,35	14	096	− 14	196
17,75	94,60	76,85	15	123	+ 13	169
20,10	96,70	76,60	15	107	− 3	9
18,00	94,60	76,60	15	107	− 3	9
8,55	95,35	86,80	17	106	− 4	16
7,50	94,30	86,80	17	106	− 4	16
13,45	89,95	76,50	15	100	− 10	100
12,70	94,65	81,95	16	122	+ 12	144
18,25	90,05	71,80	14	129	+ 19	361
				5,110		1120

Genauso haben wir die Wellenlänge in CO_2 gemessen. Da das nichts Neues bietet, teilen wir nur das Ergebnis $\lambda' = (7{,}920 \pm 0{,}005)$ cm mit. Damit ergibt sich als Schallgeschwindigkeit in CO_2 bei 0 °C nach (17.6) $c_0' = 33\,130 \cdot 7{,}920/10{,}220 = 25\,674$ cm s^{-1}. Weiter ist nach (17.7) $\varkappa = 25\,674^2 \cdot 44/(8{,}314 \cdot 10^7 \cdot 273) = 1{,}28$.

Die Länge des Stahlrohrs war $L = 149{,}9$ cm. Demnach ist, da wir das Rohr in $^1/_4$ und $^3/_4$ seiner Länge eingespannt haben, $\lambda'' = L$ und nach (17.9) $c'' = L\nu = 501\,700$ cm s^{-1}. Die Dichte des Stahls beträgt 7,85 g cm^{-3}, also sein Elastizitätsmodul nach (17.10) $E = 0{,}5017^2 \cdot 10^{12} \cdot 7{,}85 = 1{,}976 \cdot 10^{12}$ dyn cm^{-2} $= 20\,140$ kp mm^{-2}.

Fehlerrechnung. Nach der Tabelle ist $\Delta(\lambda/2) = \pm\sqrt{1120/(10 \cdot 9)} \cdot 10^{-3} \approx \pm 0{,}0035$ cm, also $\Delta\lambda = \pm 0{,}007$ cm und $\Delta\lambda/\lambda = \pm 0{,}007/10{,}22 \approx \pm 0{,}0007 = \pm 0{,}07\,\%$. Der relative Größtfehler von $\nu = c/\lambda$ ist $\Delta\nu/\nu = \Delta c/c + \Delta\lambda/\lambda$. Nach (17.5) ist $\Delta c/c = \Delta T/2\,T$. Wir schätzen $\Delta T\ (= \Delta t) = \pm 0{,}1$ grd, so daß $\Delta c/c = \pm 0{,}1/(2 \cdot 291) \approx \pm 0{,}0002 = \pm 0{,}02\,\%$. Also ist $\Delta\nu/\nu = \pm(0{,}07 + 0{,}02) \approx \pm 0{,}1\,\%$. Der relative Größtfehler von c_0' beträgt nach (17.6) $\Delta c_0'/c_0' = \Delta\lambda'/\lambda' + \Delta\lambda/\lambda$. Nach unsrer obigen Angabe ist $\Delta\lambda' = \pm\ 0{,}005$ cm, also $\Delta\lambda'/\lambda' = \pm\ 0{,}005/7{,}920 \approx \pm\ 0{,}0007 = \pm 0{,}07\,\%$ und $\Delta c_0'/c_0' = \pm(0{,}07 + 0{,}07) \approx \pm 0{,}15\,\%$, $\Delta c_0' = \pm 0{,}0015 \cdot 25\,674 \approx \pm 40$ cm s^{-1}. Nach (17.7) ist $\Delta\varkappa/\varkappa = 2\,\Delta c_0'/c' = \pm 0{,}3\,\%$. Der relative Größtfehler von c'' beträgt nach (17.9) $\Delta c''/c'' = \Delta L/L + \Delta\nu/\nu$. Wir schätzen $\Delta L = \pm 0{,}1$ cm, so $\Delta c_0''/c'' \approx \pm\ 0{,}2\,\%$. Der relative Größtfehler von E beträgt nach (17.10) $\Delta E/E = \Delta\varrho/\varrho + 2\,\Delta c''/c''$. Die Tabellenwerte für ϱ schwanken um etwa $\Delta\varrho = \pm 0{,}02$ g cm^{-3}, so daß wir $\Delta\varrho/\varrho = \pm 0{,}02/7{,}85 \approx \pm 0{,}0025 = \pm 0{,}25\,\%$ annehmen wollen. Damit ist $\Delta E/E = \pm(0{,}25 + 0{,}4) \approx \pm 0{,}7\,\%$, $\Delta E = \pm 0{,}007 \cdot 20\,140 \approx \pm 140$ kp mm^{-2}.

Unsre entsprechend gerundeten Endergebnisse lauten also

$$\underline{\nu = (3347 \pm 3)\ \mathrm{Hz}, \quad \Delta\nu/\nu = \pm 0{,}1\,\%,}$$

$$CO_2: \quad \underline{c_0' = (25\,670 \pm 40)\ \mathrm{cm\,s^{-1}}, \quad \Delta c_0'/c_0' = \pm 0{,}15\,\%,}$$

$$\underline{\varkappa = (1{,}28 \pm 0{,}005), \quad \Delta\varkappa/\varkappa = \pm 0{,}3\,\%,}$$

$$\text{Stahl:} \quad \underline{c'' = (501\,700 \pm 1000)\ \mathrm{cm\,s^{-1}}, \quad \Delta c''/c'' = \pm 0{,}2\,\%,}$$

$$\underline{E = (20\,140 \pm 140)\ \mathrm{kp\,mm^{-2}}, \quad \Delta E/E = \pm 0{,}7\,\%.}$$

Zu den Werten für CO_2 ist einschränkend zu bemerken, daß sie unter der Voraussetzung des idealen Gaszustandes berechnet wurden, von dem das CO_2 ziemlich weit entfernt ist.

IV. Optik

18. Aufgabe. Brennweite dünner Linsen

Westphal, Physik, § 276; Kl. Lehrb. d. Physik, § 203

Erzeugt eine dünne Sammellinse von einem Gegenstand, der sich im Abstand g von ihr befindet, ein reelles Bild im Abstand b von der Linse, so gilt die *Linsengleichung:*

$$\frac{1}{g} + \frac{1}{b} = \frac{1}{f} \quad \text{bzw.} \quad f = \frac{bg}{b+g}. \tag{18.1}$$

Dabei verstehen wir unter einer dünnen Linse eine solche, deren Dicke klein ist gegen die Krümmungsradien ihrer Begrenzungsflächen und daher auch klein gegen die *Brennweite* f der Linse. Die Größe $D = 1/f$ heißt die *Brechkraft* oder *Stärke* der Linse. Sie wird üblicherweise in der Einheit $1\ \mathrm{m}^{-1} = 1$ *Dioptrie* (dptr) angegeben.

I. Messung der Brennweite aus der Gegenstands- und Bildentfernung

Ein Verfahren zur Bestimmung der Brennweite einer Sammellinse besteht in der Messung von g und b und der Berechnung von f nach (18.1). Hierzu benutzen wir eine mit einer mm-Teilung versehene optische Bank von 200 cm Länge. Im Nullpunkt der Teilung befindet sich der abzubildende Gegenstand, z. B. ein von hinten beleuchtetes Stückchen einer photographischen Platte mit einem in die geschwärzte Schicht geritzten Strichmuster. Die Linse kann in einer Fassung auf einem Schlitten längs der optischen Bank verschoben werden. Ferner brauchen wir zum Auffangen des Bildes einen weißen Schirm, der ebenfalls senkrecht auf einem verschiebbaren Schlitten sitzt und bis auf die Skala hinabreicht, so daß sein Ort auf ihr ablesbar ist. Man bringt den Schirm auf runde Abstände vom Gegenstand und verschiebt den Linsenschlitten, bis das Bild des Gegenstandes auf dem Schirm scharf ist. Da die Beurteilung der Schärfe mit einer gewissen Unsicherheit behaftet ist, wiederholen wir jede Einstellung mindestens fünfmal.

Da der Linsenschlitten keine Marke hat, die den Ort der Linse auf ihm angibt, so liest man an einer seiner Kanten ab, dreht dann den Schlitten um 180° und liest erneut am *gleichen* Rande ab, also einmal rechts, dann links, und nimmt das Mittel aus den beiden Ablesungen, das, wie ohne weiteres ersichtlich, dem Ort der Linse selbst entspricht [1]). Wir bezeichnen die beiden

[1]) Genau genommen handelt es sich um die Orte der beiden Hauptebenen der Linse, die aber bei hinreichend dünnen Linsen praktisch zusammenfallen.

Ablesungen mit g' und g''. Die Gegenstandsentfernung, die bei Aufstellung des Gegenstandes im Nullpunkt mit der Ortskoordinate der Linse identisch ist, ist dann der Mittelwert $g = (g' + g'')/2$.

Um f zu messen, stellen wir mehrere Messungen bei verschiedenen Gegenstandsentfernungen an. Bei gegebenem Abstand $a = b + g$ des Gegenstandes vom Schirm, der größer als $4f$ sein muß, gibt es zwei Linsenlagen, bei denen ein reelles Bild entsteht, ein vergrößertes, wenn $g < b$, ein verkleinertes, wenn $g > b$. Sie liegen zur Mitte von a symmetrisch. Bezeichnen wir die beiden Gegenstandsentfernungen mit g_1 und g_2, die zugehörigen Bildentfernungen mit b_1 und b_2, so ist demnach

$$b_1 = g_2, \quad b_2 = g_1 \qquad (18.2) \qquad\qquad b_1 + g_1 = b_2 + g_2 = g_1 + g_2 = a. \qquad (18.3)$$

g_1 und g_2 sind die Mittelwerte

$$g_1 = (g_1' + g_1'')/2 \quad \text{und} \quad g_2 = (g_2' + g_2'')/2. \qquad (18.4)$$

Beispiel. In Tabelle 1 geben wir eine Einzelmessung ausführlich wieder, in Tabelle 2 nur die Mittelwerte der weiteren Einzelmessungen bei verschiedenen Abständen $a = g + b$. Die Schlittenlagen sind auf $\pm$ 0,05 cm abgelesen. Der Gegenstand befindet sich stets im Nullpunkt der Skala. Aus Tabelle 1 ergibt sich nach (18.2) und (18.4) $g_1 = b_2 = 97{,}34$ cm, $g_2 = b_1 = 67{,}67$ cm, und damit nach (18.1) $f = 39{,}92$ cm.

Tabelle 1

a cm	g_1' cm	g_1'' cm	g_2' cm	g_2'' cm
165,0	93,35	101,5	64,55	70,9
	3,8	0,95	4,4	0,85
	3,7	1,4	3,95	1,15
	3,6	0,7	4,3	1,3
	3,55	0,85	4,55	0,75
	93,60	101,08	64,35	70,99

Tabelle 2

a cm	g_1' cm	g_1'' cm	g_2' cm	g_2'' cm	g_1 cm	g_2 cm
165,0	93,60	101,08	64,35	70,99	97,34	67,67
170,0	102,23	109,35	60,28	67,27	105,84	63,78
175,0	109,57	116,84	57,85	64,48	113,21	61,17
180,0	116,67	123,59	56,09	62,92	120,13	59,51
185,0	123,16	130,10	54,56	61,53	126,63	58,05

Zu jedem Wert g_1 bzw. g_2 können wir nach (18.3) einen Wert $b_1 = a - g_1$ bzw. $b_2 = a - g_2$ berechnen, der mit dem entsprechenden Wert g_2 bzw. g_1 übereinstimmen sollte. Das ist bei unseren Messungen recht gut erfüllt. Die so berechneten Werte sind in Tabelle 3 zusammengestellt. Nach (18.2) haben wir g_1 und b_2 zum Mittelwert g, g_2 und b_1 zum Mittelwert b zusammengefaßt und aus ihnen nach (18.1) die Brennweite berechnet. Die fünf Werte ergeben im Mittel $f = 39{,}90$ cm.

Tabelle 3

a cm	g_1 cm	b_1 cm	g_2 cm	b_2 cm	g cm	b cm	f cm	$v \cdot 10^2$	$v^2 \cdot 10^4$
165,0	97,34	67,66	67,67	97,33	97,34	67,66	39,92	+ 2	4
170,0	105,84	64,16	63,78	106,22	106,03	63,97	90	0	0
175,0	113,21	61,79	61,17	113,83	113,52	61,48	88	− 2	4
180,0	120,13	59,87	59,51	120,49	120,31	59,69	90	0	0
185,0	126,63	58,37	58,05	126,95	126,79	58,21	90	0	0
							39,90		8

Fehlerrechnung. Aus Tabelle 3 folgt als mittlerer absoluter Fehler von f: $\Delta f = \sqrt{8/(5 \cdot 4)} \cdot 10^{-2} = \pm 0{,}0063 \approx \pm 0{,}01$ cm und als mittlerer relativer Fehler $\Delta f/f = \pm 0{,}01/39{,}90 \approx \pm 0{,}00025 = \pm 0{,}025\,\%$.

Unser Endergebnis lautet also

$$\underline{f = (39{,}90 \pm 0{,}01)\ \text{cm}, \quad \Delta f/f = \pm\, 0{,}025\,\%.}$$

II. Graphische Prüfung der Linsengleichung

Wir tragen auf der Abszisse eines rechtwinkligen Koordinatensystems unsere g-Werte, auf der Ordinate die b-Werte auf und verbinden je zwei zusammengehörige g- und b-Werte durch eine Gerade AB (Abb. 34). Ferner ziehen wir die unter 45° gegen die Achsen geneigte Gerade OC und zeichnen das Quadrat $ODCE$. Die Seite dieses Quadrats ist gleich der Brennweite f. Denn man liest aus Abbildung 34 ab $(g - f) : f = f : (b - f) = g : b$. Das läßt sich in (18.1) umwandeln, womit unsere Behauptung bewiesen ist. Demnach müssen sich, wenn mehrere Wertepaare g und b vorliegen, sämtliche Geraden AB im Punkte C schneiden. So kann schon mit einem einzigen Wertepaar eine graphische Bestimmung von f erfolgen. Man braucht dazu gar nicht die Gerade OC zu

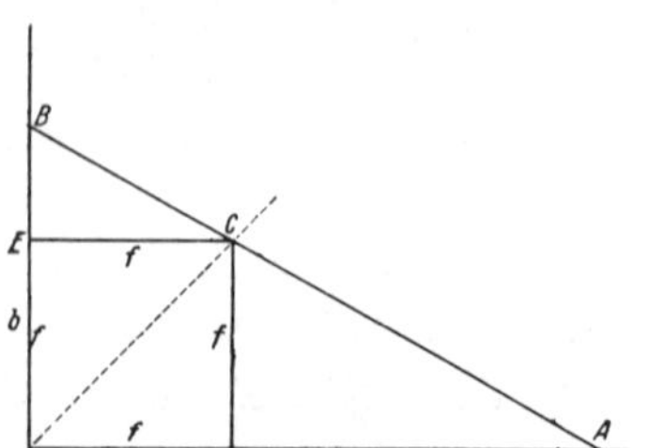

Abb. 34. Zur Prüfung der Linsengleichung

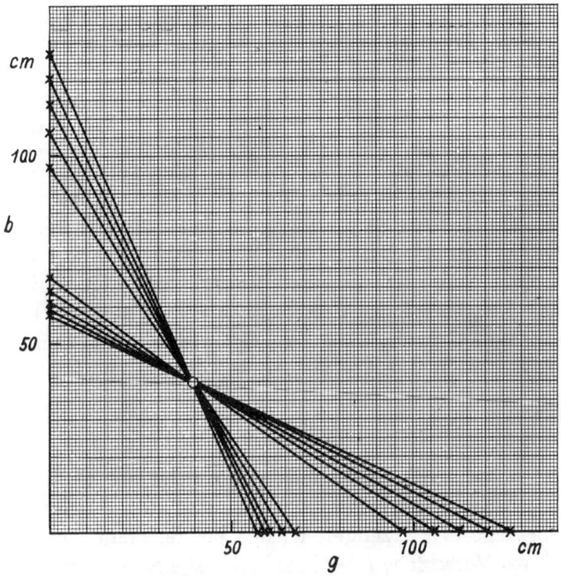

Abb. 35
Zur Prüfung
der Linsengleichung

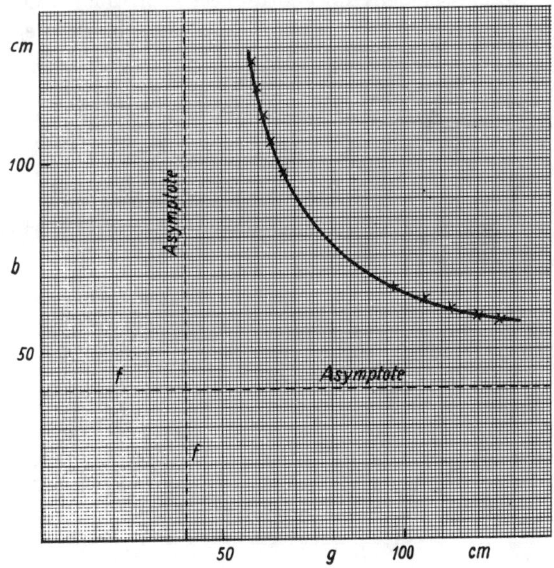

Abb. 36
Der positive Ast
der Hyperbel $1/g + 1/b = 1/f$

zeichnen; denn da man g und b vertauschen darf, so liefert bereits *ein* Wertepaar zwei Gerade AB und ihren Schnittpunkt C. In Abb. 35 sind unsre Messungen mit den g- und b-Werten der Tabelle 3 dargestellt. Der Schnittpunkt ergibt sehr genau die Brennweite $f = 39{,}9$ cm.

(18.1) ist die Gleichung einer Hyperbel, deren Asymptoten im Abstande $+f$ parallel zur g- und b-Achse verlaufen und deren Scheitel bei $g = b = 2f$ liegt. In Abb. 36 ist der den positiven b-Werten, also den reellen Bildern zugehörige Ast dieser Hyperbel auf Grund unserer Messungen gezeichnet, wobei wir wieder von der Vertauschung von g und b Gebrauch gemacht haben. Wir bemerken bei dieser Gelegenheit, daß wir keine Messungen in der Umgebung des Punktes $b = g = 2f$ gemacht haben, weil in diesem Bereich die Gebiete ungefährer Schärfe des vergrößerten und des verkleinerten Bildes ineinanderfließen, so daß die Messungen recht ungenau werden.

III. Das Besselsche Verfahren

Man kann die bei unserem Verfahren nötige Drehung des Schlittens um 180° durch Anwendung eines von *Bessel* angegebenen Verfahrens vermeiden. Wir erzeugen wieder bei feststehendem Gegenstand und Schirm durch Verschieben der Linse einmal ein vergrößertes, dann ein verkleinertes Bild des Gegenstandes und messen die Verschiebung e einer beliebigen Schlittenkante. Es sei wieder $g + b = a$. Wegen der zur Mitte symmetrischen Lage der beiden Linsenorte liest man aus Abb. 37 ab: $g + b = a$ und $b - g = e$, so daß $g = (a - e)/2$, $b = (a + e)/2$. Durch Einsetzen in (18.1) erhalten wir

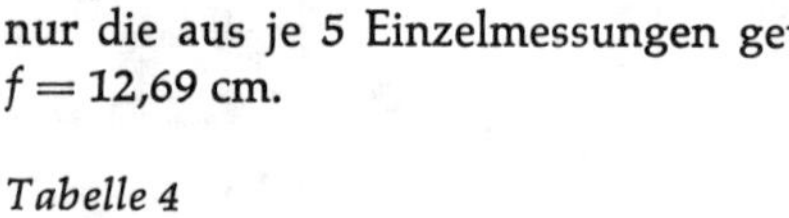

Abb. 37. Zum Besselschen Verfahren

$$f = \frac{a^2 - e^2}{4a}. \tag{18.5}$$

Beispiel. Die beiden Orte der Kante seien g' und g''. In Tabelle 4 geben wir nur die aus je 5 Einzelmessungen gewonnenen Mittelwerte an. Es ist also $f = 12{,}69$ cm.

Tabelle 4

a cm	g' cm	g'' cm	e cm	$4f$ cm	$v \cdot 10^2$	$v^2 \cdot 10^4$
70,0	13,29	49,89	36,60	50,87	+ 13	169
65,0	13,83	44,46	30,63	56	− 18	324
60,0	14,90	38,45	23,55	75	+ 1	1
55,0	16,56	31,79	15,23	78	+ 4	16
				50,74		510

Fehlerrechnung. Aus Tabelle 4 folgt als Fehler von $4f$: $\Delta(4f) = 4\Delta f = \sqrt{510/(4 \cdot 3)} \cdot 10^{-2} \approx \pm 0{,}065$ cm, also $\Delta f = \pm 0{,}016$ cm $\approx \pm 0{,}02$ cm, $\Delta f/f = 0{,}02/12{,}69 \approx \pm 0{,}0015 = \pm 0{,}15\,\%$.

Demnach lautet unser Endergebnis:

$$\underline{f = (12{,}69 \pm 0{,}02)\ \text{cm},\ \Delta f/f = \pm 0{,}15\,\%.}$$

IV. Brennweite einer Zerstreuungslinse

Man kann die Brennweite f einer Zerstreuungslinse nach den gleichen Verfahren messen, wenn man sie mit einer Sammellinse von kleinerer Brennweite zu einem Linsensystem vereinigt, das dann wie eine Sammellinse wirkt. Ist f' die Brennweite der Sammellinse, so gilt für die Brennweite f'' des Systems – vorausgesetzt, daß es sich um dünne, dicht aufeinanderliegende Linsen handelt –:

$$\frac{1}{f''} = \frac{1}{f} + \frac{1}{f'}, \quad \text{so daß} \quad \frac{1}{f} = \frac{1}{f''} - \frac{1}{f'} \cdot \qquad (18.6)$$

Die Brennweite einer Zerstreuungslinse ist negativ, so daß $f'' > f'$ ist.

Beispiel. Als Sammellinse verwenden wir die soeben gemessene Linse mit $f' = (12{,}69 \pm 0{,}02)$ cm. Wir teilen hier nur das Ergebnis $f'' = (16{,}91 \pm 0{,}01)$ cm mit. Damit ist nach (18.6) $1/f = 1/16{,}91 - 1/12{,}69 = -0{,}0197\ \text{cm}^{-1}$ und $f = -50{,}9$ cm.

Fehlerrechnung. Nach (18.6) ist $\Delta f/f^2 = \Delta f''/f''^2 + \Delta f'/f'^2 = \pm(0{,}02/12{,}69^2 + 0{,}01/16{,}91^2) \approx \pm 0{,}00016\ \text{cm}^{-1}$, also $\Delta f/f = \pm 0{,}00016 \cdot 50{,}7 \approx \pm 0{,}008 \approx \pm 1\,\%$ und $\Delta f = \pm 0{,}01 \cdot 50{,}9 \approx \pm 0{,}5$ cm.

Unser Endergebnis lautet also

$$\underline{f = -(50{,}9 \pm 0{,}5)\ \text{cm},\ \Delta f/f = \pm 1\,\%.}$$

Doch muß zu den bei dieser Aufgabe gemachten Fehlerrechnungen in besonderem Maße die Einschränkung gemacht werden, daß zu den hier berechneten zufälligen Fehlern sicher erheblich größere systematische Fehler hinzukommen, z. B. wegen Nichtberücksichtigung der endlichen Dicke der Linsen, im letzten Teil auch des endlichen Abstandes der Linsenmitten.

19. Aufgabe. Brennweite und Hauptebenen einer dicken Linse

Westphal, Physik, § 277; Kl. Lehrb. d. Physik, § 204

Bei Linsen, die nicht gemäß der bei der 18. Aufgabe gegebenen Definition als dünn betrachtet werden können, sowie bei Linsensystemen, sind die Brennweiten nach beiden Seiten von den beiden zugehörigen, auf der Linsenachse liegenden *Hauptpunkten* ab zu rechnen. Die beiden Brennweiten sind gleich groß, wenn die Linse oder das System beiderseits in den gleichen Stoff eingebettet ist, wie in unserem Fall (Luft). Die beiden zur Linsenachse senkrechten, durch die Hauptpunkte gelegten Ebenen heißen die *Hauptebenen* der Linse oder des Linsensystems. Bei einer bikonvexen Linse liegen die beiden Hauptpunkte im Innern der Linse. Bei einer *plankonvexen* Linse liegt der eine Hauptpunkt im Scheitel der *konvexen* Fläche, und die zugehörige Hauptebene ist die diese Fläche im Hauptpunkt berührende Tangentialebene (H', Abb. 38). Die zweite Hauptebene (H) liegt im Innern der Linse.

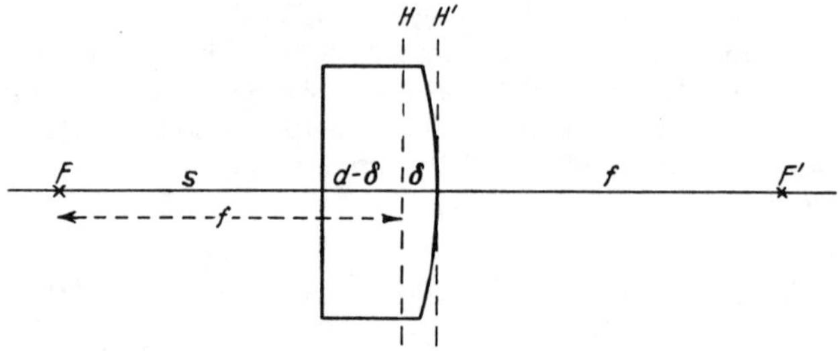

Abb. 38. Hauptebenen H, H' und Brennpunkte F, F' einer dicken plankonvexen Linse

Bei einer solchen Linse kann man die Brennweite f durch Messung des Abstandes des der Hauptebene H' zugeordneten Brennpunktes F' von der konvexen Linsenfläche ermitteln. Ebenso kann man den Abstand s des zweiten Brennpunktes F von der ebenen Linsenfläche messen. Es sei d die Dicke der Linsen, δ der Abstand der beiden Hauptebenen. Dann liest man aus Abb. 38 die Beziehung

$$f = s + d - \delta \quad \text{oder} \quad \delta = d - f + s \tag{19.1}$$

ab. Man kann also aus f, s und d den Abstand δ und damit die Lage der zweiten Hauptebene ermitteln.

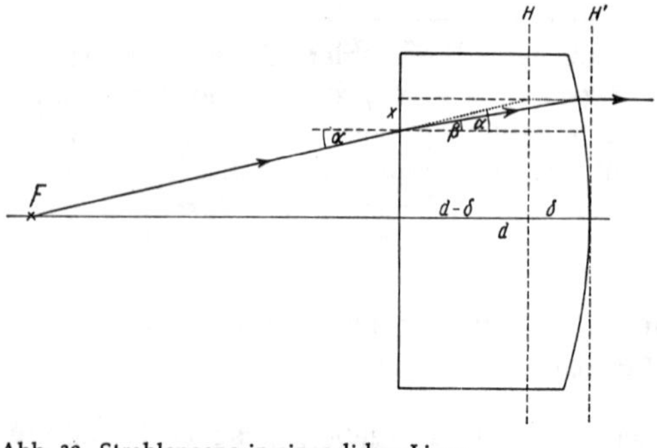

Abb. 39. Strahlengang in einer dicken Linse

Die Einführung des Begriffs der Hauptebenen hat den Vorteil, daß man bei der Konstruktion der Bilder nicht zu berücksichtigen braucht, daß jeder Strahl beim Durchgang durch die Linse an jeder der beiden Linsenflächen durch Brechung einen Knick erleidet. Man kann vielmehr z. B. einen von dem einen Brennpunkt herkommenden Strahl so zeichnen, als werde er nur an einer am Ort der diesem Brennpunkt zugeordneten Hauptebene befindlichen, unendlich dünnen Linse gebrochen, von der aus er dann parallel zur Linsenachse weiter verläuft, genau wie bei einer wirklichen dünnen Linse (Abb. 39). Der Strahl ist also in der Konstruktion nur einmal geknickt. Der Knick liegt an derjenigen Stelle, in der sich die Verlängerungen des wirklichen einfallenden und des wirklichen gebrochenen Strahles schneiden.

In Abb. 39 ist ein Strahl gezeichnet, der vom Brennpunkt F her auf die ebene Linsenfläche fällt, an der er nach dem Brechungsgesetz $\sin\alpha/\sin\beta = n$ gebrochen wird (n Brechzahl der Linse). Er tritt dann nach der Brechung an der konkaven Linsenfläche parallel zur Linsenachse aus. Die punktierte Linie zeigt die Konstruktion des Strahlenganges mit dem Knick an der Hauptebene H. Im folgenden dürfen wir vernachlässigen, daß die Dicke d der Linse mit dem Abstand von der Linsenachse ein wenig abnimmt. Dann liest man aus Abb. 39 ab

$$x = d\tan\beta \text{ und } x = (d-\delta)\tan\alpha, \text{ also } \frac{\tan\alpha}{\tan\beta} = \frac{d}{d-\delta}\,. \tag{19.2}$$

Nun sind α und β stets sehr kleine Winkel, so daß wir $\tan\alpha/\tan\beta \approx \sin\alpha/\sin\beta = n$ setzen dürfen. Damit erhalten wir

$$\frac{d}{d-\delta} = n \quad \text{oder} \quad \delta = d\,\frac{n-1}{n}\,. \tag{19.3}$$

Für Glas ist $n \approx 1{,}5$, so daß $\delta \approx d/3$.

Es ist unsere Aufgabe, die Brennweite f der Linse und den Abstand δ ihrer Hauptebenen zu bestimmen. Zu diesem Zweck bringen wir die Linse auf einem Schlitten auf eine optische Bank und stellen dicht vor sie ein an einem genügend fernen Objekt auf Unendlich eingestelltes Fernrohr. Die Einstellung muß an einem *offenen* Fenster (schlechtes Fensterglas stört) oder in einem ausreichend langen Gang erfolgen. Im Okular des Fernrohres befindet sich ein Fadenkreuz, das so verschoben werden kann, daß es mit dem vom Objektiv des Fernrohres entworfenen reellen Bild in der gleichen Ebene liegt. Ist diese Bedingung erfüllt, so wird es nicht nur gleichzeitig mit der fernen Umgebung scharf gesehen, sondern es zeigt auch *keine Parallaxe* gegen diese. Letzteres ist ein *weit schärferes Kennzeichen* für die richtige Einstellung des Fadenkreuzes als die oft trügerische Bildschärfe. Man erkennt die Parallaxenfreiheit daran, daß sich das Fadenkreuz gegenüber der mit dem Fernrohr betrachteten fernen Umgebung nicht seitlich verschiebt, wenn man das Auge vor dem Fernrohr ein wenig hin und her bewegt. Das derart vorbereitete Fernrohr liefert uns einen *Indikator für paralleles Licht*. Wenn wir einen Gegenstand mit Hilfe dieses Fernrohres scharf und vor allem parallaxenfrei gegenüber dem Fadenkreuz erblicken, so beweist dies, daß die von den einzelnen Punkten des Gegenstandes herkommenden Strahlen parallel in das Fernrohr einfallen. Das ist dann der

Fall, wenn sich der Gegenstand in sehr großer Ferne befindet, aber auch dann, wenn er sich näher am Fernrohr befindet, aber die von seinen einzelnen Punkten kommenden Strahlen durch eine Linse parallel gemacht wurden, ehe sie in das Fernrohr eintreten. Das aber geschieht dann, wenn sich der Gegenstand in der Brennebene der Linse befindet. Das Fernrohr kann uns also dazu dienen, einen Gegenstand in die Brennebene einer Linse einzustellen und auf diese Weise den Abstand der Brennebene von der Linse zu messen. Gerade darauf kommt es bei dieser Aufgabe an.

Wir bringen einen Gegenstand (von hinten beleuchtete Glasplatte mit irgendeiner Struktur) hinter die Linse, betrachten ihn durch die Linse mit dem auf Unendlich eingestellten Fernrohr und verschieben ihn – oder die Linse – so lange, bis wir ihn im Fernrohr scharf und vor allem parallaxenfrei erblicken. Wir stellen diesen Versuch zweimal an, indem wir dem Gegenstand einmal die gekrümmte Linsenfläche zur Messung von f, dann die ebene Linsenfläche zur Messung von s zuwenden. Zu diesem Zweck kann die Linse aus der Fassung des Schlittens genommen und umgedreht werden.

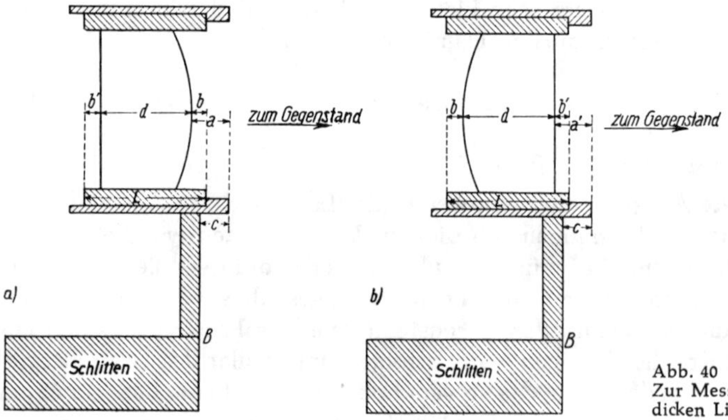

Abb. 40
Zur Messung an dicken Linsen

Etwas umständlich ist die genaue Ermittlung der Orte der beiden Linsenflächen auf der optischen Bank. Wir lesen stets am Rande B des Schlittens ab (Abb. 40). Sein Abstand vom Gegenstand sei z_1, wenn die konvexe, z_2, wenn die ebene Linsenfläche dem Gegenstand zugewandt ist, während die betreffenden Abstände der Linsenflächen vom Gegenstand f bzw. s sind. Dann ist f um die Strecke $a - c$ größer als z_1 (Abb. 40 a) und s um die Strecke $a' - c$ größer als z_2 (Abb. 40 b), so daß

$$f = z_1 + a - c, \qquad s = z_2 + a' - c. \qquad (19.4\,\text{a, b})$$

Ist L die Länge der Linsenfassung und liegen die Linsenflächen um die Strecken b bzw. b' hinter deren Rand, so ist

$$d = L - b - b'. \qquad (19.5)$$

Wir berechnen daher nach (19.1), (19.4) und (19.5) den Abstand δ der Hauptebenen schließlich nach der Gleichung

$$\delta = L - b - b' - z_1 + z_2 - a + a'. \tag{19.6}$$

Die Längen a, a', b, b' und c messen wir mit einem Tiefentaster, die Länge L mit der Schublehre.

Beispiel. Wir bezeichnen den Ort B des Schlittenrandes mit x_1 bzw. x_2, wenn die Linse dem Gegenstand die konvexe bzw. die ebene Fläche zukehrt, mit y_1 bzw. y_2 den entsprechenden Ort des Gegenstandes auf der optischen Bank. Dann ist $z_1 = y_1 - x_1$, $z_2 = y_2 - x_2$. Wir machen je fünf Einzelmessungen, indem wir aus bekanntem Grunde jedesmal den Linsenort x_1 bzw. x_2 blindlings ein wenig ändern und den zugehörigen Gegenstandsort y_1 bzw. y_2 ermitteln. Unsere Ergebnisse zeigt die Tabelle. Wir haben auf

Tabelle

Konvexe Fläche zum Gegenstand					Ebene Fläche zum Gegenstand				
x_1 cm	y_1 cm	z_1 cm	$v \cdot 10^2$	$v^2 \cdot 10^4$	x_2 cm	y_2 cm	z_2 cm	$v \cdot 10^2$	$v^2 \cdot 10^4$
10,9	20,55	9,65	−1	1	10,7	19,1	8,4	0	0
9,75	19,45	7	+4	16	10,25	18,65	4	0	0
9,3	18,9	6	−6	36	9,9	18,35	45	+5	25
10,25	19,9	65	−1	1	9,3	17,7	4	0	0
10,55	20,25	7	+4	16	8,95	17,3	35	−5	25
		9,66		70			8,40		50

$\pm$ 0,05 cm abgelesen und im Mittel erhalten $z_1 = 9{,}66$ cm, $z_2 = 8{,}40$ cm. Ferner ist $a = 0{,}69$ cm, $a' = 0{,}64$ cm, $b = 0{,}39$ cm, $b' = 0{,}34$ cm, $c = 0{,}48$ cm, $L = 2{,}67$ cm. Mit diesen Werten ergibt sich nach (19.4), (19.5), (19.1) und (19.3) $f = 9{,}66 + 0{,}69 - 0{,}48 = 9{,}87$ cm, $s = 8{,}40 + 0{,}64 - 0{,}48 = 8{,}56$ cm, $d = 2{,}67 - 0{,}39 - 0{,}34 = 1{,}94$ cm, $\delta = d - f + s = 1{,}94 - 9{,}87 + 8{,}56 = 0{,}63$ cm, $n = 1{,}94/1{,}31 = 1{,}48$.

Letzteres stimmt mit dem runden Wert $n \approx 1{,}50$ für Glas so gut überein, wie man es bei dieser sehr indirekten Berechnungsweise nur erwarten kann.

Fehlerrechnung. Wesentliche Ergebnisse unsrer Messungen sind nur die Größen f und δ, auf deren Fehler wir uns deshalb beschränken. Nach der Tabelle ist $\Delta z_1 = \sqrt{70/(5 \cdot 4)} \cdot 10^{-2} \approx \pm 0{,}019$ cm und $\Delta z_2 = \sqrt{50/(5 \cdot 4)} \cdot 10^{-2} \approx \pm 0{,}016$ cm. Nach (19.4a) ist der absolute Größtfehler von f: $\Delta f = \Delta z_1 + \Delta a + \Delta c$. Die Fehler der mit Schublehre oder Tiefentaster gemessenen Größen L, a, a', b, b' und c schätzen wir auf $\pm 0{,}005$ cm. Damit erhalten wir $\Delta f \approx \pm 0{,}03$ cm und $\Delta f/f = \pm 0{,}03/9{,}87 \approx \pm 0{,}003 = \pm 0{,}3\%$. Zur Berechnung des Fehlers von δ wollen wir wegen der beträchtlichen Zahl der nach (19.6) in seine Berechnung eingehenden Größen das Fehlerfortpflanzungsgesetz in Einl. § 11, (5), anwenden. Da alle partiellen Differentialquotienten von δ nach diesen Größen gleich 1 sind, folgt aus (19.6) $\Delta\delta = \sqrt{(\Delta L)^2 + (\Delta b)^2 + (\Delta b')^2 + (\Delta z_1)^2 + (\Delta z_2)^2 + (\Delta a)^2 + (\Delta a')^2} = \sqrt{0{,}019^2 + 0{,}016^2 + 5 \cdot 0{,}005^2} \approx \pm 0{,}03$ cm und $\Delta\delta/\delta = \pm 0{,}03/0{,}63 \approx \pm 0{,}05 = \pm 5\,\%$.

Unser Endergebnis lautet also

$$\underline{f = (9{,}87 \pm 0{,}03)\ \text{cm}, \qquad \Delta f/f = \pm 0{,}3\,\%,}$$
$$\underline{\delta = (0{,}63 \pm 0{,}03)\ \text{cm}, \qquad \Delta\delta/\delta = \pm 5\,\%,}$$
$$\underline{n = 1{,}48.}$$

20. Aufgabe. Vergrößerung einer Lupe

Westphal, Physik, § 276; Kl. Lehrb. d. Physik, § 210

Eine Lupe ist eine Sammellinse, bei der man einen Gegenstand innerhalb ihrer Brennweite anbringt, um von ihm ein vergrößertes, aufrechtes, virtuelles Bild zu erhalten. Wir betrachten zunächst den *Abbildungsmaßstab* γ des bei einem Bildabstand b erzeugten Bildes, also das Verhältnis $\gamma = B/G$ der Größe des Bildes zu der des Gegenstandes. Er beträgt bei einem virtuellen Bild

$$\gamma = \frac{B}{G} = \frac{-b+f}{f} = \frac{-b}{f} + 1. \qquad (20.1)$$

f ist die Brennweite der Lupe. Da es sich um ein virtuelles Bild handelt, so ist die Bildentfernung b negativ zu rechnen, demnach $-b$ ihr positiver Betrag. Wir wollen γ für verschiedene Bildentfernungen messen und daraus die Brennweite f der Lupe berechnen. Aus (20.1) folgt

$$f = \frac{-b}{\gamma - 1}. \qquad (20.2)$$

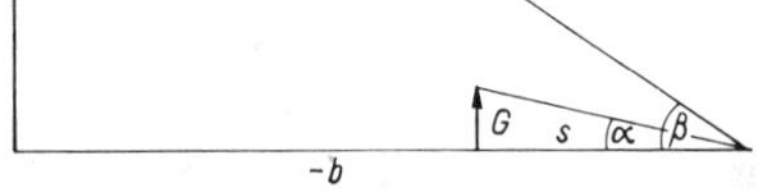

Abb. 41. Zur Vergrößerung einer Lupe

Vom Abbildungsmaßstab streng zu unterscheiden ist die *Vergrößerung v* eines optischen Gerätes, das Verhältnis des tan des Winkels β, unter dem man das virtuelle Bild B erblickt, zu dem tan des Winkels α, unter dem man den Gegenstand G mit bloßem Auge sehen würde, der aber von dessen Entfernung vom Auge abhängt. Es ist bei Lupe und Mikroskop vereinbart, dafür die sog. *normale (deutliche) Sehweite* $s = 25$ cm anzunehmen. Dann ist $\tan\alpha = G/s$ (Abb. 41). Wir bringen bei der Betrachtung von B das Auge unmittelbar an die Lupe, so daß wir das Bild in der Entfernung $-b$ (die ja von der Linse ab zu rechnen ist) sehen. Dann ist $\tan\beta = B/(-b)$ (Abb. 41), und es ergibt sich nach (20.1)

$$v = \frac{\tan\beta}{\tan\alpha} = \frac{B}{-b}\frac{s}{G} = \gamma\frac{s}{-b} = \frac{s}{f}\left(1 + \frac{f}{-b}\right) = \frac{s}{f} + \frac{s}{-b}\,. \qquad (20.3)$$

Während der Abbildungsmaßstab mit zunehmender Bildentfernung wächst, nimmt die Vergrößerung mit dieser ab.

Um bei längerem Arbeiten mit der Lupe ein normalsichtiges Auge nicht anstrengen, also nicht akkommodieren zu müssen, muß man $-b = \infty$ machen. Dann ergibt sich nach (20.3) die *Normalvergrößerung*

$$v_n = \frac{s}{f}\,. \qquad (20.4)$$

Macht man aber $-b = s$, wie es ein kurzsichtiges Auge etwa tun wird, so folgt aus (20.1), (20.3) und (20.4)

$$v_s = \gamma_s = \frac{s}{f} + 1 = v_n + 1\,. \qquad (20.5)$$

Man erhält dann eine stärkere Vergrößerung, aber ein normalsichtiges Auge wird mehr angestrengt.

Wir messen γ für verschiedene Bildentfernungen mit der in der Abb. 42 dargestellten Vorrichtung. Die Linse befindet sich in einem Rohr R_2. Parallel zu diesem befindet sich in Augenabstand ein mit ihm fest verbundenes zweites Rohr R_1. Die Rohre sind, in der Höhe verstellbar, auf einem Grundbrett montiert. Auf diesem liegt eine in mm geteilte Skala (Sk I), die durch R_1 mit dem einen Auge ohne Linse betrachtet wird. Unterhalb des Rohres R_2 befindet sich ein in der Höhe verstellbares Tischchen mit einer zweiten in mm geteilten, zur Sk I parallelen Skala (Sk II), die mit dem anderen Auge durch die Linse betrachtet wird. Die Linse wird in einen bestimmten Abstand $-b$ von der Sk I gebracht. Dann wird die Sk II verschoben, bis ihr von der Linse erzeugtes vergrößertes Bild im gleichen Abstand, also in der gleichen Ebene erscheint wie die mit dem anderen Auge unmittelbar betrachtete Sk I. Die Augen akkommodieren dann beide auf die Entfernung $-b$. Die verschiedenen Gesichtseindrücke der beiden Augen erscheinen dem Beobachter zu einem einheitlichen Bilde im gleichen Sehraum verschmolzen, so daß ein messender Vergleich des Bildes von Sk II mit Sk I möglich ist. Man erkennt die Lage in der gleichen Ebene sehr scharf daran, daß die beiden Skalen keine Parallaxe gegeneinander zeigen, d. h. sich bei

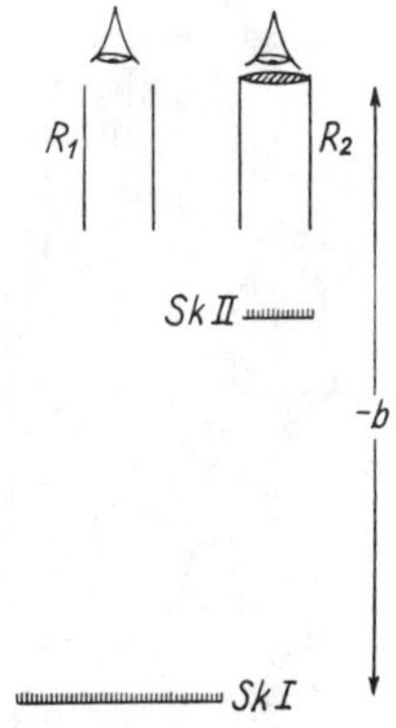

Abb. 42. Zur Messung des Abbildungsmaßstabes bei einer Lupe

leichtem Hin- und Herbewegen des Kopfes nicht gegeneinander verschieben. Nun wählt man auf der vergrößerten Sk II eine bestimmte Länge und stellt fest, welche Länge auf der unvergrößerten Sk I sich mit ihr deckt. Das Verhältnis der Längen gibt den Abbildungsmaßstab. Aus den Messungen von γ berechnen wir f nach (20.2), daraus die v-Werte für die einzelnen Bildentfernungen nach (20.3) und v_n nach (20.4).

Tabelle 1

Sk II cm	Sk I cm	γ
1,00	9,7 −6,15	3,55
	10,2 −6,65	55
	8,85−5,35	50
	7,65−4,1	55
	8,4 −4,9	50
		3,53

Tabelle 2

$-b$ cm	γ	v	f cm	$v \cdot 10^2$	$v^2 \cdot 10^4$
15	2,54	4,20	9,74	− 15	225
20	2,97	3,78	10,14	+ 25	625
25	3,53	3,53	9,88	− 1	1
30	4,05	3,36	84	− 5	25
35	4,60	3,24	72	− 17	289
40	4,99	3,15	10,02	+ 13	169
		3,03	9,89		1334

Beispiel. Wir geben in Tabelle 1 die bei $-b = 25$ cm gemachten Messungen ausführlich wieder, in Tabelle 2 nur die Mittelwerte aller Messungen und die daraus berechneten Ergebnisse. Jede Messung ist fünfmal angestellt, und es ist jedesmal die eine Skala ein wenig gegen die andere verschoben, um andere Zahlenwerte zu erhalten. Die Ablesungen erfolgten auf ± 0,05 cm. (Wer kurzsichtig ist und *ohne Brille* einen Nahpunkt hat, der merklich dichter als 15 cm liegt, nutze dies aus, um auch noch bei kleineren Bildabständen als 15 cm zu messen!)[1]. Als Brennweite erhalten wir $f = 9{,}89$ cm. In Tabelle 2 geben wir die nach (20.3) berechneten v-Werte. (Man beachte, daß v in der Tabelle in zwei verschiedenen Bedeutungen auftritt.) Für $-b = \infty$ ist $v_n = 25/9{,}89 = 2{,}53$. In Abb. 43 sind γ und v in Abhängigkeit von $-b$ dargestellt. Für $-b = 0$ ergibt sich

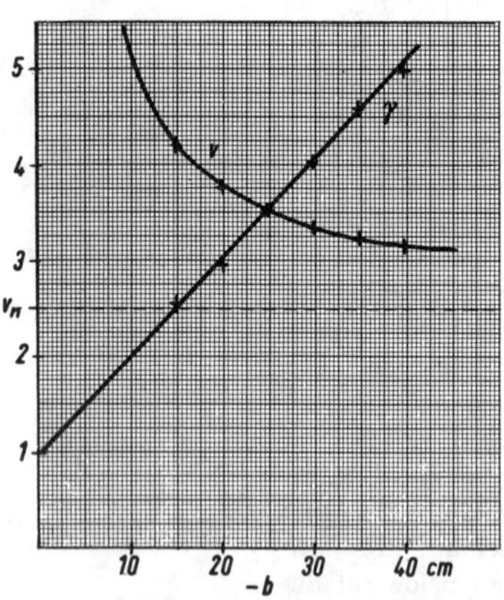

Abb. 43. Abbildungsmaßstab γ und Vergrößerung v einer Lupe als Funktionen der Bildentfernung $-b$

[1]) Hier ist natürlich vorausgesetzt, daß der Beobachter zwei gleiche Augen hat. Ist das nicht der Fall, so kommt man doch zum Ziel, wenn man die Messung von γ nach Vertauschen der beiden Rohre wiederholt und das Mittel nimmt.

sehr genau $\gamma = 1$. Während γ linear mit $-b$ wächst, nimmt v mit wachsendem $-b$ ab. Die v-Kurve ist ein Hyperbelast mit den Asymptoten $-b = 0$ und $v = v_n = 2{,}53$. Gemäß (20.3) ist $v = \gamma$ für $-b = s = 25$ cm.

Fehlerrechnung. Nach Tabelle 2 ist $\Delta f = \sqrt{1334/(6 \cdot 5)} \cdot 10^{-2} \approx \pm 0{,}07$ cm, also $\Delta f/f = 0{,}07/9{,}89 \approx \pm 0{,}007 = \pm 0{,}7\,\%$. Nach (20.4) ist $\Delta v_n/v_n = \Delta f/f = \pm 0{,}7\,\%$.

Unsre Endergebnisse lauten also

$$f = (9{,}89 \pm 0{,}07)\ \text{cm}, \qquad \Delta f/f = \pm 0{,}7\,\%,$$

$$v_n = 2{,}53 \pm 0{,}02, \qquad \Delta v_n/v_n = \pm 0{,}7\,\%.$$

21. Aufgabe. Brennweite und Hauptebenen eines Linsensystems

Westphal, Physik, § 284; Kl. Lehrb. d. Physik, § 204

Bei einem Linsensystem sind die Brennweite und die Gegenstands- und Bildentfernung von den beiden *Hauptebenen* des Systems ab zu rechnen. Um deren Lagen und die Brennweite des Systems zu ermitteln, kann man das *Verfahren von Abbe* anwenden, bei dem der Abbildungsmaßstab γ reeller Bilder zur Messung der Brennweite f und der Lagen der Hauptebenen H, H' herangezogen wird. Es sei g die Entfernung des Gegenstandes von der ihm zugeordneten Hauptebene. Dann gilt, wie bei dünnen Linsen,

$$g = f\left(1 + \frac{1}{\gamma}\right), \quad b = f(1 + \gamma). \qquad (21.1\,\text{a, b})$$

Doch ist weder g noch b hier unmittelbar meßbar.

Unser Linsensystem besteht aus zwei Linsen und ist auf einem auf einer optischen Bank verschiebbaren Schlitten angebracht. Wir benutzen als Ablesemarke eine der beiden Kanten des Schlittens, die unmittelbar auf der Skala der Bank aufsitzen, und zwar *immer die gleiche Kante.* Diese Kante K habe von der Hauptebene H den Abstand h, von der Hauptebene H' den Abstand h' (Abb. 44). Sowohl h als auch h' können positiv oder negativ sein. Ob das eine oder andere, hängt ab von den Brennweiten der Einzellinsen, von deren Vorzeichen, von ihrem Abstand und schließlich von der Lage der Kante K relativ zum Linsensystem. In der Abb. 44 sind h und h' positiv gerechnet. Wäre aber z. B. h (h') negativ, so bedeutet das, daß

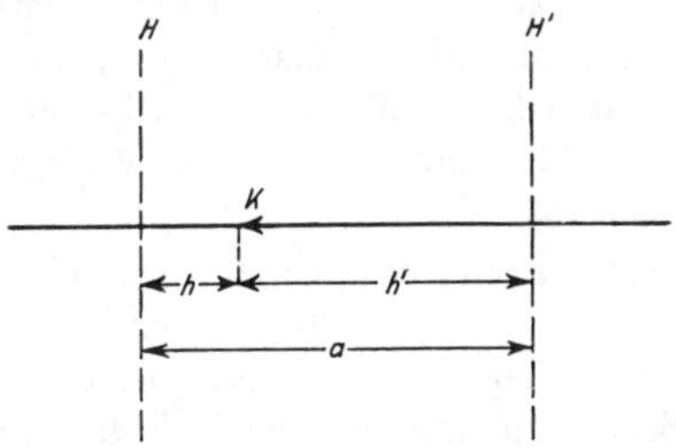

Abb. 44. Zur Definition der Abstände bei einem Linsensystem

die Hauptebene H (H') auf der anderen Seite von K liegt, als wir es in Abb. 44 angenommen haben. Wir nehmen zunächst an, daß H die dem Gegenstand zugeordnete Hauptebene sei, so daß g der Abstand des Gegenstandes von der Hauptebene H ist. Der Abstand des Gegenstandes von der Kante ist dann $x = g + h$. Drehen wir jetzt das Linsensystem um 180°, so vertauschen die beiden Hauptebenen ihre Lagen. Der Abstand des Gegenstandes von der Kante beträgt jetzt $x' = g' + h'$, der Abstand der beiden Hauptebenen voneinander

$$a = h + h'. \qquad (21.2)$$

Er ist positiv oder negativ, je nachdem der Linsenabstand größer oder kleiner als die Summe der Brennweiten der Linsen ist.

Aus (21.1 a) und den vorstehenden Abstandsdefinitionen folgt

$$x = f\left(1 + \frac{1}{\gamma}\right) + h \qquad (21.3\,\text{a}) \qquad\qquad x' = f\left(1 + \frac{1}{\gamma'}\right) + h'. \qquad (21.3\,\text{b})$$

Dabei haben wir wieder je nach der Orientierung des Systems zwischen x und x' bzw. γ und γ' unterschieden. Jede dieser beiden Gleichungen erlaubt eine Berechnung von f und h bzw. h', wenn zwei Wertepaare (x_1, γ_1), (x_2, γ_2) bzw. (x_1', γ_1'), (x_2', γ_2') bekannt sind. Dann folgt aus (21.3 a, b) durch Elimination von h bzw. h'

$$f = \frac{x_2 - x_1}{1/\gamma_2 - 1/\gamma_1} \qquad (21.4\,\text{a}) \qquad\qquad f = \frac{x_2' - x_1'}{1/\gamma_2' - 1/\gamma_1'}\,. \qquad (21.4\,\text{b})$$

Als Gegenstand benutzen wir eine 2 cm lange, in halbe cm geteilte Skala auf Glas. Sie ist in einem Schirm auf einem Schlitten derart angebracht, daß sie genau senkrecht über der einen auf der Skala der optischen Bank aufsitzenden Schlittenkante sitzt, so daß ihr Ort auf der Skala abgelesen werden kann. Sie wird von hinten beleuchtet. Zum Auffangen des Bildes dient eine mm-Teilung auf Mattglas, die ebenso auf einem Schlitten angebracht ist.

Wir kehren zunächst die Ablesekante K des Linsenschlittens dem Gegenstande zu und stellen sie nacheinander auf eine Reihe von äquidistanten Abständen x vom Gegenstand ein. Der Bildschirm wird verschoben, bis das Bild seine größte Schärfe hat. Dann lesen wir zur Ermittlung von γ die Lagen der Bilder zweier möglichst weit voneinander entfernter Teilstriche der Gegenstandsskala in der Bildskala ab. Jede Messung wiederholen wir fünfmal unter stets erneuter Scharfstellung. Dann drehen wir das System um 180°, stellen eine zweite Meßreihe bei verschiedenen, äquidistanten Abständen x' an und ermitteln γ'. Da die beiden Hauptebenen im allgemeinen nicht symmetrisch zur Ablesekante liegen, so sind die Werte von x und x', die gleiche Abbildungsmaßstäbe ergeben, verschieden.

Unser Linsensystem besteht aus zwei Linsen, zwischen denen sich zur Verbesserung der Abbildung eine Blende mit einer Öffnung von etwa 1 cm befindet, ist aber im übrigen nicht korrigiert. Die Güte der Abbildung läßt daher zu wünschen übrig. In diesem Falle empfiehlt es sich, nur mit mäßig vergrößerten Bildern zu arbeiten und etwa in dem Bereich $1 \leqq \gamma \leqq 6$ zu bleiben.

Aus unseren Messungen berechnen wir f nach (21.4 a, b), h und h' nach (21.3 a, b) und a nach (21.2). Ferner stellen wir $1/\gamma$ und $1/\gamma'$ als Funktionen von x und x' graphisch dar und machen eine schematische Zeichnung unseres Systems mit seinen Hauptebenen und Brennpunkten.

Beispiel. Unser Linsensystem besteht aus zwei ungefähr 5 cm voneinander entfernten Linsen, einer Sammellinse und einer schwächeren Zerstreuungslinse. Als Ablesemarke benutzen wir die auf der Seite der Sammellinse liegende Schlittenkante. Der Gegenstand befindet sich auf dem Nullstrich der optischen Bank. In Tabelle 1 bringen wir ein Beispiel einer Einzelmessung.

Tabelle 1

x	2 cm ≙	2γ
20,0 cm	6,60 − 2,21 cm	4,39
	61 20	41
	61 20	41
	59 21	38
	62 19	43
		4,404

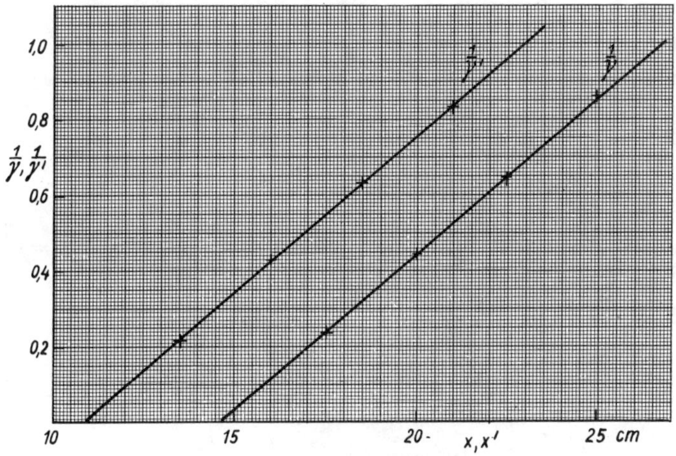

Abb. 45. $1/\gamma$ bzw. $1/\gamma'$ als Funktion von x bzw. x'

Es ergibt sich in diesem Fall $2\gamma = 4{,}404$, also $\gamma = 2{,}202$. Tabelle 2 gibt unsere sämtlichen Messungen, Abb. 45 eine graphische Darstellung von $1/\gamma$ bzw. $1/\gamma'$ als Funktionen von x bzw. x'. Wie nach (21.3 a, b) zu erwarten, liegen die Meßpunkte recht genau auf zwei parallelen Geraden.

Tabelle 2

Nr.	x cm	γ	$\frac{1}{\gamma}$	Diff. $\frac{1}{\gamma}$	x' cm	γ'	$\frac{1}{\gamma'}$	Diff. $\frac{1}{\gamma'}$
1	17,5	4,160	0,240	0,629	13,5	4,588	0,218	0,619
2	20,0	2,202	454	196	16,0	2,323	430	204
3	22,5	1,538	650	—	18,5	1,579	634	—
4	25,0	1,151	869	—	21,0	1,194	837	—

Bei geringeren Genauigkeitsansprüchen können wir schon mit Hilfe der Abb. 45 einen leidlich zuverlässigen Wert von f ermitteln. Wir lesen auf jeder der beiden – gegebenenfalls etwas verlängerten – Geraden zwei Wertepaare $(x, 1/\gamma)$ bzw. $(x', 1/\gamma')$ ab und berechnen f nach (21.4 a) bzw. (21.4 b). Wir lesen ab

$$1/\gamma = 0{,}00, \quad x = 14{,}60\ \text{cm}; \quad 1/\gamma = 1{,}00, \quad x = 26{,}68\ \text{cm};$$
$$1/\gamma' = 0{,}00, \quad x' = 10{,}88\ \text{cm}; \quad 1/\gamma' = 1{,}00, \quad x' = 23{,}00\ \text{cm}.$$

Die Differenz der Werte von $1/\gamma$ bzw. $1/\gamma'$ beträgt in beiden Fällen 1,00; die Differenz der Werte von x beträgt 12,08 cm, die der Werte von x' beträgt 12,12 cm. Als Mittelwert ergibt sich also $f = 12{,}10$ cm.

Zur genaueren Berechnung verwenden wir das Ausgleichsverfahren (Einleitung, § 12/II). Nach (21.3 a, b) können wir schreiben

$$\frac{1}{\gamma} = \frac{x}{f} - \left(1 + \frac{h}{f}\right) = -A + Bx, \qquad (21.5\,\text{a})$$

$$\frac{1}{\gamma'} = \frac{x'}{f} - \left(1 + \frac{h'}{f}\right) = -A' + Bx', \qquad (21.5\,\text{b})$$

mit $A = 1 + \frac{h}{f}$ (21.6 a), $A' = 1 + \frac{h'}{f}$ (21.6 b), $B = \frac{1}{f}$. (21.6 c)

Statt (21.5 a, b) schreiben wir

$$\frac{1}{\gamma} = -A + 2{,}5\ \text{cm} \cdot B \frac{x}{2{,}5\ \text{cm}} = -A + \delta \frac{x}{2{,}5\ \text{cm}}, \qquad (21.7\,\text{a})$$

$$\frac{1}{\gamma'} = -A' + 2{,}5\ \text{cm} \cdot B \frac{x'}{2{,}5\ \text{cm}} = -A' + \delta \frac{x'}{2{,}5\ \text{cm}}, \qquad (21.7\,\text{b})$$

da wir x und x' in Schritten von je 2,5 cm verändert haben. Dabei ist

$$\delta = 2{,}5\ \text{cm} \cdot B = \frac{2{,}5\ \text{cm}}{f}. \qquad (21.8)$$

Die zur Berechnung von δ nach Einl. § 12/II, (6), erforderlichen Differenzen der Werte von $1/\gamma$ und $1/\gamma'$ sind in Tabelle 2 angegeben. Damit ergibt sich

$$\delta = \frac{6}{4 \cdot 15} (3 \cdot 0{,}629 + 1 \cdot 0{,}196) = 0{,}2083$$

bzw.

$$\delta = \frac{6}{4 \cdot 15} (3 \cdot 0{,}619 + 1 \cdot 0{,}204) = 0{,}2061\,.$$

Als Mittelwert erhalten wir $\delta = 0{,}2072$ und damit nach (21.8) $B = 0{,}08288\ \mathrm{cm}^{-1}$ und nach (21.6 c) $f = 12{,}06$ cm. Nach (21.7 a, b) ist

$$A = \delta \frac{x}{2{,}5\ \mathrm{cm}} - \frac{1}{\gamma} \quad (21.9\,\mathrm{a}), \qquad A' = \delta \frac{x'}{2{,}5\ \mathrm{cm}} - \frac{1}{\gamma'} \cdot \quad (21.9\,\mathrm{b})$$

Tabelle 3 zeigt die Ergebnisse, $A = 1{,}208$, $A' = 0{,}899$. Nach (21.6 a, b) ist

$$h = f\,(A - 1) \quad (21.10\,\mathrm{a}) \qquad h' = f\,(A' - 1)\,. \quad (21.10\,\mathrm{b})$$

Tabelle 3

Nr.	$\frac{x}{2{,}5\ \mathrm{cm}}$	$\delta \frac{x}{2{,}5\ \mathrm{cm}}$	$\frac{1}{\gamma}$	A	$v \cdot 10^3$	$v^2 \cdot 10^6$	$\frac{x'}{2{,}5\ \mathrm{cm}}$	$\delta \frac{x'}{2{,}5\ \mathrm{cm}}$	$\frac{1}{\gamma'}$	A'	$v \cdot 10^3$	$v^2 \cdot 10^6$
1	7	1,450	0,240	1,210	+ 2	4	5,4	1,118	0,218	0,900	+ 1	1
2	8	658	454	04	− 4	16	6,4	326	431	895	− 4	16
3	9	865	650	15	+ 7	49	7,4	533	634	899	0	0
4	10	2,072	869	03	− 5	25	8,4	740	837	903	+ 4	16
				1,208		94				0,899		33

Damit erhalten wir $h = +12{,}06 \cdot 0{,}208 = +2{,}51$ cm, $h' = -12{,}06 \cdot 0{,}101 = -1{,}22$ cm. Da h positiv und h' negativ ist, so liegen H und H' in unserem Fall auf der gleichen Seite der Ablesekante und außerhalb des Systems. Für den Hauptebenenabstand a erhalten wir nach (21.2) $a = 2{,}51 - 1{,}22 = +1{,}29$ cm. a ist also positiv; d. h. H (H') liegt zwischen dem ihm zugeordneten Brennpunkt F (F') und H' (H). Wenn unser System aus zwei Sammellinsen bestünde, deren Abstand kleiner als die Summe ihrer Brennweiten ist, so hätten wir gefunden, daß beide Hauptebenen innerhalb des Systems liegen und daß ihr Abstand a negativ ist. Abb. 46 zeigt das Schema unseres Linsensystems. Die Einzellinsen L, L' sind in ihren ungefähren Lagen eingezeichnet.

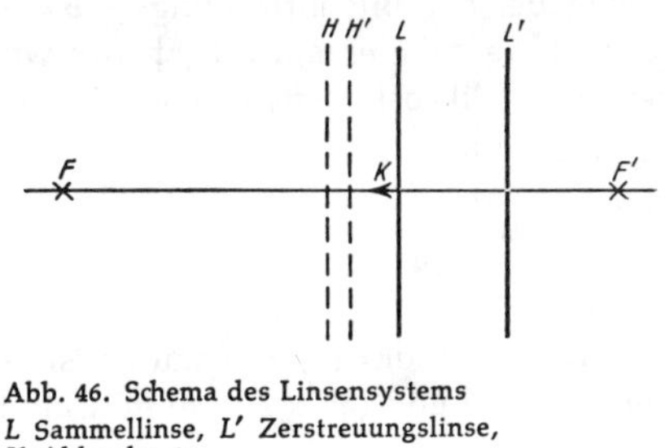

Abb. 46. Schema des Linsensystems
L Sammellinse, *L'* Zerstreuungslinse,
K Ablesekante

Fehlerrechnung. Nach Tabelle 3 ist $\Delta A = \sqrt{94/(4 \cdot 3)} \cdot 10^{-3} \approx \pm 0{,}003$, $\Delta A' = \sqrt{33/(4 \cdot 3)} \cdot 10^{-3} \approx \pm 0{,}002$. Der Mittelwert ist $\pm 0{,}0025$. Damit beträgt der absolute Fehler von δ nach Einl. § 12/II $\Delta\delta = \pm 0{,}0025 \sqrt{12/15} \approx \pm 0{,}0022$ und $\Delta\delta/\delta = \pm 0{,}0022/0{,}2072 \approx \pm 0{,}011 = \pm 1{,}1\,\%$. Dann ist nach (21.6 c) und (21.8) $\Delta f/f = \Delta B/B = \Delta\delta/\delta = \pm 1{,}1\,\%$ und $\Delta f = \pm 0{,}011 \cdot 12{,}06 \approx \pm 0{,}13$ cm. Auf die etwas umständliche Fehlerrechnung für a wollen wir verzichten und nur bemerken, daß $\Delta a/a$ ungefähr $\pm 10\,\%$ beträgt.

Unsere Endergebnisse lauten also

$$\underline{\underline{f = (12{,}06 \pm 0{,}13)\ \text{cm}, \quad \Delta f/f = \pm 1{,}1\,\%; \quad a = \pm 1{,}29\ \text{cm}.}}$$

22. Aufgabe. Mikroskop

Westphal, Physik, §§ 284, 285; Kl. Lehrb. d. Physik, §§ 204, 211

I. Objektiv-, Okular- und Gesamtvergrößerung

Die Vergrößerung eines Mikroskops ist wie die einer Lupe (20. Aufgabe) definiert als das Verhältnis

$$v = \frac{\tan \beta}{\tan \alpha} \tag{22.1}$$

wobei α bzw. β die Winkel sind, unter denen man den Gegenstand mit bloßem Auge bzw. sein Bild im Mikroskop sieht. Als Gegenstandsentfernung ist, wie bei der Lupe, die normale Sehweite $s = 25$ cm vereinbart, so daß $\tan \alpha = G/s$ ist. (Wir verweisen hier auf die 20. Aufgabe, wo die ganz analogen Verhältnisse bei der Lupe ausführlicher behandelt sind.) Entsteht das virtuelle Bild B in der Entfernung $-b$ von dem unmittelbar an das Okular gebrachten Auge, wobei $-b$ der positive Betrag der ja negativ zu rechnenden Bildentfernung ist, so ist $\tan \beta = B/(-b)$, also $v = B/G \cdot s/(-b)$. Als Normalvergrößerung v_n des Mikroskops bezeichnet man, wie bei der Lupe, diejenige bei der Bildentfernung $-b = \infty$. Wir werden aber, weil das einfacher ist, die Vergrößerung bei der Bildentfernung $-b = s$ messen, die der Vergrößerung v_s in der 20. Aufgabe entspricht. Ebenso wie bei der Lupe ist $v_s = v_n + 1$. Da aber beim Mikroskop $v_n \gg 1$ ist, ist der Unterschied sehr gering. Mit $-b = s$ ergibt sich

$$v = \frac{B}{G} = \gamma, \tag{22.2}$$

wobei γ der Abbildungsmaßstab des virtuellen Bildes ist. (Genau so ist es bei der Lupe; vgl. Abb. 43, wo sich die v-Kurve und die γ-Kurve im Punkt $-b = s$, $\gamma = v = v_s$ schneiden.)

Wir wollen nun außer der Vergrößerung v auch die Anteile des Objektivs und des Okulars an ihr ermitteln, denn die Vergrößerung erfolgt in zwei Schritten. Zunächst erzeugt das Okular ein reelles Zwischenbild B_z des Gegenstandes G, dessen Abbildungsmaßstab $\gamma_1 = B_z/G$ ist. Von ihm erzeugt das Okular das virtuelle Endbild B, dessen Vergrößerung, bezogen auf B_z als Gegenstand, v_2 sei. Es ist also

$$v = \gamma_1 \, v_2 . \qquad (22.3)$$

γ_1 und v können wir messen und dann $v_2 = v/\gamma_1$ und auch die Brennweite f_1 des Objektivs berechnen. Daran werden wir dann noch die Berechnung einiger weiterer Daten knüpfen. Wir brauchen dabei nicht zu berücksichtigen, daß ein Okular keine Einzellinse ist, sondern aus der Augenlinse und der Feldlinse besteht. (Vgl. Westphal, „Physik", § 285.)

Zur Ermittlung des Abbildungsmaßstabes γ_1 des vom Objektiv entworfenen Bildes legen wir zunächst auf die obere Tubusöffnung des okularlosen Mikroskops ein Mattscheibchen mit der matten Seite nach unten und auf den Mikroskoptisch ein *Objektmikrometer*, eine durchsichtige, in Zehntelmillimeter geteilte Skala, die wir über den darunter angebrachten Spiegel sehr kräftig beleuchten. (Es ist zweckmäßig, hierfür in einer Dunkelkammer eine besonders helle Lampe aufzustellen, damit das vergrößerte Bild nicht zu lichtschwach ist.) Auf dem Mattscheibchen erzeugen wir durch richtige Einstellung des Mikroskops ein vergrößertes, reelles Bild der Skala und messen mit einem in mm geteilten Maßstab die Länge der Strecke, die auf eine möglichst große Zahl von Teilstrichen im vergrößerten Bilde entfällt. Das Verhältnis dieser Länge zur Länge der Vergleichsstrecke auf dem Objektmikrometer ist der Abbildungsmaßstab bei dem vorliegenden Abstand des Bildes vom Objektiv.

Wenn wir aber das Mikroskop mit dem Okular benutzen, muß das Objektiv das reelle Zwischenbild nicht am Tubusende, sondern weiter unten im Tubus erzeugen, damit das Okular als Lupe von diesem „Gegenstand" ein vergrößertes, virtuelles Bild erzeugt. Wir müssen also den Abbildungsmaßstab γ_1 dieses Zwischenbildes B_z kennen, wenn wir den Anteil des Objektivs an der Gesamtvergrößerung bei Benutzung des Okulars gemäß (22.3) kennen wollen.

Wir bezeichnen den Abbildungsmaßstab des auf der Mattscheibe am Tubusende erzeugten Bildes mit γ_1', den Abstand des Tubusendes vom Objektiv (genauer von der dem Tubusende zugewandten Hauptebene des Objektivs) mit d, den Abstand des Bildes B_z vom Tubusende mit a. Die Brennweite des Objektivs sei f_1. Dann ist

$$d = f_1 \, (\gamma_1' + 1) \qquad (22.4\,\mathrm{a}) \qquad\qquad d - a = f_1 \, (\gamma_1 + 1), \qquad (22{,}4\,\mathrm{b})$$

so daß

$$\gamma_1 = \gamma_1' - \frac{a}{f_1}. \tag{22.5}$$

Zur Ermittlung von a stellen wir das Mikroskop mit Okular z. B. auf ein Objektmikrometer scharf ein und nehmen dann das Okular vorsichtig, ohne die Einstellung zu ändern, heraus. Statt seiner schieben wir eine Röhre ein, die unten eine mit der matten Fläche nach unten gekehrte Mattscheibe trägt und mit einem verschiebbaren Ring auf dem Tubusende sitzt. Wir senken sie so tief in den Tubus, daß das Zwischenbild B_z auf der Mattscheibe scharf erscheint, und messen den mit a identischen Abstand des Ringes von der Mattscheibe. Das Bild hat eine sehr große Schärfentiefe, so daß die Messungen recht ungenau sind. Man muß daher den mittleren Fehler durch eine größere Zahl von Messungen — etwa 20 — möglichst vermindern.

Zur Messung der Brennweite f_1 verwenden wir das *Abbesche* Verfahren in etwas anderer Ausführungsform als bei der 21. Aufgabe, indem wir nicht die Gegenstandsentfernung, sondern die Bildentfernung variieren. Wir verlängern den Tubus durch Aufsetzen einer Röhre von der Länge a' und stellen wieder scharf ein. Damit vergrößern wir die Bildentfernung um die Länge a' gegenüber der Bildentfernung d am Tubusende. Wir erhalten jetzt den Abbildungsmaßstab $\gamma_1'' > \gamma_1'$ und berechnen aus den Gleichungen $d = f_1(\gamma_1' + 1)$, $d + a' = f_1(\gamma_1'' + 1)$, die Brennweite des Objektivs:

$$f_1 = \frac{a'}{\gamma_1'' - \gamma_1'}. \tag{22.6}$$

Damit berechnen wir γ_1 nach (22.5).

Zur Messung der Gesamtvergrößerung $v = \gamma$ legen wir dicht neben das Mikroskop einen in mm geteilten waagerechten Maßstab derart, daß er im Abstand $s = 25$ cm (normale Sehweite) unterhalb unseres linken Auges liegt, wenn wir mit dem rechten Auge in das Okular blicken[1]. Auf das Mikroskoptischchen legen wir parallel zur Skala des Maßstabes ein Objektmikrometer.

Wir stellen das Mikroskop so ein, daß wir ein scharfes virtuelles Bild des Objektmikrometers in 25 cm Entfernung am gleichen Ort und in der gleichen Ebene erblicken, wo das andere Auge die zweite Skala unmittelbar sieht. Das Verfahren ist das gleiche wie bei der Lupe (20. Aufgabe). Die Einstellung des Bildes in die richtige Ebene wird an der *Parallaxenfreiheit* erkannt, also indem man den Kopf leicht hin und her bewegt und das Mikroskop so einstellt, daß sich die beiden Skalen nicht mehr gegeneinander bewegen. Wie bei der Lupe wählt man am Objektmikrometer eine möglichst

---

[1]) Bei ungleichen Augen stelle man zwei Messungen mit vertauschten Augen an und nehme das Mittel.

große Länge und stellt die Länge auf der anderen Skala fest, die mit ihr zusammenfällt. Das Verhältnis der zweiten zur ersten Länge ist der Abbildungsmaßstab γ und in unserm Fall nach (22.2) identisch mit der Gesamtvergrößerung v des Mikroskops. Aus $v = \gamma$ und γ_1 berechnen wir nach (22.3) $v_2 = v/\gamma_1$.

Beispiel. Wir benutzen zwei Objektive mit den Nennwerten 8 und 40 und zwei Okulare mit den Nennwerten 7 und 10 in ihren vier möglichen Kombinationen.

A. Der Abbildungsmaßstab des Zwischenbildes. Tabelle 1 gibt die Abbildungsmaßstäbe γ_1' und γ_1'' für die beiden Objektive (Mittelwerte aus je fünf Einzelmessungen mit jedesmaliger neuer Einstellung). Es ist $a' =$

Tabelle 1

Objektiv	wahre Länge	Länge im reellen Bild (γ_1')	Länge im reellen Bild (γ_1'')	γ_1'	γ_1''
8	0,2 cm	1,76 cm	2,32 cm	8,80	11,60
40	0,04	1,73	2,21	43,25	55,25

5,00 cm. Die nach (22.6) berechneten Objektivbrennweiten betragen also *Objektiv 8:* $f_1 = 5{,}00/2{,}80 = 1{,}785$ cm, *Objektiv 40:* $f_1 = 5{,}00/12{,}00 = 0{,}417$ cm.

Den Abstand a des Bildes B_z vom Tubusende, der ja nur von dem verwendeten *Okular* abhängt, messen wir – der größeren Lichtstärke wegen – mit dem schwächeren Objektiv 8. Als Mittelwerte aus je 20 – zwischen 0,9 und 1,5 cm bzw. 1,0 und 1,6 cm streuenden – Einzelwerten erhalten wir *Okular 7:* $a = 1{,}18$ cm, *Okular 10:* $a = 1{,}31$ cm. Damit ergeben sich nach (22.5) die in Tabelle 2 mitgeteilten Werte von γ_1. Sie stimmen mit den Nennwerten gut überein. Die Unterschiede bei der Verwendung verschiedener Okulare sind reell und rühren von der Verschiedenheit der Werte von a her.

B. Gesamtvergrößerung. Tabelle 3 gibt die mit den vier Kombinationen erzielten Gesamtvergrößerungen v ($= \gamma$) (Mittelwerte aus je fünf Messungen mit jedesmaliger Neueinstellung).

Tabelle 2

Objektiv	Okular	γ_1
8	7	8,14
	10	8,07
40	7	40,42
	10	40,11

Tabelle 3

Objektiv	Okular	wahre Länge	Länge im virtuellen Bild	$\gamma = v$
8	7	0,10 cm	5,77 cm	57,7
	10	0,05	4,03	80,6
40	7	0,02	5,70	285
	10	0,01	4,05	405

C. Okularvergrößerung. In Tabelle 4 geben wir die nach (22.3) aus v und γ_1 berechneten Okularvergrößerungen $v_2 = v/\gamma_1$. Sie stimmen wieder mit den Nennwerten recht gut überein. Die kleinen Unterschiede sind diesmal nicht reell, da die Okularvergrößerung nicht vom Objektiv abhängt. Wir nehmen deshalb die Mittelwerte *Okular 7:* $v_2 = 7{,}07$, *Okular 10:* $v_2 = 10{,}05$.

Tabelle 4

Objektiv	Okular	v_2
8	7	7,08
40	7	7,05
8	10	9,99
40	10	10,10

Da unsere Ergebnisse schon in den Tabellen enthalten sind, verzichten wir auf ihre nochmalige Zusammenstellung und im Hinblick auf die erheblichen Vereinfachungen unsrer Theorie auch auf eine Fehlerrechnung.

II. Einige weitere Berechnungen. Das Mikroskop als Linsensystem

Westphal, Physik, § 284

Wer die Messungen unter I. noch weiter auswerten möchte, kann an sie noch einige lehrreiche Berechnungen anknüpfen. Dabei wollen wir uns auf den Fall des Objektivs 8 und des Okulars 7 beschränken. Zunächst können wir aus (22.4 a) den Abstand d des Okulars (das wir als eine unendlich dünne Einzellinse am Tubusende idealisieren) vom Objektiv (genauer von seiner oberen Brennebene) berechnen:

$$d = f_1 (\gamma_1' + 1) = 1{,}785 \cdot 9{,}80 = 17{,}50 \text{ cm}.$$

Eine unmittelbare Messung des Abstandes Objektiv—Tubusende ergab etwa 18 cm.

Zweitens gilt in unserm Fall nach (20.5) für die Brennweite f_2 des Okulars 7 mit $v_2 = 7{,}08$

$$f_2 = \frac{s}{v_2 - 1} = \frac{25}{6{,}08} = 4{,}11 \text{ cm}.$$

Eine weitere wichtige Größe ist das optische Intervall $\Delta = d - f_1 - f_2$, der Abstand der Brennpunkte F_1' und F_2 des Objektivs und des Okulars. Mit dem runden Wert $f_1 = 1{,}79$ cm erhalten wir

$$\Delta = d - f_1 - f_2 = 11{,}60 \text{ cm}.$$

Hiermit können wir die Brennweite des Mikroskops als Linsensystem berechnen:

$$f = -\frac{f_1 f_2}{\Delta} = -\frac{1{,}79 \cdot 4{,}11}{11{,}60} = -0{,}634 \text{ cm}.$$

Jedes Mikroskop hat eine negative Brennweite.

Endlich berechnen wir die Abstände der beiden Hauptebenen H, H' des Systems, z_1 vom Objektiv, z_2 vom Okular, von denen ab die Brennweite f zu rechnen ist. Es ist

$$z_1 = \frac{f_1 d}{\Delta} = \frac{1{,}79 \cdot 17{,}50}{11{,}60} = 2{,}70 \text{ cm}, \quad z_2 = \frac{f_2 d}{\Delta} = \frac{4{,}11 \cdot 17{,}50}{11{,}60} = 6{,}20 \text{ cm}.$$

Nun können wir das Schema des Mikroskops mit seinen Linsen und Hauptebenen und mit den Brennpunkten der Einzellinsen und des Gesamtsystems zeichnen (Abb. 47). Bei letzterem ist zu beachten, daß f *negativ* ist, so daß bei senkrecht stehendem Mikroskop der zur unteren Hauptebene H gehörige Brennpunkt F *oberhalb* von H, der zur oberen Hauptebene H' gehörige Brennpunkt F' *unterhalb* von H' liegt. Obgleich das Schema idealisiert ist, wird es dennoch der Wirklichkeit im großen und ganzen entsprechen, und in jedem Falle ist es lehrreich.

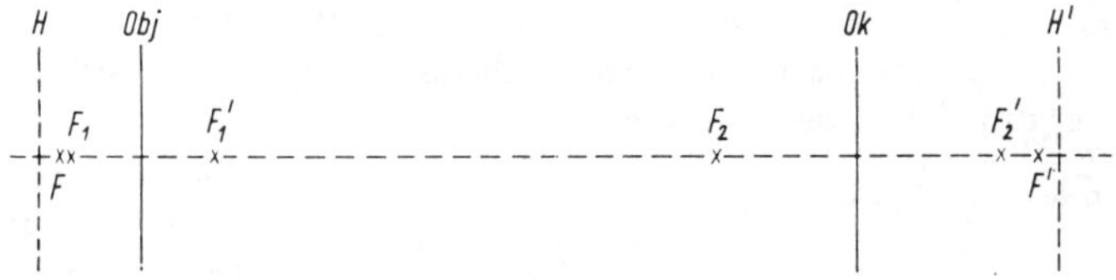

Abb. 47. Schema eines Mikroskops. Maßstab 1 : 3

In der gleichen Weise können wir die entsprechenden Daten für die drei anderen Kombinationen berechnen. Wir teilen in Tabelle 5 die Ergebnisse für f und f_2 (gerundet) mit. Lehrreich sind die sehr kleinen Brennweiten f des Systems, besonders bei der stärksten Vergrößerung.

Tabelle 5

Objektiv	Okular	f cm	f_2 cm
8	7	− 0,64	4,1
	10	− 0,36	2,8
40	7	− 0,12	4,1
	10	− 0,08	2,8

III. Die numerische Apertur eines Objektivs

Maßgebend für die Leistungsfähigkeit eines Mikroskops ist nicht allein die mit ihm erzielbare Vergrößerung, die, wenn nur rein geometrisch-optische Gesichtspunkte maßgebend wären, fast beliebig groß gemacht werden könnte. Der eigentliche Zweck eines Mikroskops ist aber die Sichtbarmachung von *Strukturen*, deren Einzelheiten das bloße Auge nicht mehr aufzulösen vermag, sein *Auflösungsvermögen*. Diesem ist durch die Wellennatur des Lichtes eine Grenze gesetzt. Hierfür ist die Beugung des Lichtes an der endlichen Öffnung des Objektivs verantwortlich. Sie bewirkt, daß ein Gegenstandspunkt nicht als Punkt abgebildet wird, sondern als ein verwaschenes Beugungsscheibchen, das aus einem zentralen Maximum, umgeben von dunklen und hellen Ringen, besteht, ganz analog zu der linearen Beugungserscheinung an einem Spalt (27. Aufgabe). Zwei Gegenstandspunkte werden nur dann getrennt wahrgenommen, wenn ihre Beugungsscheibchen im Bilde nicht ineinander verschwimmen, sondern deren Zentren einen genügenden Abstand voneinander haben. Nach *Abbe* gilt für den kleinsten noch auflösbaren Abstand zweier Objektpunkte die Bedingung

$$d_{\min} \approx \frac{\lambda}{n \sin \beta} = \frac{\lambda}{A} \quad (22.7) \qquad \text{mit} \qquad A = n \sin \beta. \quad (22.8)$$

λ ist die Wellenlänge des benutzten Lichtes ($\approx 0{,}5 \cdot 10^{-3}$ mm), n die Brechzahl des den Raum zwischen Gegenstand und Objektiv erfüllenden Stoffes und β der halbe Öffnungswinkel des von einem axial gelegenen Gegenstandspunkt her in das Objektiv fallenden Lichtes (Abb. 48). A heißt *numerische Apertur* des Objektivs und ist ein Maß für das Auflösungsvermögen. Natürlich ist die durch (22.7) definierte Grenze des Auflösungsvermögens unscharf, schon weil sich das Spektrum des sichtbaren Lichtes über ungefähr eine Oktave erstreckt.

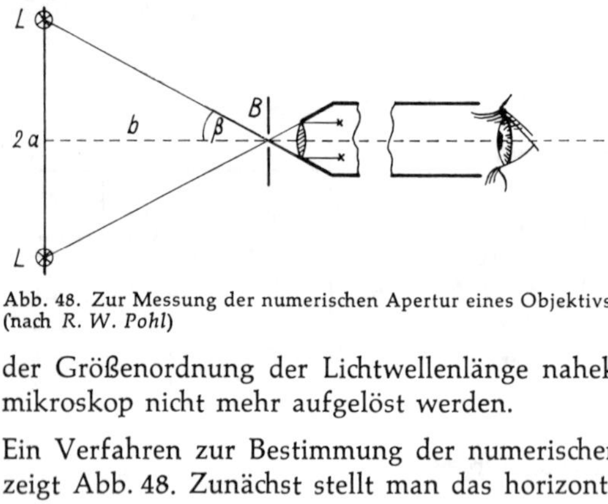

Abb. 48. Zur Messung der numerischen Apertur eines Objektivs (nach *R. W. Pohl*)

Bei großem n (Immersionssysteme) kann A bis zu 1,3 betragen. Befinden sich aber Gegenstand und Objektiv in Luft ($n \approx 1$), so vereinfacht sich (22.8) zu

$$A = \sin \beta. \quad (22.9)$$

Allgemein gilt, daß Feinheiten einer Struktur, die der Größenordnung der Lichtwellenlänge nahekommen, mit einem Lichtmikroskop nicht mehr aufgelöst werden.

Ein Verfahren zur Bestimmung der numerischen Apertur eines Objektivs zeigt Abb. 48. Zunächst stellt man das horizontal gestellte Mikroskop mit irgendeinem Okular und mit auf Unendlich akkomodiertem Auge auf eine feine Lochblende B in der Mitte des Gesichtsfeldes scharf ein. Die Blende repräsentiert dann einen axialen Gegenstandspunkt. Dann entfernt man vorsichtig – so daß sich die Einstellung nicht ändert – das Okular, den Spiegel und (falls vorhanden) den Kondensor, stellt das Mikroskop horizontal und richtet es auf eine 40 bis 60 cm entfernte, zur Mikroskopachse senkrechte Skala, auf der z. B. ein 4-V-Glühlämpchen L verschiebbar ist. Blickt man durch das okularlose Mikroskop, so sieht man dicht vor dem Objektiv das sehr verkleinerte reelle Bild des Lämpchens. Man sucht nun die beiden

Stellungen des Lämpchens, bei denen dieses Bild eben am Rande des Gesichtsfeldes verschwindet. Wie man aus Abb. 48 erkennt, kann dann der Winkel β und damit A aus dem Abstande $2a$ der beiden Glühlampenstellungen und dem Abstande b der Skala von der Blende aus $\tan \beta = a/b$ berechnet werden.

Beispiel. Wir benutzen unser Objektiv 10. Der Skalenabstand beträgt $b = 40{,}0$ cm. Tabelle 6 gibt die Messungen des Lampenabstandes. Es ergibt sich $2a = 27{,}3$ cm, also $a = 13{,}65$ cm, $\tan \beta = a/b = 13{,}65/40{,}0 = 0{,}341$, $\beta = 18° \, 50'$ und damit nach (22.9)

$$A = \sin \beta = 0{,}323 .$$

Mit diesem Objektiv können also Strukturen bis zur Feinheitsgrenze von etwa $d_{\min} = 0{,}5 \cdot 10^{-3}/0{,}323 \approx 1{,}55 \cdot 10^{-3}$ mm noch aufgelöst werden.

Da die numerische Apertur nur eine unscharfe Grenze des Auflösungsvermögens definiert, so hat nur ihr runder Wert praktische Bedeutung. Wir sehen deshalb von einer Fehlerrechnung ab.

Tabelle 6

Lampe	
links cm	rechts cm
14,5	41,9
7	9
4	7
5	8
5	6
6	7
3	8
4	9
6	6
7	8
14,5	41,8

23. Aufgabe. Messungen mit dem Mikroskop

I. Messung kleiner Längen

Wir benutzen ein Okular, das ein *Okularmikrometer*, eine auf Glas geritzte Skala, enthält, die derart eingestellt werden kann, daß sie am Ort des vom Objektiv erzeugten reellen Zwischenbildes liegt, also gleichzeitig mit diesem scharf und parallaxenfrei gesehen wird. Sie kann daher, nachdem sie für ein bestimmtes Objektiv geeicht ist, zu Längenmessungen am betrachteten Gegenstand benutzt werden. Wir benutzen zur Eichung ein Objektmikrometer (22. Aufgabe). Die beiden Skalen werden parallel und im Bilde einander überdeckend gestellt, und es wird festgestellt, welche Zahl von Teilstrichen des Okularmikrometers auf eine bestimmte, möglichst große Länge des Objektmikrometers entfällt. Dann können wir mit dem Okularmikrometer bei Verwendung des gleichen Objektivs Längen an Gegenständen unter dem Mikroskop messen. Bei Eichung und Messungen ist stets auf Parallaxenfreiheit zu achten.

Beispiel. Wir benutzen ein Objektiv 8. Die Eichung ergibt, daß auf 0,1 cm des Objektmikrometers $(49{,}5 \pm 0{,}1)$ Skalenteile (Sk) des Okularmikrometers entfallen, so daß $1 \text{ Sk} \triangleq 0{,}1/49{,}5 = 0{,}00202$ cm.

Als Übungsobjekt benutzen wir die sehr gut kreisrunde Öffnung der Bohrung in einem Achatlagerstein einer Taschenuhr. Der Stein ist auf einer

Messingplatte montiert, die unter dem Stein eine Bohrung für die Beleuchtung hat. Wir messen den Durchmesser der Öffnung. (Man beachte, daß nur die eine der beiden Öffnungen sehr gut kreisrund ist.) Es ergab sich $d = 27{,}68$ Sk $\triangleq 0{,}0559$ cm. (Mittelwert von fünf Messungen unter verschiedenen Azimuten mit dem mittleren Fehler $\Delta d = \pm\ 0{,}2$ Sk.)

Fehlerrechnung. Der relative Fehler unserer Eichung beträgt nach unserer obigen Angabe $\pm\ 0{,}1/49{,}5 \approx \pm\ 0{,}002 = \pm\ 0{,}2\,\%$. Der relative Fehler der Messung des Durchmessers beträgt an sich $\pm 0{,}2/27{,}68 \approx \pm 0{,}008 = \pm 0{,}8\,\%$. Dazu kommt der Eichfehler, so daß der Gesamtfehler $\pm\ (0{,}2 + 0{,}8)\,\% = \pm 1\,\%$ beträgt.

Unser Endergebnis lautet also

$$\underline{d = (0{,}0559 \pm 0{,}0006)\ \text{cm},\ \Delta d/d = \pm\ 1\,\%.}$$

II. Messung einer Brechzahl aus der Bildhebung

Westphal, Physik, 16./17. Auflage, § 272; Kl. Lehrb. d. Physik, § 200

Betrachtet man einen Gegenstand einmal unmittelbar, dann senkrecht durch eine durchsichtige, planparallele Platte hindurch, so scheint er im zweiten Fall höher zu liegen als im ersten. Die Platte bewirkt eine Bildhebung. Es sei d die Dicke der Platte, h der Betrag der Bildhebung, n die Brechzahl der Platte. Dann ist (bei genügend kleiner Apertur) $h = d\ (n - 1)/n$, also

$$n = \frac{d}{d - h}\,. \tag{23.1}$$

Dabei ist es gleichgültig, in welchem Abstand von der Platte der Gegenstand sich befindet. Man kann also die Brechzahl n aus d und h berechnen.

Die Dicke d der Platte messen wir mit einem guten Dickenmesser, etwa einem solchen nach *Abbe*. Dieser hat eine horizontale, sehr gut ebengeschliffene Grundplatte und einen über eine Rolle senkrecht herabhängenden Stab, der unten in eine Achathalbkugel endet und eine vertikale Teilung in Zehntelmillimeter trägt, die man mit einem Mikroskop mit Okularmikrometer betrachtet. Dieser Stab wird einmal auf die Grundplatte gesenkt, dann auf die auf sie gelegte Platte, deren Dicke gemessen werden soll. Die Differenz der Ablesungen ergibt die Dicke d. Im Okular des Mikroskops befindet sich ein horizontaler Doppelstrich, der mittels eines in 100 Teile geteilten Mikrometers gehoben und gesenkt werden kann. Einer vollen Umdrehung des Mikrometers entspricht 0,1 mm auf der Stabskala, so daß 1 Skalenteil des Mikrometers $\triangleq 10^{-3}$ mm. Da man noch die Zehntelskalenteile schätzen kann, so kann man auf $\pm\ 10^{-4}$ mm ablesen. Um dieser hohen Genauigkeit gerecht zu werden, muß man dafür sorgen, daß sich zwischen Platte und Grundplatte kein Luftpolster befindet. Man beseitigt es, indem man die Platte unter leichtem Schieben einigermaßen fest gegen die Grundplatte drückt. Man senkt nun den Stab auf die Grundplatte, stellt den Doppelstrich mittels des Mikrometers so ein, daß er den Nullstrich der Stabskala genau in die Mitte nimmt, und liest am Mikrometer ab. Diese Ablesung heiße x_1. Dann legen wir die zu untersuchende Platte auf die Grundplatte und senken den Stab auf sie herab. Zunächst lesen wir den Teilstrich der Stabskala ab, der als nächster unterhalb des in seiner Lage noch nicht veränderten Doppelstriches liegt. Er heiße d_0. Dann bringen wir mittels des Mikrometers den Doppelstrich mit diesem Teilstrich zur Deckung. Dabei nimmt die Anzeige des Mikrometers zu, sie betrage nunmehr x_2. (Wenn die Einstellung dabei, wie bei unserem Beispiel, über den Nullstrich des Mikrometers geht, muß man zur Ablesung 100 hinzuzählen.) Dann beträgt die Dicke der Platte in mm

$$d = d_0 + (x_2 - x_1) \cdot 10^{-3}. \tag{23.2}$$

Zur Messung der Bildhebung brauchen wir ein Mikroskop mit mikrometrisch meßbar veränderlicher Feineinstellung. Das Mikrometer unsres Mikroskops ist in 50 Teile geteilt. Eine volle Umdrehung der Stellschraube des Mikroskops entspricht einer Hebung um 0,1 mm, also ein Teilstrich des Mikrometers einer Hebung um $2 \cdot 10^{-3}$ mm. Wir legen unter das Mikroskop etwa ein Stück einer alten photographischen Platte mit einem scharfen Kratzer, beleuchten stark von unten und stellen scharf ein. Die Ablesung am Mikrometer heiße y_1. Dann legen wir die zu untersuchende Platte auf den Gegenstand und stellen nur mit dem Mikrometer erneut scharf ein. Dazu muß das Mikroskop um den Betrag h der Bildhebung gehoben werden. Unter ständiger Beobachtung des Bildes zählen wir die Anzahl k der vollen Umdrehungen bis zu dem Augenblick, wo das Bild bei einer weiteren Umdrehung die volle Schärfe bereits überschreiten würde, und stellen durch weitere Drehung des Mikrometers vollends scharf ein. Die nunmehrige Ablesung am Mikrometer heiße y_2. Dann ist die Bildhebung in mm

$$h = k \cdot 10^{-1} + (y_2 - y_1) \cdot 2 \cdot 10^{-3}. \tag{23.3}$$

Die Messungen von d und von h wiederholen wir je zehnmal, jedesmal unter erneuter Einstellung, und zwar immer abwechselnd mit und ohne Platte. Bei beiden Meßreihen versuchen wir, möglichst immer die gleiche Stelle der Platte zu treffen, um Fehler durch kleine Ungleichheiten der Plattendicke an verschiedenen Stellen zu vermeiden. Dann berechnen wir n nach (23.1).

Beispiel. In der Tabelle bringen wir unsere Messungen von x_1, x_2, y_1 und y_2 an einer Glasplatte. Ferner war $d_0 = 5{,}5$ mm, $k = 19$. Mit den Mittelwerten der Tabelle erhalten wir $d = 5{,}5 + (126{,}6 - 62{,}0) \cdot 10^{-3} = 5{,}5646$ mm, $h = 19 \cdot 10^{-1} + (49{,}0 - 47{,}4) \cdot 2 \cdot 10^{-3} = 1{,}9032$ mm und damit $d - h = 3{,}6614$ mm. Dann ergibt sich nach (23.1) $n = 5{,}5646/3{,}6614 = 1{,}5198$.

Tabelle

x_1	v	v^2	x_2	v	v^2	y_1	v	v^2	y_2	v	v^2
62,2	+ 0,2	0,04	128,0	+ 1,4	1,96	46,9	− 0,5	0,25	48,8	− 0,2	0,04
1,5	− 0,5	0,25	8,5	+ 1,9	3,61	7,1	− 0,3	0,09	7,0	− 2,0	4,00
1,0	− 1,0	1,00	4,1	− 2,5	6,25	7,8	+ 0,4	0,16	9,0	0,0	0,00
1,7	− 0,3	0,09	6,3	− 0,3	0,09	8,5	+ 1,1	1,21	7,3	− 1,7	2,89
2,3	+ 0,3	0,09	5,0	− 1,6	2,56	8,7	+ 1,3	1,69	50,9	+ 1,9	3,61
3,0	+ 1,0	1,00	7,5	+ 0,9	0,81	7,1	− 0,3	0,09	47,5	− 1,5	2,25
1,5	− 0,5	0,25	6,2	− 0,4	0,16	8,2	+ 0,8	0,64	51,9	+ 2,9	8,41
2,7	+ 0,7	0,49	6,0	− 0,6	0,36	6,5	− 0,9	0,81	49,7	+ 0,7	0,49
1,5	− 0,5	0,25	6,6	0,0	0,00	7,0	− 0,4	0,16	9,2	+ 0,2	0,04
2,3	+ 0,3	0,09	7,5	+ 0,9	0,81	6,5	− 0,9	0,81	9,0	0,0	0,00
62,0		3,55	126,6		16,61	47,4		5,91	49,0		21,73

Fehlerrechnung. Wir setzen $(n-1)/n = h/d = z$. Der relative Größtfehler von z beträgt also $\Delta z/z = \Delta h/h + \Delta d/d$. Nach (23.2) ist $\Delta d = \Delta d_0 + (\Delta x_1 + \Delta x_2)\cdot 10^{-3}$ und nach (23.3) $\Delta h = (\Delta y_1 + \Delta y_2)\cdot 2\cdot 10^{-3}$, da ein Fehler der ganzen Zahl k nicht in Frage kommt. Nach Tabelle 3 ist $\Delta x_1 = \sqrt{3{,}55/(10\cdot 9)} \approx \pm 0{,}20$, $\Delta x_2 = \sqrt{16{,}61/(10\cdot 9)} \approx \pm 0{,}45$. Den Fehler von d_0 (Einstellung auf 5,5 mm) dürfen wir als rund ebenso groß annehmen, wie die Fehler von $x_1\cdot 10^{-3}$ und $x_2\cdot 10^{-3}$, also $\Delta d_0 = \pm 0{,}35\cdot 10^{-3}$ mm. Damit ist $\Delta d = \pm 1{,}00\cdot 10^{-3}$ mm und $\Delta d/d = \pm 10^{-3}/5{,}5646 \approx \pm 0{,}18\cdot 10^{-3}$. Nach Tabelle 3 ist $\Delta y_1 = \sqrt{5{,}91/(10\cdot 9)} \approx \pm 0{,}25$, $\Delta y_2 = \sqrt{21{,}73/(10\cdot 9)} \approx \pm 0{,}50$, also $\Delta h = \pm 2\cdot 0{,}75\cdot 10^{-3} = \pm 1{,}50\cdot 10^{-3}$ mm und $\Delta h/h = \pm 1{,}50\cdot 10^{-3}/1{,}9032 \approx \pm 0{,}80\cdot 10^{-3}$. Damit folgt $\Delta z/z = \pm 0{,}98\cdot 10^{-3} \approx 1\cdot 10^{-3}$, und mit $z = 0{,}34$ erhalten wir $\Delta z = \pm 0{,}34\cdot 10^{-3}$. Nach (23.1) ist $n = 1/(1-z)$, also $\Delta n/n = \Delta z/(1-z) = \pm 0{,}34\cdot 10^{-3}/0{,}66 \approx \pm 0{,}5\cdot 10^{-3} = \pm 0{,}05\,\%$ und $\Delta n = \pm 0{,}0005\cdot 1{,}520 \approx \pm 0{,}0008$. Wir wollen diese Fehler vorsichtig auf $\Delta n = \pm 0{,}001$ und $\Delta n/n = \pm 0{,}07\,\%$ runden.

Unser Endergebnis lautet also

$$\underline{n = 1{,}520 \pm 0{,}001,\ \Delta n/n = \pm 0{,}07\,\%.}$$

24. Aufgabe. Brechzahl eines Prismas

Westphal, Physik, § 274; Kl. Lehrb. d. Physik, § 200

Ein Lichtstrahl erfährt beim Durchgang durch ein Prisma die kleinste Ablenkung (*Minimum der Ablenkung*), wenn er symmetrisch durch das Prisma hindurchgeht, d. h. wenn sein Eintrittswinkel in die erste Prismenfläche ebenso groß ist wie sein Austrittswinkel aus der zweiten (Abb. 49). In diesem Fall gilt die Gleichung

$$n = \frac{\sin[(\delta+\gamma)/2]}{\sin(\gamma/2)}\,. \tag{24.1}$$

n ist die Brechzahl des Prismas, γ sein brechender Winkel und δ der Winkel, um den der Strahl abgelenkt wird. Man kann also n berechnen, wenn δ und γ bekannt sind.

Unsre Aufgabe ist die Messung der Brechzahl eines Prismas für die gelbe *D*-Linie des Natriums mit einem ziemlich einfach gebauten Spektrometer. Sein Kollimatorrohr ist fest montiert und sein Fernrohr ist lediglich um die senkrechte Achse des Spektrometers schwenkbar und hat nur ein gewöhnliches Okular mit Fadenkreuz. Der Spektrometertisch, auf den das Prisma montiert ist, ist nicht justierbar. Wegen einer genaueren Beschreibung eines Spektrometers verweisen wir auf die Lehrbücher der Physik.

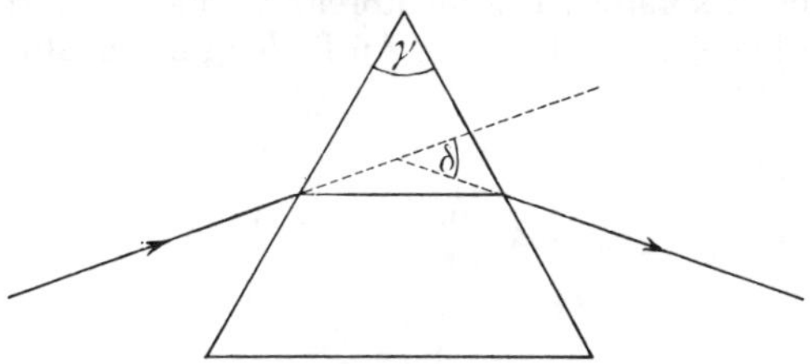

Abb. 49. Minimum der Ablenkung im Prisma

Damit sämtliche durch das Prisma tretenden Strahlen der Bedingung des Minimums der Ablenkung genügen können, müssen sie unter sich parallel in das Prisma einfallen. Diesem Zweck dient der Kollimator, ein Rohr, das an der Eintrittsstelle des Lichtes einen vertikalen Spalt und am anderen Ende eine Sammellinse trägt. Befindet sich der Spalt in der Brennebene der Linse, so treten die von den einzelnen Punkten des Spaltes herkommenden Strahlen unter sich parallel aus der Linse aus. Wenn wir das Fernrohr auf Unendlich einstellen und – mit oder ohne Zwischenschaltung des Prismas – in den Weg der parallelen Strahlen bringen, so erblicken wir bei monochromatischer Beleuchtung des Spaltes ein scharfes Bild des Spaltes (vgl. die 19. Aufgabe). Das Fadenkreuz im Okular des Fernrohres dient u. a. dazu, die richtige Einstellung des Spaltes in die Brennebene an der *Parallaxenfreiheit* von Spalt und Fadenkreuz zu erkennen.

Wir beginnen mit der Einstellung des Fernrohres auf Unendlich an einem *offenen Fenster* und mit der Einstellung des verschiebbaren Fadenkreuzes, das gegenüber dem Bild der fernen Umgebung keine Parallaxe zeigen darf. Alles Weitere muß in einem verdunkelten Raum erfolgen. Zunächst schwenken wir das Fernrohr so, daß wir unmittelbar in das Kollimatorrohr hineinsehen, beleuchten den Spalt mit einer Glühlampe und verschieben ihn, bis sein Bild im Fernrohr scharf erscheint und auch keine Parallaxe gegen das Fadenkreuz zeigt. Damit ist das Spektrometer für unsere Messungen vorbereitet.

I. Messung des brechenden Winkels

Zur Messung des brechenden Winkels γ stellen wir das Prisma so auf den Spektrometertisch, daß seine brechende Kante ungefähr auf das Kollimatorrohr hinweist (Abb. 50), und beleuchten den Spalt mit einer Glühlampe. Dann schwenken wir das Fernrohr einmal nach rechts, dann nach links so weit, daß wir das Spiegelbild des Spaltes in der betreffenden Prismenfläche im Fernrohr erblicken, und stellen dieses jedesmal so ein, daß das Bild der *festen* Spaltbacke mit dem Fadenkreuz zusammenfällt. Spektrometerspalte haben eine feste und eine bewegliche Backe, mittels derer man die Spaltbreite regeln kann. Man liest immer an der festen Backe ab, weil bei dieser keine zufällige Verschiebung zu befürchten ist, durch die Meßfehler entstehen könnten. Die Spaltbreite wähle man nicht zu groß, aber auch nicht zu klein, da letzteres die Auffindung des Spaltbildes erschwert.

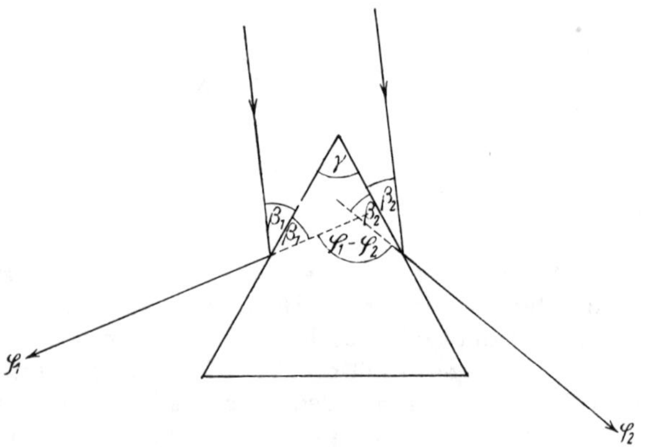

Abb. 50. Zur Messung des brechenden Winkels

Wir bezeichnen die Winkelstellungen des Fernrohres in diesen beiden Lagen, wie wir sie mit Hilfe eines Nonius an der Kreisteilung ablesen, mit φ_1 und φ_2 (Abb. 50), so daß $\varphi_1 - \varphi_2$ der Winkel ist, um den wir das Fernrohr beim Übergang von der einen Prismenfläche zur anderen schwenken müssen. Die Winkel, die die einfallenden Strahlen mit den Prismenflächen bilden, seien β_1 und β_2. Dann liest man aus Abb. 50 ab: $\gamma + \beta_1 + \beta_2 = \varphi_1 - \varphi_2$ und $\beta_1 + \beta_2 = \gamma$. Also ist

$$\gamma = \frac{\varphi_1 - \varphi_2}{2} \,. \qquad (24.2)$$

Das Spektrometer hat rechts und links vom Fernrohr zwei um 180° gegeneinander versetzte Nonien. Man liest stets an beiden Nonien ab, um den Einfluß etwaiger Kreisteilungsfehler herabzusetzen. Wir erhalten also zwei

Wertepaare φ_1', φ_2' und φ_1'', φ_2'', die wegen kleiner Einstellungs- und Ablesefehler in der Regel zwei etwas verschiedene Werte von γ ergeben, die wir mit γ' und γ'' bezeichnen. Aus ihnen nehmen wir dann das arithmetische Mittel γ. Demnach ist nach (24.2)

$$\gamma = \frac{\gamma' + \gamma''}{2} = \frac{1}{4}(\varphi_1' - \varphi_2' + \varphi_1'' - \varphi_2''). \qquad (24.3)$$

Tabelle 1

Ablenkung links					
φ_1'	$v \cdot 10$	$v^2 \cdot 10^2$	φ_1''	$v \cdot 10$	$v^2 \cdot 10^2$
174° 25′	+ 9	81	354° 25′	+ 2	4
23′	− 11	121	22′	− 28	784
24′	− 1	1	25′	+ 2	4
24′	− 1	1	27′	+ 22	484
24,5′	+ 4	16	25′	+ 2	4
174° 24,1′		220	354° 24,8′		1280

Ablenkung rechts					
φ_2'	$v \cdot 10$	$v^2 \cdot 10^2$	φ_2''	$v \cdot 10$	$v^2 \cdot 10^2$
54° 25′	− 6	36	234° 26′	− 8	64
24,5′	− 11	121	26′	− 8	64
27′	+ 14	196	28′	+ 12	144
27′	+ 14	196	28,5′	+ 17	389
24,5′	− 11	121	25,5′	− 13	169
54° 25,6′		670	234° 26,8′		830

Beispiel. Wir teilen in Tabelle 1 unsere sämtlichen Einzelmessungen mit. Unser Nonius ist auf 0,5′ ablesbar. Wir haben immer abwechselnd die Ablenkung nach rechts und nach links gemessen. Es hat sich ergeben

$$2\gamma' = \varphi_1' - \varphi_2' = 174^\circ\,24{,}1' - \;\;54^\circ\,25{,}6' = 119^\circ\,58{,}5',$$
$$2\gamma'' = \varphi_1'' - \varphi_2'' = 354^\circ\,24{,}8' - 234^\circ\,26{,}8' = 119^\circ\,58{,}0'.$$

Es ist also

$$2\gamma = 119^\circ\,58{,}25' \qquad \text{und} \qquad \gamma = 59^\circ\,59{,}13'.$$

Fehlerrechnung. Wir wenden das Fehlerfortpflanzungsgesetz in Einl. § 11, (5), an. Nach (24.3) ist $\partial\gamma/\partial\varphi_1' = \partial\gamma/\partial\varphi_1'' = +1/4$, $\partial\gamma/\partial\varphi_2' = \partial\gamma/\partial\varphi_2'' = -1/4$. Mit den Zahlen der Tabelle 1 erhalten wir also

$$\Delta\gamma = \frac{1}{4}\sqrt{\frac{220 + 1280 + 670 + 830}{4 \cdot 5}} \cdot 10^{-1} = \frac{1}{4}\sqrt{\frac{3000}{20}} \cdot 10^{-1} \approx \pm 0{,}30'.$$

Wir erhalten also das Ergebnis

$$\underline{\gamma = (59^\circ\, 59{,}13' \pm 0{,}30'),\ \Delta\gamma/\gamma = \pm\, 0{,}008\,\%.}$$

II. Das Minimum der Ablenkung

Nun messen wir den Winkel minimaler Ablenkung. Als Lichtquelle verwenden wir eine mit Kochsalz gefärbte Bunsenflamme oder eine Natriumdampflampe, die wir vor dem Spalt aufstellen. Wir stellen das Prisma so auf den Spektrometertisch, daß das vom Kollimator kommende Licht in eine der beiden brechenden Flächen einfällt, suchen den gebrochenen Strahl erst mit dem bloßen Auge und richten das Fernrohr auf das Spaltbild. Dann drehen wir das Prisma so, daß die Ablenkung kleiner wird, folgen mit dem Fernrohr und setzen das fort, bis die Bewegung des Spaltbildes bei weiterer Drehung in der gleichen Richtung rückläufig zu werden beginnt. Jetzt stellen wir das Fadenkreuz in dieser Lage auf die feste Spaltbacke ein, prüfen die Minimalablenkung noch einmal durch eine kleine Hin- und Herdrehung des Prismas und lesen wie oben an beiden Nonien ab. Dann drehen wir das Prisma so, daß das Licht in die andere Fläche einfällt, so daß die Ablenkung nach der anderen Seite erfolgt, und wiederholen die Messung. Aus Abbildung 51 liest man ab, daß die Differenz der Ablesungen φ_1 und φ_2 gleich dem doppelten Ablenkungswinkel δ ist, daß also

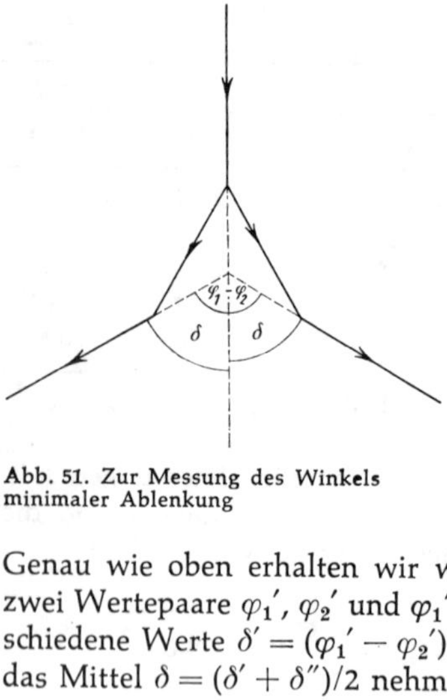

Abb. 51. Zur Messung des Winkels minimaler Ablenkung

$$\delta = \frac{\varphi_1 - \varphi_2}{2}. \qquad (24.4)$$

Genau wie oben erhalten wir wegen Verwendung zweier Nonien wieder zwei Wertepaare φ_1', φ_2' und φ_1'', φ_2'' und aus ihnen zwei meist etwas verschiedene Werte $\delta' = (\varphi_1' - \varphi_2')/2$ und $\delta'' = (\varphi_1'' - \varphi_2'')/2$, von denen wir das Mittel $\delta = (\delta' + \delta'')/2$ nehmen,

$$\delta = \tfrac{1}{4}\,(\varphi_1' - \varphi_2' + \varphi_1'' - \varphi_2''). \qquad (24.5)$$

Beispiel. Tabelle 2 gibt unsere Einzelmessungen. Wir haben, wie oben, abwechselnd nach rechts und nach links abgelenkt. Es hat sich ergeben

$$2\,\delta' = \varphi_1' - \varphi_2' = 171^\circ\, 37{,}2' - 75^\circ\, 13{,}7' = 96^\circ\, 23{,}5',$$

$$2\,\delta'' = \varphi_1'' - \varphi_2'' = 351^\circ\, 37{,}6' - 255^\circ\, 14{,}5' = 96^\circ\, 23{,}1'$$

Tabelle 2

Ablenkung links					
φ_1'	$v \cdot 10$	$v^2 \cdot 10^2$	φ_1''	$v \cdot 10$	$v^2 \cdot 10^2$
171° 36′	− 12	144	351° 36′	− 16	256
37,5′	+ 3	9	38′	+ 4	16
38′	+ 8	64	38,5′	+ 9	81
38′	+ 8	64	38′	+ 4	16
36,5′	− 7	49	37,5′	− 1	1
171° 37,2′		330	351° 37,6′		370
Ablenkung rechts					
φ_2'	$v \cdot 10$	$v^2 \cdot 10^2$	φ_2''	$v \cdot 10$	$v^2 \cdot 10^2$
75° 13′	− 7	49	255° 14′	− 5	25
15,5′	+ 18	324	15′	+ 5	25
14,5′	+ 8	64	15,5′	+ 10	100
13′	− 7	49	15′	+ 5	25
12,5′	− 12	144	13′	− 15	225
75° 13,7′		630	255° 14,5′		400

mit dem Mittelwert 96° 23,3′. Also ist

$$\delta = 48^\circ\, 11{,}65'\,.$$

Fehlerrechnung. Die Fehlerrechnung gestaltet sich genau wie oben. Als mittleren quadratischen Fehler von δ erhalten wir mit den Angaben der Tabelle 2:

$$\Delta\delta = \frac{1}{4}\sqrt{\frac{330 + 370 + 630 + 400}{4 \cdot 5}} \cdot 10^{-1} = \frac{1}{4}\sqrt{\frac{1730}{20}} \cdot 10^{-1} \approx \pm 0{,}25'.$$

Unser Ergebnis lautet also

$$\underline{\delta = (48^\circ\, 11{,}65' \pm 0{,}25'),\ \Delta\delta/\delta = \pm\, 0{,}008\,\%.}$$

III. Berechnung der Brechzahl

Die Brechzahl berechnen wir nach (24.1). Es ist

$$\frac{\delta + \gamma}{2} = 54^\circ\, 5{,}39', \qquad \frac{\gamma}{2} = 29^\circ\, 59{,}57',$$

$$\sin\frac{\delta + \gamma}{2} = 0{,}80994, \qquad \sin\frac{\gamma}{2} = 0{,}49990.$$

Daraus ergibt sich $n = 1{,}62020$.

Fehlerrechnung. Wir verwenden wieder das Fehlerfortpflanzungsgesetz. Zunächst bilden wir nach (24.1) die partiellen Differentialquotienten $\partial n/\partial \delta$ und $\partial n/\partial \gamma$, für die sich Ausdrücke ergeben, die man in folgender Form schreiben kann:

$$\frac{\partial n}{\partial \delta} = \frac{n}{2} \cot \frac{\delta + \gamma}{2}, \quad \frac{\partial n}{\partial \gamma} = -\frac{n}{2}\left(\cot \frac{\gamma}{2} - \cot \frac{\delta + \gamma}{2}\right). \qquad (24.6)$$

Es ist $\cot(\delta + \gamma)/2 = 0{,}724$, $\cot \gamma/2 = 1{,}733$, so daß $\partial n/\partial \delta = 0{,}362\, n$, $\partial n/\partial \gamma = -0{,}505\, n$. Als mittlerer absoluter Fehler von n ergibt sich also nach Einl. § 11, (5), $\Delta n = n\sqrt{(0{,}362\, \Delta\delta)^2 + (0{,}505\, \Delta\gamma)^2}$. Die Anwendung dieser Gleichung erfordert aber, daß wir $\Delta\delta$ und $\Delta\gamma$ im Bogenmaß messen (Einheit 1 rad $= 360°/2\pi$). Es ist $\Delta\delta = \pm 0{,}25' = \pm 0{,}73 \cdot 10^{-4}$ rad und $\Delta\gamma = \pm 0{,}30' = \pm 0{,}87 \cdot 10^{-4}$ rad. Dann folgt $\Delta n/n = \sqrt{0{,}26^2 + 0{,}44^2} \cdot 10^{-4} \approx \sqrt{0{,}26} \cdot 10^{-4} \approx \pm 0{,}00005 = \pm 0{,}005\,\%$ und $\Delta n = \pm 0{,}00005 \cdot 1{,}6202 \approx \pm 0{,}00008 \approx \pm 0{,}0001$.

Unser gerundetes Endergebnis lautet also

$$\underline{n = 1{,}6202 \pm 0{,}0001, \quad \Delta n/n = \pm 0{,}005\,\%.}$$

Wir wollen uns aber darüber klar sein, daß der *wirkliche Fehler* unserer Messung *merklich größer* sein kann, da unser Spektrometer kleine Justierungsfehler und kleine systematische Teilungsfehler haben kann. Auch konnten wir nicht nachprüfen, ob die brechenden Flächen des Prismas tatsächlich genau parallel zur Spektrometerachse gestanden haben.

Unser Wert von n ist die Brechzahl des Prismenglases gegen Luft, deren Brechzahl 1,0003 beträgt. Die Brechzahl des Glases gegen das Vakuum ist also um diesen Faktor größer und beträgt 1,6207.

25. Aufgabe. Wellenlängenmessung mit dem Gitter

Westphal, Physik, § 295; Kl. Lehrb. d. Physik, § 218

Fällt paralleles Licht der Wellenlänge λ senkrecht auf ein Strichgitter, dessen Striche voneinander die Abstände D (*Gitterkonstante*) haben, so wird es in 1. Ordnung unter einem Winkel φ nach beiden Seiten abgebeugt, für den die Gleichung

$$\sin \varphi = \frac{\lambda}{D} \qquad (25.1)$$

gilt (Abb. 52). Ist die Gitterkonstante D bekannt, so kann aus dem Winkel φ die Wellenlänge λ berechnet werden. Unsere Aufgabe ist es, die Gitterkonstante eines Gitters zu bestimmen, das Gitter zu eichen und dann mittels des Gitters die Wellenlängen der drei ersten Linien (H_α, H_β, H_γ) der Balmer-Serie des Wasserstoffs zu bestimmen.

Wir benutzen eine höchst einfache Gitteraufstellung (Abb. 53). Das Gitter ist eine Kollodiumkopie eines sehr fein geteilten Original-Rowland-Gitters.

Als Lichtquelle dient eine mit dem zu untersuchenden Gas gefüllte Entladungsröhre, deren Kapillare eine so schmale leuchtende Linie bildet, daß wir einen Spalt entbehren können. Sie wird mit einem kleinen Induktor betrieben. Wir stellen das Gitter G in etwa 100 cm Entfernung von der Spektralröhre S so auf, daß seine Striche parallel zur Kapillare sind, und

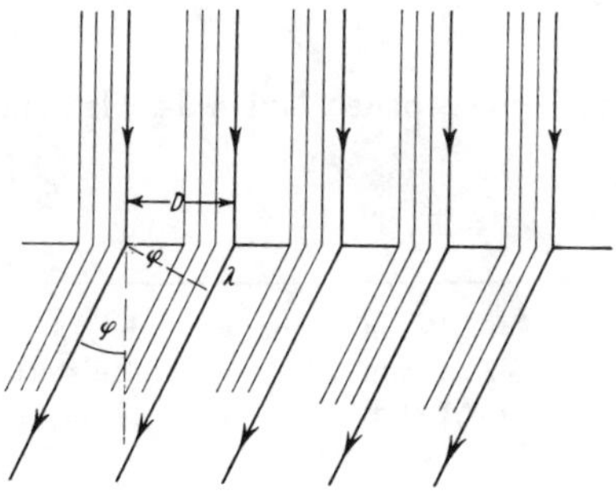

Abb. 52. Interferenz 1. Ordnung am Gitter

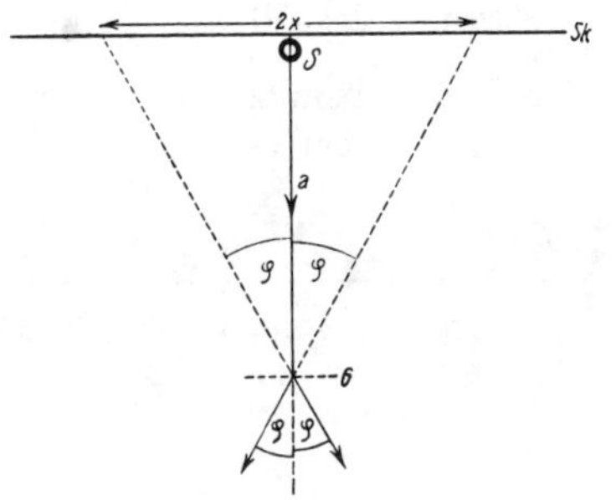

Abb. 53. Einfache Gitteraufstellung

blicken mit dem unmittelbar an das Gitter gesetzten Auge durch das Gitter. Dann sehen wir rechts und links das Spektrum des leuchtenden Gases in 1. Ordnung. Die Spektralröhre ist dicht vor der Mitte einer 200 cm langen Skala Sk angebracht, auf der wir die Lage der Spektrallinien ablesen. Aus dem Abstand zwischen den homologen Linien im rechten und im linken Spektrum und dem Abstand des Gitters von der Skala kann $\sin\varphi$ für jede Spektrallinie ermittelt werden.

Die Gitterkonstante D unseres Gitters ist so klein, daß die Gitterstruktur im Mikroskop nicht mehr deutlich aufgelöst wird (vgl. die 22. Aufgabe, III.) und daher die Ausmessung mit dem Mikroskop nicht möglich ist. Deshalb eichen wir das Gitter mit einigen genau bekannten Wellenlängen des Heliumspektrums und bestimmen die Gitterkonstante nach (25.1), $D = \lambda/\sin\varphi$. Dann ersetzen wir das Heliumrohr durch ein mit Wasserstoff gefülltes Rohr und bestimmen die Wellenlängen der oben genannten Linien nach der Gleichung $\lambda = D\sin\varphi$. Es sei $2x$ der Abstand zweier homologer Linien im rechten und im linken Spektrum, also x die auf der Skala gemessene Ablenkung, a der Abstand der Skala vom Gitter. Dann ist

$$\sin\varphi = \frac{x}{\sqrt{a^2+x^2}}, \qquad \text{also} \qquad D = \lambda\,\frac{\sqrt{a^2+x^2}}{x} \tag{25.2}$$

Bei schwacher, aber noch ausreichender Beleuchtung kann die Lage der Spektrallinien (ihre Mitte) auf der Skala unmittelbar abgelesen werden.

Man kann aber auch einen Schieber auf der Skala anbringen und zwei Studenten gemeinsam arbeiten lassen, von denen der eine beobachtet und der zweite auf Kommando des ersten den Schieber verschiebt, bis sein Rand auf die Mitte der betreffenden Linie fällt. Die Lage des Schiebers wird dann bei Helligkeit abgelesen.

I. Messung der Gitterkonstanten

Zur Eichung benutzen wir die in Tabelle 1 angegebenen Linien des Heliums ($1\ \text{nm} = 10^{-7}\ \text{cm}$).

Tabelle 1

706,52 nm	dunkelrot, schwach	492,19 nm	grün, schwach
667,81 nm	rot, stark	471,31 nm	blaugrün, mittelstark
587,56 nm	gelb, stark	447,15 nm	blau, stark.
501,57 nm	grün, stark		

Beispiel. Der Abstand des Gitters von der Skala betrug $a = (983{,}0 \pm 0{,}5)$ mm. Tabelle 2 gibt unsre Messungen, Abb. 54 ihre graphische Darstellung.

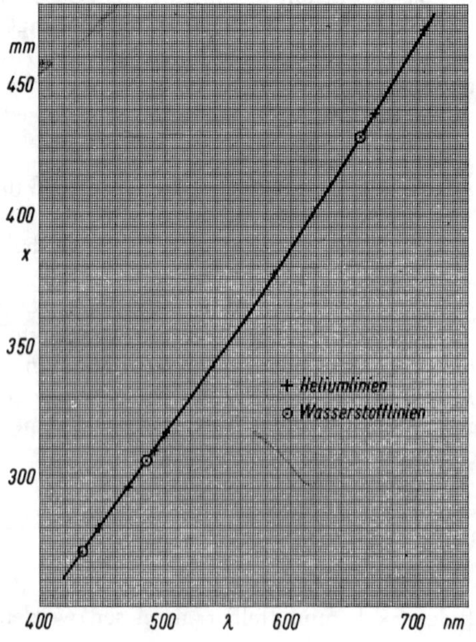

Abb. 54
Eichkurve der Gitteranordnung

Tabelle 2

λ nm	rechts mm	links mm	$2x$ mm	x mm	D nm	$10\,v$	$10^2\,v^2$
706,52	1473	570	943	471,5	1633,7	− 17	289
667,81	1441,5	562	879,5	439,8	5,2	− 2	4
587,56	1381	625	755	377,5	8,5	+ 31	961
501,57	1320	686	634	317,0	4,2	− 12	144
492,19	1310	690	620	310,0	6,5	+ 11	121
471,31	1298	706	592	296,0	4,6	− 8	64
447,15	1281	722	559	279,5	5,0	− 4	16
					1635,4		1599

Diese kann bei geringeren Genauigkeitsansprüchen als Eichkurve zur Messung von Wellenlängen dienen. Als Mittelwert ergibt sich $D = 1635{,}4$ nm.

Fehlerrechnung. Nach Tabelle 2 beträgt der mittlere Fehler von D: $\Delta D = \sqrt{15{,}99/(7\cdot 6)} \approx \pm\, 0{,}6$ nm, also $\Delta D/D = \pm\, 0{,}6/1635{,}4 \approx \pm\, 4\cdot 10^{-4} = \pm\, 0{,}04\,\%$. Dieser Fehler beruht aber nur auf den Fehlern der x-Werte und berücksichtigt noch nicht den Einfluß des Fehlers $\Delta a = \pm\, 0{,}5$ mm. Um die Berechnung seines Einflusses nicht zu sehr zu komplizieren, wollen wir in Rechnung setzen, daß x^2 ziemlich klein gegen a^2 ist und statt mit (25.2) mit der Näherung $D = \lambda a/x$ rechnen. Unter alleiniger Berücksichtigung von a ist dann $\Delta D/D = \Delta a/a = \pm\, 0{,}5/983 \approx \pm\, 0{,}0005 = \pm\, 0{,}05\,\%$. Demnach beträgt der gesamte relative Fehler von D: $\Delta D/D = \pm\,(0{,}05 + 0{,}04)\,\% \approx \pm 0{,}1\,\%$ und $\Delta D = \pm 0{,}001 \cdot 1635{,}4 \approx \pm 1{,}6$ nm.

Unser Endergebnis lautet also

$$\underline{D = (1635{,}4 \pm 1{,}6)\ \text{nm},\ \Delta D/D = \pm\, 0{,}1\,\%.}$$

Da 1 nm = 10^{-7} cm, so entfallen auf 1 cm unsres Gitters rund 6000 Gitterstriche.

II. Die Wellenlängen der Wasserstofflinien

Westphal, Physik, § 344; Kl. Lehrb. d. Physik, § 241

Wir verfahren nun ebenso mit den Linien H_α (rot), H_β (blau-grün) und H_γ (violett) der Balmerserie des Wasserstoffs, deren Wellenlängen wir ermit-

Tabelle 3

	rechts mm	links mm	$2x$ mm	x mm	λ nm	λ_0 nm
H_α	1433	571	862	431	656,7	656,28
H_β	1308	696	612	306	486,1	486,13
H_γ	1273	732	541	270,5	433,9	434,05

teln wollen. Tabelle 3 gibt unsre Messungen. Mittels der x-Werte können wir bereits aus der Eichkurve (Abb. 54) genäherte λ-Werte ablesen. (Natürlich muß die Kurve dazu in beträchtlich größerem Maßstabe gezeichnet werden.) Wir haben sie aber nach der Gleichung $\lambda = D \sin \varphi$ berechnet und in Tabelle 3 angegeben, ferner unter λ_0 auch die entsprechenden Tabellenwerte. Wir haben die λ-Werte auch in die Abb. 54 eingetragen.

Fehlerrechnung. Zur Vereinfachung der Rechnung rechnen wir wieder mit der Näherung $\lambda = Dx/a$ von (25.2). Hier dürfen wir den Fehler von a nicht mehr berücksichtigen, da das bereits bei dem oben berechneten Fehler von D geschehen ist. Dann ist $\Delta\lambda/\lambda = \Delta D/D + \Delta x/x$. Wir schätzen $\Delta\, 2x = \pm 1$ mm, also $\Delta x = \pm 0{,}5$ mm. Dann ergibt sich für H_α: $\Delta x/x = \pm 0{,}5/431 \approx \pm 0{,}0012 = \pm 0{,}12\,\%$, für H_β: $\Delta x/x = \pm 0{,}5/306 \approx \pm 0{,}0016 = \pm 0{,}16\,\%$, für H_γ: $\Delta x/x = \pm 0{,}5/270{,}5 \approx \pm 0{,}0019 = \pm 0{,}19\,\%$. Mit $\Delta D/D = \pm 0{,}1\,\%$ erhalten wir also für H_α: $\Delta\lambda/\lambda \approx \pm 0{,}22\,\%$, $\Delta\lambda \approx \pm 1{,}5$ mm, für H_β: $\Delta\lambda/\lambda \approx \pm 0{,}26\,\%$, $\Delta\lambda \approx \pm 1{,}3$ nm und für H_γ: $\Delta\lambda/\lambda \approx \pm 0{,}29\,\%$, $\Delta\lambda \approx \pm 1{,}3$ nm.

Unser Endergebnis lautet also

$$H_\alpha: \quad \lambda = (656{,}7 \pm 1{,}5)\ \text{nm}, \quad \Delta\lambda/\lambda = \pm 0{,}22\,\%\,;$$

$$H_\beta: \quad \lambda = (486{,}1 \pm 1{,}3)\ \text{nm}, \quad \Delta\lambda/\lambda = \pm 0{,}26\,\%\,;$$

$$H_\gamma: \quad \lambda = (433{,}9 \pm 1{,}3)\ \text{nm}, \quad \Delta\lambda/\lambda = \pm 0{,}29\,\%\,.$$

Zufällig sind aber unsre Werte sehr viel genauer herausgekommen; ihre Abweichungen von den Tabellenwerten betragen nur bis zu $\pm 0{,}4$ nm.

Die Wellenlängen der Balmerserie des Wasserstoffs lassen sich durch die Gleichung

$$\lambda = \frac{1}{R_\mathrm{H}} \cdot \frac{4\,n^2}{n^2 - 4} \quad (n = 3, 4, 5 \text{ usw.}) \tag{25.3}$$

darstellen, wobei R_H die *Rydberg-Konstante* des Wasserstoffs ist (übliche Einheit 1 cm^{-1}). Wir wollen R_H berechnen. Dabei sind nunmehr die Wellenlängen in cm zu messen (1 nm $= 10^{-7}$ cm). Wir erhalten

$$H_\alpha: \quad n = 3, \ R_\mathrm{H} = \frac{10^7}{656{,}7} \cdot \frac{36}{5} = 109\,640\ \text{cm}^{-1},$$

$$H_\beta: \quad n = 4, \ R_\mathrm{H} = \frac{10^7}{486{,}1} \cdot \frac{64}{12} = 109\,720\ \text{cm}^{-1},$$

$$H_\gamma: \quad n = 5, \ R_\mathrm{H} = \frac{10^7}{433{,}9} \cdot \frac{100}{21} = 109\,750\ \text{cm}^{-1}.$$

Als Mittelwert ergibt sich $R_\mathrm{H} = 109\,700$ cm^{-1}.

Fehlerrechnung. Nach (25.3) ist $\Delta R_H/R_H = \Delta\lambda/\lambda$. Wir wollen mit dem Fehler $\Delta\lambda/\lambda = \pm 0{,}25\,\%$ rechnen, so daß für die *Einzelwerte* R_H auch $\Delta R_H/R_H = \pm 0{,}25\,\%$. Dann ist für den *Mittelwert* $\Delta R_H/R_H = \pm 1/\sqrt{3} \cdot 0{,}25\,\% \approx \pm 0{,}15\,\%$ und $\Delta R_H = \pm 0{,}0015 \cdot 109\,700 \approx \pm 160\ \text{cm}^{-1}$.

Unser Ergebnis lautet also

$$\underline{R_H = (109\,700 \pm 160)\ \text{cm}^{-1}, \quad \Delta R_H/R_H = \pm 0{,}15\,\%.}$$

Der Bestwert beträgt $R_H = 109\,678\ \text{cm}^{-1}$ und liegt innerhalb unserer Fehlergrenzen.

26. Aufgabe. Newtonsche Ringe

Westphal, Physik, § 292; Kl. Lehrb. d. Physik, § 216

Die *Newton*schen Ringe entstehen durch Reflexion von Licht an den Grenzen der dünnen Luftschicht zwischen einer ebenen Glasfläche und der sphärischen Fläche einer sie berührenden, sehr schwach gewölbten plankonvexen Glaslinse. Ihr Krümmungsradius sei R (Abb. 55). Senkrecht auf die Anordnung falle monochromatisches Licht der Wellenlänge λ, von dem wir einen beliebigen Strahl herausgreifen. Von ihm wird ein Bruchteil (je rund 5 %) an der sphärischen Linsenfläche und an der ebenen Glasfläche reflektiert. Im reflektierten Licht beobachtet man dann ein System heller und dunkler Kreise um das Zentrum der Anordnung, die *Newton*schen *Ringe.* Sie entstehen durch Interferenz der beiden reflektierten Anteile, die bis zum Auge des Beobachters verschieden lange Wege zurücklegen, also einen Gangunterschied erhalten. Ferner erleidet der an der ebenen Glasfläche – also an einem gegenüber Luft optisch dichteren Stoff – reflektierte Anteil einen Phasensprung π, der in seiner Wirkung einer durchmessenen Strecke $\lambda/2$ äquivalent ist. Wenn die beiden Strahlenanteile sich nach der Reflexion wieder vereinen und d die Dicke der Luftschicht am betrachteten Ort ist, so haben sie eine Phasendifferenz, die nicht dem geometrischen Gang-

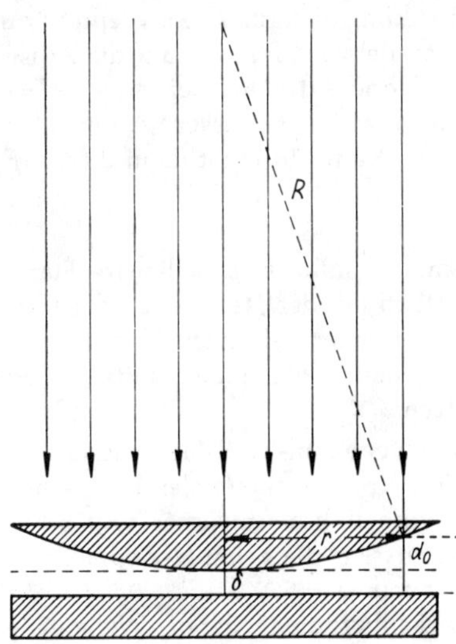

Abb. 55. Zur Entstehung der *Newton*schen Ringe

unterschied $2\,d$, sondern einem scheinbaren Gangunterschied $2\,d + \lambda/2$ entspricht.

Tatsächlich findet eine exakte Berührung der beiden Flächen im Zentrum kaum je statt. Es genügen schon einige Stäubchen, um ihnen dort einen kleinen, von Fall zu Fall wechselnden Abstand δ zu geben, der meist nicht sehr klein gegen die Wellenlänge ist. Ist d_0 die Dicke der Luftschicht am betrachteten Ort im idealen Fall genauer Berührung, so ist $d = d_0 + \delta$ (Abbildung 55) und der scheinbare Gangunterschied $s = 2\,(d_0 + \delta) + \lambda/2$. Ist dieser gleich einem ganzzahligen Vielfachen $n\lambda$ der Wellenlänge λ, so sind die reflektierten Anteile in gleicher Phase, und es tritt maximale Helligkeit ein. Beträgt er aber $(n + 1/2)\,\lambda$, so besteht eine Phasendifferenz π, und es tritt maximale Schwächung ein. Das Zentrum ist also von hellen und dunklen Ringen umgeben. (Im Falle $\delta = 0$ ist das Zentrum schwarz.)

Wir wollen dies untersuchen und wählen dazu die Kreise maximaler Schwächung, da die Minima der Helligkeit leichter genau zu beobachten sind als die Maxima. In diesem Fall ist also $s = 2\,(d_0 + \delta) + \lambda/2 = (n + 1/2)\,\lambda$ oder

$$2\,(d_0 + \delta) = n\,\lambda\,. \tag{26.1}$$

Bei der Berechnung von d_0 in Abhängigkeit vom Radius r der Kreise und dem Linsenradius R dürfen wir davon absehen, daß der eine Anteil beim Austritt aus der Linse und beim Wiedereintritt durch Brechung eine kleine Ablenkung erfährt, also in der Luftschicht nicht genau senkrecht zur unteren Glasfläche verläuft. Wegen der sehr geringen Krümmung der Linse ist diese Ablenkung überaus klein. Wenn wir unter dieser Voraussetzung die Strecke d_0 parallel zu sich selbst auf die Achse der Anordnung übertragen, so liefert der Sehnensatz die Beziehung $r^2 = d_0\,(2\,R - d_0)$. Da aber $d_0 \ll 2\,R$, so können wir statt dessen genügend genau schreiben $r^2 = 2\,R\,d_0$ oder $d_0 = r^2/2\,R$. Nach (26.1) ist dann $2\,(r^2/2\,R + \delta) = n\,\lambda$ oder

$$r^2 = n\,R\,\lambda - 2\,R\,\delta\,. \tag{26.2}$$

Demnach sollte r^2 eine lineare Funktion von n sein. Ist $\delta < \lambda/2$, so ist n identisch mit der „Ordnung" der Interferenz. Wir wollen (26.2) nachprüfen und zu einer relativen Wellenlängenmessung (Vergleich mit einer vorgegebenen Wellenlänge, mittels derer die Anordnung geeicht wird) benutzen.

Mit einem mm-Maßstab messen wir die Durchmesser $2\,r$ von möglichst vielen Kreisen maximaler Dunkelheit. (Die Erscheinung wird nach außen hin schnell lichtschwächer und schließlich unbeobachtbar.) Wir benutzen dazu erstens die gelbe D-Doppellinie des Natriums, deren mittlere Wellenlänge mit $\lambda_0 = 589{,}3$ nm $= 0{,}5893 \cdot 10^{-4}$ cm vorgegeben wird, zweitens zwei Quecksilberlinien, deren Wellenlängen λ wir bestimmen wollen. Eine Kenntnis des Linsenradius R ist, wie wir sehen werden, nicht erforderlich.

Wir tragen r^2 über n für jede der drei Wellenlängen auf und erhalten jedesmal recht genau eine Gerade, die aber nach (26.2) wegen $\delta > 0$ die n-Achse ein wenig rechts vom Nullpunkt schneidet. (Vgl. zum Folgenden die Abb. 57.) An diesen Geraden lesen wir erstens für das vorgegebene λ_0, zweitens für das unbekannte λ die zu zwei gleichen Werten von r^2 gehörigen n-Werte ab und wählen dazu die zu $r^2 = 0$ und die zu einem möglichst großen Wert von r^2 gehörenden Werte. (Diese sind natürlich nie ganzzahlig, außer durch Zufall.)

Wir bezeichnen sie für die bekannte Wellenlänge λ_0 mit n_0 (bei r^2), n_0' (bei $r^2 = 0$), für die unbekannte Wellenlänge λ mit n, n'. Ferner müssen wir zwischen δ_0 und δ unterscheiden, da der Abstand der Flächen im Zentrum bei den beiden Meßreihen etwas verschieden groß gewesen sein kann. Dann folgt aus (26.2)

$$r^2 = nR\lambda - 2R\delta = n_0 R\lambda_0 - 2R\delta_0,$$

$$0 = n'R\lambda - 2R\delta = n_0' R\lambda_0 - 2R\delta_0.$$

Nach Subtraktion und Division durch R ergibt sich $\lambda (n - n') = \lambda_0 (n_0 - n_0')$ und weiter

$$\lambda = \lambda_0 \frac{n_0 - n_0'}{n - n'}. \tag{26.3}$$

Aus dieser Gleichung, in der R, δ und δ_0 nicht mehr auftreten, berechnen wir λ.

Unsere Versuchsanordnung zeigt Abb. 56. Von der Lichtquelle L her fällt Licht über eine diffus reflektierende weiße Fläche F auf die Linse. Das direkte Licht wird durch einen Schirm *Sch* abgeblendet. Beobachtet wird durch ein Loch in F, das durch Beobachtung seines Spiegelbildes in der Vorderfläche der Linse zentriert wird. Um die Voraussetzung senkrechten Einfalls (genauer: der Beschränkung der Beobachtung auf nahezu senkrecht einfallende und austretende Strahlen) möglichst genau zu erfüllen, wähle man einen so großen Abstand des Lochs von der Linse, wie er gerade noch mit den Erfordernissen einer zuverlässigen Messung verträglich ist, also 20 bis 25 cm. Die D-Linie $\lambda_0 = 589{,}3$ nm $= 0{,}5893 \cdot 10^{-4}$ cm liefert uns eine mit Kochsalz beschickte Bunsenflamme oder eine Natriumdampflampe, die Quecksilberlinien eine Quecksilberdampflampe, aus deren Licht die jeweils gewünschte Linie durch ein Farbfilter ausgesiebt wird.

Beispiel. In der Tabelle sind die Durchmesser $2r$ der Kreise maximaler Dunkelheit sowie die Werte von r^2 für die 1. bis 6. Ordnung für unsere 3 Wellenlängen angegeben. Wegen der oft vorhandenen sphärischen Fehler der Linse messen wir die Durchmesser in mindestens zwei zueinander senkrechten Richtungen und mitteln. Das ist in der Tabelle bereits geschehen.

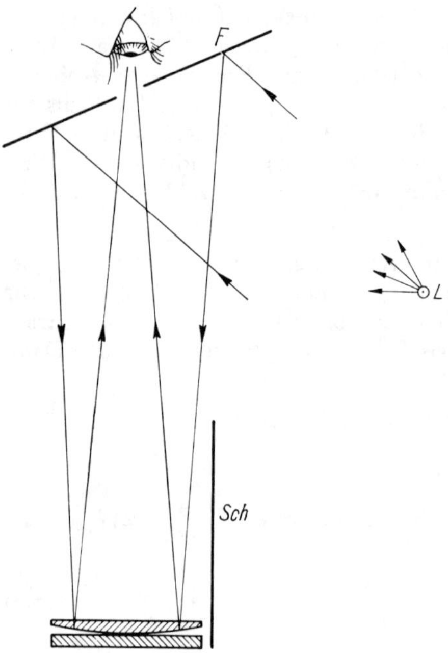

Abb. 56
Anordnung zur Messung an *Newton*schen Ringen

In den Abb. 57 a und 57 b ist r^2 über n für die drei Wellenlängen aufgetragen. Die lineare Beziehung zwischen r^2 und n bestätigt sich sehr gut.

Aus den Abb. 57 lesen wir für die drei Wellenlängen die n-Werte für $r^2 = 0$ und $r^2 = 8\ \text{cm}^2$ an den möglichst glatt durch die Meßpunkte gezogenen Geraden ab. Es ergibt sich:

D-Linie:

$n_0 = 5{,}82,\ n_0' = 0{,}25.$

Gelbe Hg-Linie:

$n = 5{,}90,\ n' = 0{,}20$. Nach (26.3) erhalten wir also mit $\lambda_0 = 589{,}3$ nm, $\lambda = 589{,}3 \cdot 5{,}57/5{,}70 = 576{,}3$ nm.

Grüne Hg-Linie:

$n = 6{,}25,\ n' = 0{,}35$, also $\lambda = 589{,}3 \cdot 5{,}57/5{,}90 = 556{,}3$ nm.

Tabelle

n	*D*-Linie		Gelbe *Hg*-Linie		Grüne *Hg*-Linie	
	$2r$	r^2	$2r$	r^2	$2r$	r^2
1	2,05 cm	1,05 cm²	2,12 cm	1,12 cm²	1,94 cm	0,94 cm²
2	3,16	2,50	3,18	2,52	2,95	2,18
3	3,96	3,92	3,98	3,96	3,79	3,59
4	4,64	5,38	4,63	5,35	4,41	4,86
5	5,22	6,80	5,22	6,80	5,01	6,27
6	5,74	8,23	5,71	8,15	5,54	7,66

Auch die δ-Werte können wir leicht berechnen. Mit $r^2 = 0$ ergibt sich nach (26.2) $\delta = n\lambda/2$, wobei für n die obigen Werte n_0' bzw. n' einzusetzen sind. Wir erhalten für die Messung mit der *D*-Linie $\delta = 589{,}3 \cdot 0{,}25/2 = 74{,}0$ nm, mit der gelben *Hg*-Linie $\delta = 576{,}3 \cdot 0{,}20/2 = 57{,}63$ nm, mit der grünen *Hg*-Linie $\delta = 556{,}7 \cdot 0{,}35/2 = 97{,}4$ nm. Diese Werte liegen zwischen etwa $\lambda/10$ und $\lambda/6$ und beweisen, daß die ganzzahligen n-Werte der Tabelle tatsächlich der Ordnung der betreffenden Interferenz entsprechen.

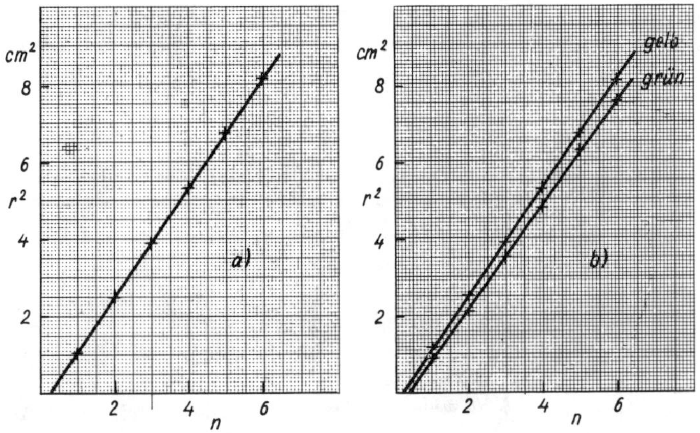

Abb. 57. r^2 als Funktion von n. a) D-Linie, b) Hg-Linien

Fehlerrechnung. Da λ_0 vorgegeben ist, so beträgt der relative Größtfehler der λ-Werte nach (26.3) $\Delta\lambda/\lambda = \Delta\,(n_0-n_0')/(n_0-n_0') + \Delta\,(n-n')/(n-n')$. Wir wollen — schon wegen der Unsicherheit bei der Zeichnung der Geraden — den Fehler der einzelnen n-Werte vorsichtig auf $\pm\,0{,}05$ schätzen, so daß wir als Größtfehler der n-Differenzen $\pm\,0{,}1$ anzusetzen haben. Die Differenzen sind alle etwa gleich 6. Damit erhalten wir in beiden Fällen $\Delta\lambda/\lambda = \pm\,2 \cdot 0{,}1/6 \approx \pm\,0{,}03 = \pm\,3\,\%$.

Demnach lauten unsere Endergebnisse

Gelbe Hg-Linie: $\lambda = (576{,}3 \pm 17{,}9)$ nm, $\Delta\lambda/\lambda = \pm\,3\,\%$.

Grüne Hg-Linie: $\lambda = (556{,}3 \pm 17{,}0)$ nm, $\Delta\lambda/\lambda = \pm\,3\,\%$.

Die gelbe Hg-Linie ist tatsächlich ein enges Dublett bei 577,0 und 579,1 nm. Die grüne Linie liegt bei 546,0 nm. Unsere Ergebnisse stimmen damit also innerhalb ihrer geschätzten Fehlergrenzen überein.

Man beachte, daß wir hier mit *sehr* primitiven Mitteln und unter Verwendung einer mm-Teilung als einzigem Meßgerät doch schon ein verhältnismäßig gutes Ergebnis erzielt haben. Das macht verständlich, wie es möglich ist, mit interferometrischen Verfahren bei Verwendung genauerer Meßmittel die bewundernswerte Genauigkeit zu erzielen, mit der Lichtwellenlängen gemessen werden können.

27. Aufgabe. Beugung des Lichtes am Spalt

Westphal, Physik, § 294; Kl. Lehrb. d. Physik, § 217

Wenn man einen durch eine Lichtquelle Lq und einen Kondensor K beleuchteten Spalt Sp_1 mit einer Linse L auf einen Schirm S abbildet und dicht hinter

L einen zweiten, zu Sp_1 parallelen Spalt Sp_2 anbringt (Abb. 58), so verwandelt sich das Bild von Sp_1 bei Verwendung von monochromatischem Licht durch Beugung und Interferenz in ein System paralleler heller und dunkler

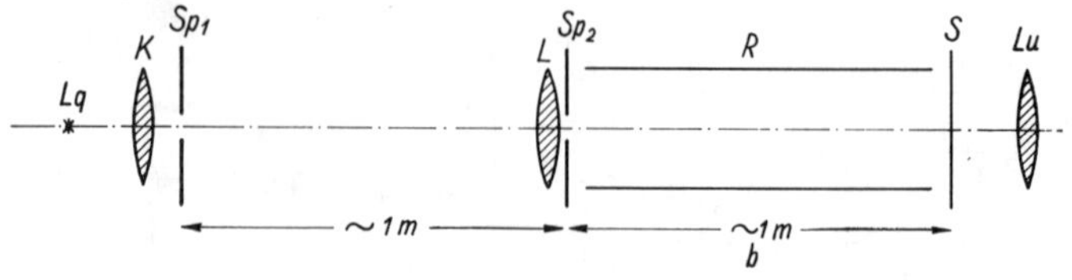

Abb. 58. Zur Beugung an einem Spalt

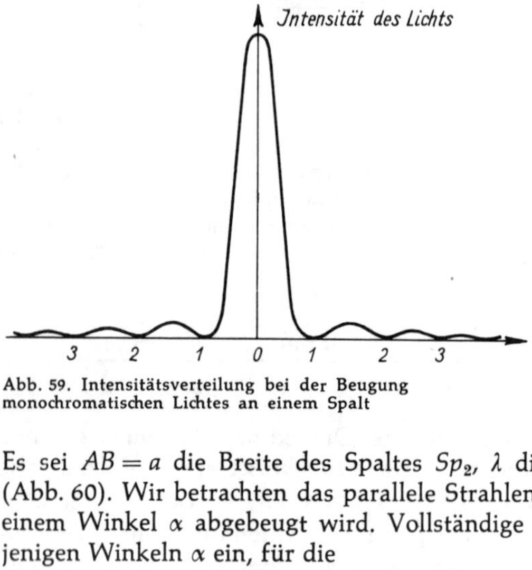

Abb. 59. Intensitätsverteilung bei der Beugung monochromatischen Lichtes an einem Spalt

Streifen, deren Intensitätsverteilung Abb. 59 zeigt. In der Mitte liegt ein heller Streifen, der doppelt so breit ist wie die seitlichen hellen Streifen, deren Intensität schrittweise abnimmt. Man bezeichnet die hellen Streifen als diejenigen 0., 1., 2., ... Ordnung, die zwischen ihnen liegenden dunklen Streifen als diejenigen 1., 2., ... Ordnung.

Es sei $AB = a$ die Breite des Spaltes Sp_2, λ die Wellenlänge des Lichtes (Abb. 60). Wir betrachten das parallele Strahlenbündel, das im Spalt unter einem Winkel α abgebeugt wird. Vollständige Auslöschung tritt bei denjenigen Winkeln α ein, für die

$$AC = a \sin \alpha = k\lambda, \text{ mit } k = 1, 2, 3, \ldots \qquad (27.1)$$

ist. Denn dann gibt es zu jedem in dieser Richtung abgebeugten Strahl einen zweiten, der ihm gegenüber einen Gangunterschied $\lambda/2$ hat, ihn also bei der Vereinigung auf dem Schirm auslöscht. Die seitlichen Maxima liegen in erster und für uns hier genügender Näherung in den Richtungen, welche der Bedingung

$$AC = a \sin \alpha = \frac{2k+1}{2}\lambda, \quad \text{mit} \quad k = 1, 2, 3, \ldots \qquad (27.2)$$

genügen.

Wir wollen nach (27.2) die Wellenlänge einer Spektrallinie messen und zu diesem Zweck die Lagen der Intensitätsmaxima an einer auf dem Schirm angebrachten Teilung ablesen. Wir benutzen die Maxima und nicht die Minima (die auf einer photographischen Aufnahme schärfer bestimmbar wären), weil wir bei visueller Beobachtung nur in ihnen unsere Skala genügend genau ablesen können. Der Abstand des Schirms vom Spalt sei b, der Abstand eines Intensitätsmaximums von der Mitte des Beugungsbildes sei x. Dann ist $x = b \tan\alpha \approx b \sin\alpha$, da $\alpha \ll 1$. Wir messen stets die Abstände $2x$ homologer Streifen, da die genaue Lage der Mitte des Beugungsbildes schwer zu bestimmen ist. Nach (27.2) erhalten wir dann

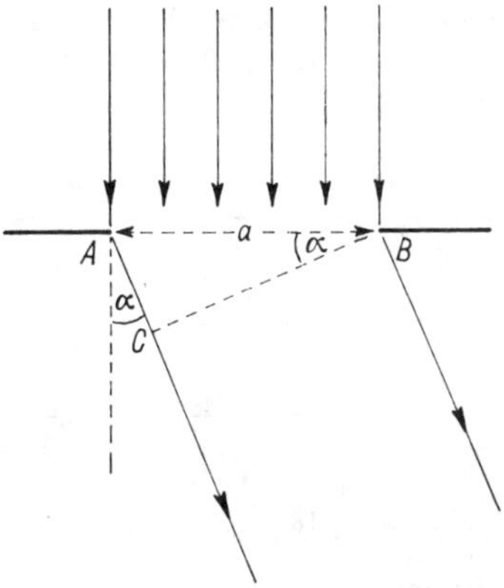

Abb. 60. Zur Beugung an einem Spalt

$$2x = (2k+1)\,\frac{b}{a}\,\lambda. \tag{27.3}$$

Daraus können wir bei Kenntnis von a und b die Wellenlänge λ berechnen.

Als Schirm S dient eine Glasscheibe mit einer in Zehntelmillimeter geteilten Skala, die wir mit einer Lupe Lu beobachten (Abb. 58). Als Lichtquelle benutzen wir eine Natriumdampflampe, die im Sichtbaren nur die gelbe D-Linie des Natriums liefert. In anderen Fällen gibt es im Sichtbaren mehrere Linien, von denen dann eine durch ein Farbfilter ausgesiebt werden muß.

Den Abstand b messen wir genügend genau mit einem mm-Maßstab. Zur Messung der Spaltbreite a benutzen wir das *Bessel*sche Verfahren (18. Aufgabe, III., auf die wir wegen der Einzelheiten verweisen.) Wir rücken den Spalt Sp_2 an die Stelle des Spaltes Sp_1 und bilden ihn in einer Entfernung von rund 2 m auf einem mit mm-Papier beklebten Schirm mit einer Linse von kleiner Brennweite (10 bis 15 cm) einmal stark vergrößert, dann stark verkleinert ab und messen die Breite a' des stark vergrößerten Spaltbildes. Dann beträgt der Abbildungsmaßstab $\gamma = a'/a$. Andererseits ist $\gamma = b/g$. Ist s der Gesamtabstand Spalt—Schirm, e die Verschiebung der Linse zwischen den beiden Einstellungen, so ist, wie man leicht berechnet (18. Aufgabe)

$$a = a'\,\frac{s-e}{s+e}\,. \tag{27.4}$$

Beispiel. Es war $b = 1179$ mm. In Tabelle 1 geben wir die Messungen von a'. Als Mittelwert ergibt sich $a' = 21{,}48$ mm. Ferner ergab sich (im einzelnen hier nicht mitgeteilt) $s = 2046$ mm, $e = 1783$ mm. Damit ist nach (27.4) $a = 21{,}48 \cdot 263/3829 = 1{,}475$ mm. Tabelle 2 gibt die gemessenen Werte von $10\,x$ links und rechts sowie weitere, für die Berechnung von λ nötige Angaben.

Tabelle 1

a' mm	$v \cdot 10^2$	$v^2 \cdot 10^4$
21,4	− 8	64
7	+ 22	484
5	+ 2	4
5	+ 2	4
3	− 18	324
21,48		880

Tabelle 2

k	$10\,x$ links mm	$10\,x$ rechts mm	$20\,x$ mm	$10\,z$ mm	$v \cdot 10^2$	$v^2 \cdot 10^4$
1	6,8	7,0	13,8	4,60	− 1	1
2	11,4	11,8	23,2	4	+ 3	9
3	16,0	16,4	32,4	3	+ 2	4
4	20,5	21,0	41,5	1	0	0
5	25,2	25,4	50,6	0	− 1	1
6	29,8	30,0	59,8	0	− 1	1
7	34,5	34,8	69,3	2	+ 1	1
				4,61		17

Zur Berechnung der Wellenlänge setzen wir $\lambda b/a = z$, so daß

$$\lambda = z\,\frac{a}{b}\,. \tag{27.5}$$

Dann ist nach (27.3)

$$z = \frac{2\,x}{2\,k + 1}\,. \tag{27.6}$$

In Tabelle 2 haben wir für $20\,x/(2\,k + 1) = 10\,z$ den Mittelwert 4,61 mm also $z = 0{,}461$ mm berechnet. Damit erhalten wir $\lambda = 0{,}461 \cdot 1{,}475/1179 = 0{,}577 \cdot 10^{-3}$ mm $= 577{,}0$ nm.

Fehlerrechnung. Der relative Größtfehler von λ beträgt nach (27.5) $\Delta\lambda/\lambda = \Delta z/z + \Delta a/a + \Delta b/b$. Aus Tabelle 2 folgt $\Delta\,10\,z = \sqrt{17/42} \cdot 10^{-2} \approx \pm\,0{,}0064$ und $\Delta z/z = \Delta\,10\,z/10\,z = \pm\,0{,}0064/4{,}61 \approx \pm\,0{,}0014 = \pm\,0{,}14\,\%$. Die genaue Berechnung des Fehlers von a nach (27.4) ist umständlich, weil s und e im Zähler und im Nenner auftreten. Da aber der Größtfehler sowohl von $s + e$ als auch von $s - e$ gleich $\Delta s + \Delta e$ ist, so ist der relative Fehler von $s + e = 3829$ mm sehr viel kleiner als derjenige von $s - e = 263$ mm, so daß wir jenen vernachlässigen dürfen. Dann beträgt der relative Größtfehler von a: $\Delta a/a = \Delta a'/a' + \Delta\,(s - e)/(s - e)$. Nach Tabelle 1 ist $\Delta a' = \sqrt{880/20} \cdot 10^{-2} \approx \pm\,0{,}066$ mm, also $\Delta a'/a' = \pm\,0{,}066/21{,}48 \approx \pm\,0{,}003 = \pm\,0{,}3\,\%$. Den absoluten Fehler von s schätzen wir auf $\Delta s = \pm\,1$ mm. Der absolute Fehler von e betrug nach unseren (oben nicht im einzelnen mitgeteilten) Messungen $\Delta e = \pm\,2$ mm. Damit ergibt sich $\Delta\,(s - e) = \Delta s + \Delta e = \pm\,3$ mm und $\Delta\,(s - e)/(s - e) = \pm\,3/263 \approx \pm\,0{,}011 = \pm\,1{,}1\,\%$. Als relativen Fehler von a erhalten wir also $\Delta a/a = \pm\,(0{,}3 + 1{,}1)\,\% = \pm\,1{,}4\,\%$. Den Fehler von b schätzen wir auf $\Delta b = \pm\,1$ mm, also $\Delta b/b = \pm\,1/1179 \approx \pm\,0{,}001 = \pm\,0{,}1\,\%$. Also ist $\Delta\lambda/\lambda = \pm\,(0{,}14 + 1{,}4 + 0{,}1)\,\% \approx \pm\,2\,\%$.

Unser Endergebnis lautet also

$$\lambda = (577{,}0 \pm 11{,}0)\ \text{nm}, \quad \Delta\lambda/\lambda = \pm 2\,\%.$$

Tatsächlich ist die *D*-Linie des Natriums ein enges Dublett bei 589,0 und 589,6 nm mit dem Mittelwert 589,3 nm. Das liegt um etwas mehr als 2 % oberhalb unserer berechneten Fehlergrenze. Da wir bei der Schätzung unserer Fehler sehr vorsichtig gewesen sind, so ist diese Abweichung auf systematische Fehler zurückzuführen. Unser Ergebnis beruht auf Messungen mit mm-Stäben, einer Zehntelmillimeter-Teilung und einem Blatt mm-Papier, also mit sehr einfachen Mitteln. Teilungsfehler sind bei ihnen durchaus denkbar. Besonders gilt dies für das mm-Papier, das sich beim Aufkleben auf seine Unterlage sehr wohl ein wenig verzogen haben kann. Ziehen wir die Einfachheit der Mittel in Betracht, so kann unser Ergebnis immer noch als befriedigend bezeichnet werden.

28. Aufgabe. Drehung der Polarisationsebene des Lichtes

Westphal, Physik, §§ 304, 306; Kl. Lehrb. d. Physik, §§ 223, 224

I. Grundlagen

Stoffe, die die Polarisationsebene (Schwingungsebene) hindurchgehenden linear polarisierten Lichtes drehen, heißen *optisch aktiv*. Diese Eigenschaft haben erstens gewisse Kristalle auf Grund ihrer Raumgitterstruktur, z. B. Quarz in Richtung seiner optischen Achse, andrerseits insbesondere Lösungen solcher Stoffe, die ein asymmetrisches Kohlenstoffatom enthalten, z. B. Rohrzuckerlösung [1]). Alle optisch aktiven Stoffe existieren in einer *rechtsdrehenden* und einer *linksdrehenden Modifikation* [2]). Der Drehwinkel ist der Länge des Lichtweges im Stoff proportional und von der Wellenlänge des Lichtes abhängig. Er wird meist für die gelbe *D*-Linie des Natriums angegeben.

Geräte zur Messung der optischen Drehung heißen *Polarimeter* (Abb. 61). Ein solches enthält zwei *Nicol*sche Prismen, den Polarisator *P* und den

---

[1]) Eine Drehung der Polarisationsebene linear polarisierten Lichtes kann auch mit Vorrichtungen aus nicht optisch aktiven Stoffen bewirkt werden, z. B. indem man das durch einen Nicol linear polarisierte Licht durch einen zweiten Nicol treten läßt, der gegen den ersten verdreht ist (s. u. die Halbschattenvorrichtung), wobei aber das Licht eine um so größere Schwächung erleidet, je größer die Verdrehung ist, oder durch ein sog. $\lambda/2$-Plättchen.

[2]) Ein Stoff heißt rechtsdrehend (linksdrehend), wenn er die Polarisationsebene, *gegen* die Lichtquelle betrachtet, im Sinne (gegen den Sinn) des Uhrzeigers dreht, der Lichtvektor also im Stoff eine Linksschraube (Rechtsschraube) beschreibt.

Analysator A, der relativ zum Polarisator um die gemeinsame Achse gedreht werden kann. Sein Azimut wird an einer Kreisteilung abgelesen. Das von der Lichtquelle L kommende Licht tritt durch eine Mattglasplatte M, ein Lichtfilter Fi und eine Sammellinse (Kondensor) K in das Nicolsystem und schließlich in das Fernrohr F ein. Der Polarisator siebt aus dem Licht eine linear polarisierte Komponente aus. Sofern sich zwischen P und A keine

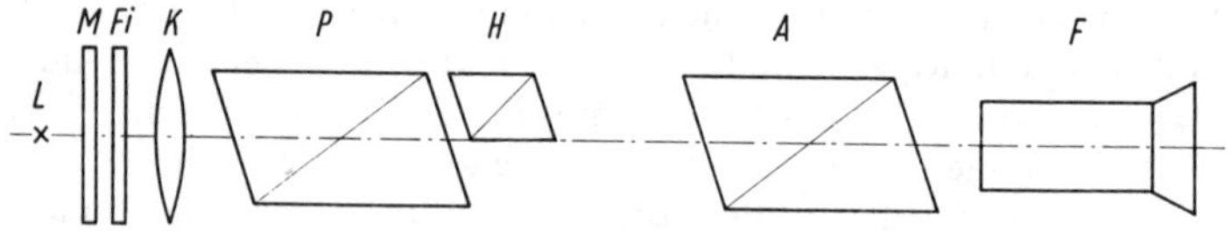

Abb. 61. Polarimeter, Schema

optisch aktive Substanz befindet, wird das Licht von A maximal durchgelassen, wenn A und P gleich orientiert sind oder A um 180° gegen diese Stellung gedreht ist (parallele Nicols). Es wird ausgelöscht, wenn A um ± 90° gegen P verdreht ist (gekreuzte Nicols). Wird zwischen die parallelen oder gekreuzten Nicols eine optisch aktive Substanz gebracht, die die Polarisationsebene um den Winkel α dreht, so muß A um den gleichen Winkel gedreht werden, um wieder maximale Helligkeit bzw. Auslöschung zu bewirken.

Die Beurteilung dieser beiden Extremzustände ist aber recht unsicher. Eine viel größere Genauigkeit erreicht man mit Hilfe des *Halbschattenprinzips*. Hinter dem Polarisator ist, das halbe Gesichtsfeld bedeckend, eine Vorrichtung (H) angebracht (Abb. 61), die die Polarisationsebene des aus P austretenden linear polarisierten Lichtes um einen Winkel δ dreht, ein kleiner Nicol oder ein $\lambda/2$-Plättchen. Das Fernrohr wird auf die das Gesichtsfeld halbierende Kante von H eingestellt. Dann fällt in A Licht ein, dessen Polarisationsebenen in den beiden Gesichtsfeldhälften den Winkel δ miteinander bilden, so daß die beiden Häften im allgemeinen verschieden hell erscheinen. Bei einer Drehung von A ändern sich die Helligkeiten der beiden Gesichtshälften so, wie es die beiden Sinuskurven der Abb. 62 zeigen, die um den Winkel δ gegeneinander verschoben sind. Es gibt nur vier Stellungen gleicher Helligkeit beider Gesichtsfeldhälften,. von denen zwei (a_0', a_0'') im Bereich der Auslöschung, zwei (e_0', e_0'') im Bereich maximaler Helligkeit liegen. Zunächst sei A auf eine dieser vier Stellungen eingestellt. Wird nun zwischen P und A eine optisch aktive Substanz gebracht, die die Polarisationsebene um den Winkel α dreht, so muß man A um den gleichen Winkel nachdrehen, um wieder gleiche Helligkeit beider Gesichtsfeldhälften zu bewirken. Der Grund für die Anwendung des Halbschattenprinzips ist, daß das Auge kleine Helligkeitsunterschiede insbesondere bei sehr geringer Helligkeit sehr viel genauer zu beurteilen vermag als Minima oder gar Maxima der Helligkeit (vgl. hierzu IV). Daher wird immer nur auf gleiche Helligkeit im Auslöschungsbereich eingestellt.

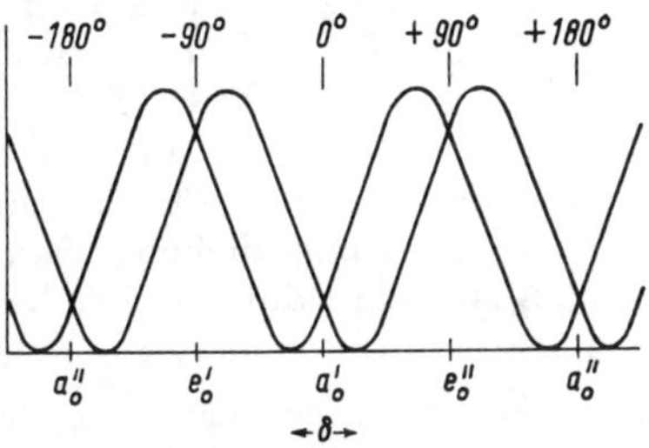

Abb. 62. Zum Halbschattenprinzip

Als Lichtquelle benutzen wir eine Natriumdampflampe, die im Sichtbaren nur die gelbe *D*-Linie emittiert. Das gelbe Lichtfilter *Fi* dient zur Fernhaltung unerwünschten Streulichtes.

II. Die spezifische Drehung von Quarz

Eine optisch aktive Kristallplatte von der Dicke d dreht die Polarisationsebene um den Winkel

$$\alpha = (\alpha)\, d\,. \tag{28.1}$$

Die – von der Wellenlänge abhängige – Stoffkonstante (α) heißt *spezifische Drehung*[1]). Ihre übliche Einheit ist $1^\circ\ \mathrm{mm}^{-1}$.

Beispiel. Wir untersuchen eine senkrecht zu ihrer optischen Achse geschnittene planparallele Quarzplatte von der Dicke $d = 0{,}997$ mm (Firmenangabe) und messen die Stellungen a_0' und a_0'' des Analysators ohne die

Tabelle 1

a_0'	$v\cdot10^1$	$v^2\cdot10^2$	a_0''	$v\cdot10^1$	$v^2\cdot10^2$	a'	$v\cdot10^1$	$v^2\cdot10^2$	a''	$v\cdot10^1$	$v^2\cdot10^2$
−0,5°	−1	1	+179,7°	+1	1	−22,1°	+1	1	+157,8°	−0,5	0,25
4	0	0	6	0	0	2	0	0	8	−0,5	0,25
3	+1	1	7	+1	1	3	−1	1	9	+0,5	0,25
4	0	0	6	0	0	2	0	0	9	+0,5	0,25
4	0	0	7	+1	1	2	0	0	8	−0,5	0,25
4	0	0	7	+1	1	2	0	0	9	+0,5	0,25
4	0	0	5	−1	1	2	0	0	8	−0,5	0,25
5	−1	1	5	−1	1	2	0	0	8	−0,5	0,25
4	0	0	6	0	0	2	0	0	9	+0,5	0,25
4	0	0	6	0	0	2	0	0	9	+0,5	0,25
−0,4°		3	+179,6°		6	−22,2°		2	+157,85°		2,5

1) Die Verwendung eines Formelzeichens wie (α) und weiter unten $[\alpha]$ für eine Größe – die überdies nicht gleichartig mit der links stehenden Größe α ist – widerspricht den internationalen Empfehlungen. Sie ist aber in unserem Fall noch so allgemein üblich, daß wir davon nicht abweichen wollen.

Platte, die Stellungen a' und a'' mit ihr. Dann ist der Drehungswinkel $\alpha' = a' - a_0'$ bzw. $\alpha'' = a'' - a_0''$, wovon wir den Mittelwert $\alpha = (\alpha' + \alpha'')/2 = (a' - a_0' + a'' - a_0'')/2$ nehmen. Tabelle 1 gibt unsre Messungen. Es ergibt sich $\alpha' = -22{,}2^\circ + 0{,}4^\circ = -21{,}8^\circ$, $\alpha'' = 157{,}85^\circ - 179{,}6^\circ = -21{,}75^\circ$, also als Mittelwert $\alpha = -21{,}78^\circ$. Da unser Teilkreis rechtsläufig ist, so entspricht das einer Linksdrehung. Es handelt sich also um einen Linksquarz. Nach (28.1) ergibt sich (ohne Berücksichtigung des Vorzeichens) $(\alpha) = \alpha/d = 21{,}78/0{,}997 = 21{,}84^\circ\ \text{mm}^{-1}$.

Fehlerrechnung. Zur Berechnung von $\Delta\alpha$ benutzen wir das Fehlerfortpflanzungsgesetz Einl. § 11, (5), mit den Angaben der Tabelle 1 und erhalten $\Delta\alpha = \frac{1}{2} \cdot \sqrt{(\Delta a')^2 + (\Delta a_0')^2 + (\Delta a'')^2 + (\Delta a_0'')^2} = \frac{1}{2} \cdot \sqrt{(2 + 3 + 2{,}5 + 6)/(10 \cdot 9)} \cdot 10^{-1} \approx \pm 0{,}02^\circ$, also $\Delta\alpha/\alpha = \pm 0{,}02/21{,}78 \approx \pm 0{,}001 = \pm 0{,}1\,\%$. Der relative Größtfehler von (α) beträgt nach (28.1) $\Delta(\alpha)/(\alpha) = \Delta\alpha/\alpha + \Delta d/d$. Wir schätzen vorsichtig $\Delta d = \pm 0{,}003$ mm, so daß $\Delta d/d = \pm 0{,}003/0{,}998 \approx \pm 0{,}003 = \pm 0{,}3\,\%$. Damit folgt $\Delta(\alpha)/(\alpha) = \pm 0{,}4\,\%$ und $\Delta(\alpha) = \pm 0{,}004 \cdot 21{,}84 \approx \pm 0{,}08^\circ\ \text{mm}^{-1}$.

Unser Endergebnis lautet also

$$\underline{(\alpha) = (21{,}84 \pm 0{,}08)^\circ\ \text{mm}^{-1}, \quad \Delta(\alpha)/(\alpha) = \pm 0{,}4\,\%}$$

für die D-Linie des Natriums.

III. Messung der Konzentration einer Rohrzuckerlösung

In einer durch zwei ebene Glasplatten verschlossenen Röhre von der Länge l befinde sich eine wäßrige Lösung eines optisch aktiven Stoffes von der Konzentration c (in g cm^{-3}). Die Drehung α der Polarisationsebene in ihm ist l und c proportional,

$$\alpha = [\alpha]\, l c. \tag{28.2}$$

Die Stoffkonstante $[\alpha]$ heißt ebenfalls *spezifische Drehung*, ist aber, wie der Vergleich von (28.1) und (28.2) zeigt, anders definiert als (α). Ihre übliche Einheit ist $1^\circ\ \text{dm}^{-1}\ \text{g}^{-1}\ \text{cm}^3$. Wir untersuchen eine Rohrzuckerlösung, verfahren ebenso wie bei II. und benutzen die gleichen Bezeichnungen und die bereits gemessenen Werte von a_0' und a_0''. Die spezifische Drehung $[\alpha] = 66{,}4^\circ\ \text{dm}^{-1}\ \text{g}^{-1}\ \text{cm}^3$ für die D-Linie ist vorgegeben. Dann können wir aus α nach (28.2) die Konzentration c der Lösung berechnen. Das ist ein praktisch wichtiges Verfahren, z. B. zur Messung des Zuckergehaltes im Harn.

Beispiel. Es ist $l = 2{,}00$ dm. Tabelle 2 gibt unsre Messungen. Mit $a_0' = -0{,}4^\circ$ und $a_0'' = +179{,}6^\circ$ ist also $\alpha' = 32{,}5^\circ + 0{,}4^\circ = +32{,}9^\circ$ und $\alpha'' = -147{,}4 - 179{,}6^\circ = -327{,}0^\circ = +33{,}0^\circ$ mit dem Mittelwert $\alpha = +32{,}95^\circ$. Wegen des positiven Vorzeichens ist also Rohrzucker rechtsdrehend. Damit ergibt sich nach (28.2) $c = (32{,}95/66{,}4 \cdot 2{,}00) = 0{,}2480\ \text{g cm}^{-3}$.

Fehlerrechnung. Nach (28.2) ist $\Delta c/c = \Delta\alpha/\alpha + \Delta l/l$. Wir rechnen wie oben und erhalten mit den Angaben der Tabellen 1 und 2 $\Delta\alpha = \sqrt{(5+3+7+6)/(10 \cdot 9)} \cdot$

Tabelle 2

a'	$v \cdot 10^1$	$v^2 \cdot 10^2$	a''	$v \cdot 10^1$	$v^2 \cdot 10^2$
+32,4°	−1	1	−147,4°	0	0
4	−1	1	5	−1	1
5	0	0	5	−1	1
4	−1	1	3	+1	1
6	+1	1	4	0	0
5	0	0	2	−2	4
6	+1	1	4	0	0
5	0	0	4	0	0
5	0	0	4	0	0
5	0	0	4	0	0
+32,5°		5	−147,4°		7

$10^{-1}/2 \approx \pm 0{,}025°$, also $\Delta\alpha/\alpha = \pm 0{,}025/32{,}95 \approx \pm 0{,}0008 \approx \pm 0{,}1\,\%$. Wir schätzen $\Delta l = \pm\, 0{,}2$ mm $= \pm\, 0{,}002$ dm, so daß $\Delta l/l = \pm\, 0{,}002/2{,}00 = \pm\, 0{,}001 = \pm\, 0{,}1\,\%$. Es ist also $\Delta c/c = \pm\, 0{,}2\,\%$ und $\Delta c = \pm\, 0{,}002 \cdot 0{,}248 \approx \pm\, 0{,}0005$ g cm^{-3}.

Unser Endergebnis lautet also

$$\underline{c = (0{,}2480 \pm 0{,}0005) \text{ g cm}^{-3}, \quad \Delta c/c = \pm\, 0{,}2\,\%.}$$

IV. Zum Weber-Fechnerschen Gesetz

Dieses Gesetz lautet: Erfährt ein Sinnesorgan – in unserm Fall das Auge – einen Reiz von der physikalisch gemessenen Stärke R, der eine Empfindung von der subjektiv – in unserm Fall visuell – bewerteten Stärke E erzeugt, so bewirkt eine Reizänderng ΔR eine Empfindungsänderung ΔE, die in grober Näherung der relativen Reizänderung $\Delta R/R$ proportional ist. Demnach ist das Auge für die gleiche Reizänderung und demnach auch für die gleiche Helligkeitsdifferenz ΔR der beiden Gesichtsfeldhälften des Polarimeters um so empfindlicher, je kleiner der Reiz selbst – die durchschnittliche Helligkeit der beiden Hälften – ist. Darum arbeitet man beim Polarimeter im Auslöschungsbereich, nicht im Bereich maximaler Helligkeit. (Vgl. hierzu Abb. 62.) Die Meßfehler sind dann viel kleiner. Wir wollen uns davon überzeugen, indem wir (ohne drehenden Stoff) auch im Bereich maximaler Helligkeit (parallele Nicols) auf gleiche Helligkeit beider Gesichtsfeldhälften einstellen (e_0', e_0'' in Abb. 62), die mittleren Fehler μ der Einzelmessungen nach Einl. § 10, (2a), berechnen und mit denen der bei gekreuzten Nicols erhaltenen Werte von a_0' und a_0'' in Tabelle 1 vergleichen. Die Tabelle 3 zeigt unsre Messungen. Als mittlerer Fehler von je 10 Einzelmessungen ergibt sich $\mu(e_0') = \sqrt{2331/9} \cdot 10^{-1} \approx \pm\, 1{,}6°$ und $\mu(e_0'') = \sqrt{5079/9} \cdot 10^{-1} \approx \pm\, 2{,}4°$, also im Mittel $\pm\, 2°$. Hingegen ist

$\mu(a_0') = \sqrt{3/9} \cdot 10^{-1} \approx \pm 0{,}06^\circ$ und $\mu(a_0'') = \sqrt{6/9} \cdot 10^{-1} \approx \pm 0{,}08^\circ$, also im Mittel $\pm 0{,}07^\circ$. Die Fehler verhalten sich also ungefähr wie 30 : 1. Das verdeutlicht sehr drastisch den Vorteil des Messens im Auslöschungsbereich.

Tabelle 3

e_0'	$v \cdot 10^1$	$v^2 \cdot 10^2$	e_0''	$v \cdot 10^1$	$v^2 \cdot 10^2$
$-90{,}6^\circ$	-10	100	$+88{,}7^\circ$	-8	64
88,9	$+7$	49	91,9	$+24$	576
91,5	-19	361	87,1	-24	576
91,5	-19	361	89,6	$+1$	1
91,5	-19	361	85,5	-40	1600
87,5	$+21$	441	91,9	$+24$	576
88,6	$+10$	100	89,6	$+1$	1
87,4	$+22$	484	86,9	-26	676
89,1	$+5$	25	91,0	$+15$	225
88,9	$+7$	49	92,3	$+28$	784
$-89{,}6^\circ$		2331	$+89{,}5^\circ$		5079

29. Aufgabe. Lichtmessung

Westphal, Physik, §§ 166 u. 268; Kl. Lehrb. d. Physik, §§ 132 u. 192

Erzeugt eine Lichtquelle von der Lichtstärke J auf einer Fläche, die sich senkrecht zu dem auf sie fallenden Lichtstrom in der Entfernung r von der Lichtquelle befindet, die gleiche Beleuchtungsstärke wie eine zweite Lichtquelle von der Lichtstärke J_0 im Abstande r_0, so gilt

$$\frac{J}{J_0} = \left(\frac{r}{r_0}\right)^2 \quad \text{oder} \quad J = J_0 \left(\frac{r}{r_0}\right)^2. \tag{29.1}$$

Dieses *photometrische Entfernungsgesetz* erlaubt den Vergleich zweier Lichtstärken. Die internationale *Einheit der Lichtstärke* ist die Candela [1]) (cd). Geräte zur Lichtmessung (Photometrie) heißen *Photometer.*

Unsere Aufgabe besteht in dem Vergleich der Lichtstärke J einer Glühlampe bei verschiedenen Strombelastungen durch Vergleich mit einer Glühlampe von bekannter Lichtstärke J_0. Wir benutzen dazu ein *Fettfleckphotometer,* ein in einen Rahmen gespanntes Blatt Schreibpapier, auf dem — am besten mit einem zerlassenen Flöckchen Stearin — ein kleiner Fettfleck erzeugt wird. Wird das Blatt von beiden Seiten her gleich stark beleuchtet, so hebt sich der Fettfleck nur sehr wenig von seiner Umgebung ab. Ein voll-

[1]) Die Candela (Ton auf der zweiten Silbe) ist rund 10 % größer als die alte deutsche Hefner-Kerze (HK).

ständiges Verschwinden ist unmöglich; auch ist die Erscheinung von der Blickrichtung abhängig. Unser Photometer hat eine Einrichtung, mit der man beide Seiten des Blattes gleichzeitig unter gleichen Winkeln betrachten kann (Abb. 63). An dem das Blatt mit dem Fettfleck F haltenden Rahmen ist auf jeder Seite ein unter einem geeigneten Winkel gegen das Blatt geneigter Spiegel S sowie eine Lochblende B angebracht. Die beiden Lochblenden haben Augenabstand, und man erblickt durch sie auf dem Wege über die Spiegel den Fettfleck von beiden Seiten unter gleichen Winkeln. Auf beiden Seiten herrscht die gleiche Beleuchtungsstärke, wenn der Fettfleck auf beiden Seiten den gleichen Kontrast gegenüber seiner Umgebung zeigt. Die zu untersuchende Glühlampe und die Vergleichsglühlampe stehen im Abstande l voneinander an den Enden einer mit mm-Teilung versehenen Schiene (Photometerbank), auf der das zwischen den Lampen stehende Photometer P verschoben werden kann (Abb. 64). Jedes fremde Licht muß ferngehalten werden.

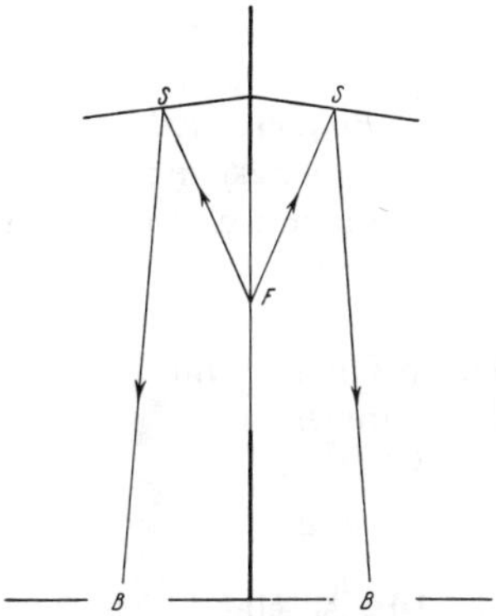

Abb. 63. Fettfleckphotometer

Beträgt die an der Lampe liegende Spannung U, die Stromstärke I, so wird in ihr die elektrische Leistung

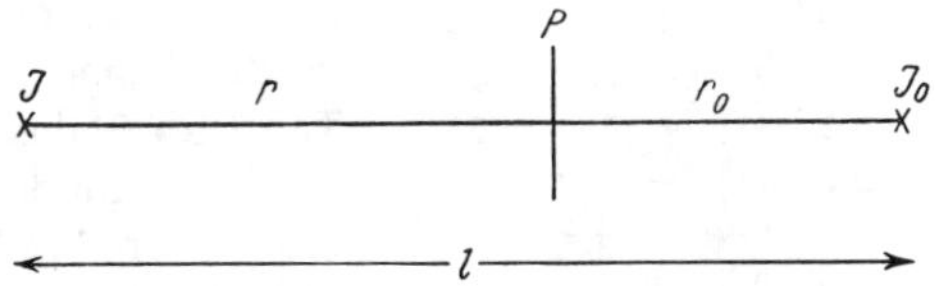

Abb. 64. Zur Lichtmessung

$$P = U I \qquad (29.2)$$

verbraucht. Wir verwenden die in Abb. 65 dargestellte Schaltung. Mit dem veränderlichen Widerstand R können U und I und damit P und J verändert werden. Wir messen J als Funktion von P und berechnen dann auch die *Lichtausbeute*

$$\eta = \frac{J}{P}, \qquad (29.3)$$

den Quotienten Lichtstärke / elektrische Leistung, als Funktion von P (Einheit cd W^{-1}).

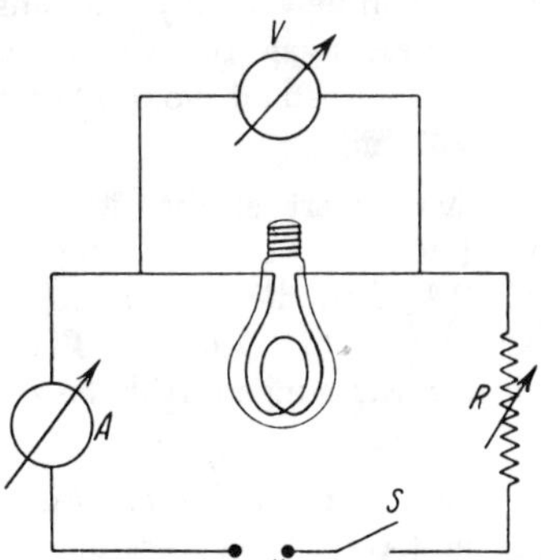

Abb. 65. Schaltung zur Messung der elektrischen Leistung
V Voltmeter, A Amperemeter,
R Regelwiderstand

In dem von uns untersuchten Bereich wächst die Lichtstärke mit der Kelvin-

Temperatur T ziemlich genau nach der Gleichung

$$J = const\ T^{\beta}, \tag{29.4}$$

wobei auch β eine Konstante ist. Die Gesamtstrahlungsleistung der Lampe, von der nur ein kleiner Teil in das sichtbare Gebiet fällt, ist nach dem *Stefan-Boltzmann*schen Gesetz proportional T^4 (genauer: $T^4 - T_0^4$, wenn T_0 die Umgebungstemperatur ist; es ist aber $T_0^4 \ll T^4$). Sie ist gleich der dafür verbrauchten elektrischen Leistung, so daß auch

$$P = const\ T^4. \tag{29.5}$$

Durch Eliminierung von T erhält man aus (29.4 und (29.5) in dekadischen Logarithmen

$$\lg J = const + \frac{\beta}{4} \lg P. \tag{29.6}$$

$\lg J$ ist also eine lineare Funktion von $\lg P$, mittels derer wir β berechnen können.

Tabelle 1

r	$v \cdot 10$	$v^2 \cdot 10^2$
114,3 cm	+11	121
4,0	+ 8	64
2,5	− 7	49
2,3	− 9	81
3,0	− 2	4
113,2 cm		319

Beispiel. Wir untersuchen eine Kohlefadenlampe. Als Vergleichslampe dient eine Metallfadenlampe, deren Lichtstärke zu $J_0 = 15{,}0$ cd angegeben ist. Beide Lampen liegen am Lichtnetz (220 V), die Kohlefadenlampe in der oben beschriebenen Schaltung. Sie steht auf dem Teilstrich 0, die Vergleichslampe auf dem Teilstrich 200 cm der Photometerbank. (Wegen der räumlichen Ausdehnung der Lampen sind diese Ortsangaben und daher auch alle Abstandsangaben in gewissem Grade unscharf.) Tabelle 1 gibt als Beispiel sämtliche Einzelmessungen bei voller Belastung der Lampe, also bei $U = 220$ V; r ist ihr Abstand vom Photometer, $r_0 = l - r$ der der Vergleichslampe ($l = 200$ cm).

Als Mittelwert ergibt sich $r = 113{,}2$ cm, also $r_0 = 86{,}8$ cm. Dann folgt aus (29.1) $J = 15{,}0\ (113{,}2/86{,}8)^2 = 25{,}51$ cd. Die Stromstärke betrug $I = 0{,}262$ A, also die Leistung $P = 220 \cdot 0{,}262 = 57{,}64$ W und die Lichtausbeute $\eta = 25{,}5/57{,}6 = 0{,}443$ cd W^{-1}. Tabelle 2 gibt die Mittelwerte der übrigen Messungen. Abb. 66 zeigt J und η als Funktion von P.

Wir wollen prüfen, ob unsere Messungen (29.6) bestätigen, und tragen unsere J-Werte noch einmal gegen die P-Werte auf, diesmal aber auf lg-lg-Papier (Abb. 67). Es ergibt sich in der Tat sehr genau eine Gerade. Wir lesen auf der über ihre Enden hinaus extrapolierten Geraden folgende Zahlenwertpaare ab: $J = 1{,}00$, $\lg J = 0{,}000$; $P = 21{,}1$, $\lg P = 1{,}324$; $J = 100$, $\lg J = 2{,}000$; $P = 88$, $\lg P = 1{,}944$. Einsetzen in (29.6) ergibt

Tabelle 2

U V	I A	P W	r cm	r_0 cm	J cd	η cd W^{-1}
150	0,163	24,45	49,3	150,7	1,61	0,066
160	178	28,48	58,7	141,3	2,59	091
170	191	32,47	68,4	131,6	4,05	125
180	206	37,08	78,4	121,6	6,23	168
190	218	42,42	87,4	112,6	9,04	218
200	232	46,40	95,8	104,2	12,68	273
210	248	52,08	105,7	94,3	18,85	362
220	262	57,64	113,2	86,8	25,51	443

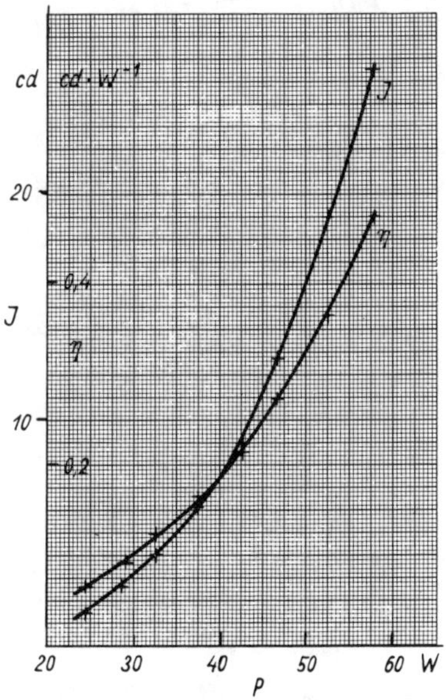

Abb. 66. Lichtstärke J und Lichtausbeute η einer Kohlefadenlampe als Funktion der elektrischen Leistung P

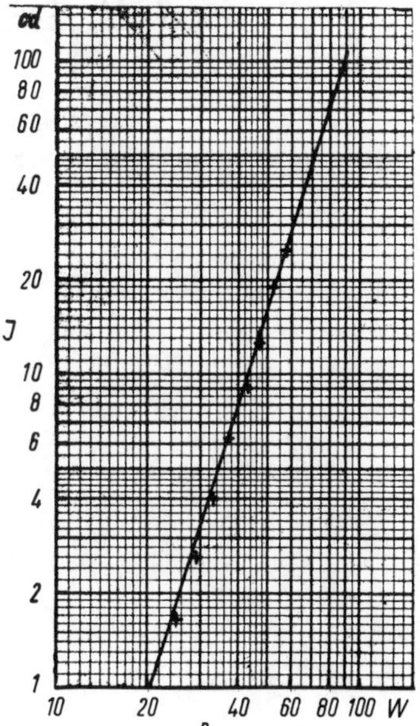

Abb. 67. J als Funktion von P auf lg-lg-Papier

$\beta = 12{,}85 \approx 13$. Die außerordentlich hohe Abhängigkeit der Lichtstärke von der Temperatur macht es verständlich, daß schon sehr kleine Schwankungen der Netzspannung beträchtliche Schwankungen der Lichtstärke bewirken.

Fehlerrechnung. Wir führen eine Fehlerrechnung nur für J und η bei voller Belastung der Lampe aus. Es sei $l/r = z$, so daß nach (29.1) $J = J_0/(z-1)^2$. Wegen der oben erwähnten Unschärfe des Ortes der beiden Lichtquellen wollen wir

$\Delta l = \pm\ 0{,}5$ cm schätzen, so daß $\Delta l/l = \pm\ 0{,}5/200 = \pm\ 0{,}0025$. Nach Tabelle 1 ist $\Delta r = \sqrt{319/(5 \cdot 4)} \cdot 10^{-1} \approx \pm\ 0{,}4$ cm, also $\Delta r/r = \pm\ 0{,}4/113{,}2 \approx \pm\ 0{,}004$. Damit ergibt sich als relativer Größtfehler von z: $\Delta z/z = \Delta l/l + \Delta r/r = \pm(0{,}0025 + 0{,}004) = \pm\ 0{,}0065$. Es ist $z = 200/113{,}2 \approx 2{,}00$ also $\Delta z = \pm\ 0{,}0065 \cdot 2{,}00 = \pm\ 0{,}013$. Dann ergibt sich als relativer Größtfehler von J: $\Delta J/J = 2\,\Delta z/(z-1) = \pm\ 0{,}026/1{,}00 = \pm\ 0{,}026 \approx \pm\ 3\,\%$ und damit $\Delta J = \pm\ 0{,}03 \cdot 25{,}51 \approx \pm\ 0{,}75$ cd. – Aus (29.3) und (29.2) folgt $\Delta\eta/\eta = \Delta J/J + \Delta P/P = \Delta J/J + \Delta U/U + \Delta I/I$. Wir schätzen $\Delta U = \pm\ 1$ V, also $\Delta U/U = \pm\ 1/220 \approx \pm\ 0{,}005 = \pm\ 0{,}5\,\%$, und $\Delta I = \pm\ 0{,}001$ A, also $\Delta I/I = \pm\ 0{,}001/0{,}262 \approx \pm\ 0{,}004 = \pm\ 0{,}4\,\%$. Es ist also $\Delta\eta/\eta = \pm\ (3 + 0{,}5 + 0{,}4)\,\% \approx \pm\ 4\,\%$ und $\Delta\eta = \pm\ 0{,}04 \cdot 0{,}44 \approx \pm\ 0{,}02$ cd W^{-1}.

Demnach lauten unsre entsprechend gerundeten Ergebnisse

$$J = (25{,}5 \pm 0{,}75)\ \text{cd}, \qquad \Delta J/J = \pm\ 3\,\%,$$

$$\eta = (0{,}44 \pm 0{,}02)\ \text{cd}\,\text{W}^{-1}, \qquad \Delta\eta/\eta = \pm\ 4\,\%.$$

V. Elektrizität und Magnetismus

30. Aufgabe. Widerstandsmessung mit Strom- und Spannungsmesser. Kennlinie einer Glühlampe

Westphal, Physik, §§ 158, 166, 168; Kl. Lehrb. d. Physik, §§ 127, 132

Den Widerstand R eines Leiters ermittelt man unmittelbar aus der an ihm liegenden Spannung U und der Stromstärke I:

$$R = \frac{U}{I}. \tag{30.1}$$

Man bedient sich dazu einer der beiden in Abb. 68 dargestellten Schaltungen. Doch ergibt keine von ihnen bei unmittelbarer Berechnung aus den gemessenen Werten von U und I genau den richtigen Wert des Widerstandes R.

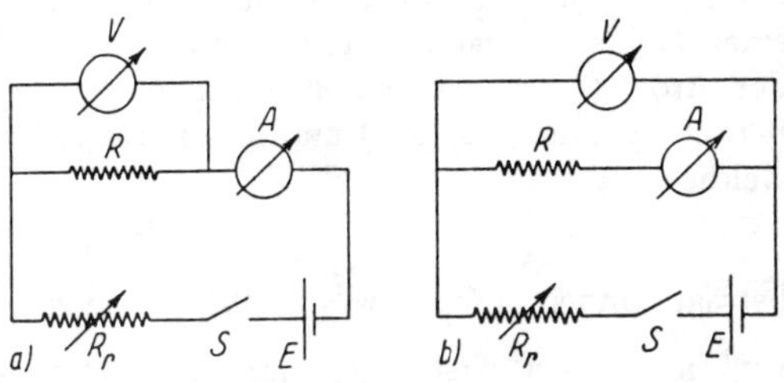

Abb. 68
R Widerstand
A Strommesser
V Spannungsmesser
Rr Regelwiderstand
S Schalter

Bei der Schaltung der Abb. 68 a mißt der Strommesser nicht nur den Strom $I_R = U/R$ im Widerstande R, sondern auch den Strom $I_V = U/R_V$ im Spannungsmesser (Widerstand R_V), also den Strom $I = I_R + I_V = U(1/R + 1/R_V)$ oder

$$I = \frac{U}{R}\left(1 + \frac{R}{R_V}\right). \tag{30.2 a}$$

Bei der Schaltung der Abb. 68 b mißt der Spannungsmesser nicht nur die an R liegende Spannung $U_R = IR$, sondern auch die Spannung $U_A = IR_A$ am Strommesser (Widerstand R_A), also die Gesamtspannung

$$U = I(R + R_A) = IR\left(1 + \frac{R_A}{R}\right). \tag{30.2 b}$$

Demnach ergibt U/I im ersten Fall einen zu kleinen, im zweiten einen zu großen Wert von R. Der genaue Wert muß nach (30.2 a) bzw. (30.2 b) berechnet werden. Hiervon kann aber im ersten Fall abgesehen werden, wenn $R_V \gg R$, im zweiten, wenn $R_A \ll R$. Bei nicht allzu kleinem U und I sind aber meist beide Bedingungen erfüllt, d. h. der Widerstand R_V des Spannungsmessers ist sehr groß, der Widerstand R_A des Strommessers sehr klein gegen den zu messenden Widerstand. Dann ist es gleichgültig, welche der beiden Schaltungen man wählt.

Der Widerstand eines Leiters hängt von seiner Temperatur ab (vgl. die 34. Aufgabe). Da diese mit der Stromstärke I wächst, so hängt der Widerstand eines Leiters von seiner Strombelastung ab, es sei denn, daß man für Temperaturkonstanz sorgt. R ist also *eine Funktion der Stromstärke.* Die Kurve, welche I als Funktion von U (oder U als Funktion von I) darstellt, heißt die *Kennlinie* oder *Charakteristik* des Leiters. Bei festen und flüssigen Leitern ist sie bei konstanter Temperatur eine Gerade. Erwärmt sich aber der Leiter durch den Strom, so ist sie nach unten konkav, wenn der Widerstand mit der Temperatur zunimmt, nach oben konkav, wenn er mit der Temperatur abnimmt, sofern I als Funktion von U dargestellt wird, andernfalls umgekehrt.

Unsere Aufgabe besteht darin, die Kennlinien einer Metallfadenlampe und einer Kohlefadenlampe aufzunehmen, ihre Widerstände als Funktionen der Stromstärke darzustellen und die Lampenwiderstände R bei normaler Betriebsspannung (220 V) und ihre normale Betriebsleistung zu berechnen, welche

$$P = UI \tag{30.3}$$

beträgt. Einheit (1 V · 1 A = 1 W) (vgl. die 29. Aufgabe).

Um die Lampen verschieden stark belasten zu können, stehen zwei Gleichspannungen, 24 V und 220 V zur Verfügung. Außerdem enthält unsere Schaltung den Regelwiderstand R_r (Abb. 68). Strom- und Spannungsmesser genügen der Bedingung $R_A \ll R \ll R_V$, so daß wir R ohne merklichen Fehler nach (30.1) berechnen dürfen. Als Regelwiderstände benutzen wir Schiebewiderstände.

Wir messen, von kleinen Spannungen bis 220 V fortschreitend, 20 bis 30 Wertepaare von U und I und zeichnen die Kennlinie der Lampe. Dann entnehmen wir *aus der Kennlinie* Wertepaare U, I, indem wir in Schritten von je 0,05 A fortschreiten, berechnen die entsprechenden Widerstände nach (30.1) und tragen R als Funktion von I auf. Dabei ist folgendes zu beachten. Bei kleiner Stromstärke ändert sich der Widerstand zunächst kaum, für $I \to 0$ ist also $dR/dI \to 0$. Das bedeutet, daß die Kurve, die R als Funktion von I darstellt, *in ihrem Anfang horizontal verlaufen muß.* Die Kennlinie unserer Metallfadenlampe läßt sich auch leicht in dieser Weise bis zum Wert $I \to 0$ extrapolieren, da ihr Widerstand bei unseren niedrigsten Meßwerten noch nahezu konstant ist. Bei der Kohlefadenlampe, deren Widerstand bei unseren kleinsten Meßwerten bereits steil abfällt, können wir eine solche

Extrapolation hier nicht durchführen. Dazu sind Messungen mit empfindlicheren Meßgeräten bei kleineren Stromstärken erforderlich (siehe unten).

Tabelle 1

Metallfadenlampe				Kohlefadenlampe			
U V	*I* A	*U* V	*I* A	*U* V	*I* A	*U* V	*I* A
1	0,046	96	0,610	6	0,012	110	0,328
2	140	111	658	10	020	122	372
5	204	124	698	16	034	131	406
11	240	135	726	24	050	138	436
16	290	143	748	37	086	144	460
27	340	155	780	47	112	154	496
32	358	169	816	51	124	162	528
41	401	189	864	57	142	165	540
52	444	201	896	66	172	175	584
58	468	210	920	70	184	184	624
66	506	220	945	76	204	202	702
83	564			86	236	207	734
				94	266	220	796
				104	306		

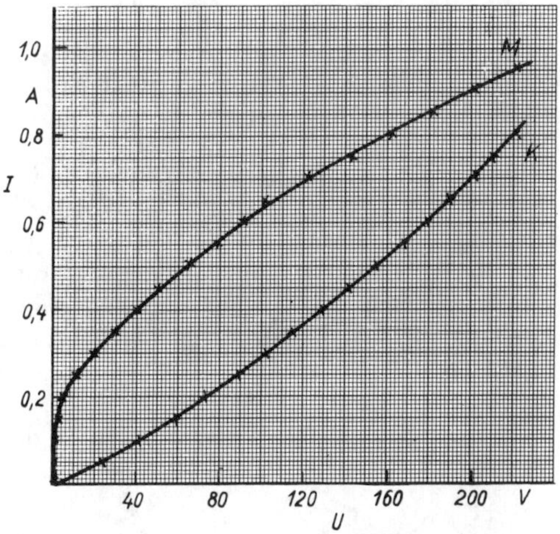

Abb. 69. Kennlinie einer Metallfadenlampe (*M*) und einer Kohlefadenlampe (*K*)

Beispiel. Tabelle 1 gibt unsre Meßwerte; Abb. 69 zeigt die mit ihrer Hilfe gezeichneten Kennlinien der beiden Lampen. Ihr Unterschied ist sehr augenfällig. Die Kennlinie der Metallfadenlampe (*M*) ist nach unten konkav, ihr Widerstand nimmt mit der Temperatur zu (vgl. die 34. Aufgabe). Die Kenn-

Tabelle 2

Metallfadenlampe			Kohlefadenlampe		
I A	*U* V	*R* Ω	*I* A	*U* V	*R* Ω
0,05	0,8	16	0,05	24	480
1	1,8	18	1	42	420
15	3	20	15	59	393
2	6	30	2	74	370
25	12	48	25	90	360
3	20	67	3	103	344
35	30	86	35	116	332
4	41	102	4	129	322
45	53	118	45	142	315
5	65	130	5	155	310
55	79	144	55	168	306
6	93	155	6	179	298
65	109	168	65	191	294
7	125	179	7	202	289
75	144	192	75	211	281
8	163	204	8	221	276
85	182	214			
9	202	224			
95	222	234			

linie der Kohlefadenlampe dagegen ist nach oben konkav, ihr Widerstand nimmt mit der Temperatur ab.

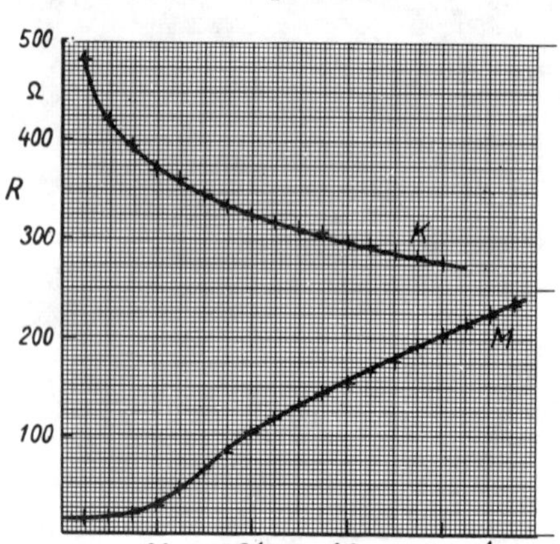

Abb. 70. Widerstand *R* einer Metallfadenlampe (*M*) und einer Kohlefadenlampe (*K*) als Funktion der Stromstärke *I*

Nunmehr entnehmen wir aus Abb. 69 die in Tabelle 2 wiedergegebenen Wertepaare von *U* und *I*, berechnen die zugehörigen *R*-Werte und stellen in Abb. 70 *R* als Funktion von *I* dar. Die Widerstandszunahme bei der Metallfadenlampe und die Widerstandsabnahme bei der Kohlefadenlampe sind sehr deutlich. Die Kurve der Metallfadenlampe läßt sich recht gut bis $I = 0$ fortsetzen, wofür sich $R \approx 14\,\Omega$ ergibt. Bei der Kohlefadenlampe dagegen können wir dies, wie schon gesagt, nicht tun.

Der Betriebswiderstand der Metallfadenlampe beträgt nach Tabelle 1 220/0,945 = 233 Ω, der der Kohlefadenlampe 220/0,796 = 277 Ω. Die Betriebsleistung beträgt bei der Metallfadenlampe

$$P = 220 \cdot 0{,}945 = 208\ \mathrm{W},$$

bei der Kohlefadenlampe

$$220 \cdot 0{,}796 = 175\ \mathrm{W}.$$

Fehlerrechnung: Nach (30.1) und (30.3) ist $\Delta R/R = \Delta P/P = \Delta U/U + \Delta I/I$. Wir schätzen $\Delta U = \pm 1\ \mathrm{V}$, $\Delta I = \pm 0{,}005\ \mathrm{A}$, so daß $\Delta U/U = \pm 1/220 \approx \pm 0{,}005 = \pm 0{,}5\,\%$ und bei der Metallfadenlampe $\Delta I/I = \pm 0{,}005/0{,}945 \approx \pm 0{,}005 = \pm 0{,}5\,\%$, bei der Kohlefadenlampe $\Delta I/I = \pm 0{,}005/0{,}796 \approx \pm 0{,}006 = \pm 0{,}6\,\%$. Demnach ist bei der Metallfadenlampe $\Delta R/R = \Delta P/P = \pm 1\,\%$, bei der Kohlefadenlampe $\Delta R/R = \Delta P/P = \pm 1{,}1\,\% \approx \pm 1\,\%$.

Demnach lauten unsre Endergebnisse

Metallfadenlampe: $R = (233 \pm 2{,}5)\ \Omega$, $P = (208 \pm 2)\ \mathrm{W}$,

$\Delta R/R = \Delta P/P = \pm 1\,\%$.

Kohlefadenlampe: $R = (227 \pm 3)$, $P = (175 \pm 2)\ \mathrm{W}$,

$\Delta R/R = \Delta P/P = \pm 1\,\%$.

Mit empfindlicheren Meßgeräten, einem geeigneten Schiebewiderstand und einem Akkumulator kann man die Messungen bis in den Bereich kleinerer Belastungen ausdehnen. Empfindliche Strommesser haben aber einen relativ großen, empfindliche Spannungsmesser einen relativ kleinen Widerstand, so daß bei sehr geringer Belastung die Bedingung $R_V \gg R \gg R_A$ nicht mehr erfüllt ist. Für die Berechnung am bequemsten ist die Schaltung der Abb. 68 b nebst (30.2 b). Dann ist

$$R = \frac{U}{I} - R_A. \tag{30.5}$$

Die für die Zeichnung der Kennlinie erforderliche Spannung U_R an R ist dann

$$U_R = IR. \tag{30.6}$$

Die Kennlinien tragen wir jetzt auf lg-lg-Papier auf. Der Grund wird sich bei unserem Beispiel erweisen.

Beispiel. Als Meßgeräte dienten zwei Vielfachmeßgeräte mit den Meßbereichen 0,25, 2,5, 25 und 250 V und 0,005 (20 Ω), 0,1 (1 Ω) und 1 A (0,1 ≈ 0 Ω). Tabelle 3 zeigt unsre Messungen mit einer Metallfadenlampe und einer Kohlefadenlampe, Abb. 71 die Kennlinien auf lg-lg-Papier. Diesmal haben wir, anders als in der Abb. 69, I auf der Abszisse, U auf der Ordinate aufgetragen.

Tabelle 3

Metallfadenlampe						Kohlefadenlampe					
I A	U V	$R+R_A$ Ω	R_A Ω	R Ω	U_R V	I A	U V	$R+R_A$ Ω	R_A Ω	Ω R	U_R V
0,01	0,165	16,5	1,0	15,5	0,155	0,002	1,00	500	20	480	0,96
2	338	16,9		15,9	318	5	2,53	506		486	2,43
4	675	16,9		15,9	636	0,01	4,80	480	1	479	4,79
7	1,29	18,4		17,4	1,22	2	9,55	478		477	9,54
0,1	1,99	19,9		18,9	1,89	4	17,95	449		448	17,92
2	7,30	36,5	≈ 0	$\approx$	$\approx U$	7	30,0	429		428	29,96
3	18,6	62,0		$R+R_A$		0,1	40,0	400	≈ 0	$\approx$	$\approx U$
4	38,5	96,3				2	70,8	354		$R+R_A$	
5	64,8	130				3	99,0	330			
6	94,5	158				4	124	310			
7	129	184				5	148	296			
8	165	206				6	171	285			
9	205	229				7	191	273			
93	220	237				8	212	265			
						85	220	258			

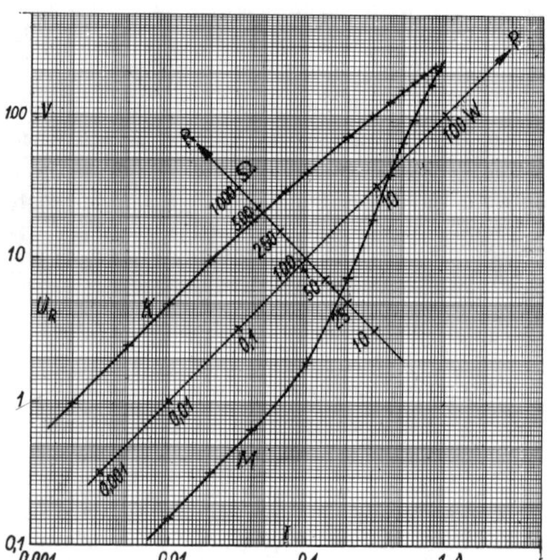

Abb. 71. Kennlinie einer Metallfadenlampe M und einer Kohlefadenlampe K auf lg-lg-Papier

Aus $R = U_R/I$ und $P = U_R I$ folgt

$$\lg R = \lg U_R - \lg I, \quad \lg P = \lg U_R + \lg I. \qquad (30.7\,\text{a, b})$$

Nach (30.7 a) sind in doppeltlogarithmischer Darstellung die Kurven $R = const$ Gerade mit dem Steigungsmaß $+1$, die also unter 45° von links unten nach rechts oben ansteigen. Tatsächlich zeigen auch unsere Kennlinien im Bereich kleiner Stromstärken, in dem noch $R \approx const$ ist, diesen Verlauf. Aus (30.7b) folgt, daß die Kurven $P = const$ Gerade mit dem Steigungsmaß -1 sind, die also unter 45° von links oben nach rechts unten verlaufen. Die orthogonale Schar der Geraden $R = const$ und $P = const$ bildet also ein rechtwinkliges Koordinatensystem (R, P). Wenn wir unsere Kennlinien in diesem System betrachten, so zeigen sie uns den Widerstand R als Funktion der Leistung P. Man erkennt dies, wenn man Abb. 71 so dreht, daß die rechte untere Ecke nach unten kommt. Die R-Werte wachsen dann von unten nach oben, die P-Werte von links nach rechts. Man sieht die Konstanz des Widerstandes bei schwacher Belastung, seinen Anstieg mit wachsender Belastung bei der Metallfadenlampe, seinen Abfall bei der Kohlefadenlampe. Dies ist ein sehr lehrreiches Beispiel für die Möglichkeiten, die oft in der Verwendung von logarithmischem Papier liegen.

Nach (29.5) ist $P = const\, T^4$, also $\lg P = const + 4 \lg T$. Kennt man irgendein Wertepaar P, T, so kann man *const* berechnen und neben die P-Skala eine T-Skala setzen, so daß die Kennlinie auch R als Funktion von T darstellt. Bei voller Belastung ist bei einer gasgefüllten Wolframlampe $T \approx 2400$ °K, bei einer Kohlefadenlampe $T \approx 2000$ °K. Der Leser möge mit diesen Angaben die T-Skala berechnen.

31. Aufgabe. Widerstandsmessungen in der Brückenschaltung

Westphal, Physik, § 162; Kl. Lehrb. d. Physik, § 129

Das zur Messung von Widerständen meist verwendete Verfahren besteht in der Anwendung der *Brückenschaltung*. Vier Widerstände R_1, R_2, R_3, R_4 sind zu einem in sich geschlossenen Leitersystem geschaltet (Abb. 72). Je zwei einander gegenüberliegende Ecken des Systems sind diagonal miteinander verbunden, das eine Eckenpaar über eine Stromquelle (Element, Akkumulator), das zweite über ein Galvanometer G und einen Taster T, welche die *„Brücke"* bilden. Bei beliebigen Widerstandsverhältnissen sind

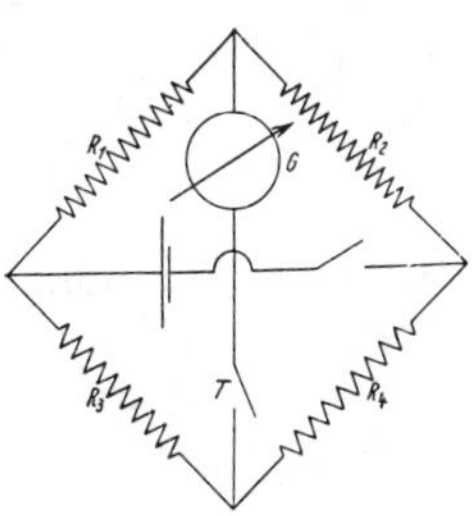

Abb. 72. Brückenschaltung

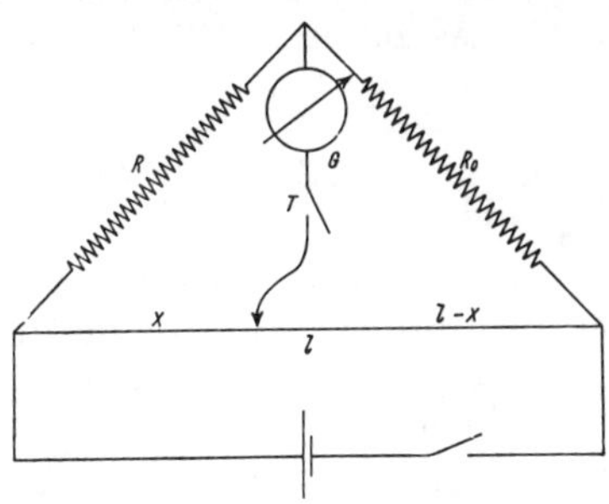

Abb. 73. Brückenschaltung mit Meßdraht

die Enden der Brücke nicht auf gleicher Spannung, und das Galvanometer zeigt einen Strom an. Die Brücke ist nur dann stromlos, wenn

$$\frac{R_1}{R_2} = \frac{R_3}{R_4} \quad \text{bzw.} \quad \frac{R_1}{R_3} = \frac{R_2}{R_4} \tag{31.1}$$

ist. Ist dann z. B. R_1 unbekannt, aber R_2 (oder R_3) und das Widerstandsverhältnis R_3/R_4 (oder R_2/R_4) bekannt, so kann R_1 berechnet werden.

Da also nur einer der drei übrigen Widerstände seinem Betrage nach bekannt zu sein braucht – es muß ein an R_1 angrenzender Widerstand sein –, bei den beiden anderen aber die Kenntnis ihres Verhältnisses genügt, so verwendet man bei nicht sehr hohen Genauigkeitsansprüchen die in Abb. 73 dargestellte einfache Schaltung. R_3 und R_4 werden durch einen über einer mm-Teilung ausgespannten Konstantandraht gebildet, auf dem eine zur Brücke führende metallische Schneide verschiebbar ist, so daß man den Widerstand des Drahtes in beliebigem Verhältnis in zwei Teilwiderstände R_3, R_4 aufteilen kann. Ist der Draht auf seiner ganzen Länge l gleich beschaffen, so verhalten sich die Teilwiderstände wie die Längen x und $l - x$ der Drahtteile. Wir bezeichnen jetzt den unbekannten Widerstand mit R, den bekannten Widerstand (Widerstandsnormal, Stöpselrheostat) mit R_0. Dann folgt aus (31.1)

$$R = R_0 \frac{x}{l - x} \, . \tag{31.2}$$

Ist der Draht nicht überall ganz gleich beschaffen, sondern z. B. ein wenig konisch oder abgenutzt, so verursacht die unmittelbare Anwendung von (31.2) einen kleinen Fehler. Man kann ihn im allgemeinen sehr weitgehend beseitigen, wenn man R und R_0 vertauscht und eine zweite Meßreihe anstellt, bei der dann auch x und $l - x$ ihre Rollen tauschen. Wir bezeichnen die Schneidenstellung bei der ersten Messung mit x_1, bei der zweiten mit x_2. Ist der Meßdraht überall gleich beschaffen, so würden sie genau symmetrisch zur Mitte des Meßdrahtes liegen, $x_2 = l - x_1$. In der Regel wird das nicht genau zutreffen. Die Berechnung nach (31.2) ergibt dann zwei etwas verschiedene R-Werte,

$$R' = R_0 \frac{x_1}{l - x_1} \quad \text{und} \quad R'' = R_0 \frac{l - x_2}{x_2} \, , \tag{31.3}$$

aus denen wir dann das Mittel $R = (R' + R'')/2$ nehmen. Selbstverständlich muß man sich vergewissern, ob Drahtanfang und -ende genau mit Skalenanfang und -ende zusammenfallen, und gegebenenfalls eine Korrektion an der Drahtlänge anbringen.

Nach Wahl eines passenden Vergleichswiderstandes R_0 (siehe unten) verschiebt man die Schneide, bis das Galvanometer keinen Strom mehr anzeigt.

Bevor man die richtige Abgleichung ungefähr ermittelt hat, darf der Taster T in der Brücke nur momentan betätigt werden, um eine Beschädigung des Galvanometers durch zu hohe Strombelastung zu verhüten. Das genaueste Kennzeichen für richtige Abgleichung ist, daß der Galvanometerzeiger beim Öffnen und Schließen des Tasters nicht die geringste Zuckung mehr zeigt. Unter keinen Umständen darf man den Taster fortlassen und mit dem Schalter tasten. Wenn in der Schaltung Induktivitäten enthalten sind (z. B. bei Spulen), so rufen Induktionsströme auch bei richtiger Abgleichung der Widerstände momentane Ausschläge des Galvanometers hervor.

Zur Wahl des geeigneten Vergleichswiderstandes R_0 führt eine einfache Überlegung. Sind die beiden Widerstände sehr verschieden, so steht die Schneide sehr dicht an einem der Enden des Meßdrahtes, was einen sehr großen relativen Fehler entweder von x oder von $l-x$ bewirkt. Es ist demnach am günstigsten, wenn die Schneide nicht allzu weit von der Drahtmitte entfernt steht, R und R_0 also nicht allzu verschieden sind.

Beispiel. Unser Widerstand ist ein bifilar gewickelter, also weitgehend induktivitätsfreier Konstantandraht, unser Meßdraht $l = 100$ cm lang. Als Vergleichswiderstand wählen wir $R_0 = 100\ \Omega$. Die Tabelle zeigt unsre Ergebnisse: $x_1 = 57{,}79$ cm, $l - x_1 = 42{,}21$ cm, $x_2 = 42{,}36$ cm, $l - x_2 = 57{,}64$ cm. Mit dem Mittelwert $x = 57{,}71$ cm erhalten wir $R = 100 \cdot 57{,}71/42{,}29 = 136{,}49\ \Omega$.

Tabelle

R links	R rechts
$x_1 = 57{,}80$ cm	$x_2 = 42{,}36$ cm
77	36
78	35
80	37
80	36
79	35
78	36
80	37
80	36
80	36
57,79 cm	42,36 cm

Fehlerrechnung. Aus (31.2) folgt $\Delta R/R = l\,\Delta x/[x\,(l-x)]$. Auf Grund der Zahlen der Tabelle können wir schätzen, daß x kaum genauer als auf $\pm 0{,}01$ cm gemessen ist und setzen deshalb $\Delta x = \pm\ 0{,}01$ cm. Damit ergibt sich $\Delta R/R = \pm\ 0{,}01 \cdot 100/(57{,}71 \cdot 42{,}29) \approx \pm\ 0{,}0004 = 0{,}04\,\%$. Dann ist $\Delta R = 136{,}49 \cdot 0{,}0004 \approx \pm\ 0{,}06\ \Omega$.

Unser Endergebnis lautet also

$$\underline{R = (136{,}49 \pm 0{,}06)\ \Omega, \quad \Delta R/R = \pm\ 0{,}04\,\%.}$$

Formal ist an unsrer Fehlerrechnung nichts auszusetzen. Aber es kann natürlich gar kein Zweifel bestehen, daß zu dem berechneten zufälligen Fehler größere systematische Fehler hinzukommen, vor allem infolge ungleicher Beschaffenheit der beiden Hälften des Meßdrahtes, deren Einfluß mit unserm Verfahren nur in erster Näherung beseitigt werden kann. Ferner ist sehr fraglich, ob nicht unser Vergleichswiderstand eine größere Abweichung von seinem Nennwert hat, als unser berechneter Fehler beträgt.

32. Aufgabe.
Klemmenspannung und innerer Widerstand von Elementen

Westphal, Physik, § 167; Kl. Lehrb. d. Physik, § 134

Die Spannung U zwischen den Klemmen einer Stromquelle heißt *Klemmenspannung (Arbeitsspannung)*. Sie ist von der Strombelastung der Stromquelle abhängig. Die Klemmenspannung U_0 der nicht mit Strom belasteten Stromquelle heißt *Quellenspannung* oder *Leerlaufspannung*. Werden die Klemmen K_+, K_- (Abb. 74) durch einen Widerstand R_a geschlossen, so wird die Stromstärke I durch die Quellenspannung U_0 und die Summe $R_a + R_i$ aus dem äußeren Widerstand R_a und dem inneren Widerstand R_i der Stromquelle bestimmt. Es ist also

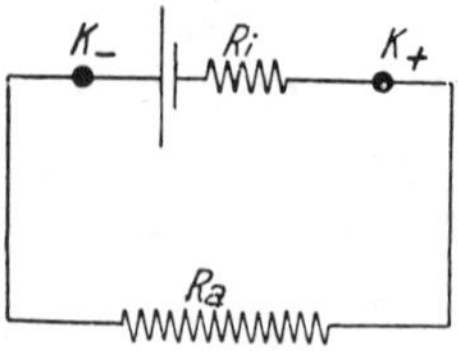

Abb. 74. Zum inneren Widerstand einer Stromquelle

$$I = \frac{U_0}{R_a + R_i} \quad (32.1), \qquad U_0 = I R_a + I R_i = U + U_i. \quad (32.2)$$

Die Klemmenspannung U ist die Spannung an R_a, U_i die Spannung an R_i, und es ist

$$U = U_0 - I R_i \quad (32.3), \qquad U_i = I R_i. \quad (32.4)$$

Die Klemmenspannung fällt mit wachsender Stromstärke linear ab. Nach (32.3) kann aus U_0, U und I der innere Widerstand R_i der Stromquelle berechnet werden. Die Quellenspannung U_0 mißt man als die Klemmenspannung der nicht mit Strom belasteten Stromquelle; $I = 0$, $U = U_0$. (Der sehr schwache Strom im Spannungsmesser kann in der Regel vernachlässigt werden.)

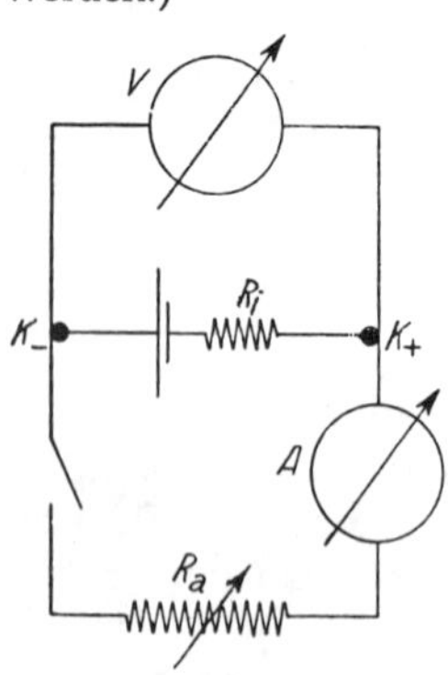

Abb. 75. Zur Messung der Klemmenspannung und des inneren Widerstandes von Stromquellen

Bei *Kurzschluß* ($R_a = 0$) ist nach (32.1) die Stromstärke

$$I = I_k = \frac{U_0}{R_i}. \quad (32.5)$$

Einen stärkeren Strom kann die Stromquelle nicht liefern. Doch darf ihr eine so hohe Belastung auch nicht entfernt zugemutet werden, wenn sie nicht Schaden leiden soll.

Wir wollen die Abhängigkeit der Klemmenspannung eines kleinen Stabelements und eines Akkumulators von der Strombelastung untersuchen und ihren inneren Widerstand und die Stromstärke bei Kurzschluß berechnen. Abb. 75 zeigt unsre Schaltung. An den Klemmen der

Stromquelle liegt das Voltmeter V, im äußeren Stromkreis das Amperemeter A und ein Schiebewiderstand R_a zur Regelung der Stromstärke.

Bei längerer und stärkerer Belastung sinkt die Quellenspannung allmählich etwas ab, aber der innere Widerstand bleibt ziemlich gut konstant, so daß auch die lineare Beziehung (32.3) einigermaßen gewahrt bleibt.

Beispiel. Bei unserm Spannungsmesser ist 1 Sk ≙ 0,05 V; bei dem Strommesser ist beim Stabelement 1 Sk ≙ 0,01 A, beim Akkumulator 1 Sk ≙ 0,06 A. Bei jeder Meßreihe steigern wir die Stromstärke zunächst in gleichen Schritten, lassen sie dann in den gleichen Schritten wieder abnehmen und messen jedesmal U_0 und U. Aus den beim Auf- und Abstieg erhaltenen Werten $U_0 - U = U_i = I R_i$ nehmen wir die Mittelwerte und berechnen nach (32.3) $R_i = (U_0 - U)/I$. Die Tabellen 1 und 2 geben unsre Messungen Abb. 76 zeigt U_i als Funktion von I. Die Meßpunkte liegen einigermaßen auf einer Geraden, ein Beweis dafür, daß R_i jedenfalls weitgehend konstant geblieben ist.

Tabelle 1. Stabelement

I	U_0 ↓	U	U_i	U_0 ↑	U	U_i	U_i Mittel
0 Sk	29,7 Sk	29,7 Sk	0,0 Sk	27,5 Sk	27,5 Sk	0,0 Sk	0,0 Sk
5	29,6	28,9	0,7	27,4	26,8	0,6	0,65
10	29,4	28,0	1,4	27,3	26,1	1,2	1,3
15	29,0	27,3	1,7	27,2	25,3	1,9	1,8
20	28,8	26,7	2,1	27,1	24,8	2,3	2,2
25	28,6	25,9	2,7	27,0	24,2	2,8	2,75
30	28,3	25,0	3,3	27,0	23,7	3,3	3,3
35	28,0	24,2	3,8	26,9	23,1	3,8	3,8
40	27,8	23,5	4,3	26,9	22,4	4,5	4,4
45	27,6	22,7	4,9	27,0	22,1	4,9	4,9
50	27,3	21,8	5,5				5,5

Tabelle 2. Akkumulator

I	U_0 ↓	U	U_i	U_0 ↑	U	U_i	U_i Mittel
0 Sk	43,2 Sk	43,2 Sk	0,0 Sk	41,1 Sk	41,1 Sk	0,0 Sk	0,0 Sk
5	43,2	43,1	0,1	41,1	41,0	0,1	0,1
10	43,1	42,9	0,2	40,9	40,8	0,1	0,15
15	42,8	42,6	0,2	40,8	40,6	0,2	0,2
20	42,2	42,0	0,2	40,8	40,5	0,3	0,25
25	41,9	41,7	0,2	40,7	40,3	0,4	0,3
30	41,7	41,3	0,4	40,5	40,1	0,4	0,4
35	41,2	40,8	0,4	40,4	40,0	0,4	0,4
40	41,0	40,4	0,6	40,3	39,9	0,4	0,5
45	40,8	40,2	0,6	40,5	39,9	0,6	0,6
50	40,6	39,8	0,8				0,8

Da diese Aufgabe wesentlich dazu dienen soll, den Studenten mit der Abhängigkeit der Klemmenspannung von der Strombelastung und dem Einfluß des inneren Widerstandes darauf vertraut zu machen, begnügen wir uns damit, aus der Abb. 76 die Werte von U_i und I an den Enden der

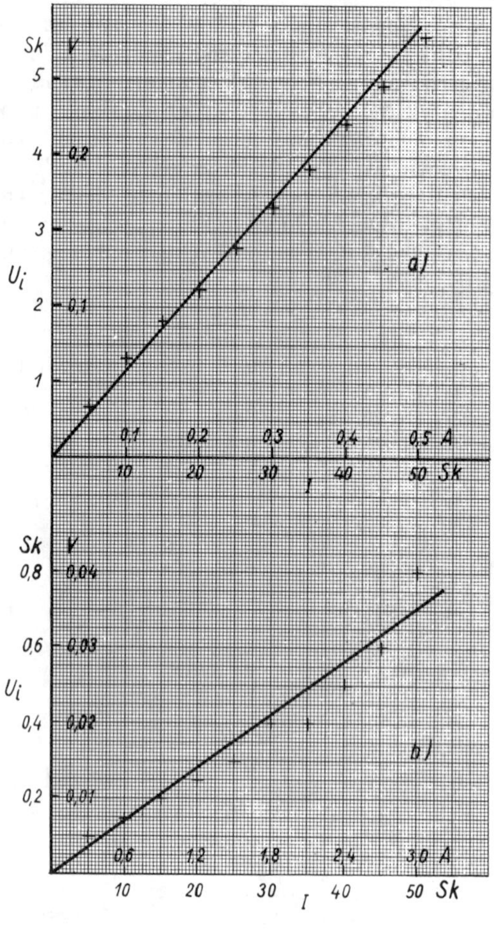

Abb. 76
U_i als Funktion von I.
a) Stabelement,
b) Akkumulator

Geraden abzulesen und $R_i = U_i/I$ zu berechnen. Beim Stabelement ist $I = 0{,}5$ A, $U_i = 0{,}28$ V, also $R_i = 0{,}28/0{,}5 = 0{,}56\ \Omega$. Beim Akkumulator ist $I = 3$ A, $U_i = 0{,}035$ V, also $R_i = 0{,}0117\ \Omega$. Mit den Werten $U_0 = 1{,}49$ V beim Stabelement und $U_0 = 2{,}16$ V beim Akkumulator ergeben sich nach (32.5) bei Kurzschluß die Stromstärken $I_k = 1{,}49/0{,}56 \approx 3$ A bzw. $I_k =$

$2{,}16/0{,}0117 \approx 200$ A; ein außerordentlicher Unterschied, der von den sehr verschiedenen Werten von R_i herrührt. Auf eine Fehlerrechnung wollen wir verzichten, da die verschiedene Größenordnung des inneren Widerstandes der beiden Stromquellen und ihr sehr verschiedener Einfluß auf die Klemmenspannung das wesentlich Interessante bei dieser Aufgabe sind. Man kann daraus auch lernen, daß, sofern es auf weitgehende Unabhängigkeit der Klemmenspannung von der Belastung ankommt, ein Akkumulator einem Stabelement weit vorzuziehen ist.

Als Ergebnisse geben wir an

Stabelement: $R_i = 0{,}56\ \Omega$, $I_k \approx 3$ A;

Akkumulator: $R_i = 0{,}012\ \Omega$, $I_k \approx 200$ A.

33. Aufgabe. Das Wärmeäquivalent. Der Wirkungsgrad eines elektrischen Kochers

Westphal, Physik, § 168; Kl. Lehrb. d. Physik, § 132

I. Das Wärmeäquivalent

Solange es noch üblich ist, Wärmemengen in der Einheit 1 cal zu messen (siehe Einl. § 4), muß man sie oft in eine der mechanischen Energieeinheiten Joule (J = VAs) oder erg = 10^{-7} J umrechnen. Ihr Zahlenwert in cal sei $\{Q\}_{\text{cal}}$, in J sei er $\{Q\}_{\text{J}}$. Dann ist $Q = \{Q\}_{\text{cal}}\ \text{cal} = \{Q\}_{\text{J}}\ \text{J}$, so daß $1\ \text{cal} = (\{Q\}_{\text{J}}/\{Q\}_{\text{cal}})\ \text{J} = x\text{J}$ ist, mit

$$x = \frac{\{Q\}_{\text{J}}}{\{Q\}_{\text{cal}}} = \frac{1\ \text{cal}}{1\ \text{J}}. \qquad (33.1)$$

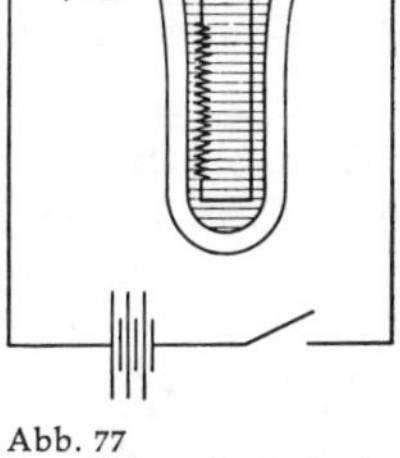

Abb. 77
Zum Wärmeäquivalent

Wir bezeichnen die Größe xJ, das mechanische Äquivalent der Kalorie, wie üblich als *Wärmeäquivalent.* (Die früher notwendige Unterscheidung zwischen einem mechanischen und einem elektrischen Wärmeäquivalent ist seit dem exakten Anschluß des VAMS-Systems an das MKS-System hinfällig.)

Wir messen den Umrechnungsfaktor x, indem wir eine abgewogene Menge Wasser während einer Zeit t mittels eines mit Gleichstrom erhitzten Widerstandes in einem Kalorimeter erwärmen (Abb. 77) und die elektrisch zugeführte Energie $Q = UIt$ in J, die ihr gleiche vom Wasser aufgenommene Wärmemenge thermisch in cal messen. So erhalten wir die Zahlenwerte $\{Q\}_{\text{J}}$ und $\{Q\}_{\text{cal}}$ und können x nach (33.1) berechnen.

Es sei m die Masse des Wassers, $c_w = 1{,}00 \text{ cal g}^{-1} \text{ grd}^{-1}$ die spezifische Wärmekapazität des Wassers, C die Wärmekapazität des Kalorimeters, ϑ die Anfangstemperatur, ϑ' die Endtemperatur des Wassers, dann ist

$$\underset{\text{in cal}}{Q = (c_w m + C)(\vartheta' - \vartheta)} = \underset{\text{in J}}{U I t}. \tag{33.2}$$

Die effektive Wärmekapazität C des Kalorimeters messen wir ebenso wie bei der 12. Aufgabe (II), auf die wir wegen der Einzelheiten verweisen, nach der Gleichung

$$C = c_w m' \frac{\vartheta_2 - \vartheta}{\vartheta - \vartheta_1}. \tag{33.3}$$

(ϑ_1 Anfangstemperatur des leeren Kalorimeters, m' die Masse, ϑ_2 Anfangstemperatur, ϑ Endtemperatur des eingegossenen Wassers.)

Wir benutzen eine Batterie von etwa 20 V und einen Heizwiderstand aus Manganin von etwa 3 Ω mit starken Zuleitungen, beginnen nach Abwägung des Wassers bei Zimmertemperatur ϑ und erhitzen bis etwa $\vartheta' = 60\,°\text{C}$ (nicht höher wegen der dann zu starken Verdampfung). Wegen der möglichen Schwankungen von Strom und Spannung lesen wir diese alle 30 s ab.

Beispiele

1. Messung der effektiven Wärmekapazität des Kalorimeters

$\vartheta_1 = 18{,}2\,°\text{C}$, $\vartheta_2 = 100{,}0\,°\text{C}$, $\vartheta = 91{,}2\,°\text{C}$, $m' = 167{,}4$ g. Damit folgt aus (33.3) $C = 167{,}4 \cdot 8{,}8/73{,}0 = 20{,}2 \text{ cal grd}^{-1}$.

Fehlerrechnung. Da die Masse m' des Wassers sicher relativ erheblich genauer ermittelt ist als die Temperaturdifferenzen, so dürfen wir ihren Fehler vernachlässigen. Die Temperaturfehler schätzen wir zu $\Delta\vartheta_1 = \Delta\vartheta_2 = \Delta\vartheta = \pm\,0{,}1$ grd. Sie tragen aber zum Fehler des Nenners 73,0 grd relativ weit weniger bei als zu dem des sehr viel kleineren Nenners 8,8 grd, so daß es erlaubt ist, auch jenen zu vernachlässigen. Dann beträgt der relative Größtfehler von C nach (33.3) $\Delta C/C = (\Delta\vartheta_2 + \Delta\vartheta)/(\vartheta_2 - \vartheta) = \pm\,0{,}2/8{,}8 \approx \pm\,0{,}025 = \pm\,2{,}5\,\%$ und $\Delta C = \pm\,0{,}5 \text{ cal grd}^{-1}$.

2. Messung des Umrechnungsfaktors x

$\vartheta = 18{,}3\,°\text{C}$, $\vartheta' = 62{,}5\,°\text{C}$, $m = 169{,}2$ g, Dauer der Messung $t = 360$ s. Wir haben Stromstärke und Spannung alle 30 s abgelesen. Tabelle 1 zeigt unsre Messungen. Mit den Mittelwerten $U = 16{,}98$ V und $I = 5{,}71$ A ergibt sich nach (33.2), elektrisch gemessen, $Q = UIt = 16{,}98 \cdot 5{,}71 \cdot 360 = 34\,900$ J, thermisch gemessen $Q = (169{,}2 + 20{,}2) \cdot 44{,}2 = 8371$ cal. Damit folgt nach (33.1) $x = 34\,900/8371 = 4{,}169$, und es ist $1 \text{ cal} = 4{,}169 \text{ J} = 4{,}169 \cdot 10^7$ erg.

Fehlerrechnung. Nach (33.1) ist der relative Größtfehler von x: $\Delta\{Q\}_J/\{Q\}_J + \Delta\{Q\}_{cal}/\{Q\}_{cal}$. Nach (33.2) ist $\Delta\{Q\}_J/\{Q\}_J = \Delta U/U + \Delta I/I + \Delta t/t$. Aus Tabelle 1 folgt $\Delta U' = \sqrt{228/(12 \cdot 11)} \cdot 10^{-2} \approx \pm\,0{,}013$ V, also $\Delta U/U = \pm\,0{,}013/16{,}98$

Tabelle 1

t	U	$v \cdot 10^2$	$v^2 \cdot 10^4$	I	$v \cdot 10^2$	$v^2 \cdot 10^4$
0 s	17,0 V	+2	4	5,70 A	−1	1
30	0	+2	4	0	−1	1
60	0	+2	4	0	−1	1
90	0	+2	4	0	−1	1
120	0	+2	4	0	−1	1
150	0	+2	4	0	−1	1
180	16,9	−8	64	0	−1	1
210	17,0	+2	4	2	+1	1
240	0	+2	4	2	+1	1
270	16,9	−8	64	4	+3	9
300	17,0	+2	4	4	+3	9
330	16,9	−8	64	4	+3	9
360	—			—		
	16,98 V		228	5,71 A		36

$\approx \pm$ 0,0008 = $\pm$ 0,08 %, und $\Delta I = \sqrt{36/(12 \cdot 11)} \cdot 10^{-2} \approx \pm$ 0,005 A, also $\Delta I/I =$ $\pm$ 0,005/5,71 $\approx \pm$ 0,001 = $\pm$ 0,1 %. Ferner schätzen wir den Zeitfehler des Ein- und Ausschaltens auf je $\pm$ 0,2 s, also $\Delta t = \pm$ 0,4 s und $\Delta t/t = \pm$ 0,4/360 $\approx$ $\pm$ 0,0011 = $\pm$ 0,11 %. Damit wird $\Delta\{Q\}_J/\{Q\}_J = \pm$ (0,08 + 0,1 + 0,11) $\approx \pm$ 0,3 %. — Nach (33.2) ist $\Delta\{Q\}_{cal}/\{Q\}_{cal} = \Delta C/(c_w m + C) + (\Delta\vartheta' + \Delta\vartheta)/(\vartheta' - \vartheta)$, wobei wir von einem Fehler der Masse m abgesehen haben, die sicher relativ viel genauer gemessen ist als C und die Temperaturen. Wir schätzen wieder $\Delta\vartheta = \Delta\vartheta'$ = $\pm$ 0,1 grd, also $(\Delta\vartheta' + \Delta\vartheta)/(\vartheta' - \vartheta) = \pm$ 0,2/44,2 $\approx \pm$ 0,0045 = $\pm$ 0,45 %. Ferner ist mit $\Delta C = \pm$ 0,5 cal grd^{-1}: $\Delta C/(c_w m + C) = \pm$ 0,5/189,4 $\approx \pm$ 0,0026 = $\pm$ 0,26 %. Damit ergibt sich $\Delta\{Q\}_{cal}/\{Q\}_{cal} \approx \pm$ 0,7 % und schließlich $\Delta x/x =$ $\pm$ (0,3 + 0,7) = $\pm$ 1 % und $\Delta x = \pm$ 0,01 · 4,174 $\approx \pm$ 0,050.

Demnach lautet unser gerundetes Endergebnis

$$\underline{x = (4{,}17 \pm 0{,}05)\ \text{cal J}^{-1},\ \Delta x/x = \pm 1\,\%\,;}$$

$$\underline{1\ \text{cal} = 4{,}17\ \text{J} = 4{,}17 \cdot 10^7\ \text{erg}.}$$

Zu erwarten ist ein zwischen der 15 °C-Kalorie und der mittleren Kalorie liegender Wert (Einl. § 4), also etwa 1 cal = 4,19 J. Unser Wert stimmt damit befriedigend überein.

Diese Aufgabe kann auch als eine Messung der spezifischen Wärmekapazität des Wassers in der Einheit 1 J g^{-1} grd^{-1} betrachtet werden, deren Zahlenwert x ist.

II. Der Wirkungsgrad eines elektrischen Kochers

Wenn ein elektrischer Kocher die elektrische Leistung $P = UI$ aufnimmt, so liefert er nach (33.2) in der Zeit t eine Energie (Wärmemenge)

$$Q_0 = Pt = UIt. \tag{33.4}$$

Enthält der Kocher Wasser, so kommt diese Wärmemenge wegen der eigenen Wärmekapazität des Kochers und Verlusten durch Wärmeleitung und -strahlung dem Wasser nicht voll zugute. Die von diesem aufgenommene Wärmemenge Q ist kleiner als Q_0. Das Verhältnis

$$\eta = \frac{Q}{Q_0} \tag{33.5}$$

ist der *Wirkungsgrad* des Kochers. Wir wollen ihn erstens beim Erwärmen von Wasser von Zimmertemperatur bis zum Sieden, zweitens beim Sieden von Wasser messen.

1. Wenn m Gramm Wasser von der Temperatur ϑ_0 auf die Temperatur ϑ erwärmt werden, so hat das Wasser die Wärmemenge

$$Q = mc_w(\vartheta - \vartheta_0) \tag{33.5}$$

aufgenommen. Wir messen jetzt alle Energien in der Einheit 1 J und müssen daher die spezifische Wärmekapazität des Wassers $c_w = 4{,}19 \text{ J g}^{-1} \text{ grd}^{-1}$ setzen. (Vgl. den Schluß von I.)

2. Wenn sich die Masse des in dem Kocher befindlichen Wassers durch Sieden um die Masse m' verkleinert, so hat das Wasser die Wärmemenge

$$Q = m'r \tag{33.6}$$

aufgenommen. $r = 539{,}1 \text{ cal g}^{-1} = 2258 \text{ J g}^{-1}$ ist die Verdampfungswärme des Wassers bei 100 °C (vgl. die 12. Aufgabe).

In beiden Fällen kann man aus der Gesamtwärmemenge Q_0 und der vom Wasser aufgenommenen Wärme Q den Wirkungsgrad η berechnen.

Unsre Schaltung entspricht genau der Abb. 77. Zu jeder halben Minute lesen wir die Wassertemperatur ϑ und die Stromstärke I ab. (Wenn die Spannung U nicht konstant ist, muß auch sie jedesmal abgelesen werden.) Vor jeder Ablesung muß das Wasser mit einem Rührer gut durchmischt werden. Der Heizwiderstand des Kochers hat einen kleinen, positiven Temperaturkoeffizienten. Daher sinkt die Stromstärke zuerst kurze Zeit schnell, dann ganz langsam, insgesamt aber nur ziemlich wenig ab. Zur Berechnung von $P = UI$ mitteln wir die Stromstärke über die ganze Dauer unserer Messung. (Wenn die Spannung nicht konstant ist, so muß über $P = UI$ gemittelt werden.)

Wenn der Faden des Thermometers bei höheren Temperaturen sehr weit aus dem Wasser herausragt, ist an den Ablesungen eine Korrektion nach der Zahlenwertgleichung $\Delta\vartheta = +\,0{,}00016\,a\,(\vartheta - \vartheta')$ anzubringen. a ist die Länge des aus dem Wasser herausragenden Fadenstücks, ausgedrückt in grd, und ϑ' seine mittlere Temperatur, die man im allgemeinen genügend genau schätzen kann. Doch kann dies meist außer Betracht bleiben.

Beispiel. 1. Wir untersuchen einen Kocher mit einer Nennleistung von 500 W bei seiner normalen Füllung mit 1000 g Wasser. Die Spannung betrug während der ganzen Meßdauer konstant 220 V. Die Tabelle 2 zeigt unsere Messungen, Abb. 78 ihre graphische Darstellung. Der Mittelwert von I ist also $I = 2{,}10$ A, der Mittelwert der Leistung $P = 220 \cdot 2{,}10 =$ 462 W. Aus der Abb. 78 lesen wir ab, daß die Siedetemperatur von 100 °C nach 13,7 min = 822 s erreicht war. Die im Kocher entwickelte Wärmemenge betrug also $Q_0 = Pt = 462 \cdot 822 \approx 380\,000$ J. Das Wasser hat sich von 23,1 °C auf 100 °C, also um $\vartheta - \vartheta_0 = 76{,}9$ grd erwärmt und hat die Wärmemenge $Q = mc_w\,(\vartheta - \vartheta_0) = 1000 \cdot 76{,}9 \cdot 4{,}19 \approx 322\,000$ J aufgenommen. Demnach beträgt der Wirkungsgrad unseres Kochers $\eta = 322\,000/380\,000 = 0{,}845 = 84{,}5\,\%$.

Tabelle 2

t min	ϑ °C	I A	t min	ϑ °C	I A	t min	ϑ °C	I A
0	23,1	2,19	5	50,3	2,11	10	79,3	2,10
0,5	24,5	15	5,5	53,0	11	10,5	82,1	10
1	27,7	14	6	56,1	10	11	85,1	10
1,5	30,2	13	6,5	59,0	10	11,5	87,8	10
2	32,2	12	7	62,1	10	12	90,6	10
2,5	35,2	12	7,5	64,9	10	12,5	93,4	10
3	38,4	11	8	67,9	10	13	96,7	10
3,5	41,2	11	8,5	70,8	10	13,5	99,1	10
4	43,6	11	9	73,6	10	14	100,0	10
4,5	46,8	11	9,5	76,5	10			
								2,10

Aus der Tabelle und aus der Abb. 78 erkennt man, daß die Energieaufnahme des Wassers während der Anlaufzeit langsamer erfolgt als später. Während dieser Zeit wird zunächst vor allem der Heizkörper aufgeheizt. Aus den Werten der Stromstärke sieht man, daß sein Widerstand, also auch seine Temperatur, sich im Laufe von 3 bis 4 Minuten schon sehr weitgehend einem Endzustand genähert haben, der nach etwa 6 Minuten vollends erreicht ist. Der Wirkungsgrad ist also während der Anlaufzeit erheblich geringer, im weiteren Verlauf günstiger als der oben berechnete Durchschnitt. Wir wollen ihn auch für diesen günstigeren Abschnitt berechnen, und zwar von $t = 2$ min an. Die Versuchsdauer beträgt dann nur 11,7 min = 702 s, und wenn wir mit dem gleichen Mittelwert der Leistung rechnen, so ist jetzt $Q_0 = 702 \cdot 464 \approx 326\,000$ J. Die Wassertemperatur betrug nach 2 min 32,2 °C, die Temperaturzunahme also nur noch 67,8 grd und die aufgenommene Wärmemenge $Q \approx 284\,000$ J. Als Wirkungsgrad ergibt sich jetzt $\eta' = 284\,000/326\,000 = 0{,}872 = 87{,}2\,\%$. Er ist also etwas günstiger als der obige Durchschnittswert. Die Verluste gehen jetzt wesentlich zu Lasten der Miterwärmung des Gefäßes auf die Wassertemperatur und äußerer, mit der Temperatur steigender Wärmeverluste.

2. Wir bringen 1000 g Wasser im Kocher zum Sieden, wägen es nebst dem Kocher möglichst schnell ab und lassen es 30 min lang sieden. Dann wägen wir erneut und stellen die Masse des verdampften Wassers fest. Die Spannung betrug wieder 220 V, die Stromstärke konstant 2,095 A, also die Leistung $P = 220 \cdot 2{,}095 = 461$ W. In 30 min = 1800 s wurde also eine Wärmemenge $Q_0 = 1800 \cdot 461 \approx 830\,000$ J entwickelt. Die Wägung ergab einen Wasserverlust $m' = 336$ g. Zu ihrer Verdampfung war eine Wärmemenge $Q = 336 \cdot 2258 \approx 758\,000$ J erforderlich. Der Wirkungsgrad beträgt

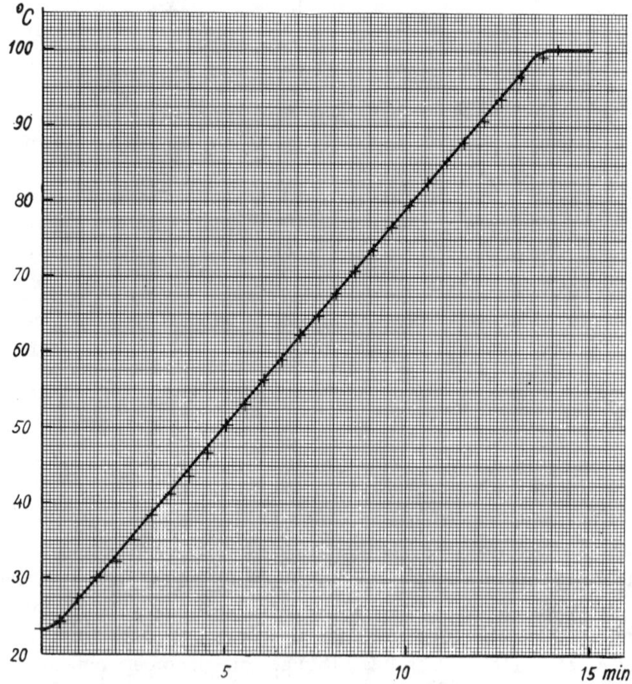

Abb. 78. Wassertemperatur im Kocher als Funktion der Zeit

also jetzt $\eta'' = 758\,000/830\,000 = 0{,}913 = 91{,}3\,\%$, ist also noch günstiger als der zuletzt berechnete. Das ist auch zu erwarten. Da bei dem letzten Versuch der Heizkörper und das Gefäß auf konstanter Temperatur geblieben sind, also keine Wärme mehr aufgenommen haben, so treten Verluste jetzt nur noch durch Wärmeabgabe nach außen ein.

Unsere Ergebnisse lauten also

$$\underline{\eta = 84{,}5\,\%; \quad \eta' = 87{,}2\,\%; \quad \eta'' = 91{,}3\,\%.}$$

Auf eine Fehlerrechnung wollen wir verzichten.

34. Aufgabe. Temperaturkoeffizient des Widerstandes von Metallen

Westphal, Physik, § 163; Kl. Lehrb. d. Physik, § 130

Der Widerstand metallischer Leiter nimmt — von gewissen Legierungen abgesehen — mit der Temperatur zu. Es sei R_0 der Widerstand eines solchen Leiters bei 0 °C, R derjenige bei der Temperatur t. Dann gilt in nicht zu großem Temperaturbereich, z. B. zwischen 0 und 100 °C, recht gut die lineare Beziehung

$$R = R_0\,(1 + \beta t). \tag{34.1}$$

β heißt der *Temperaturkoeffizient des Widerstandes* des Metalls. Seine Einheit ist 1 $°C^{-1}$ (bzw. bei Wahl anderer Temperaturgrenzen besser als 1 grd^{-1} geschrieben, Einl. § 4).

Wir messen den Widerstand eines Kupferdrahtes bei 0 °C in schmelzendem Eis in einem Dewar-Gefäß und bei 100 °C in siedendem Wasser, ferner bei einigen Zwischentemperaturen in einem Wasserbad und können dann β aus je zwei Wertepaaren (R, t), $(R'\ t')$ berechnen. Sofern die Zwischentemperaturen einigermaßen zuverlässig konstant gehalten waren, kann man sämtliche Messungen zur Berechnung heranziehen. Andernfalls wird man sich auf die Messungen bei 0 und 100 °C beschränken. Nach (34.1) ist dann

$$\beta = \frac{1}{t}\,\frac{R - R_0}{R_0}, \quad \text{mit } t = 100\ °C. \tag{34.2}$$

Die bei den Zwischentemperaturen angestellten Messungen dienen dann lediglich als Kontrolle für die Gültigkeit von (34.1). Wenn wir alle Messungen zur Berechnung verwenden wollen, so schreiben wir (34.1) in der Form

$$R = R_0 + B t \quad (34.3) \qquad \text{mit} \qquad B = R_0 \beta \quad (34.4)$$

und berechnen die Konstanten R_0 und B in der üblichen Weise. Dann ist

$$\beta = \frac{B}{R_0}. \tag{34.5}$$

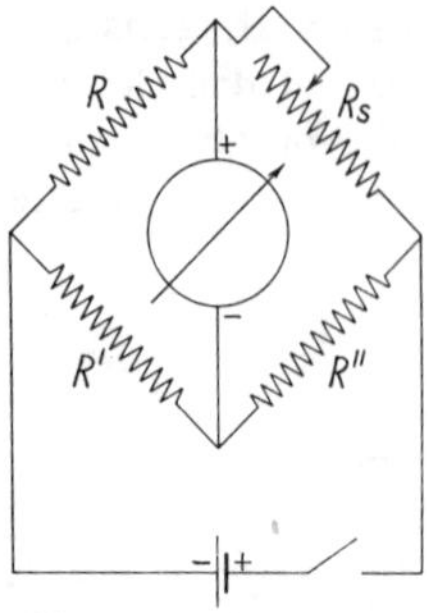

Abb. 79. Brückenschaltung zur Messung des Temperaturkoeffizienten des Widerstandes. Man beachte die angegebene Polung von Stromquelle und Meßgerät!

Zur Messung des Drahtwiderstandes benutzen wir die Brückenschaltung. Da es sich hier um die Messung einer Folge von nicht allzu verschiedenen Widerständen handelt, können wir die Schaltung in etwas anderer Weise verwenden als bei der 31. Aufgabe. Die Widerstände R' und R'' bestehen aus zwei gleich großen Widerständen von etwa 60 Ω (Abb. 79). Der Widerstand R_s ist ein Schiebewiderstand, der mindestens ebenso groß sein muß wie der Widerstand des zu untersuchenden Drahtes bei 0 °C. In der Brücke liegt ein Zeigergalvanometer. Der Widerstand R wird wechselweise durch den zu untersuchenden Draht oder einen in Stufen von höchstens je 5 Ω abstufbaren Stöpselwiderstand gebildet. Als Stromquelle dient ein Akkumulator. R', R'' sind so gewählt, daß bei der Messung die ganze Skala des Galvanometers ausgenutzt wird.

Wir bringen zunächst den Draht in schmelzendes Eis, schalten ihn als Widerstand R ein und gleichen die Schaltung mittels R_s so ab, daß das Galvanometer einen kleinen Ausschlag zeigt. Dann ersetzen wir den Draht durch den Stöpselwiderstand und stellen mit ihm den Widerstand her, der am nächsten *unterhalb* des Drahtwiderstandes liegt, was man am Ausschlag des Galvanometers erkennt. Gleichzeitig prüfen wir die richtige Polung des Akkumulators. Er muß so gepolt sein, daß der Ausschlag des Galvanometers bei Vergrößerung von R wächst. Dann gleichen wir die Schaltung mittels R_s endgültig so ab, daß das Galvanometer ungefähr stromlos ist. Auf genaue Abgleichung kommt es nicht an. Der Schiebewiderstand R_s darf von jetzt ab nicht mehr verändert werden.

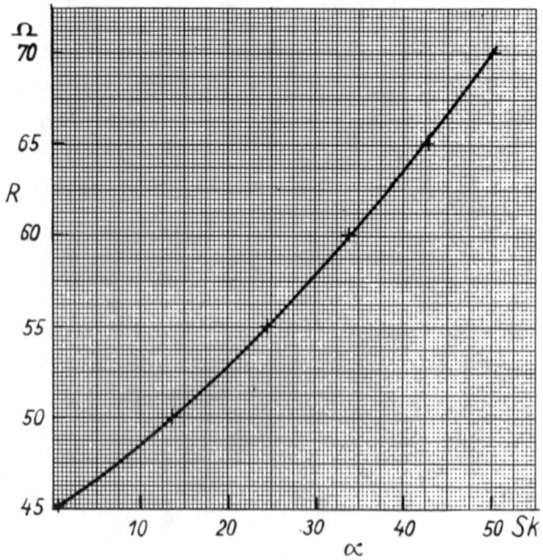

Abb. 80. Eichkurve. Widerstand R als Funktion des Ausschlages α

Nun eichen wir unsere Schaltung als Widerstandsmesser, indem wir den Widerstand des Stöpselrheostaten in Schritten von je 5 Ω (oder weniger) vergrößern und die Ausschläge des Galvanometers ablesen. Die Widerstände tragen wir über die Ausschläge in einer Eichkurve auf. Wenn wir dann den Draht an die Stelle des Stöpselrheostaten bringen und ihn auf verschiedene Temperaturen erwärmen, so können wir aus der Eichkurve seinen jeweiligen Widerstand ablesen. Da die Eichung von der Spannung der Stromquelle abhängt, so schone man diese und schalte sie nur während der Ablesungen ein.

Der Draht ist bifilar auf eine Röhre aus Isolierstoff gewickelt und durch eine Glimmerhülle geschützt. Im Wasserbad befinden sich ein Thermometer und ein Rührer. Die Ablesung am Galvanometer darf erst erfolgen, wenn sich die Anzeige des Thermometers beim Rühren nicht mehr ändert.

Tabelle 1

R Ω	α Sk
45	0,2
50	13,4
55	24,2
60	33,7
65	42,5
70	49,9

Tabelle 2

Nr.	t °C	α Sk	R Ω	Diff. t °C	Diff. R Ω	B Ω °C^{-1}	$v \cdot 10^4$	$v^2 \cdot 10^8$
1	0,0	3,9	46,3	68,1	13,5	0,1983	+ 1	1
2	14,7	11,5	49,1	67,4	13,2	89	+ 7	49
3	32,5	19,1	52,5	60,9	12,0	71	− 11	212
4	51,1	27,0	56,3	48,4	9,6	83	+ 1	1
5	68,1	33,4	59,8					
6	82,1	37,8	62,3					
7	93,4	41,5	64,5					
8	99,5	43,7	65,9					
						0,1982		172

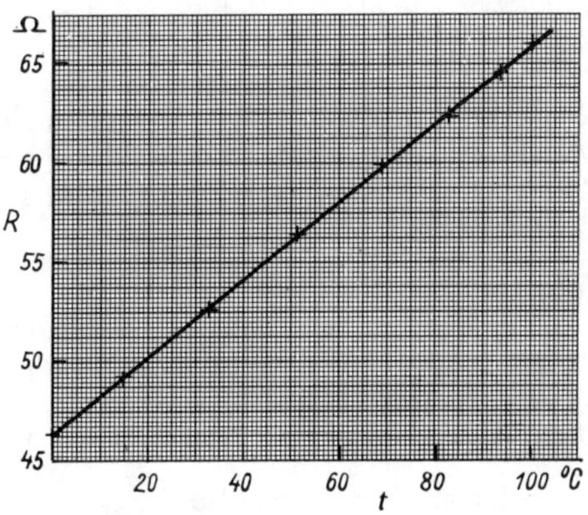

Abb. 81
Widerstand R als Funktion der Temperatur t

Beispiel. Zunächst stellen wir auf die oben angegebene Weise fest, daß der Widerstand unseres Kupferdrahtes bei 0 °C zwischen 45 und 50 Ω liegt. Daher gleichen wir die Schaltung nach Einschalten des Stöpselrheostaten so ab, daß das Galvanometer bei $R = 45$ Ω ungefähr stromlos ist. Tabelle 1 zeigt das Ergebnis der Eichung, Abb. 80 die Eichkurve, Tabelle 2 die Widerstandsmessungen bei verschiedenen Temperaturen, Abb. 81 zeigt den Drahtwiderstand R als Funktion der Temperatur. Der Luftdruck betrug 747,1 Torr, also die Siedetemperatur des Wassers nach Tabelle III im Anhang 99,5 °C. In der Abb. 81 haben wir die

Gerade durch die wahrscheinlich zuverlässigsten Meßpunkte bei 0 und 99,5 °C gezogen. Die übrigen Meßpunkte schließen sich ihr recht befriedigend an.

Wir wollen β zunächst nur aus den Messungen bei 0 und 99,5 °C berechnen. Nach (34.2) erhalten wir $\beta = 19{,}6/(99{,}5 \cdot 46{,}3) = 0{,}00425$ °C^{-1}. Wenn wir aber unsere sämtlichen Messungen verwerten wollen, so kombinieren wir je zwei von unseren acht Wertepaaren (R, t) zur Berechnung der Konstanten R_0 und B in (34.3), und zwar das 1. mit dem 5., das 2. mit dem 6. usw., und erhalten dann Werte von B nach der Gleichung $B = (R_5 - R_1)/(t_5 - t_1)$ usw. Die betreffenden Differenzen sind in der Tabelle 2 unter Diff. R und Diff. t angegeben, sowie die daraus berechneten Werte von B. Als Mittelwert erhalten wir $B = 0{,}1982\ \Omega$ °C^{-1}.

Tabelle 3

Nr.	R Ω	Bt Ω	R_0 Ω	$v \cdot 10^2$	$v^2 \cdot 10^4$
1	46,3	0,00	46,30	+ 14	196
2	49,1	2,91	19	+ 3	9
3	52,5	6,44	06	− 10	100
4	56,3	10,13	17	+ 1	1
5	59,8	13,50	30	+ 14	196
6	62,3	16,27	03	− 13	169
7	64,5	18,50	00	− 16	256
8	65,9	19,71	19	+ 3	9
			46,16		936

Nun berechnen wir $R_0 = R - Bt$ und erhalten die Werte der Tabelle 3. Als Mittelwert ergibt sich $R_0 = 46{,}16\ \Omega$, was dem unmittelbar gemessenen Wert $R_0 = 46{,}3$ sehr nahe liegt. Damit ergibt sich nach (34.5) $\beta = 0{,}1982/46{,}16 = 0{,}00429$ °C^{-1}.

Fehlerrechnung: Nach (34.5) ist der relative Größtfehler von β: $\Delta\beta/\beta = \Delta B/B + \Delta R_0/R_0$. Aus Tabelle 2 folgt $\Delta B = \sqrt{172/(4 \cdot 3)} \cdot 10^{-4} \approx \pm\, 0{,}0004\ \Omega$ °C^{-1}, also $\Delta B/B = \pm\, 0{,}0004/0{,}1982 \approx \pm\, 0{,}002 = \pm\, 0{,}2\,\%$. Nach Tabelle 3 ist $\Delta R_0 = \sqrt{936/(8 \cdot 7)} \cdot 10^{-2} \approx \pm\, 0{,}04\ \Omega$, also $\Delta R_0/R_0 = \pm\, 0{,}04/46{,}16 \approx \pm\, 0{,}001 = \pm\, 0{,}1\,\%$. Demnach ist $\Delta\beta/\beta = \pm\, 0{,}3\,\%$ und $\Delta\beta = \pm\, 0{,}003 \cdot 0{,}00429 \approx \pm\, 0{,}000015$ °C^{-1}.

Unser Endergebnis lautet also

$$\underline{\beta = (0{,}00429 \pm 0{,}000015)\ {}^\circ\mathrm{C}^{-1},\ \Delta\beta/\beta = \pm\, 0{,}3\,\%\,.}$$

35. Aufgabe. Messung von Spannungen und Widerständen durch Kompensation

Westphal, Physik, § 160

Eine Stromquelle erzeuge zwischen den Enden A, B eines Widerstandes $R_1 + R_2$ eine Spannung U (Abb. 82). Ein Teil R_1 dieses Widerstandes gehört gleichzeitig einem zweiten Stromkreis an, der eine Stromquelle von der Klemmenspannung $U_0 < U$ enthält. Die beiden Stromquellen liegen mit gleichnamigen Polen am Ende A. Am einfachsten verwendet man als Widerstand einen 100 cm langen, über einer mm-Teilung ausgespannten Konstantandraht. Ein Schleifkontakt erlaubt, an ihm verschieden große Widerstände R_1 abzugreifen. Ist der Taster T im zweiten Stromkreis offen, so ist die an R_1 liegende Teilspannung $U_1 = UR_1/(R_1 + R_2)$ und hat entgegengesetztes Vorzeichen wie die Spannung U_0, so daß bei geschlossenem Taster im zweiten Stromkreis die Spannung $U_0 - U_1$ herrscht und in ihm einen Strom erzeugt, den das Galvanometer G anzeigt. Der Strom verschwindet, wenn $U_1 = U_0$, also

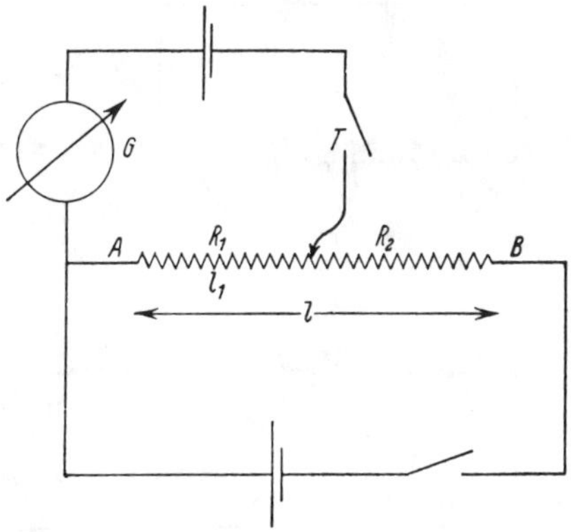

Abb. 82. Spannungsmessung durch Kompensation

$$U \frac{R_1}{R_1 + R_2} = U_0 \tag{35.1}$$

ist, was daran erkennbar ist, daß der Zeiger des Galvanometers bei Betätigung des Tasters kein Zucken zeigt. Ist l die Länge des Meßdrahts, l_1 die Länge von R_1, so ist $R_1/(R_1 + R_2) = l_1/l$ (vgl. die 31. Aufgabe), also

$$U_0 = U \frac{l_1}{l} \cdot \tag{35.2}$$

Ist U bekannt, so kann U_0 berechnet werden. Mit sehr verfeinerten Mitteln (Kompensationsapparate) spielt dieses *Kompensationsverfahren* in der Meßtechnik eine wichtige Rolle. Als Vorübung für das Folgende vergleiche man die Spannung eines Trockenelements mit der eines Akkumulators.

Jetzt bilden wir einen zweiten Stromkreis mit den Teilwiderständen R und R_0 und schalten R an die Stelle, die vorher die zweite Stromquelle eingenommen hatte (Abb. 83). Die an ihm liegende Teilspannung U' können wir ebenso wie vorher die Spannung U_0 durch geeignete Wahl von R_1 (l_1) kompensieren. Dann schalten wir mittels eines Umschalters auf R_0 um, an dem die Teilspannung U'' liege, und kompensieren wieder. Die entsprechende Länge von R_1 sei jetzt l_1'' (Abb. 83). Da bei Kompensation zwischen den beiden Stromkreisen kein Strom übergeht, ist $U'/U'' = R/R_0$ und gleich dem Verhältnis der Teilspannungen an l_1' und l_1'', also $R/R_0 = l_1'/l_1''$ oder

$$R = R_0 \frac{l_1'}{l_1''}. \qquad (35.3)$$

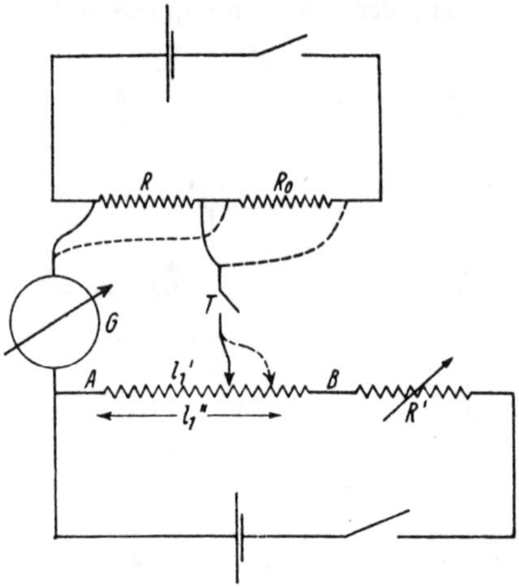

Abb. 83. Messung eines Widerstandes durch Kompensation

Ist R_0 bekannt, so kann hiernach R gemessen werden. Die Spannungen der beiden Stromquellen gehen in die Rechnung nicht ein.

Als Stromquellen benutzen wir zwei Akkumulatoren. Da dann aber an R bzw. R_0 nur etwa die halbe Spannung des einen Akkumulators liegt, so nutzen wir auch nur etwa die halbe Länge des Meßdrahts aus, wenn wir nicht den Kunstgriff verwenden, diesen durch einen Schiebewiderstand R' zu verlängern (Abb. 83), den wir so abgleichen, daß wir bei Abgriff von dem größeren der beiden Widerstände etwa die ganze Länge des Meßdrahts ausnutzen.

Tabelle

l_1' cm	$v \cdot 10^2$	$v^2 \cdot 10^4$	l_1'' cm	$v \cdot 10^2$	$v^2 \cdot 10^4$
51,45	− 13	169	89,2	− 10	100
5	− 8	64	2	− 10	100
65	+ 7	49	5	+ 20	400
8	+ 22	484	4	+ 10	100
4	− 18	324	2	− 10	100
65	+ 7	49	5	+ 20	400
5	− 8	64	4	+ 10	100
55	− 3	9	25	− 5	25
6	+ 2	4	15	− 15	225
7	+ 12	144	2	− 10	100
51,58		1360	89,30		1650

Beispiel. Wir wählen $R_0 = 100\ \Omega$, was größer ist als der zu messende Widerstand, und gleichen deshalb mit ihm den Schiebewiderstand ab. Die Tabelle zeigt unsre Messungen. Wir erhalten also nach (35.3) $R = 100 \cdot 51{,}58/89{,}30 = 57{,}76\ \Omega$.

Fehlerrechnung: Nach (35.3) beträgt der relative Größtfehler von R: $\Delta R/R = \Delta l_1'/l_1' + \Delta l_1''/l_1''$. Nach Angaben der Tabelle betragen die mittleren Fehler von l' und l_1'': $\Delta l_1' = \sqrt{1360/(10 \cdot 9)} \cdot 10^{-2} = \pm 0{,}039$ cm, $\Delta l_1'' = \sqrt{1650/(10 \cdot 9)} \cdot 10^{-2} = \pm 0{,}043$ cm. Es ist also $\Delta R/R = \pm (0{,}039/51{,}58 + 0{,}043/89{,}30) = \pm 0{,}0012 = \pm 0{,}12\,\%$.

Unser Endergebnis lautet also

$$\underline{R = (57{,}76 \pm 0{,}07)\ \Omega,\ \Delta R/R = \pm 0{,}12\,\%.}$$

Es ist aber anzunehmen, daß Kaliberfehler des Meßdrahtes einen nicht unerheblich größeren Fehler verursacht haben.

36. Aufgabe. Spezifischer Widerstand von Elektrolyten

Westphal, Physik, §§ 158, 177; Kl. Lehrb. d. Physik, §§ 127, 135

Ein homogener Leiter von der Länge l und dem konstanten Querschnitt q hat den Widerstand

$$R = \varrho \frac{l}{q} \cdot \tag{36.1}$$

l/q ist ein geometrischer *Formfaktor*, ϱ der *spezifische Widerstand* des Leitermaterials, den wir hier in der Einheit Ω cm angeben wollen, $\varkappa = 1/\varrho$ seine *Leitfähigkeit*. Sind R und q/l bekannt, so kann

$$\varrho = R \frac{q}{l} \tag{36.2}$$

berechnet werden.

Wir messen auf dieser Grundlage den spezifischen Widerstand eines *Elektrolyten* und verwenden dazu die Brückenschaltung (31. Aufgabe). Doch betreiben wir sie zur Vermeidung der die Messungen fälschenden Polarisation der Elektroden nicht mit Gleichstrom, sondern mit Wechselstrom von Hörfrequenz, den wir mit einem Röhrensummer erzeugen. An die Stelle des Galvanometers in der Brücke tritt ein Kopfhörer K als Nullinstrument (Abb. 84), zu dem ein Taster T *parallel geschaltet* ist, mit dem das Telephon kurzgeschlossen werden kann. Das Ohr ist sehr empfindlich gegen das Auftreten und Verschwinden auch sehr schwacher Töne beim Öffnen und Schließen des Tasters, so daß die Stromlosigkeit der Brücke sehr genau mit dem Ohr festgestellt werden kann. R ist der elektrolytische Widerstand, R_0 ein in Schritten von je 100 Ω veränderlicher Stöpselwiderstand. R_1 und R_2 sind zwei gleich große Widerstände von je 1000 Ω. Da $R_1 = R_2$, so ist bei richtiger Abgleichung auch $R = R_0$.

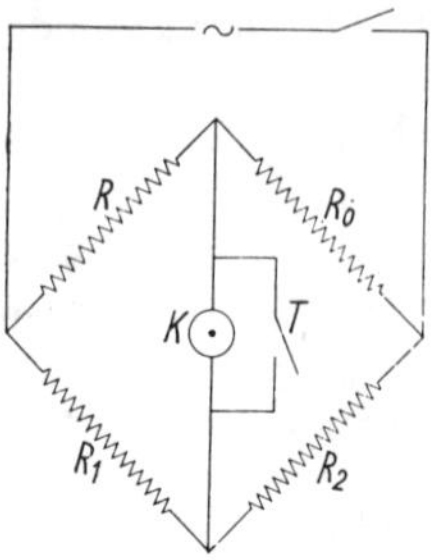

Abb. 84. Brückenschaltung zur Messung des Widerstandes eines Elektrolyten

Der Elektrolyt befindet sich in einem U-förmigen Rohr (Widerstandsgefäß, Abb. 85). Die beiden Elektroden sind Platinscheiben, die den Rohrquerschnitt fast ganz ausfüllen und die verschoben werden können, so daß die Länge l des Leiters verändert werden kann. Die auf den beiden Schenkeln des Rohres angebrachte Teilung beruht auf einem ähnlichen Prinzip wie die des Volumenometers (14. Aufgabe). Ist die rechte Elektrode in die Höhe des Teilstrichs z_r, die linke in die Höhe des Teilstrichs z_l eingestellt, so ergibt die Summe $z_r + z_l = z$ unmittelbar den Formfaktor l/q der so abgegrenzten Flüssigkeitssäule in der Einheit 1 cm^{-1}. Dann ist nach (36.2)

$$\varrho = \frac{R}{z} . \tag{36.3}$$

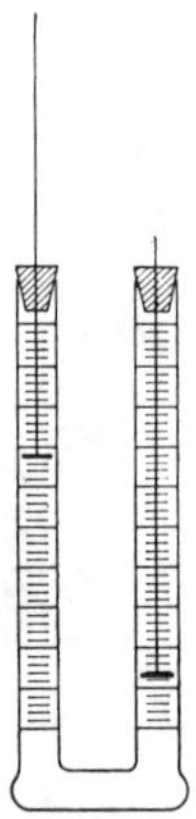

Abb. 85 Widerstandsgefäß

Auf die Berücksichtigung eines etwaigen Nullpunktfehlers kommen wir an Hand unseres Beispiels zurück. Bei der Beurteilung des Ergebnisses ist zu beachten, daß der Widerstand eines Elektrolyten mit steigender Temperatur stark *abnimmt.* Die Änderung kann rund 1 % bei einer Temperaturänderung um 0,5 grd betragen. Man gebe daher die Temperatur an, bei der die Messung stattgefunden hat.

Nachdem wir einen Vergleichswiderstand R_0 gewählt haben, stellen wir die eine Elektrode auf einen Teilstrich mit runder Zahl ein und verschieben die andere, bis das Telephon zum Schweigen gekommen ist. Das wiederholen wir bei verschiedenen Elektrodenstellungen und bei verschiedenen Werten des Vergleichswiderstandes.

Beispiel. Die Zimmertemperatur betrug 19,5 °C. Wir haben jede Einzelmessung fünfmal wiederholt. In der Tabelle 1 geben wir nur die aus diesen Einzelmessungen gewonnenen Mittelwerte von z_r bzw. z_l sowie die Mittelwerte der aus den einzelnen Messungen gewonnenen Summen $z = z_r + z_l$ an. Das Ergebnis der Messungen ist in Abb. 86 dargestellt. Die Meßpunkte passen sich sehr gut einer Geraden an, wie es (36.3) verlangt. Doch geht die Gerade nicht genau durch den Nullpunkt, weil unser Widerstandsgefäß einen kleinen, negativen Nullpunktfehler z_0 hat, den wir berücksichtigen, indem wir statt (36.3) schreiben

$$z = z_0 + \frac{R}{\varrho} . \tag{36.4}$$

Bei geringeren Genauigkeitsansprüchen können wir ϱ mit Hilfe der Abb. 86 berechnen, indem wir auf den beiden Enden der Geraden zwei Wertepaare (R, z) ablesen und mit ihnen in (36.4) eingehen. Wir lesen ab $R=0$, $z = -1{,}0\,\text{cm}^{-1}$; $R = 1000\,\Omega$, $z=58{,}7\,\text{cm}^{-1}$. Damit erhalten wir die beiden Gleichungen $-1{,}0\,\text{cm}^{-1}=z_0$ und $58{,}7\,\text{cm}^{-1} = z_0 + 1000\,\Omega/\varrho$. Aus ihnen folgt $1/\varrho = \varkappa = 59{,}7/1000 = 0{,}0597\ \Omega^{-1}\,\text{cm}^{-1}$, $\varrho = 16{,}75\ \Omega\,\text{cm}$.

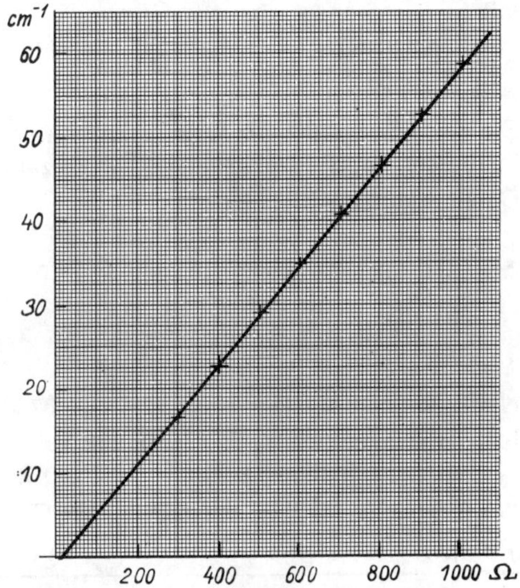

Abb. 86. Zur Widerstandsmessung eines Elektrolyten

Ein genaueres Ergebnis erhalten wir, wenn wir das Ausgleichungsverfahren in Einl. § 12/II verwenden. Dazu schreiben wir (36,4) in der Form

$$z = z_0 + \frac{R}{100\,\Omega}\,\frac{100\,\Omega}{\varrho} = z_0 + \delta\,\frac{R}{100\,\Omega} \quad (36.5)$$

Tabelle 1

Nr.	R_0 Ω	z_r cm⁻¹	z_l cm⁻¹	$z = z_r + z_l$ cm⁻¹	z (Mittel) cm⁻¹	Diff. z cm⁻¹
1	300	5,0	11,78	16,78	16,85	41,80
		11,92	5,0	16,92		
2	400	5,0	17,72	22,72	22,84	29,58
		17,86	5,0	22,86		
		10,0	12,72	22,72		
		13,06	10,0	23,06		
3	500	5,0	23,84	28,84	29,03	17,23
		24,22	5,0	29,22		
4	600	5,0	29,26	34,26	34,96	5,88
		30,66	5,0	35,66		
5	700	30,0	10,80	40,80	40,84	
		10,88	30,0	40,88		
6	800	30,0	16,90	46,90	46,26	
		15,62	30,0	45,62		
7	900	30,0	22,10	52,10	52,42	
		22,74	30,0	52,74		
8	1000	30,0	28,52	58,52	58,65	
		28,78	30,0	58,78		

mit

$$\delta = \frac{100\ \Omega}{\varrho}\,. \tag{36.6}$$

Die zur Anwendung von § 12, (6), nötigen z-Differenzen sind in der letzten Spalte der Tabelle 1 angegeben. Die Anzahl der Messungen beträgt $n = 8$. Damit erhalten wir

$$\delta = \frac{6}{8 \cdot 63}\,(7 \cdot 41{,}80 + 5 \cdot 29{,}58 + 3 \cdot 17{,}23 + 1 \cdot 5{,}88) =$$

$$= \frac{6 \cdot 498{,}07}{8 \cdot 63} = 5{,}929\ \mathrm{cm}^{-1}.$$

Nach (36.6) ist also $\varrho = 100/5{,}929 = 16{,}87\ \Omega\,\mathrm{cm}$.

Nun berechnen wir nach (36.5) aus jedem Wertepaar (R, z) Werte von z_0 nach der Gleichung $z_0 = z - \delta \cdot R/100\ \Omega$. Das Ergebnis zeigt Tabelle 2. Als Mittelwert erhalten wir $z_0 = -0{,}81\ \mathrm{cm}^{-1}$.

Tabelle 2

$\frac{R}{100\ \Omega}$	z	$\delta\,\frac{R}{100\ \Omega}$	z_0	$v \cdot 10^2$	$v^2 \cdot 10^4$
3	16,85 cm^{-1}	17,79 cm^{-1}	− 0,94 cm^{-1}	− 13	169
4	22,84	23,72	− 0,88	− 7	49
5	29,03	29,65	− 0,62	+ 19	361
6	34,96	35,57	− 0,61	+ 20	400
7	40,84	41,50	− 0,66	+ 15	225
8	46,26	47,43	− 1,17	− 36	1296
9	52,42	53,36	− 0,94	− 13	169
10	58,65	59,29	− 0,64	+ 17	289
			− 0,81 cm^{-1}		2958

Fehlerrechnung. Nach Tabelle 2 beträgt der mittlere Fehler von z_0: $\Delta z_0 = \sqrt{2958/(8 \cdot 7)} \cdot 10^{-2} \approx \pm 0{,}073\ \mathrm{cm}^{-1}$. Damit ergibt sich der mittlere Fehler von δ mit $n = 8$ nach Einl. § 12, (8), mit $A = z_0$ zu $\Delta\delta = \pm 0{,}073\ \sqrt{12/63} \approx \pm 0{,}032\ \mathrm{cm}^{-1}$. Der mittlere relative Fehler von δ beträgt daher $\Delta\delta/\delta = \pm 0{,}032/5{,}929 \approx \pm 0{,}0054 \approx \pm 0{,}55\,\%$. Dann ist nach (36.6) $\Delta\varrho/\varrho = \Delta\delta/\delta = \pm 0{,}55\,\%$.

Unser entsprechend gerundetes Endergebnis (für $t = 19{,}5\ ^\circ\mathrm{C}$) lautet also

$$\underline{\varrho = (16{,}9 \pm 0{,}1)\ \Omega\,\mathrm{cm}, \quad \Delta\varrho/\varrho = \pm 0{,}55\,\%\,.}$$

37. Aufgabe. Messungen mit einem Voltameter

Westphal, Physik, §§ 50 u. 174; Kl. Lehrb. d. Physik, §§ 45 u. 138

Für das Verständnis des Folgenden ist die Kenntnis der Ausführungen in § 3 der Einleitung erforderlich.

Ein Voltameter ist eine elektrolytische Zelle, die dazu dient, die Masse oder das Volumen von materiellen Mengen zu messen, die als Ionen zugleich mit einer Ladung Q an den Elektroden der Zelle abgeschieden werden.

Die Anzahl z der von jedem Ion getragenen Elementarladungen e ist identisch mit der Wertigkeit z der Ionenart. Werden also N Ionen abgeschieden, so geben sie die Ladung $Q = It = Nze$ an die Elektrode ab, wenn I die Stromstärke und t die Zeit des Stromdurchganges ist. Ist μ die Masse eines Ions, so ist die Masse der abgeschiedenen Ionen $m = N\mu$. Daraus folgt $m = Q\mu/ze$ und mit $\mu/ze = k$ das *1. Faradaysche Gesetz*

$$m = kIt. \tag{37.1}$$

k ist das *elektrochemische Äquivalent* der Ionenart.

Wenn wir $k = \mu/ze$ mit der Avogadro-Konstante N_A erweitern, so folgt $k = N_A\,\mu/(N_A\,ze)$. Nun ist N_A die molare Teilchenanzahl, demnach $N_A\,\mu = M_m$ die molare Masse der Ionenart (Einheit g mol^{-1}), $N_A\,e = F$ die von der Ionenart unabhängige valare Ladung, die *Faraday-Konstante* (Einheit C mol^{-1}). Damit ergibt sich das *2. Faradaysche Gesetz*

$$k = \frac{M_m}{Fz} = \frac{M_E}{F}. \tag{37.2}$$

$M_E = M_m/z$ ist die valare Masse der Ionenart.

I. Messung der Faraday-Konstanten mit dem Kupfervoltameter

Wir wollen nach (37.1) das elektrochemische Äquivalent k des Kupfers messen und nach (37.2) die *Faraday-Konstante* berechnen:

$$k = \frac{m}{It} \quad (37.3), \qquad \mathrm{F} = \frac{M_m}{kz} = \frac{M_E}{k}. \tag{37.4}$$

Die molare Masse des Kupfers ist $M_m = 63{,}54$ g mol^{-1}. Es ist zweiwertig, also $M_E = 31{,}77$ g mol^{-1}.

Wir verwenden Kupferelektroden in einer Kupfersulfatlösung, in der das $CuSO_4$ nach $CuSO_4 \rightarrow Cu^{++} + SO_4^{--}$ dissoziiert ist. Die Cu^{++}-Ionen wandern zur Kathode und werden dort unter Aufnahme zweier Elektronen abgeschieden. Die SO_4^{--}-Ionen wandern zur Anode, geben dort zwei Elektronen ab und reagieren nach $Cu + SO_4 \rightarrow CuSO_4$ mit dem Kupfer. Das $CuSO_4$

geht in Lösung und dissoziiert wieder. An der Anode wird ebenso viel Kupfer gelöst, wie in der gleichen Zeit an der Kathode abgeschieden wird; die Masse der Kathode wächst auf Kosten der Masse der Anode. Die Konzentration der Lösung bleibt erhalten.

Es ist sehr auf Sauberkeit und Trockenheit der Kathode zu achten. Sie muß vor jeder Wägung erst mit Leitungswasser, dann mit destilliertem Wasser abgespült und bei gelinder Wärme (z. B. über einem durch eine Bunsenflamme erwärmten Blech) gründlich getrocknet werden. Da die Stromstärke schwanken kann, lesen wir sie in gleichen Zeitintervallen ab und nehmen, wenn nötig, das Mittel. Die Tabelle 1 gibt unsere Messungen.

Tabelle 1

t	I
0 min	3,0 A
5	0
10	02
15	02
20	02
25	02
30	02
	3,014 A

Beispiel. Die Masse der Kathode wägen wir auf $\pm 0{,}01$ g. Sie betrug vor dem Stromdurchgang 76,44 g, nachher 78,24 g. Es wurden also $m = 1{,}80$ g Kupfer abgeschieden. Mit $t = 30$ min $= 1800$ s und dem Mittelwert $I = 3{,}014$ A ist nach (37.3) $k = 1{,}80/(3{,}014 \cdot 1800) = 3{,}315 \cdot 10^{-4}$ g C^{-1} und nach (37.4) $F = 31{,}77/(3{,}315 \cdot 10^{-4}) = 95840$ C mol^{-1}.

Fehlerrechnung: Nach (37.3) beträgt der relative Größtfehler von k: $\Delta k/k = \Delta m/m + \Delta I/I + \Delta t/t$. Da wir m nur auf $\pm 0{,}01$ g gemessen haben, so wollen wir — da zwei Wägungen eingehen — als Fehler $\Delta m = \pm 2 \cdot 0{,}01 = \pm 0{,}02$ g ansetzen, so daß $\Delta m/m = \pm 0{,}02/1{,}80 \approx \pm 0{,}011 = \pm 1{,}1\,\%$. Da bei dem Amperemeter 1 Sk $\triangleq$ 0,2 A, so schätzen wir $\Delta I = \pm 0{,}02$ A, so daß $\Delta I/I = \pm 0{,}02/3{,}014 \approx \pm 0{,}007 = \pm 0{,}7\,\%$. Die Unsicherheit der Zeit t beruht nicht nur auf der eigentlichen Zeitmessung, sondern auch auf der zeitlichen Unschärfe des Ein- und Ausschaltens. Wir wollen deshalb $\Delta t = \pm 1$ s ansetzen. so daß $\Delta t/t = \pm 1/1800 \approx \pm 0{,}0005 = \pm 0{,}05\,\%$. Insgesamt ergibt sich also $\Delta k/k = \pm (0{,}7 + 1{,}1 + 0{,}05)\,\% \approx \pm 2\,\%$. Da $M_E = M_m/z$ vorgegeben ist, so ist nach (37.4) $\Delta F/F = \Delta k/k = \pm 2\,\%$.

Unsere Ergebnisse lauten also

$$\underline{k = (3{,}315 \pm 0{,}07) \cdot 10^{-4}\ \text{g C}^{-1}, \quad F = (95\,840 \pm 2000)\ \text{C mol}^{-1}}$$

$$\underline{\Delta k/k} = \underline{\Delta F/F = \pm 2\,\%.}$$

Unser F-Wert liegt nur um etwa 0,7% unterhalb des derzeit zuverlässigsten Wertes $F = 96\,491{,}12$ C mol^{-1}.

II. Messung des molaren Normvolumens mit dem Knallgasvoltameter

Ein Knallgasvoltameter enthält als Elektrolyt verdünnte Schwefelsäure (H_2SO_4) und hat Platinelektroden. Die Schwefelsäure ist in der Lösung nach $H_2SO_4 \rightarrow 2H^+ + SO_4^{--}$, also in je 2 einfach geladene H^+-Ionen und

1 doppelt geladenes SO_4^{--}-Ion, dissoziiert. Die H^+-Ionen wandern zur Kathode, nehmen dort je 1 Elektron auf und vereinigen sich zu je zweien zu einem neutralen H_2-Molekül. Die SO_4^{--}-Ionen wandern zur Anode, geben dort 2 Elektronen ab und reagieren dann mit dem Wasser nach $SO_4 + H_2O \rightarrow H_2SO_4 + O$. Die Schwefelsäure dissoziiert alsbald wieder, und je zwei O-Atome vereinigen sich zu einem O_2-Molekül. Demnach entweicht an der Kathode Wasserstoffgas H_2, an der Anode Sauerstoffgas O_2, und zwar im Volumverhältnis 2 : 1. Die Mischung heißt Knallgas. Sie wird im Voltameter aufgefangen, und ihr Volumen wird gemessen.

Es sei V das Volumen, m die Masse des abgeschiedenen Gases, V_m sein *molares Volumen* (Einheit 1 $cm^3\,mol^{-1}$), M_m seine molare Masse (Einheit 1 $g\,mol^{-1}$). Dann ist die Dichte des Gases $\varrho = m/V = M_m/V_m$, also $V_m = VM_m/m$. Nun ist $M_m = z M_E$ (siehe oben). Dann ist nach (37.1) und (37.2) $m = M_E It/F = M_m It/(zF)$. Daraus folgt

$$V_m = V \frac{zF}{It} \cdot \tag{37.5}$$

Wir wollen hiernach das molare Volumen V_m aus dem Volumen V einer mit der Ladung $Q = It$ abgeschiedenen Gasmenge berechnen. Das Ergebnis rechnen wir auf den Normzustand – den Druck $p_0 = 760$ Torr und die Temperatur $t_0 = 0$ °C bzw. $T_0 = 273$ K – um. Wir können dazu die Zustandsgleichung der idealen Gase verwenden, da die Bestandteile des Knallgases diesem Zustand äußerst nahe sind. Wir erhalten dann das *molare Normvolumen* V_m^0, eine für alle idealen Gase gültige universelle Konstante. Wie für jede andere Menge eines solchen Gases, so gilt auch für 1 Mol die Zustandsgleichung $p\,V_m/T = p_0 V_m^0/T_0$, also

$$V_m^0 = V_m \frac{p}{p_0} \cdot \frac{T_0}{T} \,. \tag{37.6}$$

Wir könnten unsere Berechnungen auf das ganze Knallgas beziehen. Es ist aber einfacher, wenn wir sie auf einen seiner Anteile beziehen und wählen dazu den Wasserstoff. Dabei müssen wir zweierlei bedenken. Erstens: Auf jedes entbundene H_2-Molekül sind 2 Elementarladungen an der Anode umgesetzt worden; jedes Molekül hat die Wirkung eines zweiwertigen Ions. Wir müssen deshalb in (37.5) $z = 2$ setzen. Zweitens: Das Volumen des Wasserstoffs ist zwar identisch mit dem des Knallgases, aber sein Partialdruck p beträgt nur $2\,p'/3$, wenn p' den Gesamtdruck des Knallgases bedeutet.

Dieser ist aber nicht gleich dem äußeren Luftdruck p_b. Erstens ist er um den Druck der Flüssigkeitssäule im Voltameter kleiner als dieser, und zweitens trägt zu p' auch der gesättigte Wasserdampf einen Anteil p_w bei, der ebenfalls in Abzug zu bringen ist. Wir entnehmen ihn für die im Knallgas herrschende Temperatur genügend genau der Tabelle II. Zur Messung der Temperatur ist im Voltameter ein Thermometer eingebaut. Den Druck p_h der Flüssigkeitssäule berechnen wir aus ihrer Höhe h in mm durch Umrechnung in Torr. Ist ϱ_1 die Dichte des Elektrolyten (in unserem Fall vorgegebener Wert $\varrho_1 = 1{,}07$ g cm^{-3}) und $\varrho_2 = 13{,}6$ g cm^{-3} die Dichte des Quecksilbers, so hat p_h den gleichen Zahlenwert in Torr wie die Höhe $h\varrho_1/\varrho_2$ in mm. Es ist also $p' = p_b - p_h - p_w$. Abb. 87 zeigt unser Knallgasvoltameter. Zur Ablesung des Volumens ist es kalibriert, 1 Skalenteil $\triangleq$ 5 cm^3. Vor der Messung wird das Voltameter durch vorsichtiges Kippen vollständig mit dem Elektrolyten gefüllt, wobei darauf zu achten ist, daß sich nirgends Gasblasen verkriechen.

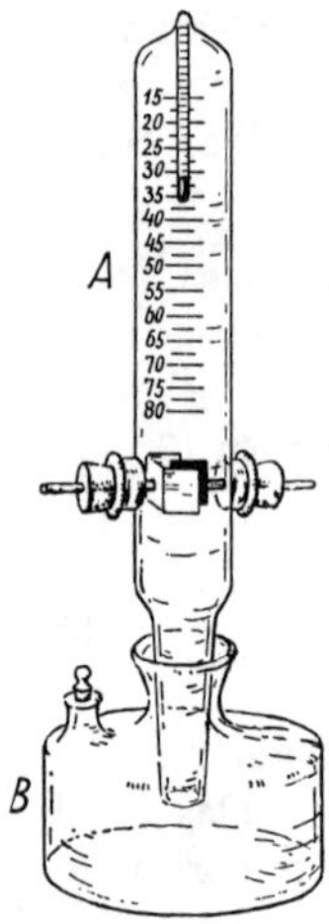

Abb. 87
Knallgasvoltameter

Tabelle 2

t	I
0 min	2,0 A
5	1,98
10	98
15	98
20	98
	1,984 A

Beispiel. Die Tabelle 2 gibt unsere Strommessung über 20 min = 1200 s, mit dem Mittelwert $I =$ 1,984 A, so daß $Q = 1{,}984 \cdot 1200 = 2381$ C. Das Volumen des abgeschiedenen Knallgases betrug 465 cm^3, der (nach Tabelle IV im Anhang reduzierte) äußere Luftdruck $p_b = 761{,}0$ Torr, die Temperatur des Knallgases 18,0 °C, also $T = 291{,}0$ K, die Höhe der Flüssigkeitssäule $h = 120$ mm.

Zur Berechnung von V_m nach (37.5) verwenden wir für F statt unseres obigen Ergebnisses den gerundeten Bestwert $F = 96\,500$ C val^{-1}. Mit $z = 2$ ist dann $V_m = 465 \cdot 2 \cdot 96\,500/2381 = 37\,690$ cm^3 mol^{-1}. Mit den angegebenen Zahlenwerten ergibt sich $p_h = 120 \cdot 1{,}07/13{,}6 = 9{,}5$ Torr. Ferner ist nach Tabelle II $p_w = 15{,}5$ Torr. Damit folgt als Druck des Knallgases $p' = 761{,}0 - 9{,}5 - 15{,}5 = 736{,}0$ Torr, und der Partialdruck des Wasserstoffs beträgt $p = 2\,p'/3 = 490{,}7$ Torr. Dann ist nach (37.6) $V_m^0 = 37\,690 \cdot 490{,}7 \cdot 273/(760 \cdot 291) = 22\,830$ cm^3 mol^{-1}.

Fehlerrechnung. Da wir zF vorgegeben haben, so beträgt der relative Größtfehler von V_m nach (37.5) $\Delta V_m/V_m = \Delta V/V + \Delta I/I + \Delta t/t$. Wegen der Beeinträchtigung der Volummessung durch Kapillarwirkungen wollen wir den Fehler der Volummessung auf $\Delta V = \pm 2{,}5$ cm^3 schätzen, so daß $\Delta V/V = \pm 2{,}5/465 \approx \pm 0{,}0054 = \pm 0{,}54\,\%$. Die Fehler der Strom- und der Zeitmessung schätzen wir wieder zu $\Delta I = \pm 0{,}02$ A und $\Delta t = \pm 1$ s, so daß $\Delta I/I = \pm 0{,}02/1{,}984 \approx \pm 0{,}01 = \pm 1\,\%$ und $\Delta t/t = 1/1200 \approx \pm 0{,}0008 = \pm 0{,}08\,\%$. Es ergibt sich also $\Delta V_m/V_m = \pm (0{,}54 + 1{,}0 + 0{,}08)\,\% \approx \pm 1{,}6\,\%$. p_b ist sicher relativ viel genauer gemessen; die Korrektionen p_h und p_w tragen zum Druck p', also auch zum Partialdruck p

so wenig bei, daß wir ihre Fehler vernachlässigen dürfen. Dann ergibt sich aus (37.6) $\Delta V_m{}^0/V_m{}^0 = \Delta V_m/V_m = \pm 1{,}6\,\%$.

Unser Ergebnis lautet also

$$\underline{V_m^0 = (22\,830 \pm 370)\ \mathrm{cm^3\,mol^{-1}}, \quad \Delta V_m^0/V_m^0 = \pm 1{,}6\,\%.}$$

Der Bestwert beträgt 22 414 $\mathrm{cm^3\,mol^{-1}}$ und liegt ein wenig unterhalb unserer unteren Fehlergrenze, aber nur so wenig, daß diese Abweichung schon durch einen kleinen Eichfehler des Amperemeters oder des Voltameters erklärt werden kann. Eine weitere Fehlerquelle könnte darin liegen, daß Wasser Sauerstoff (aber nicht Wasserstoff) stark absorbiert. Es ist aber kaum anzunehmen, daß diese Fehlerquelle im Spiel war, da der Elektrolyt schon mehrfach für solche Messungen verwendet worden war, so daß er reichlich Gelegenheit hatte, sich vorher mit Sauerstoff zu sättigen.

38. Aufgabe. Messung elektrischer Felder im elektrolytischen Trog

Das von einem System geladener Elektroden erzeugte elektrische Feld ist das gleiche, wenn es sich in Luft (oder Vakuum) oder in einem Elektrolyten befindet, da in einem solchen keine feldverzerrenden Raumladungen und daher – abgesehen von den Elektroden – keine Quellen und Senken des Feldes auftreten. Das liefert eine bequeme Methode zur Ermittlung des Verlaufs solcher Felder, die u. a. auf Elektronenröhren und in der Elektronenoptik (elektrische Linsen) viel angewendet wird. Man kopiert das zu untersuchende Elektrodensystem im Großen, bringt es in einen Elektrolyten, erzeugt an ihm dem Original bei seiner Anwendung entsprechende Spannungsverhältnisse und mißt die Spannungen in den einzelnen Punkten seines Feldes mit einer Drahtsonde. Man ermittelt auf diese Weise die *Flächen gleichen Potentials (Äquipotentialflächen)*. Die *elektrischen Feldlinien* sind dann die zu diesen Flächen orthogonalen Kurvenscharen. Sie stehen daher auch auf den Elektroden (und auf etwaigen metallischen Begrenzungen) senkrecht, da diese in elektrostatischen Fällen ja immer Äquipotentialflächen sind. Wählt man Äquipotentialflächen gleicher Spannungsdifferenz aus, so erhält man aus ihnen einen Überblick über die *elektrische Feldstärke* in den einzelnen Punkten des Feldes. Ist U die örtliche Spannung, E die örtliche Feldstärke und s die Orthogonale zur örtlichen Äquipotentialfläche, so ist $E = -\,\mathrm{d}U/\mathrm{d}s$. Die Feldstärke ist also um so größer, je schneller sich U längs s ändert, d. h. je näher beieinander die in gleichen Spannungsschritten gewählten Äquipotentialflächen liegen. Bezeichnen wir die endliche Potentialdifferenz zweier Äquipotentialflächen mit ΔU, und ist ihre Orthogonale am betrachteten Ort so schwach gekrümmt, daß wir sie zwischen den beiden Flächen durch eine Gerade Δs ersetzen dürfen, so ergibt das Verhältnis $E = \Delta U/\Delta s$ mit meist genügender Genauigkeit die Feldstärke im Raum zwischen den beiden Flächen.

Besonders einfach liegen die Verhältnisse bei *ebenen Problemen,* d. h. wenn die Spannungsverteilung im Felde nur von zwei Koordinaten, etwa x und y, aber nicht von z abhängt, wenn also die Verhältnisse in allen zur (x, y)-Ebene parallelen Ebenen identisch sind. Das scheint zu erfordern, daß die Elektroden – die in diesem Fall natürlich parallel zur z-Achse sein müssen – und der Elektrolyt in Richtung der z-Achse unendlich ausgedehnt sind. Tatsächlich ist das nicht nötig. Es genügt bereits eine wenige Zentimeter hohe Elektrolytschicht in einer nichtleitenden Schale mit horizontalem Boden, sofern die Elektroden senkrecht dazu die ganze Elektrolytschicht durchsetzen. Wie die Potentialtheorie zeigt, werden dann die Elektroden mit ihren Ladungen am Boden der Schale und an der Oberfläche des Elektrolyten sozusagen elektrisch gespiegelt, ihre Spiegelbilder werden wiederum gespiegelt, und so fort. Dadurch wird das Ganze virtuell in Richtung der z-Achse ins Unendliche verlängert. Auch an den Wänden des Troges findet eine Spiegelung statt. Sie bewirkt in deren Nähe insofern eine gewisse Störung gegenüber dem Fall unendlicher seitlicher Ausdehnung des Systems, als – wie aus der Potentialtheorie folgt – die Äquipotentialflächen auf nichtleitenden Grenzflächen senkrecht stehen. Zu leitenden Flächen verlaufen sie parallel. Darum hat es keinen Zweck, die Messungen bis allzu nahe an die Seitenwände heranzuführen. Bei ebenen Problemen genügt es, *Äquipotentiallinien* als Schnitte durch die Äquipotentialflächen in einer horizontalen Ebene zu zeichnen. Als Elektrolyt kann Leitungswasser verwendet werden. Die Elektroden werden zweckmäßig aus verchromtem Messingblech hergestellt, da dieses beim Stromdurchgang nicht merklich angegriffen wird, was Störungen des Feldverlaufs hervorrufen könnte. Als Trog verwenden wir eine 27 × 33 cm große Entwicklerschale, auf deren Boden eine Mattglasscheibe mit mm-Netz zur Abtastung der einzelnen Punkte im Felde liegt. Sehr wichtig ist, daß der Elektrolyt überall gleich tief, der Boden der Schale also genau horizontal justiert ist. Das geschieht am einfachsten mit einer Libelle durch Beobachtung in zwei zueinander senkrechten Richtungen.

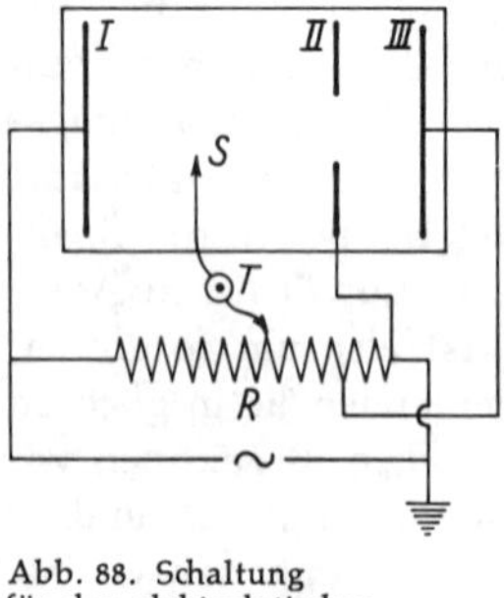

Abb. 88. Schaltung für den elektrolytischen Trog (1. Beispiel)

Die Spannungen der Elektroden werden an einem in gleiche Teile (in unserem Fall 10 Teile) unterteilten Spannungsteiler (Potentiometer) R abgegriffen (Abb. 88). Die Sonde S ist eine Drahtspitze an einem isolierenden Griff. Sie muß bei den Messungen möglichst genau senkrecht auf die einzelnen Punkte des mm-Netzes gesetzt werden, um genaue Spannungswerte zu ergeben. Sie wird unter Einschaltung eines Meßgeräts T nacheinander an die einzelnen Abzweigungen des Spannungsteilers gelegt, und man sucht mit ihr eine Folge von Punkten auf, die mit der betreffenden Abzweigung auf gleichem Potential sind. Die Folge bildet dann eine Äquipotentiallinie.

Zum Betriebe benutzen wir Wechselstrom von Hörfrequenz aus einem Röhrensummer. Das hat zwei Vorteile. Erstens bilden sich bei Wechselstrom keine Abscheidungen auf den Elektroden. Zweitens kann man die Spannungsgleichheit des beobachteten Punktes mit der gewählten Abzweigung, also die Stromlosigkeit der zur Sonde führenden Leitung, sehr bequem dadurch feststellen, daß man als Meßgerät T ein Telephon (Kopfhörer) wählt, in dem bei richtiger Einstellung der Sonde ein Tonminimum eintritt. Die Verwendung von Wechselstrom ruft in den Spannungs*verhältnissen*, auf die es hier allein ankommt, keinen Unterschied gegenüber Gleichstrom hervor, da sich ja alle Punkte des Systems in jedem Augenblick in gleicher Spannungsphase befinden.

Bei Elektrodenanordnungen, die zur Mittelachse symmetrisch sind, genügt die Ausmessung einer Hälfte des Feldes. Die andere Hälfte wird spiegelsymmetrisch gezeichnet. Es empfiehlt sich, die gemessenen Punkte nicht erst aufzuschreiben, sondern gleich auf mm-Papier aufzutragen. Man sieht dann auch gleich, ob zur genauen Zeichnung der Äquipotentiallinien, besonders wo sie stark gekrümmt sind, zusätzliche Meßpunkte erwünscht sind. Bei zur Mittelachse symmetrischen Anordnungen wird es bei schwach gekrümmten Äquipotentiallinien genügen, wenn man sich in Schritten von je 2 cm von der Mittelachse entfernt. Ist die Krümmung stärker, so muß man kleinere Schritte wählen.

Beispiele. Da es auf die Absolutwerte der Spannung nicht ankommt, bezeichnen wir die am Potentiometer liegende Gesamtspannung einfach mit 10 und die an ihm abgegriffenen Spannungen mit 0, 1, 2, ... 10. Als erstes Beispiel bringen wir folgende Elektrodenanordnung (Abb. 88). Zwei ebene Elektroden I und III stehen einander parallel im Abstande 20 cm gegenüber. Im Abstande 15 cm von I und parallel zu I und III steht eine Elektrode II mit einem 8 cm weiten senkrechten Spalt. Wir legen an I die Spannung 10, an II die Spannung 0 und an III die Spannung 4. Das Ergebnis der Feldmessung zeigt Abb. 89. In der Nähe von I ist ein Einfluß des Spalts in II noch kaum bemerkbar. Die Äquipotentiallinie 9 ist fast gerade, das Feld fast homogen. Ihr Abstand von I beträgt auf der Mittelachse (x-Koordinate) 2,2 cm, und die Feldstärke beträgt daher (mit unserer willkürlichen Spannungseinheit) $E = \Delta U/\Delta x = 1/2{,}2 \approx 0{,}45$ Spannungseinheiten je cm. Gehen wir längs der Mittellinie weiter, so macht sich der Einfluß des Spaltes immer mehr bemerkbar. Die Äquipotentiallinien wölben sich immer stärker, und ihr Abstand wird größer. Zwischen den Linien 5 und 4 beträgt er 4,1 cm, die Feldstärke also nur noch $1/4{,}1 \approx 0{,}24$. Von der Linie 3 an zeigen die

Linien einen anderen Verlauf, indem sie die Elektrode II einhüllen. Zwischen der Linie 4 und den beiden Linien 3 gibt es eine von uns nach Augenmaß gestrichelt eingezeichnete Linie mit zwei Ästen. Diese haben auf der Mittelachse, in ihrem Schnittpunkt – in dem sie aufeinander senkrecht stehen –, einen Wendepunkt (Sattelpunkt des Potentials) und bilden die Grenzen zwischen den die Elektrode II umhüllenden und den übrigen Linien. Zwischen der Linie 4 und der ebenfalls auf der Spannung 4 befindlichen Elektrode III nimmt die Spannung längs der Mittellinie bis zu jenem Schnitt-

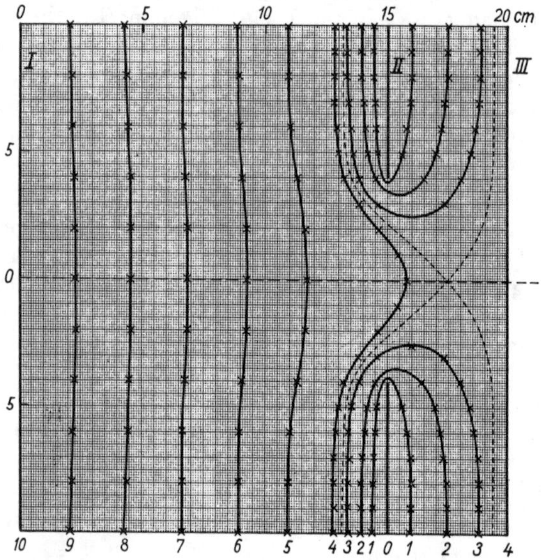

Abb. 89. Potentialverlauf in einem Dreielektrodensystem mit Spaltblende ohne Durchgriff

punkt ab, dann wieder zu. Im Schnittpunkt herrscht also in Richtung der Achse der Anordnung ein Spannungsminimum, und die Feldstärke ist dort $E = -dU/ds = 0$. Wer sich mit dieser Aufgabe weiter beschäftigen will, zeichne eine Anzahl von elektrischen Feldlinien als Orthogonale zu den Äquipotentiallinien. Man geht dazu zweckmäßig von den Elektroden I und III aus, wählt die Feldlinien dort, wo das Feld in nächster Nähe der Elektroden ja praktisch homogen ist, äquidistant und verlängert sie nach Augenmaß. Im vorliegenden Fall enden alle von I und von III ausgehenden Feldlinien auf II. Es besteht kein „Durchgriff" des Feldes von I nach III, d. h. es verlaufen keine Feldlinien zwischen diesen beiden Elektroden.

Nunmehr legen wir unter sonst gleichen Verhältnissen an III nur die Spannung 2 und erhalten die Potentialverteilung der Abb. 90. Wie zu erwarten, macht sich die Änderung in der Nähe der Elektrode I (außer in der Feldstärke) praktisch nicht bemerkbar, aber um so mehr im weiteren Verlauf. Von den gemessenen Äquipotentiallinien hüllt jetzt nur noch die Linie 1 die Elektrode II ein. Die mit III spannungsgleiche Linie 2 reicht mit zwei Ästen bis an diese Elektrode, wo sie sich in deren Oberfläche fortsetzt. Ein Analogon zu der in der Abb. 89 gestrichelt gezeichneten Linie gibt es jetzt nicht, also auch keine Umkehr der Feldrichtung längs der Mittelachse. Die Feldstärke beträgt längs dieser (in unserer willkürlichen Einheit) zwischen der Elektrode I (10) und der Linie 9 $1/1{,}6 \approx 0{,}6$, ist also hier größer als im ersten Fall. (Dementsprechend sind die Linien, die II umhüllen, weniger dicht; die

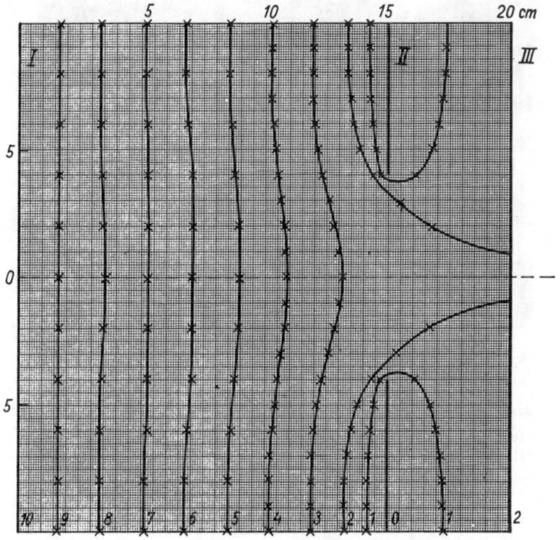

Abb. 90. Potentialverlauf in einem Dreielektrodensystem mit Spaltblende mit Durchgriff

Feldstärke ist dort kleiner als im ersten Fall.) Zwischen der Linie 3 und der Elektrode III beträgt aber die Feldstärke in der Achse im Mittel $1/6{,}8 \approx 0{,}15$. Verfolgt man die Feldlinien, so erkennt man, daß jetzt ein Teil der von I ausgehenden Feldlinien durch den Spalt hindurch bis zur Elektrode III reicht. Es besteht also ein *„Durchgriff"* des Feldes von I nach III. (Vgl. hierzu die Aufgabe 45.)

Als weiteres Beispiel bringen wir in der Abb. 91 ein Bild des Feldes zwischen einer scharfen Kante und einer ebenen Elektrode. In der Nähe der Kante liegen die Äquipotentiallinien sehr dicht. Zwischen ihr und der Linie 9 beträgt der Abstand in der Mittellinie nur 0,2 cm, die Feldstärke also $1/0{,}2 = 5$ (*Spitzenwirkung*), während sie zwischen der ebenen Elektrode und der Linie 1 nur $1/1{,}3 \approx 0{,}77$ beträgt.

Als Letztes messen wir das Feld zwischen zwei koaxialen zylindrischen Elektroden (Radien $r_1 = 1{,}2$ cm, $r_2 = 11{,}25$ cm) aus. Es leuchtet ohne weiteres ein, daß in diesem Fall die Äquipotentiallinien Kreise um die Achse der Anordnung sein müssen, da ja auch die Zylinderoberflächen Äquipotentialflächen sind. Die Feldlinien verlaufen also radial. Aus der Potentialtheorie ergibt sich, daß die Feldstärke proportional dem Kehrwert des Abstandes r von der Achse ist: $E = -\,\mathrm{d}U/\mathrm{d}r = -\,C/r$. Die Integration ergibt $U = C \ln r + C'$.

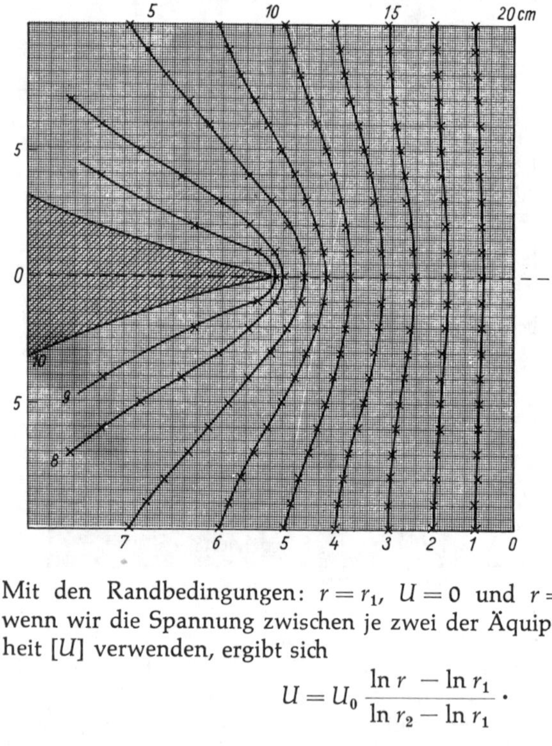

Abb. 91. Potentialverlauf zwischen einer Kante und einer ebenen Elektrode

Mit den Randbedingungen: $r = r_1$, $U = 0$ und $r = r_2$, $U = U_0 = 10\ [U]$, wenn wir die Spannung zwischen je zwei der Äquipotentialflächen als Einheit $[U]$ verwenden, ergibt sich

$$U = U_0 \frac{\ln r - \ln r_1}{\ln r_2 - \ln r_1}\,. \tag{38.1}$$

Die Spannung U ist also eine lineare Funktion von $\ln r$ oder, da $\ln r = 2{,}303 \lg r$ (lg dekadischer Logarithmus), auch eine lineare Funktion von $\lg r$,

$$U = -\,A + B \lg r\,, \tag{38.2}$$

wobei sich die Bedeutung der Konstanten A und B aus (38.1) ergibt. Diese Beziehung wollen wir nachprüfen.

Wegen der Rotationssymmetrie der Anordung genügt an sich die Messung des Spannungsverlaufs längs eines beliebigen Radius. Wir wollen ihn aber zum Ausgleich etwaiger kleiner Asymmetrien längs vier zueinander senkrechten Radien messen und mitteln. Das Ergebnis zeigt die Tabelle. Wir stellen es graphisch auf Koordinatenpapier dar, dessen Abszisse logarithmisch geteilt ist. Auf diesem tragen wir U über lg r auf und erhalten in der Tat gemäß (38.2) eine Gerade (Abb. 92).

Da wir kein einzelnes Zahlenergebnis mitzuteilen haben, erübrigt sich eine Fehlerrechnung.

Tabelle

U	0	1	2	3	4	5	6	7	8	9	10
r	1,2	1,4	1,7	2,2	2,9	3,6	4,6	5,8	7,2	9,2	11,25 cm
		4	8	3	9	6	8	8	2	1	
		4	8	4	9	7	6	9	4	1	
		4	8	3	3,0	8	6	8	3	0	
	1,20	1,40	1,78	2,30	2,93	3,68	4,65	5,83	7,28	9,10	11,25 cm

Diese Aufgabe läßt sich durch Wahl verschiedener Elektrodenformen und Elektrodenanordnungen sowie verschiedener Spannungsverhältnisse auf die mannigfachste Weise abwandeln. Man erhält dadurch einen lehrreichen Einblick in die Verhältnisse in elektrostatischen Feldern. Der praktische Wert von Feldmessungen im elektrolytischen Trog wird an unseren drei ersten Beispielen (Spaltelektrode und Kante) besonders deutlich. Es ist einleuchtend, daß eine Berechnung von Feldern dieser Art aus den Grundgleichungen der Potentialtheorie recht verwickelt und schwierig sein muß, während sich der Feldverlauf im elektrolytischen Trog experimentell auf recht einfache Weise und meist durchaus genügend genau ermitteln läßt.

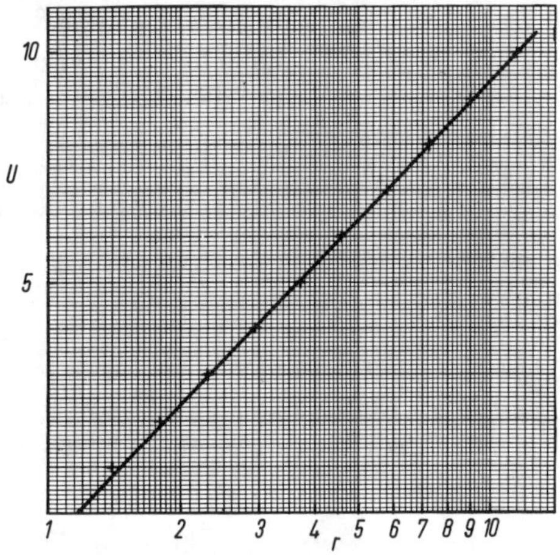

Abb. 92. Spannung U als Funktion von lg r im Felde zweier koaxialer Zylinder

39. Aufgabe. Messung von Induktivitäten und Kapazitäten

Westphal, Physik, § 248; Kl. Lehrb. d. Physik, § 182

Die Messung von Kapazitäten und Induktivitäten kann in einer mit Wechselstrom betriebenen Brückenschaltung erfolgen (31. und 36. Aufgabe). Als Nullinstrument dient wie bei der 36. Aufgabe ein Telephon (Kopfhörer K) mit parallel geschaltetem Taster T. Es seien Z_1, Z_2 (Abb. 93) zwei Wechselstromwiderstände, die außer aus Leitungswiderständen R_1, R_2 auch aus Induktivitäten L_1, L_2 oder Kapazitäten C_1, C_2 bestehen. R_3, R_4 seien reine Leitungswiderstände, die z. B. durch die beiden Abschnitte eines Meßdrahtes verwirklicht werden, wie bei der 31. Aufgabe. Die Bedingung für Stromlosigkeit der Brücke, also für Schweigen des Telephons, lautet:

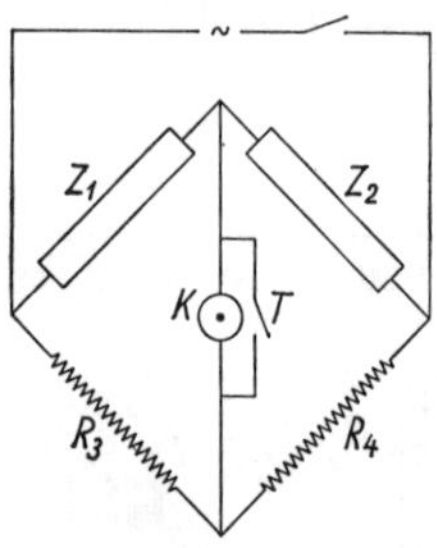

Abb. 93. Zur Messung von Wechselstromwiderständen in der Brückenschaltung

$$\frac{Z_1}{Z_2} = \frac{R_1}{R_2} = \frac{R_3}{R_4}. \tag{39.1}$$

Es müssen also nicht nur die Wechselstromwiderstände Z_1 und Z_2 als Ganzes, sondern auch die Leitungswiderstände R_1 und R_2 sich wie R_3/R_4 verhalten. Enthalten die beiden Zweige *Induktivitäten*, so betragen die Wechselstromwiderstände

$$Z_1 = \sqrt{R_1^2 + (L_1\omega)^2}, \qquad Z_2 = \sqrt{R_2^2 + (L_2\omega)^2}. \tag{39.2}$$

ω ist die Kreisfrequenz des Wechselstroms. Dann folgt aus (39.1) und (39.2)

$$\frac{L_1}{L_2} = \frac{R_1}{R_2} = \frac{R_3}{R_4}. \tag{39.3}$$

Bestehen die beiden Zweige nur aus *Kapazitäten* und hat deren Dielektrikum kein merkliches Leitvermögen, so betragen die Wechselstromwiderstände:

$$Z_1 = \frac{1}{C_1\omega}, \quad Z_2 = \frac{1}{C_2\omega}. \tag{39.4}$$

Dann folgt aus (39.1):

$$\frac{C_1}{C_2} = \frac{R_4}{R_3} \tag{39.5}$$

(also umgekehrt wie bei L!). (Sofern das Dielektrikum eines Kondensators eine Leitfähigkeit hat, entspricht das einem zum Kondensator *parallel* geschalteten Widerstand, der aber nur bei sehr schlechten Kondensatoren einen merklichen Einfluß auf die Abgleichung hat. Der äußerst geringe Einfluß der Zuleitungen kann stets vernachlässigt werden.)

I. Induktivitäten

Bei der Messung von Induktivitäten (Einheit $1\,H = 1\,VsA^{-1}$, H = Henry) müssen die *beiden* in (39.3) enthaltenen Bedingungen erfüllt sein. Die Widerstände der beiden Induktivitäten (Spulen) erfüllen die Bedingung $L_1/L_2 = R_1/R_2$ im allgemeinen nicht von selbst. Man findet dann zwar auch stets ein Tonminimum, doch verschwindet der Ton nie vollständig. Darum muß die Möglichkeit geschaffen werden, das Widerstandsverhältnis R_1/R_2 zu verändern.

Das geschieht, indem man mit derjenigen Induktivität, deren Widerstand im Sinne der obigen Bedingung zu klein ist, einen regelbaren *induktionsfreien* Widerstand in Reihe schaltet. (Es gibt Schiebewiderstände, die dieser Bedingung genügen.) Welche der beiden Induktivitäten das ist, zeigt sich durch einen Vorversuch. Man verwendet also die in Abb. 94 dargestellte Schaltung. L ist die zu messende Induktivität, L_0 ein Induktivitätsnormal. Der veränderliche induktionsfreie Widerstand R kann nach Wahl zu L oder zu L_0 geschaltet werden. Das Widerstandsverhältnis R_3/R_4 findet man, wie bei der 31. Aufgabe, als das Längenverhältnis $x/(l-x)$ der beiden Abschnitte des Meßdrahtes bei vollkommener Abgleichung. Nach (39.3) ist dann

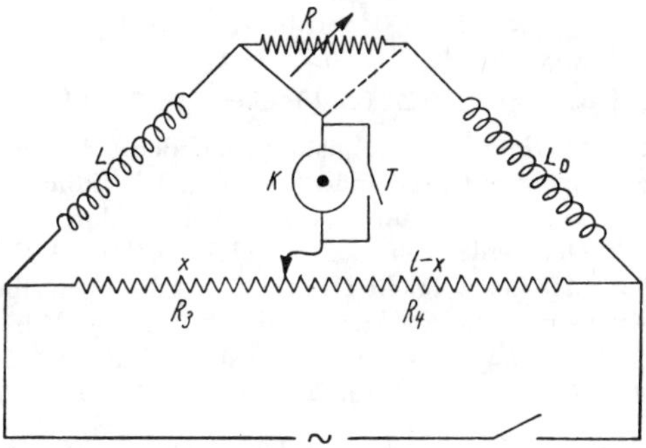

Abb. 94. Zur Messung von Induktivitäten in der Brückenschaltung

$$L = L_0 \frac{x}{l-x}\,. \qquad (39.6)$$

Wie bei der 31. Aufgabe muß man auch hier zwei Meßreihen mit Vertauschung von L und L_0 ausführen, um den Einfluß von Fehlern des Meßdrahtes möglichst zu beseitigen. Wir verweisen hierzu auf die 31. Aufgabe, wo die Verhältnisse ganz die gleichen sind.

Man schaltet zunächst den Widerstand R zu L oder L_0 in Reihe und sucht diejenige Stellung des Schleifkontakts, bei der ein Tonminimum eintritt. Dann sucht man das Minimum durch Verändern von R und Verschieben des Schleifkontakts zu verbessern und das Telephon vollständig zum Schweigen zu bringen. Das läßt sich — wie bei der 36. Aufgabe — durch Schließen und Öffnen des Tasters T höchst genau kontrollieren. Gelingt es auf diese Weise nicht, die Brücke stromlos zu machen, so muß der Widerstand R zur anderen Induktivität in Reihe geschaltet werden. Durch Probieren kann man sich sehr schnell einem Zustand nähern, bei dem das Telephon bereits fast völlig schweigt. Dann genügt eine weitere kleine Änderung von R und eine weitere kleine Verschiebung des Schleifkontakts, um die Abgleichung zu vollenden. Jede Messung soll mindestens fünfmal wiederholt werden, indem man den Schleifkontakt ein wenig verschiebt, den Widerstand R ein wenig verändert und die ganze Einstellung wiederholt. Dann wiederholt man die ganze Meßreihe nach Vertauschung von L und L_0, wobei der Widerstand R natürlich bei der gleichen Induktivität verbleiben muß.

Beispiel. Wir benutzen ein Induktivitätsnormal $L_0 = 10^{-3}$ H. Unser Meßdraht hat die Länge $l = 50$ cm. Den Wechselstrom von Hörfrequenz liefert, wie bei der 36. Aufgabe, ein Röhrensummer. Ein Vorversuch ergibt, daß R mit L_0 in Reihe geschaltet werden muß. Je fünf Einzelmessungen, bei denen die Lage des Schleifkontakts auf $\pm$ 0,05 cm abgelesen wurde, hatten übereinstimmend die folgenden Ergebnisse: L links, L_0 rechts: $x_1 = 20{,}85$ cm, $l - x_1 = 29{,}15$ cm, L rechts, L_0 links: $x_2 = 28{,}75$ cm, $l - x_2 = 21{,}25$ cm. Wir nehmen die Mittelwerte $x = 21{,}05$ cm, $l - x = 28{,}95$ cm und erhalten nach (39.6) $L = 10^{-3} \cdot 21{,}05/28{,}95 = 0{,}727 \cdot 10^{-3}$ H.

Fehlerrechnung. (39.6) ist formal identisch mit (31.2) und es handelt sich um eine ganz entsprechende Messung. Wir können daher den Fehleransatz für R der 31. Aufgabe unter Ersatz von R durch L übernehmen und erhalten als relativen Fehler von L: $\Delta L/L = l\,\Delta x/[x\,(l - x)]$. Da unsere Einzelmessungen innerhalb der Genauigkeit unserer Beobachtungen übereinstimmten, so ist der Fehler Δx wahrscheinlich kleiner als $\pm$ 0,05 cm. Wir wollen aber mit diesem Wert rechnen und $\Delta x = \pm\,0{,}05$ cm setzen. Dann ist $\Delta L/L = \pm\,50{,}0 \cdot 0{,}05/21{,}05 \cdot 28{,}95)$ $\approx \pm\,0{,}004 = \pm\,0{,}4\,\%$ und $\Delta L = \pm\,0{,}004 \cdot 0{,}727 \cdot 10^{-3} \approx \pm\,0{,}003 \cdot 10^{-3}$ H.

Demnach lautet unser Endergebnis:

$$\underline{L = (0{,}727 \pm 0{,}003) \cdot 10^{-3}\,\text{H}, \quad \Delta L/L = \pm\,0{,}4\,\%.}$$

II. Kapazitäten

Bei der Messung einer Kapazität (Einheit 1 F = 1 CV^{-1}, F = Farad; 10^{-6} F = 1 µF) brauchen wir nach (39.4) keinen Zusatzwiderstand (Abb. 95). C ist der zu untersuchende Kondensator, C_0 ein Kapazitätsnormal. Nach (39.5) ist

$$C = C_0 \frac{l - x}{x}\,. \tag{39.7}$$

Wir führen wieder zwei Meßreihen unter Vertauschung von C und C_0 aus und verfahren wie oben.

Beispiel. Unser Kapazitätsnormal beträgt $C_0 = 0{,}02$ µF. Der Meßdraht hat die Länge $l = 50$ cm. Da die Kapazitäten C und C_0 sehr weitgehend verlustfrei sind, erhalten wir ein scharfes Tonminimum, und unsere je fünf Einzelmessungen stimmen wiederum innerhalb unserer Ablesegenauigkeit von $\pm$ 0,05 cm unter sich überein. Sie ergaben: C links, C_0 rechts: $x_1 = 23{,}00$ cm, $l - x_1 = 27{,}00$ cm, C rechts, C_0 links: $x_2 = 26{,}35$ cm, $l - x_2 = 23{,}65$ cm.

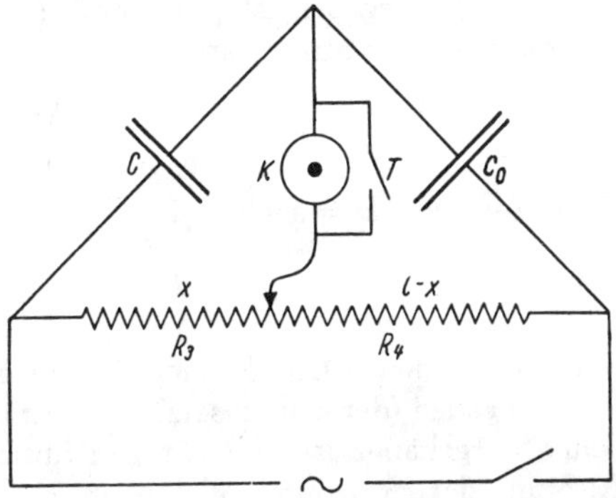

Abb. 95. Kapazitätsmessung in der Brückenschaltung

Mit den Mittelwerten $x = 23{,}33$ cm, $l - x = 26{,}67$ cm erhalten wir nach (39.7) $C = 0{,}02 \cdot 26{,}67/23{,}33 = 0{,}0229$ µF.

Fehlerrechnung. Analog zum relativen Fehler von L ist nach (39.7) $\Delta C/C = l\,\Delta x/[x \cdot (l - x)]$. Nehmen wir wieder $\Delta x = \pm$ 0,05 cm an, so ist $\Delta C/C = \pm\, 50 \cdot 0{,}05/(23{,}33 \cdot 26{,}67) \approx \pm\, 0{,}004 = \pm\, 0{,}4\,\%$ und $\Delta C = \pm\, 0{,}004 \cdot 0{,}0229 \approx \pm\, 0{,}0001$ µF.

Demnach lautet unser gerundetes Endergebnis:

$$\underline{C = (0{,}0229 \pm 0{,}0001)\ \mu\text{F},\quad \Delta C/C = \pm\, 0{,}4\,\%.}$$

Ist der Kondensator nicht verlustfrei, so erhält man nur ein mehr oder weniger verwaschenes Tonminimum, und die Messungen werden erheblich weniger genau. Ganz billige Kondensatoren sind für solche Messungen nicht geeignet.

40. Aufgabe. Magnetisches Feld einer Spule und erdmagnetisches Feld

Westphal, Physik, §§ 42, 202; Kl. Lehrb. d. Physik, §§ 38, 158

Ein Magnet vom magnetischen Moment M, dessen Achse einen nicht allzu großen Winkel φ mit der Richtung eines magnetischen Feldes von der Feldstärke H bildet, erfährt ein Drehmoment $N = -MH \sin\varphi \approx -MH\varphi$ (Abb. 96). Dann ist nach Anhang I, (3), $MH = D$ das Richtmoment des Magneten. Der Magnet sei so aufgehängt, daß er Schwingungen um seine Gleichgewichtslage (Achse in Feldrichtung) ausführen kann. Wird er aus dieser Lage herausgedreht und sich selbst überlassen, so führt er Schwingungen aus, deren Schwingungsdauer T durch die Gleichung

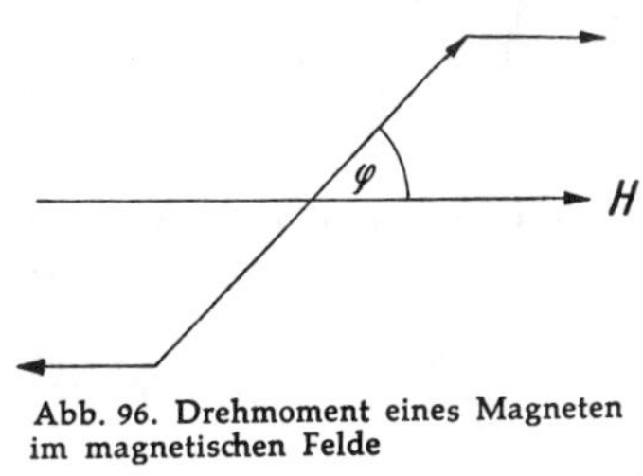

Abb. 96. Drehmoment eines Magneten im magnetischen Felde

$T^2 = 4\pi^2 I/D$ gegeben ist [Anhang I, (12)], wenn I sein Trägheitsmoment ist (nicht mit der Stromstärke I verwechseln!). Wir setzen

$$\frac{1}{4\pi^2} \cdot \frac{M}{I} = G. \tag{40.1}$$

Dann folgt mit $D = MH$

$$T^2 = \frac{1}{GH}. \tag{40.2}$$

Wir verwenden einen kleinen Stabmagneten, der horizontal an einem dünnen Faden (der kein zusätzliches Richtmoment liefert) in der Achse einer Spule aufgehängt ist, die wir mit Strom beschicken können und die in Richtung der Horizontalkomponente H_e des erdmagnetischen Feldes orientiert ist. Auf den Magneten wirkt dann erstens die Feldstärke H_e, zweitens die dazu je nach der Stromrichtung parallele oder antiparallele Feldstärke

$$H_s = \frac{nI}{l} \tag{40.3}$$

des Spulenfeldes (I hier Stromstärke!). l ist die Länge, n die Windungszahl der Spule. Wir verwenden das VAMS-System, müssen also l in m und H_e in $\mathrm{A\,m^{-1}}$ messen. Die Einheit von G ist dann $1\ \mathrm{A^{-1}\,m\,s^{-2}}$. Die Feldstärke in der Spule ist also $H = H_e \pm H_s$, je nach der Stromrichtung.

Wir steigern die Stromstärke I in der Spule in gleichen Schritten von je 0,005 A. Der Strom soll zunächst so gerichtet sein, daß das Spulenfeld H_s dem Felde H_e gleichgerichtet ist. Dann wiederholen wir die gleichen Messungen bei umgekehrter Richtung des Stromes. H_s ist dann H_e entgegengerichtet. Wir haben dann drei Bereiche zu unterscheiden, wobei wir im folgenden die Stromstärke I in der Spule — unabhängig von der Stromrichtung — und demnach auch H_e stets mit ihren absoluten Beträgen rechnen.

1. Bereich. H_s ist H_e gleichgerichtet. Aus (40.2) und (40.3) folgt

$$\frac{1}{T^2} = x_1 = GH = G\,(H_e + H_s) = GH_e + G\,\frac{n}{l}\,I = A + BI \tag{40.4 a}$$

mit

$$A = GH_e, \qquad B = G\,\frac{n}{l}. \tag{40.5 a, b}$$

2. Bereich. H_s ist H_e entgegengerichtet, aber es ist $H_s < H_e$, so daß $H = H_e - H_s$ ist und noch die gleiche Richtung wie im 1. Bereich hat. Dann ist

$$\frac{1}{T^2} = x_2 = GH = G\,(H_e - H_s) = GH_e - G\,\frac{n}{l}\,I = A - BI. \tag{40.4 b}$$

Wenn jetzt I und damit H_s so weit gewachsen sind, daß $H_s = H_e$, wenn also das Erdfeld durch das Spulenfeld genau aufgehoben ist, und wir die Stromstärke weiter steigern, so gelangen wir in den

3. *Bereich.* Jetzt ist $H_s > H_e$ und $H = H_s - H_e$, und es ist

$$\frac{1}{T^2} = x_3 = GH = G(H_s - H_e) = -GH_e + G\frac{n}{l}I = -A + BI. \qquad (40.4\,\mathrm{c})$$

Beim Übergang vom 2. zum 3. Bereich dreht sich mit der Umkehr der Feldrichtung der Magnet um 180°. Die Einheit von x und von A ist $1\,\mathrm{s}^{-2}$, die Einheit von B ist $1\,\mathrm{A}^{-1}\,\mathrm{s}^{-2}$.

Nach (40.4a, b, c) können wir A und B und aus ihnen nach (40.5a, b) G und H_e berechnen. Das Berechnungsverfahren erläutern wir an Hand unseres Beispiels.

Unsere Meßanordnung (Abb. 97) besteht aus einer Spule S, die mit Stellschrauben zur Horizontalstellung ihrer Achse und an ihren Enden mit Glasfenstern zum Schutz gegen Luftzug versehen ist. In der Spulenmitte hängt an einem etwa 15 cm langen, dünnen Kokonfaden (der zum Richtmoment praktisch nichts beiträgt) ein zylindrischer, etwa 5 cm langer, horizontaler Stabmagnet. Die Spulenachse ist in die örtliche Richtung der Horizontalkomponente H_e des erdmagnetischen Feldes gerichtet. Zur Regelung der Stromstärke dient ein weitgehend induktionsfreier Schiebewiderstand R, der demnach nur ein sehr schwaches magnetisches Feld erzeugt. Um seinen störenden Einfluß recht klein zu machen, ist er weit von der Spule entfernt so angebracht, daß seine Achse senkrecht zur Spulenachse steht. Auch der Strommesser A wird möglichst weit entfernt angebracht. Als Stromquelle benutzen wir ein Trockenelement oder einen Akkumulator.

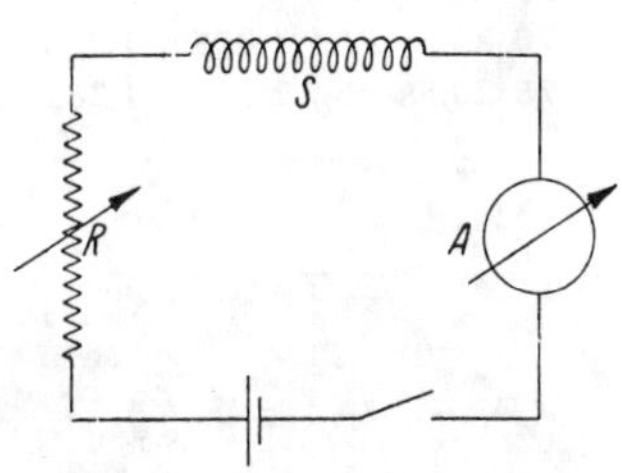

Abb. 97. Zur Messung des erdmagnetischen Feldes

Die Dämpfung der Schwingungen des Magneten ist sehr klein, so daß man über eine große Zahl von Schwingungen beobachten kann. Die Schwingungsweiten dürfen nicht zu groß sein, damit die Bedingung $\sin\varphi \approx \varphi$ erfüllt ist. Man versetzt den Magneten durch rhythmisches Ein- und Ausschalten oder durch vorsichtiges Nähern und Wiederentfernen eines Eisenstückes in Schwingungen. Das Eisenstück muß dann wieder ausreichend weit entfernt werden, damit es das magnetische Feld nicht beeinflußt.

Die Horizontalkomponente H_e ist im Innern von Gebäuden wegen der abschirmenden Wirkung der Eisenmassen der Baukonstruktion merklich kleiner als im freien Gelände. Auch wechseln Richtung und Stärke des

Feldes oft von Ort zu Ort beträchtlich. Daher ist H_e auch bei nahe benachbarten Versuchsanordnungen oft merklich verschieden.

Beispiel. Unsere Spule hat auf einer Länge $l = 25{,}4$ cm $= 0{,}254$ m $n =$ 200 Windungen, so daß $l/n = 0{,}127 \cdot 10^{-2}$ m (Ganghöhe der Spulen-

Tabelle

I A	$20\,T$ s		T s		x s^{-2}		$2\,A$ s^{-2}	v $\cdot 10^3$	v^2 $\cdot 10^6$	$2\,BI$ s^{-2}	B $A^{-1}\,s^{-2}$	v $\cdot 10^2$	v^2 $\cdot 10^4$
0,000	50,7		2,535		0,156		0,312	− 1	2	0,000	—	—	—
05	43,8	60,6	2,19	3,03	0,209	0,109	18	+ 5	25	100	10,00	− 26	676
10	39,0	87,7	1,95	4,385	263	052	15	+ 2	4	211	55	+ 29	841
15	35,9	—	1,795	∼ 16	311	004	15	+ 2	4	307	23	− 3	9
20	33,1	95,2	1,655	4,76	365	044	21	+ 8	64	409	23	− 3	9
25	30,9	63,0	1,545	3,15	419	101	18	+ 5	25	520	40	+ 14	196
30	29,3	51,7	1,465	2,585	466	150	16	+ 3	9	616	26	0	0
35	27,9	44,7	1,395	2,235	514	200	14	+ 1	1	714	20	− 6	36
40	26,7	40,0	1,335	2,000	561	250	11	− 2	2	811	13	− 13	169
45	25,5	36,3	1,275	1,815	615	303	12	− 1	1	918	20	− 6	36
50	24,4	33,4	1,22	1,67	672	359	13	0	0	1,031	31	+ 5	25
55	23,6	31,1	1,18	1,555	718	413	05	− 8	64	131	28	+ 2	4
60	22,7	29,3	1,135	1,465	777	466	11	− 2	4	243	35	+ 9	81
65	22,0	27,9	1,10	1,395	826	514	12	− 1	1	340	31	+ 5	25
70	21,5	26,7	1,075	1,335	865	561	04	− 9	81	426	18	− 8	64
75	20,8	25,7	1,04	1,285	924	606	18	+ 5	25	530	20	− 6	36
							0,313		308		10,26		2207

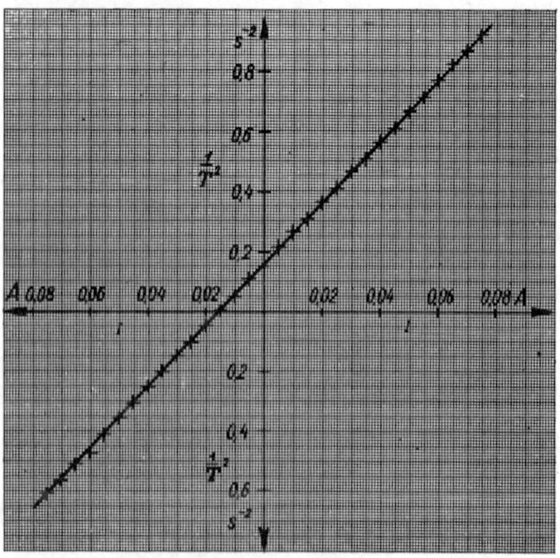

Abb. 98. $1/T^2$ als Funktion der Stromstärke I

windungen). Die Schwingungsdauern T sind über je 20 Schwingungen gemessen. Die Tabelle zeigt unsere Ergebnisse, Abb. 98 ihre graphische Darstellung. Dabei haben wir, damit unsere sämtlichen Meßpunkte auf einer Geraden liegen, die Stromstärken I im Bereich 1 nach rechts, in den Bereichen 2 und 3 nach links, die Größen $1/T^2$ in den Bereichen 1 und 2 nach oben, im Bereich 3 nach unten aufgetragen. Die Grenze zwischen den Bereichen 2 und 3 liegt sehr dicht oberhalb $I = 0{,}0015$ A. In der Tabelle entsprechen die 2., 4. und 6. Spalte den Messungen im Bereich 1, die 3., 5. und 7. Spalte denjenigen in den Bereichen 2 und 3.

Wenn wir nicht sämtliche Messungen zur Berechnung des Ergebnisses benutzen wollen, so können wir dazu zwei Wertepaare (I, T) wählen, am besten die beiden Extremwerte bei $I = 0{,}075$ A. Von ihnen gehört der eine dem 1., der andere dem 3. Bereich an, so daß (40.4a, c) anzuwenden sind. Mit $1/T^2 = 0{,}924\ \mathrm{s}^{-2}$ bzw. $1/T^2 = 0{,}606\ \mathrm{s}^{-2}$ erhalten wir die beiden *Zahlenwertgleichungen*

$$0{,}924 = A + 0{,}075\, B \qquad \text{und} \qquad 0{,}606 = -A + 0{,}075\, B\,.$$

Daraus und aus (40.5 a, b) folgt $A = 0{,}159\ \mathrm{s}^{-2}$, $B = 10{,}2\ \mathrm{s}^{-1}\,\mathrm{A}^{-1}$, $G = Bl/n = 10{,}2 \cdot 0{,}127 \cdot 10^{-2} = 1{,}295 \cdot 10^{-2}\ \mathrm{A}^{-1}\,\mathrm{m\,s}^{-2}$, $H_e = A/G = 0{,}159/(1{,}295 \cdot 10^{-2}) = 12{,}27\ \mathrm{A\,m}^{-1}$.

Wir wollen aber genauer rechnen und unsere sämtlichen Messungen verwerten. Dabei verfahren wir am einfachsten so, daß wir jeweils die beiden Messungen, die gleicher Stromstärke entsprechen, kombinieren, also jeweils eine Messung des 1. Bereichs mit einer solchen des 2. oder des 3. Bereichs, und daraus Werte der Konstanten A und B berechnen. Bei der Kombination der Messungen des 1. und 2. Bereichs ($I = 0{,}000$ bis $0{,}015$ A) gelten also die Gleichungen $x_1 = A + BI$, $x_2 = A - BI$, so daß $2A = x_1 + x_2$, $2BI = x_1 - x_2$. Bei der Kombination der Messungen 1. und 3. Bereichs ($I = 0{,}020$ bis $0{,}075$ A) hingegen gelten die Gleichungen $x_1 = A + BI$, $x_3 = -A + BI$, so daß $2A = x_1 - x_3$, $2BI = x_1 + x_3$. Die hiernach berechneten Werte von $2A$, $2BI$ und B sind in der Tabelle zusammengestellt. Als Mittelwerte erhalten wir $2A = 0{,}313\ \mathrm{s}^{-2}$, $A = 0{,}1565\ \mathrm{s}^{-2}$, $B = 10{,}26\ \mathrm{A}^{-1}\,\mathrm{s}^{-2}$ und damit nach (40.5 a, b) $G = Bl/n = 10{,}26 \cdot 0{,}127 \cdot 10^{-2} = 1{,}303 \cdot 10^{-2}\ \mathrm{A}^{-1}\,\mathrm{m\,s}^{-2}$, $H_e = A/G = 0{,}1565 \cdot 10^2/1{,}303 = 12{,}01\ \mathrm{A\,m}^{-1}$.

Wir haben bisher aber noch nicht berücksichtigt, daß (40.3) streng nur für eine unendlich lange Spule gilt. Bei einer endlichen Spule von der Länge l und dem Radius r ist an der rechten Seite von (40.3) und daher auch an unserm Wert von H_e für die Spulenmitte der Korrektionsfaktor $l/\sqrt{l^2 + 4\,r^2}$ anzubringen. Mit $l = 25{,}4$ cm und $r = 2$ cm beträgt er 0,988. Damit ergibt sich $H_e = 12{,}01 \cdot 0{,}988 = 11{,}87\ \mathrm{A\,m}^{-1}$.

Fehlerrechnung. Nach (40.5 a) ist der relative Größtfehler von H_e: $\Delta H_e/H_e = \Delta A/A + \Delta G/G$ und der relative Größtfehler von G nach (40.5 b) $\Delta G/G = \Delta B/B + \Delta l/l$. ($n$ ist fehlerfrei abgezählt.) Nach der Tabelle ist $\Delta\,(2A) = \sqrt{308/(16 \cdot 15)} \cdot 10^{-3} \approx \pm\, 0{,}0011\ \mathrm{s}^{-2}$, also $\Delta A/A = \Delta\,(2A)\,/\,2A = \pm\, 0{,}0011\,/\,0{,}313 \approx \pm\, 0{,}0035 = \pm\, 0{,}35\,\%$. Ferner ist $\Delta B = \sqrt{2207/(15 \cdot 14)} \cdot 10^{-2} \approx \pm\, 0{,}032\ \mathrm{A}^{-1}\,\mathrm{s}^{-2}$, also $\Delta B/B = \pm\, 0{,}032/10{,}26 \approx \pm\, 0{,}0032 = \pm\, 0{,}32\,\%$. Weiter schätzen wir $\Delta l = \pm\, 0{,}05$ cm, so daß $\Delta l/l = \pm\, 0{,}05/25{,}4 \approx \pm\, 0{,}002 = \pm\, 0{,}2\,\%$. Damit erhalten wir $\Delta H_e/H_e = \pm\, (0{,}35 + 0{,}32 + 0{,}2)\,\% \approx \pm\, 1\,\%$ und $\Delta H_e = 0{,}01 \cdot 11{,}87 \approx \pm\, 0{,}12\ \mathrm{A\,m}^{-1}$.

Unser entsprechend gerundetes Endergebnis lautet also:

$$\underline{H_e = (11{,}9 \pm 0{,}12)\ \mathrm{A\,m^{-1}},\ \Delta H_e/H_e = \pm 1\,\%.}$$

In der Geophysik ist es noch üblich, die Stärke des erdmagnetischen Feldes in der Einheit Oersted (Oe) des magnetostatischen CGS-Systems anzugeben. Wir wollen hier nur mitteilen, daß man den entsprechenden *Zahlenwert* durch Multiplikation der in $\mathrm{A\,m^{-1}}$ berechneten Zahlenwerte mit $4\,\pi \cdot 10^{-3}$ erhält, also in unserem Fall $H_e = 0{,}1495$ Oe. In Berlin ist im freien Gelände $H_e \approx 0{,}18$ Oe. Davon sind also etwa 17 % durch die Eisenmassen des Instituts abgeschirmt.

41. Aufgabe. Schwingung und Dämpfung des Galvanometers

Vgl. hierzu Anhang I und II

Die 41. bis 45. Aufgabe sollen den Studenten mit der Handhabung des Galvanometers, das eines der wichtigsten physikalischen Meßgeräte ist, gründlich vertraut machen. In der vorliegenden Aufgabe soll er zunächst die Verhaltensweisen eines Galvanometers unter verschiedenen Bedingungen (verschiedener äußerer Widerstand) und die große meßtechnische Bedeutung des aperiodischen Grenzfalls kennenlernen. Die Grundlagen der Theorie des Galvanometers geben wir im Anhang II, dessen Kenntnis bei der Erläuterung der 41. bis 45. Aufgabe vorausgesetzt wird.

I. Schwingfall, Kriechfall, Grenzfall

Im Anhang II wird bewiesen, daß die Spule eines Drehspulgalvanometers zwei verschiedene Bewegungsformen haben kann. Bewegt sie sich aus der Gleichgewichtslage, die sie bei Stromlosigkeit einnimmt, infolge einer angelegten Spannung in eine neue Gleichgewichtslage oder kehrt sie nach Abschaltung der Spannung wieder in jene Gleichgewichtslage zurück, so vollführt sie bei größerem äußeren Widerstand eine *gedämpfte Schwingung* (*Schwingfall*), bei kleinerem äußeren Widerstand eine *aperiodische Kriechbewegung* (*Kriechfall*). Im Schwingfall wird die neue Gleichgewichtslage mehr oder weniger oft hin und her überschritten, ehe die Spule zur Ruhe kommt. Im Kriechfall nähert sie sich der Gleichgewichtslage asymptotisch, ohne sie je zu überschreiten. Die *Dämpfung* der Schwingung im Schwingfall ist um so geringer, je größer der äußere Widerstand R_a zwischen den Klemmen des Galvanometers ist. Im Kriechfall ist die Bewegung der Spule um so langsamer, je kleiner der äußere Widerstand R_a ist. Die Spule erreicht also sowohl bei sehr großem, wie bei sehr kleinem äußeren Widerstand ihre neue Ruhelage nur sehr langsam. Sie erreicht sie am schnellsten bei demjenigen äußeren Widerstand, bei dem der *Schwingfall in den Kriechfall übergeht*, im *Grenzfall*. Dieser Widerstand heißt der *Grenzwiderstand* R_{gr}.

Im ersten Teil unserer Aufgabe verwirklichen wir je einen Schwingfall bei großem äußeren Widerstand, einen Kriechfall bei kleinem äußeren Widerstand und den Grenzfall und nehmen in jedem der drei Fälle den zeitlichen Verlauf der Bewegung der Drehspule des Galvanometers auf.

Unser Spiegelgalvanometer ist auf einer Zementröhre von etwa 100 cm Höhe und 50 cm Durchmesser sehr weitgehend erschütterungsfrei aufgestellt. Die Ablesung der Ausschläge des Galvanometers erfolgt mit Hilfe eines Lichtzeigers auf einer Skala. Der Lichtzeiger wird durch eine kleine Glühlampe mit einer einzigen geraden, eng gewickelten Wendel erzeugt. Die Lampe steht mit vertikaler Wendel dicht oberhalb oder unterhalb der Skalenmitte. Das Fenster des Galvanometers ist eine Sammellinse, deren Brennweite gleich dem Abstand der Skala vom Galvanometer ist. Dann wird die Wendel durch die vom Licht zweimal durchsetzte Linse auf dem Wege über den Galvanometerspiegel als feiner Lichtstreifen auf der Skala abgebildet. Die Lampe ist gegen die Skala durch ein Gehäuse mit einem schmalen, auf das Galvanometer gerichteten vertikalen Schlitz abgeblendet. Man liest die Stellung des Lichtzeigers immer an einem seiner beiden Ränder – natürlich stets an dem gleichen Rand – ab.

Wir verwenden die in Abb. 99 dargestellte Schaltung. Zur Herstellung der zum Betrieb des Galvanometers erforderlichen kleinen Spannung benutzen wir eine Spannungsteilung. Eine Stromquelle von der Klemmenspannung U_0 (Trockenelement, Akkumulator) wird durch einen ziemlich großen Widerstand R_1 (1000 bis 5000 Ω) und einen kleinen Widerstand R_2 (0,1 bis 0,2 Ω) in Reihe geschlossen. Parallel zu R_2 legen wir das Galvanometer G, dessen Widerstand R_g sei, nebst einem veränderlichen Vorwiderstand R (Stöpselwiderstand).

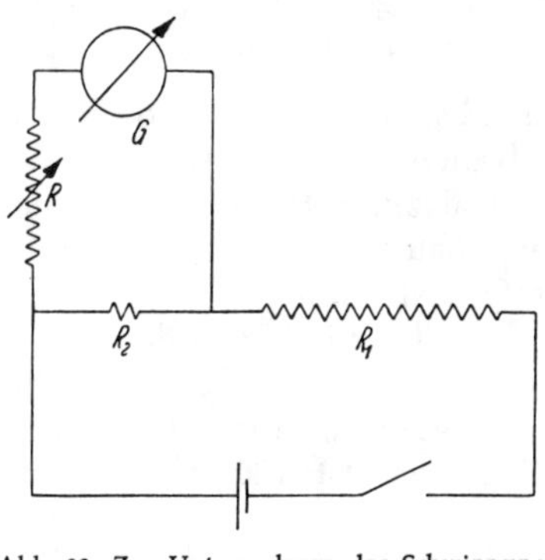

Abb. 99. Zur Untersuchung der Schwingung und Dämpfung eines Galvanometers

Da $R_g + R \gg R_2$, so beeinflußt dieser Nebenschluß zu R_2 die Spannung zwischen den Enden von R_2 nur äußerst wenig. Sie beträgt also recht genau

$$U = U_0 \frac{R_2}{R_1 + R_2} \approx U_0 \frac{R_2}{R_1} \tag{41.1}$$

da $R_2 \ll R_1$ ist. Es ist also auch $U \ll U_0$. Durch geeignete Wahl des Widerstandes R können wir Schwingfall, Kriechfall und Grenzfall verwirklichen.

Bei gegebenem äußeren Widerstand ist das Verhalten der Drehspule stets das gleiche, ob es sich nun um die Bewegung in eine neue Gleichgewichtslage beim Anlegen einer Spannung handelt oder um die Bewegung in die natürliche Gleichgewichtslage nach Abschaltung einer Spannung. Wir erteilen deshalb der Drehspule durch Schließen des Schalters einen Ausschlag, den wir durch passende Wahl des Widerstandsverhältnisses R_2/R_1 so bemessen, daß er etwa 200 bis 300 mm beträgt. Es empfiehlt sich hier nicht, mit größeren Ausschlägen zu arbeiten, da wir diese sonst auf den Bogen reduzieren müßten (42. Aufgabe). Dann öffnen wir den Schalter und machen so das Galvanometer wieder stromlos. Jetzt ist nur noch der Stromkreis im Spiel, durch den das Galvanometer unmittelbar geschlossen ist und der aus den Widerständen R_g, R und R_2 besteht. Wir können nun in allen Einzelheiten beobachten, wie die Spule wieder in ihre natürliche Gleichgewichtslage zurückkehrt.

Die Stellung des Lichtzeigers bei stromlosem Galvanometer, bezeichnen wir als den *Nullpunkt* des Galvanometers. Er neigt zu kleinen Wanderungen, die von kleinen, zeitlich nicht konstanten Spannungen in der Schaltung (Thermokräften usw.) herrühren. Darum muß jede Ausschlagsmessung, wie bei der Waage, zwischen zwei Nullpunktsablesungen eingeschlossen werden, deren Mittelwert man nimmt. Der Nullpunkt soll nahe der Skalenmitte, senkrecht gegenüber dem Galvanometer, liegen. Es ist aber unnötig, bei jeder kleinen Änderung wieder nachzustellen.

Zunächst liest man also den Nullpunkt ab. Dann erteilt man dem Galvanometer einen Ausschlag von etwa 200 bis 300 mm, wartet ab, bis das Galvanometer völlig zur Ruhe gekommen ist, und liest ab. Dann wird der Schalter wieder geöffnet. Im Schwingfall lesen wir jetzt eine möglichst große Zahl von Umkehrpunkten des Lichtzeigers rechts und links und schließlich noch einmal den Nullpunkt ab. Ferner messen wir die Schwingungsdauer T des Galvanometers über eine möglichst große Zahl von Schwingungen durch Beobachtung der Durchgänge durch den Nullpunkt. Mit diesen Daten können wir den zeitlichen Verlauf der Schwingung (gedämpfte Sinusschwingung) mit einer für unseren Zweck ausreichenden Genauigkeit zeichnen. Im Kriechfall und im Grenzfall bestimmen wir durch eine größere Zahl von Messungen die Zeiten, die der Lichtzeiger braucht, um von seinem ursprünglichen Ausschlag aus bestimmte Teilstriche der Skala zu erreichen. Es ist üblich, die Ausschläge von Galvanometern und den Skalenabstand in mm anzugeben.

In manche Galvanometer ist ein Vorwiderstand eingebaut. Sie haben dann drei Klemmen, von denen zwei unmittelbar zur Drehspule, die dritte an das freie Ende des Vorwiderstandes führen. Bei unseren Messungen sind nur die beiden ersteren zu benutzen.

Beispiel. 1. Schwingfall. $R_1 = 1000\ \Omega$, $R_2 = 0{,}1\ \Omega$, $R = 2000\ \Omega$. Skalenabstand $r = 1570$ mm. Der Nullpunkt lag während der ganzen Dauer der Messungen unverändert bei 500,0 mm, so daß wir die Nullpunktsablesungen im folgenden nicht mehr erwähnen. Wir lesen auf ± 1 mm genau ab. Die Messung der Schwingungsdauer ergab $5\,T = 53{,}3$ s, also $T = 10{,}66$ s.

In Tabelle 1 geben wir unsere Ausschlagsmessungen. n ist die Anzahl der Schwingungen seit Beginn der Messung (Öffnung des Schalters). Die Ablesungen rechts bzw. links vom Nullpunkt x_0 bezeichnen wir mit x_r bzw. x_l, die daraus berechneten Ausschläge $x_r - x_0$ bzw. $x_l - x_0$ mit α_r bzw. α_l. Die Bezifferung unserer Skala läuft von links nach rechts. Wir rechnen also die Ausschläge nach rechts positiv, nach links negativ. Um unsere Kurven besser vergleichen zu können, normieren wir sie derart, daß wir den Anfangsausschlag α_0 als Einheit wählen und die Größen α/α_0 als Funktionen der Zeit auftragen.

Tabelle 1. Schwingfall

n	x_r	x_l	α_r	α_l	α_r/α_0	α_l/α_0
0	792 mm	287 mm	292 mm	− 213 mm	1,000	− 0,729
1	666	378	166	− 122	0,569	− 0,418
2	595	431	95	− 69	0,325	− 0,236
3	554	460	54	− 40	0,185	− 0,137
4	531	479	31	− 21	0,106	− 0,072
5	518	488	18	− 12	0,062	− 0,041

2. *Kriechfall.* Tabelle 2 zeigt unsere Ergebnisse für einen extremen Kriechfall, nämlich für $R = 0$. Die Drehspule ist also jetzt durch den sehr kleinen Widerstand $R_2 = 0{,}1\ \Omega$ so gut wie kurzgeschlossen. Um bei dem nunmehr kleineren Widerstand des Galvanometerkreises wieder einen Ausschlag von 200 bis 300 mm zu erhalten, haben wir die Spannung an R_2 kleiner als vorher wählen, also den Widerstand R_1 vergrößern müssen. In Tabelle 2

Tabelle 2. Kriechfall

x	α	t	α/α_0
740 mm	240 mm	0,0 s	1,000
700	200	1,4	0,833
675	175	2,0	0,730
650	150	2,7	0,625
625	125	3,5	0,521
600	100	4,4	0,417
575	75	5,6	0,315
550	50	7,2	0,208
525	25	10,2	0,104
510	10	29,0	0,042

bedeutet t die Zeit, x die Ablesung, α_0 den Ausschlag zur Zeit $t = 0$, α den Ausschlag zur Zeit t. Der Nullpunkt lag vor und nach der Messung unverändert bei 500,0 mm.

3. *Grenzfall.* Wir ermitteln den Grenzwiderstand R_{gr}, indem wir zunächst durch geeignete Wahl von R einen stark gedämpften Schwingfall herstellen und dann R so lange verkleinern, bis der Lichtzeiger bei seiner Rückkehr in die Ruhelage den Nullpunkt gerade nicht mehr überschreitet. Das trifft etwa bei $R \approx 31{,}5\ \Omega$ ein. Sehr genau läßt sich R nicht ermitteln. (Vgl. die 42. Aufgabe). Da auch der Widerstand R_2 zum Schließungskreis des Galvanometers gehört, so ist der Grenzwiderstand $R_{gr} = R + R_2 \approx 31{,}6\ \Omega$. Tabelle 3 zeigt unsere Messungen im Grenzfall. Wieder lag der Nullpunkt vor und nach der Messung bei 500,0 mm.

Tabelle 3. Grenzfall

x	α	t	α/α_0
730 mm	230 mm	0,0 s	1,000
700	200	1,0	0,870
675	175	1,7	0,761
650	150	2,1	0,652
625	125	2,6	0,543
600	100	3,0	0,435
575	75	3,8	0,326
550	50	4,7	0,217
525	25	5,8	0,109
≈ 500	≈ 0	10,3	$\approx 0{,}000$

Das Galvanometer ist also nach etwa 10 s praktisch wieder zur Ruhe gekommen, während das im Kriechfall und erst recht im Schwingfall nach dieser Zeit noch keineswegs der Fall war. Abb. 100 zeigt unsere Ergebnisse in graphischer Darstellung. Bei der Zeichnung der Kurven ist auf folgendes zu achten. Beim gedämpften Schwingfall ist der zeitliche Abstand zwischen je zwei aufeinanderfolgenden Maxima und Minima gleich der halben Schwingungsdauer $T/2$. Auch die Durchgänge durch den Nullpunkt haben voneinander den zeitlichen Abstand $T/2$. Aber sie liegen nicht genau in der Mitte zwischen den benachbarten Maxima und Minima, sondern sind ein wenig in Richtung größerer Zeiten dagegen verschoben, und zwar um so mehr, je größer die Dämpfung ist [vgl. Anhang I, (27)]. Ferner muß beachtet werden, daß zur Zeit $t = 0$ die Bewegung des Lichtzeigers erst beginnt, also $d\alpha/dt = 0$ ist. Das bedeutet, daß die Kurven in ihrem Anfang parallel zur t-Achse ansetzen.

Man erkennt nun den großen meßtechnischen Vorteil des Arbeitens im Grenzfall. Sowohl beim krassen Schwingfall, wie beim krassen Kriechfall dauert die Einstellung sehr lange. Ferner ist es im Kriechfall oft schwer zu entscheiden, ob die Ruhelage wirklich schon erreicht ist oder ob der Lichtzeiger nicht doch noch ganz langsam kriecht. So führt jede beträchtliche Abweichung vom Grenzfall zu Zeitverlust, unter Umständen auch zu einer Unsicherheit der Messung. In der Praxis empfiehlt es sich aber, vom idealen Grenzfall ein klein wenig in Richtung auf den Schwingfall abzuweichen. Dann schwingt der Lichtzeiger noch eben über die Ruhelage hinaus, um alsbald in ihr zur Ruhe zu kommen. Auf diese Weise gewinnt man die Sicherheit, daß die Ruhelage wirklich erreicht ist und kein langsames Kriechen mehr stattfindet.

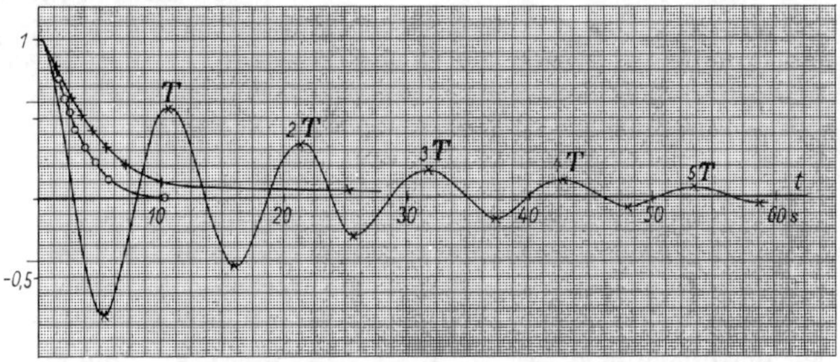

Abb. 100. × Schwingfall, + Kriechfall, ⊙ Grenzfall

II. Das logarithmische Dekrement

Nach Anhang I, (28), und II, (13), nehmen die Schwingungsweiten α_n der Ausschläge eines Galvanometers nach der gleichen Seite im gedämpften Schwingfall nach der Gleichung

$$\alpha_n = \alpha_0 k^{-n} = \alpha_0 e^{-n\Lambda}, \quad n = 0, 1, 2, \ldots \tag{41.2}$$

ab. α_0 ist der Ausschlag, bei dem wir unsere Beobachtungen beginnen, α_n der n-te auf ihn folgende Ausschlag auf der gleichen Seite. k heißt *Dämpfungsverhältnis,* $\Lambda = \ln k$ *logarithmisches Dekrement.* Nach (41.2) ist

$$\frac{\alpha_n}{\alpha_{n+1}} = k = e^{\Lambda} \quad \text{oder} \quad \ln \alpha_n - \ln \alpha_{n+1} = \ln k = \Lambda, \tag{41.3}$$

wenn α_n und α_{n+1} zwei auf der gleichen Seite aufeinanderfolgende Ausschläge sind. Ist α_0' der erste auf den Anfangsausschlag α_0 folgende Ausschlag auf der entgegengesetzten Seite, so ist nach Anhang II, (14):

$$\left(\frac{\alpha_0}{-\alpha_0'}\right)^2 = k \quad \text{oder} \quad \ln \alpha_0 - \ln(-\alpha_0') = \frac{1}{2} \ln k = \frac{\Lambda}{2} \cdot \tag{41.4}$$

Nach Anhang II, (9a), ist die für die Dämpfung maßgebende Größe β und daher auch das logarithmische Dekrement Λ [Anhang I, (29)] um so größer, je kleiner der äußere Widerstand des Galvanometers ist. Es ist unsere weitere Aufgabe, dies zu untersuchen. Zu diesem Zweck wiederholen wir den bereits oben zum Schwingfall gemachten Versuch (Tabelle 1) bei verschiedenen äußeren Widerständen R. Ist der äußere Widerstand groß, also die Dämpfung gering, so können wir eine mehr oder weniger große Zahl von aufeinanderfolgenden Schwingungen aufnehmen und Λ nach (41.3) berechnen. Bei kleinerem äußeren Widerstand wird außer α_0 nur noch der nächste Ausschlag α_0' auf der anderen Seite genügend genau meßbar sein. Dann berechnen wir Λ nach (41.4).

Beispiel. Wir geben in Tabelle 4 und 5 nur zwei von unseren Messungen ausführlich wieder. Die eine ist bei der kleinsten möglichen Dämpfung, nämlich bei offenem Galvanometer ($R = \infty$) ausgeführt; es ist also nur die Luftreibung der Spule im Luftspalt dämpfend wirksam. Die zweite ist bei großer Dämpfung $R = 50\ \Omega$ ausgeführt. Der Nullpunkt lag in beiden Fällen bei 500 mm.

Ist die Dämpfung nicht allzu groß, so daß man noch mindestens 2 Umkehrpunkte auf der einen und 1 Umkehrpunkt auf der anderen Seite messen kann, so ermittelt man k zweckmäßig auf folgende Weise. Es seien x_r, x_r', x_r'' ... aufeinanderfolgende Umkehrpunkte auf der rechten, x_l, x_l', x_l'' ... solche auf der linken Seite, α_r, α_r', α_r'' ..., α_l, α_l', α_l'' ..., die Beträge der entsprechenden, vom Nullpunkt x_0 ab gerechneten Ausschläge. Dann ist

$$\frac{x_r - x_l}{x_r' - x_l} = \frac{\alpha_r + \alpha_l}{\alpha_l + \alpha_r'} = \frac{\alpha_r/\alpha_l + 1}{1 + \alpha_r'/\alpha_l} = \frac{\sqrt{k} + 1}{1 + 1/\sqrt{k}} = \sqrt{k}, \tag{41.5}$$

da

$$\alpha_r = x_r - x_0, \ \alpha_l = x_0 - x_l \text{ und } \frac{\alpha_r}{\alpha_l} = \frac{\alpha_l}{\alpha_r'} = \sqrt{k}. \tag{41.6}$$

Allgemein ist

$$\frac{x_r - x_l}{x_r' - x_l} = \frac{x_r' - x_l}{x_r' - x_l'} = \frac{x_r' - x_l'}{x_r'' - x_l'} = \ldots = \sqrt{k}. \tag{41.7}$$

Der Nullpunkt geht überhaupt nicht ein, so daß ein etwaiger Fehler und kleine Wanderungen desselben das Ergebnis nicht beeinflussen. Als ersten Umkehrpunkt wählen wir einen Dauerausschlag x_r, von dem aus die Schwingung nach dem Ausschalten beginnt.

In Tabelle 4 sind unsere Messungen bei offenem Galvanometer wiedergegeben und nach (41.7) berechnet. Als Mittelwert erhalten wir $\sqrt{k} = 1{,}1834$, also $k = 1{,}400$, und nach (41.3) $\Lambda = \ln 1{,}400 = 2{,}203 \lg 1{,}400 = 2{,}303 \cdot 0{,}1463 = 0{,}3369$. Aus den Werten der Tabelle 5 erhalten wir nach (41.4) $\Lambda/2 = \frac{1}{2} \ln k = \ln \sqrt{k} = \ln 22{,}7 = 2{,}303 \lg 22{,}7 = 2{,}303 \cdot 1{,}3516 = 3{,}11$, also $\Lambda = 6{,}22$. Natürlich ist dieser Wert wegen der Kleinheit des Ausschlags α_0' recht wenig genau.

Tabelle 4. $R = \infty$

x_r bzw. x_l	$x_r - x_l$	$\sqrt{k}$
802 mm	552 mm	1,181
250	467	85
717	394	90
323	331	77
654	281	85
373	237	73
610	202	81
408	171	87
579	144	90
435	121	85
556	103	
453		1,1834

Tabelle 5. $R = 50\ \Omega$

x_0	x_0'	α_0	α_0'	$\sqrt{k}$
750 mm	489 mm	250 mm	− 11 mm	22,7

In entsprechender Weise haben wir Λ für andere Beträge von R gemessen. Dabei haben wir die Schritte von R um so kleiner gewählt, je kleiner R ist, weil sich Λ um so schneller ändert, je mehr sich R dem Grenzwiderstand R_{gr} nähert. Tabelle 6 zeigt unsere Ergebnisse.

Tabelle 6

R	Λ	R	Λ	R	Λ
∞ Ω	0,337	500 Ω	1,195	150 Ω	2,873
2000	563	400	408	125	3,34
1500	634	300	760	100	4,04
1000	780	250	2,000	75	5,32
750	921	200	320	50	6,22

Abb. 101 zeigt Λ als Funktion von R. Die Kurve hat zwei Asymptoten. Sie geht mit abnehmendem R in eine Gerade über, die im Abstand $R \approx 32\ \Omega$ (Grenzwiderstand R_{gr}) parallel zur Ordinate verläuft. Bei diesem äußeren Widerstand wird $\Lambda = \infty$; der Schwingfall geht in den Kriechfall über. Die andere Asymptote verläuft im Abstand $\Lambda = 0{,}34$ parallel zur Abszisse. Das ist derjenige Wert, den Λ bei $R = \infty$, also bei reiner Luftdämpfung, annimmt (siehe oben).

Da es sich bei dieser Aufgabe wesentlich um eine Übung im Gebrauch des Galvanometers und um eine Einfühlung in sein Verhalten unter verschiedenen Umständen handelt, so verzichten wir auf eine Fehlerrechnung.

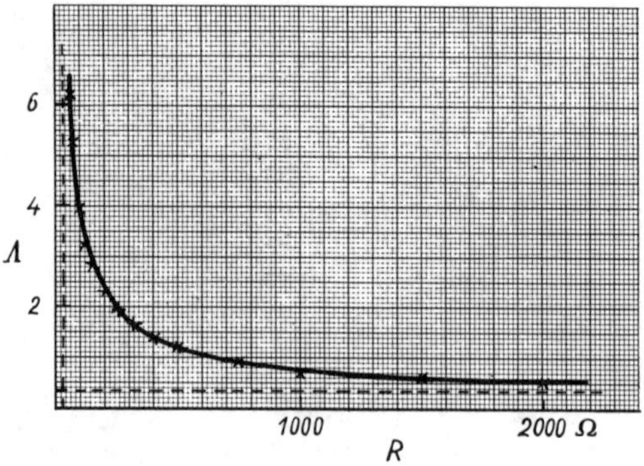

Abb. 101. Logarithmisches Dekrement Λ als Funktion des äußeren Widerstandes R

42. Aufgabe. Empfindlichkeit und sonstige Konstanten eines Galvanometers

Vgl. hierzu Anhang II

I. Empfindlichkeit und Widerstand

Um ein Galvanometer als Strommesser zu eichen, muß man es mit Strömen bekannter Stärke beschicken. Man erzeugt diese mit Hilfe hinreichend kleiner Spannungen, die man sich durch Spannungsteilung beschafft. Zur Berechnung der Stromstärken muß man den Widerstand R_g des Galvanometers kennen. Ist er nicht vorweg bekannt, so bildet seine Ermittlung einen Teil der Eichung.

Bei einem guten Galvanometer ist die magnetische Feldstärke im Luftspalt überall gleich groß. Dann ist nach Anhang II, (27), auch der Drehwinkel der Drehspule der Stromstärke proportional. Benutzt man eine kreisförmig gebogene Skala vom Radius r, in deren Mittelpunkt der Spiegel des Galvanometers steht, so sind auch die Ausschläge α auf dieser Skala den Drehwinkeln φ und damit der Stromstärke proportional, $\alpha = 2r\varphi$, da sich der Lichtzeiger bei einer Drehung des Spiegels um den Winkel φ nach dem Reflexionsgesetz um den Winkel 2φ dreht (Abb. 102). Wir benutzen aber eine ebene Skala, auf der die Ausschläge $\alpha = r \tan 2\varphi$ betragen, also größer als die Bogenausschläge sind. Um die Proportionalität mit dem Drehwinkel φ und daher auch mit der Stromstärke I zu wahren, *reduziert man die Ausschläge auf den Bogen,* d. h. man rechnet die Ausschläge auf diejenigen Werte um, die sie auf einer kreisförmigen Skala vom Radius r haben würden. Zur Erleichterung dieser Umrechnung dient Tabelle V (Anhang). Die Reduktion wächst absolut und relativ mit dem Ausschlag. Es hängt von der gewünschten oder erreichbaren Meßgenauigkeit ab, von welcher Ausschlagsgröße an man die Reduktion ausführen muß. Im Folgenden verstehen wir unter α stets den, soweit erforderlich, auf den Bogen reduzierten Ausschlag. Es ist stets vorausgesetzt, daß der Nullpunkt des Galvanometers senkrecht gegenüber dem Galvanometerspiegel liegt. Zum besseren Verständnis des Folgenden verweisen wir auf die Theorie des Galvanometers im Anhang II.

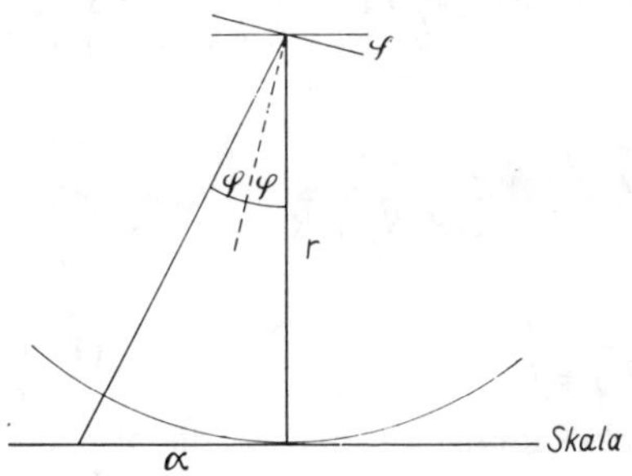

Abb. 102. Zur Reduktion eines Ausschlags auf den Bogen

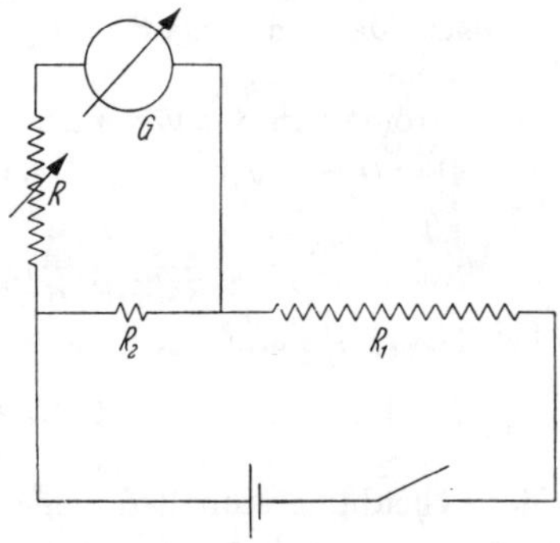

Abb. 103. Zur Messung der Empfindlichkeit und des Widerstandes eines Galvanometers

Bei einem guten Galvanometer ist also der Ausschlag α der Stromstärke I proportional

$$\alpha = C_I I. \tag{42.1}$$

C_I heißt *Stromempfindlichkeit* (meist kurz *Empfindlichkeit*) des Galvanometers [Anhang II, (31)]. $1/C_I = \varrho$ heißt *Reduktionsfaktor* des Galvanometers. Wir messen, wie üblich, die Ausschläge in mm, die Stromstärke in A. Dann ist die Einheit der Stromempfindlichkeit 1 mm A^{-1}. Aus C_I und dem Widerstand R_g des Galvanometers können wir seine *Spannungsempfindlichkeit*

$$C_U = \frac{C_I}{R_g} \tag{42.2}$$

berechnen [Anhang II, (33)]. Ihre Einheit ist 1 mm V^{-1}.

Zur Messung von C_I und R_g verwenden wir die in Abb. 103 dargestellte Schaltung, die der bei der 41. Aufgabe benutzten Schaltung (Abb. 99) vollkommen entspricht. Eine Stromquelle (Akkumulator oder Trockenelement) wird durch die in Reihe geschalteten Widerstände R_1 und R_2 geschlossen, die eine Spannungsteilerschaltung bilden. Wenn C_I, wie bei unserem Galvanometer, von der Größenordnung $10^8\,\text{mm}\,\text{A}^{-1}$ ist, so muß R_1 von der Größenordnung 1000 bis 5000 Ω sein und R_2 0,1 bis 0,5 Ω betragen. Das Verhältnis R_1/R_2 ist so zu bemessen, daß das Galvanometer einen Ausschlag von 100 bis 300 mm zeigt, wenn der Zusatzwiderstand $R = 0$ ist. Im Nebenschluß zu R_2 liegen das Galvanometer und der veränderliche Widerstand R (Stöpselwiderstand). Da $R_1 \gg R_2$, so ist die Stromstärke im Hauptkreis praktisch genau $I_0 = U_0/R_1$, wenn U_0 die Spannung der Stromquelle ist. Für die Zweigströme I im Galvanometerzweig und I' im Widerstand R_2 *gilt* $I + I' = I_0$ und $I'/I = (R_g + R)/R_2$. Daraus folgt:

$$I = I_0 \frac{R_2}{R_g + R_2 + R} = U_0 \frac{R_2}{R_1} \cdot \frac{1}{R_g + R_2 + R}\,. \tag{42.3}$$

Nach (42.1) ist dann

$$\alpha = C_I U_0 \frac{R_2}{R_1} \cdot \frac{1}{R_g + R_2 + R}\,. \tag{42.4}$$

Diese Gleichung enthält die beiden Unbekannten C_I und R_g, die also berechnet werden können, wenn man mindestens zwei verschiedene Kombinationen der drei anderen Widerstände wählt und die Ausschläge mißt. Ein einfaches Verfahren, das aber Konstanz von C_I im ganzen Meßbereich voraussetzt, besteht darin, daß man einmal $R = 0$ wählt und dann ein so großes R, daß α auf die Hälfte zurückgeht. Aus (42.4) leitet man leicht ab, daß dann $R_g = R - R_2$ ist. Dann kann C_I nach (42.4) berechnet werden.

Wir wollen aber α für eine größere Anzahl von R-Werten zwischen $R = 0$ und $R = 2\,R_g$ messen und uns so auch von der Konstanz von C_I überzeugen. Wir setzen $1/\alpha = y$. Dann folgt aus (42.4)

$$\frac{1}{\alpha} = y = \frac{1}{C_I U_0} \cdot \frac{R_1}{R_2} (R_g + R_2 + R) = A + B\,R\,, \tag{42.5}$$

mit

$$A = \frac{1}{C_I U_0} \cdot \frac{R_1}{R_2} (R_g + R_2) \quad \text{(42.6 a)} \qquad B = \frac{1}{C_I U_0} \cdot \frac{R_1}{R_2}\,. \quad \text{(42.6 b)}$$

Dann ist

$$R_g = \frac{A}{B} - R_2 \quad \text{(42.7 a)} \qquad C_I = \frac{1}{B\,U_0} \cdot \frac{R_1}{R_2}\,. \quad \text{(42.7 b)}$$

Es ist üblich, ein Galvanometer durch seine Stromempfindlichkeit $C_I{}^0$ bei einem Skalenabstand von 1000 mm zu kennzeichnen. Aus dem bei einem Skalenabstand r (in mm) erhaltenen Wert erhält man dann, da die Ausschläge dem Skalenabstand proportional sind:

$$C_I{}^0 = C_I \frac{1000\,\text{mm}}{r}\,, \qquad \varrho_I{}^0 = \varrho_I \frac{r}{1000\,\text{mm}}\,. \tag{42.8}$$

Beispiel. Es ist $U_0 = 2{,}05\,\mathrm{V}$, $R_1 = 5000\,\Omega$, $R_2 = 0{,}1\,\Omega$, $r = 1570\,\mathrm{mm}$. Die Ablesungen wurden nach dem Schema Nullpunkt—Ausschlag—Nullpunkt—Ausschlag—Nullpunkt gemacht. Den Nullpunkt bezeichnen wir mit x_0, die Stellung des Lichtzeigers bei einem Ausschlag mit x, so daß $\alpha = x - x_0$ ist. In Tabelle 1 geben wir unsere Messungen beim Zusatzwiderstand $R = 0$ ausführlich wieder. In entsprechender Weise haben wir die Ausschläge bei den übrigen R-Werten gemessen. Wir vergrößern dabei R in Schritten von je $10\,\Omega$ bis $100\,\Omega$. Bei $R = 0$ ist das Galvanometer so gut wie kurzgeschlossen, also sehr stark gedämpft, und man bringe die nötige Geduld auf, um sich vor den Ablesungen zu überzeugen, daß der Lichtzeiger nicht noch ganz langsam kriecht.

Tabelle 1. $R = 0$

x_0	x
499,9 mm	656,9 mm
500,0	7,0
500,0	
500,0 mm	657,0 mm

$\alpha = 157{,}0\,\mathrm{mm}$

Da wir eine möglichst hohe Genauigkeit anstreben, müssen wir die größeren Ausschläge, bei denen die Reduktionen 0,1 mm und mehr betragen, auf den Bogen reduzieren. Wir stellen uns dafür nach Tabelle V eine graphische

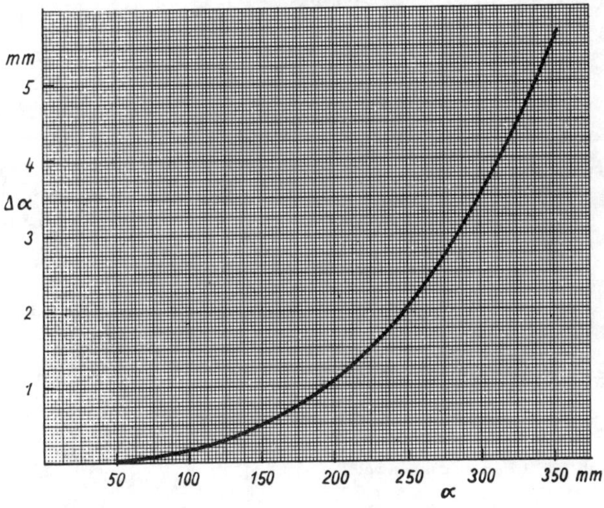

Abb. 104. Zur Reduktion der Ausschläge auf den Bogen. $r = 1570$ mm

Reduktionstabelle für den Skalenabstand $r = 1570$ mm her (Abb. 104), aus der wir die Reduktionen $\Delta\alpha$ ablesen können.

In Tabelle 2 geben wir unsere gesamten Messungsergebnisse, die Reduktionen und die reduzierten Ausschläge α sowie die weiteren für unsere Berechnungen nötigen Daten. Abb. 105 zeigt $10^2\,y = 10^2/\alpha$ als Funk-

Tabelle 2

Nr.	R	α	Red.	α red.	$y \cdot 10^2$	Diff. $y \cdot 10^2$
1	0 Ω	157,0 mm	− 0,5 mm	156,5 mm	0,639 mm	1,146 mm
2	10	133,0	− 0,3	132,7	753	0,919
3	20	115,4	− 0,2	115,2	868	0,689
4	30	101,9	− 0,1	101,8	982	0,463
5	40	91,2	− 0,1	91,1	1,097	0,232
6	50	82,6	− 0,1	82,5	212	
7	60	75,3	− 0,1	75,2	329	
8	70	69,2	—	69,2	445	
9	80	64,2	—	64,2	557	
10	90	59,8	—	59,8	672	
11	100	56,0	—	56,0	785	

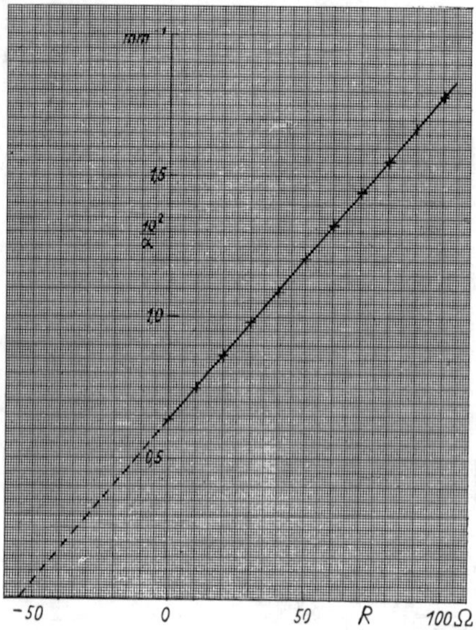

Abb. 105. $10^2/\alpha$ als Funktion von R

tion von R. Es besteht also äußerst genau eine lineare Beziehung; die Empfindlichkeit C_I ist über den ganzen Meßbereich sehr genau konstant.

Man kann bereits aus Abbildung 105 einen Wert von R_g entnehmen. Aus (42.5) folgt – ganz formal mathematisch –, $1/\alpha = 0$ für $R = -(R_g + R_2)$. Die verlängerte Gerade schneidet also die R-Achse im Punkt $-(R_g + R_2)$. Wir lesen ab $R_g + R_2 \approx 55{,}5\ \Omega$. Damit können wir nach (42.5) einen angenäherten Wert von C_I berechnen. Z. B. ist für $R = 0$ und $\alpha = \alpha_0$

$$C_I = \frac{\alpha_0}{U_0} \cdot \frac{R_1}{R_2} (R_g + R_2) .$$

Daraus ergibt sich $C_I = 2{,}17 \cdot 10^8\ \mathrm{mm\,A^{-1}}$.

Zur genaueren Berechnung unserer Ergebnisse wollen wir das Ausgleichungsverfahren in Einl. § 12/II anwenden. Da wir R in Schritten von je 10 Ω verändert haben, so schreiben wir statt (42.5)

$$y = A + 10\ \Omega \cdot B \frac{R}{10\ \Omega} = A + \delta \frac{R}{10\ \Omega}, \quad \text{mit } \delta = 10\ \Omega \cdot B . \qquad (42.9)$$

Die zur Berechnung von δ nötigen Differenzen sind in Tabelle 2 angegeben. Nach Einl. § 12, (4), ergibt sich

$$\delta = \frac{6}{11 \cdot 120}(10 \cdot 1{,}146 + 8 \cdot 0{,}919 + 6 \cdot 0{,}689 + 4 \cdot 0{,}463 + 2 \cdot 0{,}232) \cdot 10^{-2}$$

$$= \frac{0{,}2526}{220} = 0{,}001148 \text{ mm}^{-1}.$$

Es folgt weiter $B = \delta/10\,\Omega = 0{,}0001148 = 1{,}148 \cdot 10^{-4}\text{ mm}^{-1}\,\Omega^{-1}$. Nun berechnen wir nach (42.9) aus jeder Einzelmessung die Werte $A = y - \delta \cdot R/10\,\Omega$. Tabelle 3 zeigt die Ergebnisse. Der Mittelwert ist $A = 0{,}006385 = 63{,}85 \cdot 10^{-4}\text{ mm}^{-1}$. Damit ergibt sich nach (42.7 a, b) und (42.2)

$$R_g = \frac{63{,}85 \cdot 10^{-4}}{1{,}148 \cdot 10^{-4}} - 0{,}1 = 55{,}52\,\Omega\,,$$

$$C_I = \frac{5 \cdot 10^3}{1{,}148 \cdot 10^{-4} \cdot 2{,}005 \cdot 0{,}1} = 2{,}172 \cdot 10^8\text{ mm A}^{-1},$$

$$C_U = \frac{2{,}172 \cdot 10^8}{55{,}52} = 3{,}912 \cdot 10^6\text{ mm V}^{-1}.$$

Tabelle 3

Nr.	$R/10\,\Omega$	$\delta \cdot R/10\,\Omega \cdot 10^2$	$y \cdot 10^2$	$A \cdot 10^2$	$v \cdot 10^4$	$v^2 \cdot 10^8$
1	0	0,000 mm^{-1}	0,639 mm^{-1}	0,639 mm^{-1}	+ 5	25
2	1	115	753	38	− 5	25
3	2	230	868	38	− 5	25
4	3	345	982	37	− 15	225
5	4	459	1,097	38	− 5	25
6	5	574	212	38	− 5	25
7	6	689	329	40	+ 15	225
8	7	804	445	41	+ 25	625
9	8	919	557	38	− 5	25
10	9	1,033	672	39	+ 5	25
11	10	148	785	37	− 15	225
				0,6385 mm^{-1}		1475

Fehlerrechnung. Nach (42.7 b) beträgt der relative Größtfehler von C_I: $\Delta C_I/C_I = \Delta B/B + \Delta U_0/U_0$, wobei nach (42.9) $\Delta B/B = \Delta\delta/\delta$ ist. Zur Berechnung von $\Delta\delta$ berechnen wir zunächst nach Tabelle 3 $\Delta A \cdot 10^2 = \sqrt{1475/(11 \cdot 10)} \cdot 10^{-4} \approx \pm\, 4 \cdot 10^{-4}\text{ mm}^{-1}$, also $\Delta A = \pm\, 4 \cdot 10^{-6}\text{ mm}^{-1}$. Dann ist nach Einl. § 12, (8), $\Delta\delta = \pm\, 4 \cdot 10^{-6}\sqrt{12/120} \approx \pm\, 1{,}3 \cdot 10^{-6}\text{ mm}^{-1}$ und $\Delta\delta/\delta = \Delta B/B = \pm\, 1{,}3 \cdot 10^{-6}/(11{,}48 \cdot 10^{-4}) \approx \pm\, 0{,}11 \cdot 10^{-2} = \pm\, 0{,}11\,\%$. U_0 ist mit einem Spannungsmesser gemessen, bei dem 1 Sk $\triangleq$ 0,05 V, und es war $U_0 \triangleq 41$ Sk. Wir schätzen den Fehler der

Ablesung auf $\pm$ 0,1 Sk, so daß $\Delta U_0/U_0 = \pm 0{,}1/41 \approx \pm 0{,}0025 = \pm 0{,}25\,\%$. Demnach ist $\Delta C_I/C_I = \pm (0{,}11 + 0{,}25)\,\% \approx \pm 0{,}35\,\%$ und $\Delta C_I = 0{,}0035 \cdot 2{,}172 \cdot 10^8 \approx \pm 0{,}007 \cdot 10^8$ mm A^{-1}. — Nach (42.7 a) ist wegen $R_2 \ll R_g$ der relative Größtfehler von R_g: $\Delta R_g/R_g = \Delta A/A + \Delta B/B$. Es ist $\Delta A/A = \pm 4 \cdot 10^{-6}/(63{,}85 \cdot 10^{-4}) \approx \pm 0{,}06 \cdot 10^{-2} = \pm 0{,}06\,\%$, so daß $\Delta R_g/R_g = \pm (0{,}06 + 0{,}11)\,\% \approx \pm 0{,}2\,\%$ und $\Delta R_g = \pm 0{,}002 \cdot 55{,}52 \approx \pm 0{,}11\,\Omega$. — Nach (42.2) und (42.7 a, b) ist $C_U = C_I/R_g = R_1/(AU_0 R_2)$, so daß $\Delta C_U/C_U = \Delta A/A + \Delta U_0/U_0 = \pm (0{,}06 + 0{,}25)\,\% \approx \pm 0{,}3\,\%$ und $\Delta C_U = \pm 0{,}003 \cdot 3{,}912 \cdot 10^6 \approx \pm 0{,}012 \cdot 10^6$ mm V^{-1}.

Unsre Endergebnisse lauten also:

$$\underline{C_I = (2{,}172 \pm 0{,}007) \cdot 10^8\ \text{mm A}^{-1},\quad \Delta C_I/C_I = \pm 0{,}35\,\%,}$$

$$\underline{R_g = (55{,}52 \pm 0{,}11)\ \Omega,\quad \Delta R_g/R_g = \pm 0{,}2\,\%,}$$

$$\underline{C_U = (3{,}912 \pm 0{,}012) \cdot 10^6\ \text{mm V}^{-1},\quad \Delta C_U/C_U = \pm 0{,}3\,\%.}$$

Wir wollen schließlich die Stromempfindlichkeit auf den Skalenabstand 1000 mm umrechnen, indem wir sie nach (42.8) mit 1000/1570 multiplizieren. Dann erhalten wir:

$$\underline{C_I^0 = 1{,}384 \cdot 10^8\ \text{mm A}^{-1}.}$$

II. Die sonstigen Konstanten des Galvanometers

Nach der im Anhang II gegebenen Theorie des Galvanometers werden die Eigenschaften eines Galvanometers durch fünf Konstante bestimmt: 1. seinen *Widerstand* R_g, 2. das *Richtmoment* D der Aufhängung, 3. das *Trägheitsmoment* I der Drehspule, 4. die *Galvanometerkonstante* $G = AB$, die als das Produkt aus der *Windungsfläche* A der Drehspule und der *magnetischen Flußdichte* B im Luftspalt ein magnetischer Fluß ist, 5. die *Luftdämpfungskonstante* ϱ.

Wir wollen bei unserem Galvanometer diese Konstanten bestimmen. Die Messung des Widerstandes R_g ist bereits erledigt. Um die vier übrigen Konstanten zu berechnen, brauchen wir vier unabhängige Gleichungen zwischen ihnen und vier anderen Größen, die wir unmittelbar messen können. Wir wählen die folgenden Größen:

1. Die *Schwingungsdauer* T_1 und das *Dämpfungsverhältnis* k_1 bzw. das *logarithmische Dekrement* $\Lambda_1 = \ln k_1$ bei reiner Luftdämpfung. Daraus berechnen wir nach Anhang I, (29), (37), (116), die Abklingkonstante β_1 bei reiner Luftdämpfung, die Schwingungsdauer T_0 im idealen dämpfungsfreien Fall und die zugehörige Kreisfrequenz ω_0:

$$\beta_1 = \frac{\Lambda_1}{T_1}. \quad (42.10) \qquad T_0 = \frac{T_1}{\sqrt{1 + \Lambda_1/4\pi^2}}. \quad (42.11) \qquad \omega_0 = \frac{2\pi}{T_0}. \quad (42.12)$$

2. Die *entsprechenden Größen* T_2, k_2 bei einem äußeren Widerstand R, der die Dämpfung merklich, aber nicht allzu sehr vergrößert. Daraus be-

rechnen wir $\beta_2 = \Lambda_2/T_2$. Zur Erweiterung unserer Messungen und zur Kontrolle führen wir diese Messungen bei mehreren äußeren Widerständen R aus.

3. Die *winkelbezogene Stromempfindlichkeit* C_I^φ, die wir nach Anhang II, (32), aus C_I berechnen:

$$C_I^\varphi = \frac{C_I}{2r} \qquad (r \text{ Skalenabstand in mm}). \tag{42.13}$$

Von den gemessenen Größen sind nur vier voneinander unabhängig. Die übrigen lassen sich aus diesen berechnen.

Nach Anhang II, (9a, b) (mit $R_a = R$) und (28) ist[1])

$$\beta_1 = \frac{\varrho}{2I}, \quad (42.14\,\text{a}) \qquad \beta_2 = \frac{1}{2I}\left(\varrho + \frac{G^2}{R_g + R}\right) \quad (42.14\,\text{b})$$

$$C_I^\varphi = \frac{G}{D}, \quad (42.15) \qquad \omega_0^2 = \frac{D}{I}. \quad (42.16)$$

Wir setzen zur Abkürzung

$$(R_g + R)\,(\beta_2 - \beta_1) = K. \tag{42.17}$$

Man kann leicht zeigen, daß $K = G^2/2I$, also eine Konstante ist. Eine einfache Rechnung ergibt:

$$G = \frac{2\,(R_g + R)\,(\beta_2 - \beta_1)}{\omega_0^2\, C_I^\varphi} = \frac{2K}{\omega_0^2\, C_I^\varphi}, \tag{42.18}$$

$$D = \frac{G}{C_I^\varphi}, \quad (42.19) \qquad I = \frac{D}{\omega_0^2}, \quad (42.20) \qquad \varrho = 2\beta_1 I. \quad (42.21)$$

Da nach Anhang I im Grenzfall ($R = R_{gr}$) $\beta = \omega_0$ ist, so gilt nach (42.17) mit $\beta_2 = \omega_0$

$$(R_g + R_{gr})\,(\omega_0 - \beta_1) = K, \quad \text{also} \quad R_{gr} = \frac{K}{\omega_0 - \beta_1} - R_g. \tag{42.22}$$

Wir können also auch den Grenzwiderstand R_{gr} berechnen und mit dem durch Versuch ermittelten Wert vergleichen.

Wir benutzen das VAMS-System (Einl. § 5), erhalten also die auftretenden rein mechanischen Größen in Einheiten des MKS-Systems.

β und ω sind reziproke Zeiten, ihre Einheit ist also $1\,\text{s}^{-1}$. Die Größenart von K ist Widerstand/Zeit, seine Einheit $1\,\Omega\,\text{s}^{-1}$. G ist ein magnetischer Fluß, seine Einheit demnach $1\,\text{Vs}$. Nach (42.19) ergibt sich D, eine rein mechanische Größe, in der Einheit $1\,\text{VAs} = 1\,\text{Nm}$. Mit D erhalten wir nach (42.20) I in der Einheit $1\,\text{kg}\,\text{m}^2$ und nach (42.21) ϱ in der Einheit $1\,\text{Nms}$.

[1]) Im Anhang II ist das Trägheitsmoment zur Unterscheidung von der Stromstärke I mit Θ bezeichnet.

Beispiel. Wegen der Bestimmung von k und $\Lambda = \ln k$ vgl. die 41. Aufgabe. Es hat sich ergeben:

$\underline{R = \infty.}$ $T_1 = 11{,}32$ s, $\sqrt{k_1} = 1{,}186$. Daraus berechnet $\Lambda_1 = 0{,}3412$, $\beta_1 = 0{,}03015\ \mathrm{s}^{-1}$, $T_0 = 11{,}30$ s, $\omega_0 = 0{,}5560\ \mathrm{s}^{-1}$, $\omega_0 - \beta_1 = 0{,}5258\ \mathrm{s}^{-1}$, $\omega_0^2 = 0{,}3091\ \mathrm{s}^{-2}$.

$\underline{R = 1000\ \Omega.}$ $T_2 = 11{,}37$ s, $\sqrt{k_2} = 1{,}506$. Daraus berechnet $\Lambda_2 = 0{,}8170$, $\beta_2 = 0{,}07183\ \mathrm{s}^{-1}$, $\beta_2 - \beta_1 = 0{,}04168\ \mathrm{s}^{-1}$. Mit $R_g = 55{,}5\ \Omega$ folgt dann

$$K = 1055{,}5 \cdot 0{,}04168 = 44{,}00\ \Omega\ \mathrm{s}^{-1}.$$

$\underline{R = 500\ \Omega.}$ $T_2 = 11{,}56$ s, $\sqrt{k_2} = 1{,}870$. Daraus berechnet $\Lambda_2 = 1{.}252$, $\beta_2 = 0{,}1085\ \mathrm{s}^{-1}$, $\beta_2 - \beta_1 = 0{,}07837\ \mathrm{s}^{-1}$. Dann folgt

$$K = 555{,}5 \cdot 0{,}07837 = 43{,}53\ \Omega\ \mathrm{s}^{-1}.$$

$\underline{R = 250\ \Omega.}$ $T_2 = 11{,}84$ s, $\sqrt{k_2} = 2{,}793$. Daraus berechnet $\Lambda_2 = 2{,}054$, $\beta_2 = 0{,}1736\ \mathrm{s}^{-1}$, $\beta_2 - \beta_1 = 0{,}1434\ \mathrm{s}^{-1}$. Dann folgt

$$K = 305{,}5 \cdot 0{,}1434 = 43{,}81\ \Omega\ \mathrm{s}^{-1}.$$

$\underline{R = 125\ \Omega.}$ $T_2 = 12{,}38$ s, $\sqrt{k_2} = 5{,}69$. Daraus berechnet $\Lambda_2 = 3{,}477$, $\beta_2 = 0{,}2683\ \mathrm{s}^{-1}$, $\beta_2 - \beta_1 = 0{,}2381\ \mathrm{s}^{-1}$. Dann folgt

$$K = 180{,}5 \cdot 0{,}2381 = 43{,}02\ \Omega\ \mathrm{s}^{-1}.$$

Die vier K-Werte stimmen also ganz befriedigend überein. Ihr Mittelwert beträgt $K = 43{,}59\ \Omega\ \mathrm{s}^{-1}$.

Mit dem bereits ermittelten Wert $C_I = 2{,}172 \cdot 10^8$ mm A^{-1} und dem Skalenabstand $r = 1570$ mm ergibt sich nach (42.13) $C_I^{\varphi} = 2{,}172 \cdot 10^8/(2 \cdot 1570) = 6{,}917 \cdot 10^4\ \mathrm{A}^{-1}$.

Nach (42.18) bis (42.22) erhalten wir dann (vgl. Einl. § 5)

$$G = \frac{2 \cdot 43{,}59}{0{,}3091 \cdot 6{,}917 \cdot 10^4} = 4{,}077 \cdot 10^{-3}\ \mathrm{Vs},$$

$$D = \frac{4{,}077 \cdot 10^{-3}}{6{,}917 \cdot 10^4} = 0{,}589 \cdot 10^{-7}\ \mathrm{Nm},$$

$$I = \frac{0{,}589 \cdot 10^{-7}}{0{,}3091} = 1{,}906 \cdot 10^{-7}\ \mathrm{kg\ m}^2,$$

$$\varrho = 2 \cdot 0{,}03015 \cdot 1{,}906 \cdot 10^{-7} = 0{,}1149 \cdot 10^{-7}\ \mathrm{Nms},$$

$$R_{gr} = \frac{43{,}59}{0{,}5258} - 55{,}6 = 82{,}9 - 55{,}6 = 27{,}3\ \Omega.$$

Die Zahlenwerte von D, I und ϱ in Einheiten des CGS-Systems ergeben sich durch Multiplikation der obigen Werte mit 10^7 (also Fortlassung des Faktors 10^{-7}).

Wir haben den Grenzwiderstand auch *gemessen* und als äußeren Widerstand, bei dem ein Hinausschwingen der Spule über ihre Ruhelage eben nicht mehr beobachtbar ist, etwa 32 Ω gefunden, also einen erheblich höheren Wert als den berechneten. Das ist aber nicht verwunderlich. Man kann leicht berechnen, daß bei $R = 32\ \Omega$ zwar noch der Schwingfall vorliegt, aber Λ bereits so groß ist, daß der Ausschlag über die Ruhelage hinaus unbeobachtbar klein ist. Man muß also zwischen dem *theoretischen*, wie oben berechneten Grenzwiderstand und dem *praktischen Grenzwiderstand* unterscheiden und darf diesen nicht etwa zur Berechnung von Konstanten des Galvanometers benutzen.

Die Drehspule unseres Galvanometers besteht aus 75 Windungen mit den Seiten 3 cm und 2,5 cm, also mit der Windungsfläche $A = 75 \cdot 3 \cdot 2{,}5 = 562{,}5\ \mathrm{cm}^2 = 5{,}625 \cdot 10^{-2}\ \mathrm{m}^2$. Damit ergibt sich aus $G = AB$ die magnetische Flußdichte im Luftspalt zu $B = 4{,}077 \cdot 10^{-3}/(5{,}625 \cdot 10^{-2}) = 7{,}25 \cdot 10^{-2}\ \mathrm{Vs\,m^{-2}}$.

Der II. Teil dieser Aufgabe soll in der Hauptsache die Kenntnis des Galvanometers vertiefen, zur weiteren Übung in der Arbeit mit dem Galvanometer dienen und eine Vorstellung von der Größenordnung der obigen Konstanten vermitteln. Von einer Fehlerrechnung sehen wir deshalb ab.

Wir stellen unsere Ergebnisse noch einmal zusammen:

$$\underline{G = 4{,}077 \cdot 10^{-3}\ \mathrm{Vs}},$$

$$\underline{B = 7{,}25 \cdot 10^{-2}\ \mathrm{Vs\,m^{-2}}},$$

$$\underline{D = 0{,}589 \cdot 10^{-7}\ \mathrm{N\,m} = 0{,}589\ \mathrm{dyn\,cm}},$$

$$\underline{I = 1{,}906 \cdot 10^{-7}\ \mathrm{kg\,m^2} = 1{,}906\ \mathrm{g\,cm^2}},$$

$$\underline{\varrho = 0{,}1149 \cdot 10^{-7}\ \mathrm{Nm\,s} = 0{,}1149\ \mathrm{dyn\,cm\,s}},$$

$$\underline{R_{gr} = 27{,}3\ \Omega}.$$

43. Aufgabe. Messung sehr großer und sehr kleiner Widerstände

Westphal, Physik, § 160. Kl. Lehrb. d. Physik, § 128

I. Sehr große Widerstände

Das folgende Verfahren kann zur Messung von Widerständen dienen, die man wegen ihrer Größe nicht gut in der Brückenschaltung messen kann. Man schließt einen Akkumulator oder ein Trockenelement oder, falls erforderlich, eine größere Batterie durch den Widerstand R und ein Spiegelgalvanometer G, zu dem ein Widerstand parallel geschaltet ist, der wenigstens *ungefähr* gleich dem Grenzwiderstand R_{gr} des Galvanometers ist (Abb. 106 a), um eine schnelle Einstellung des Galvanometers zu bewirken

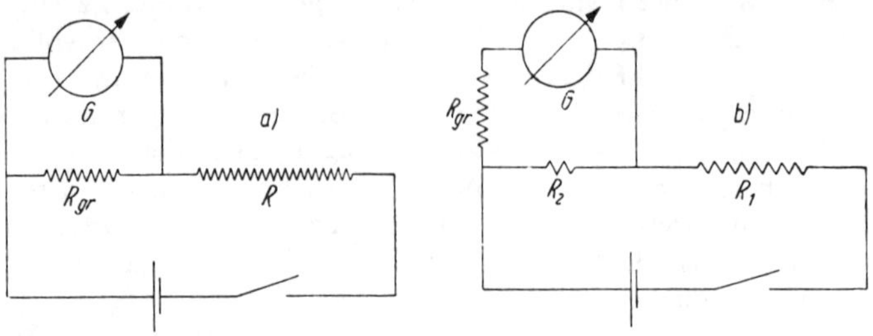

Abb. 106. Zur Messung eines sehr großen Widerstandes

(41. Aufgabe). Da $R \gg R_{gr}$ und den Galvanometerwiderstand R_g, so ist die Stromstärke in R praktisch $I = U_0/R$, wenn U_0 die Spannung der Stromquelle ist. Davon fließt der Bruchteil $I_1 = IR_{gr}/(R_g + R_{gr})$ durch das Galvanometer, so daß

$$I_1 = \frac{U_0}{R} \cdot \frac{R_{gr}}{R_g + R_{gr}} = \frac{\alpha_1}{C_I}, \tag{43.1}$$

wobei α_1 der Ausschlag des Galvanometers und C_I seine Stromempfindlichkeit ist (42. Aufgabe).

Dann schließt man die gleiche Stromquelle durch eine Schaltung, wie wir sie bei der 42. Aufgabe (Abb. 103) verwendet haben (Abb. 106 b). R_1 beträgt 1000 bis 5000 Ω, R_2 beträgt 0,1 bis 0,5 Ω. Das Widerstandsverhältnis R_1/R_2 wählen wir so, daß wir etwa den gleichen Ausschlag erhalten wie bei der ersten Schaltung. Das Galvanometer ist zu R_2 parallel geschaltet, und ihm ist aus dem gleichen Grund wie oben der gleiche Widerstand R_{gr} vorgeschaltet.

Nach (42.3) ist

$$I_2 = U_0 \frac{R_2}{R_1} \cdot \frac{1}{R_g + R_2 + R_{gr}} = \frac{\alpha_2}{C_I} \tag{43.2}$$

wenn der Ausschlag nunmehr α_2 beträgt. Da $R_2 \ll R_g + R_{gr}$, so ist $(R_g + R_{gr})/(R_g + R_{gr} + R_2) \approx 1$. Damit folgt aus (43.1) und 43.2)

$$R = \frac{\alpha_2}{\alpha_1} R_{gr} \frac{R_1}{R_2}. \tag{43.3}$$

Durch die Wahl etwa gleich großer Ausschläge α_1 und α_2 vermeiden wir erstens Fehler, die davon herrühren könnten, daß C_I etwa nicht im ganzen

Meßbereich des Galvanometers konstant ist. Zweitens brauchen wir dann die Ausschläge nicht auf den Bogen zu reduzieren.

Beispiel. $R_{gr} = 31{,}5\ \Omega$, $R_1 = 2000\ \Omega$, $R_2 = 0{,}1\ \Omega$; $\alpha_1 = 246{,}4$ mm, $\alpha_2 = 231{,}5$ mm. Aus (43.3) folgt $R = 231{,}5 \cdot 31{,}5 \cdot 2000/(246{,}4 \cdot 0{,}1) = 0{,}5919 \cdot 10^6\ \Omega$.

Fehlerrechnung. Da R_1, R_2 und R_{gr} vorgegeben sind, ist der relative Größtfehler von R nach (43.3) $\Delta R/R = \Delta\alpha_1/\alpha_1 + \Delta\alpha_2/\alpha_2$. Wir schätzen $\Delta\alpha_1 = \Delta\alpha_2 = \pm\, 0{,}5$ mm. Mit dem runden Mittelwert $\alpha = 240$ mm erhalten wir dann $\Delta R/R = \pm\, 1{,}0/240 \approx \pm\, 0{,}004 = \pm\, 0{,}4\,\%$ und $\Delta R = \pm\, 0{,}004 \cdot 0{,}5919 \cdot 10^6 \approx \pm\, 0{,}0025 \cdot 10^6\ \Omega$.

Unser gerundetes Endergebnis lautet also:

$$\underline{R = (0{,}5920 \pm 0{,}0025) \cdot 10^6\ \Omega, \quad \Delta R/R = \pm\, 0{,}4\,\%.}$$

II. Sehr kleine Widerstände

Zur Messung eines sehr kleinen Widerstandes kann man ein ganz ähnliches Verfahren anwenden. Zunächst schließt man einen Akkumulator oder ein Trockenelement durch einen Widerstand R_0 (Stöpselwiderstand) und den zu messenden Widerstand R und legt parallel zu diesem das Galvanometer G mit seinem Grenzwiderstand R_{gr} als Vorwiderstand (Abb. 107). Der Widerstand R_0 ist so zu wählen, daß der Ausschlag des Galvanometers genügend groß ist (mindestens 200 mm). Da $R_g + R_{gr} \gg R$, und $R_0 \gg R$, so ist die an den Enden von R herrschende Spannung praktisch gleich

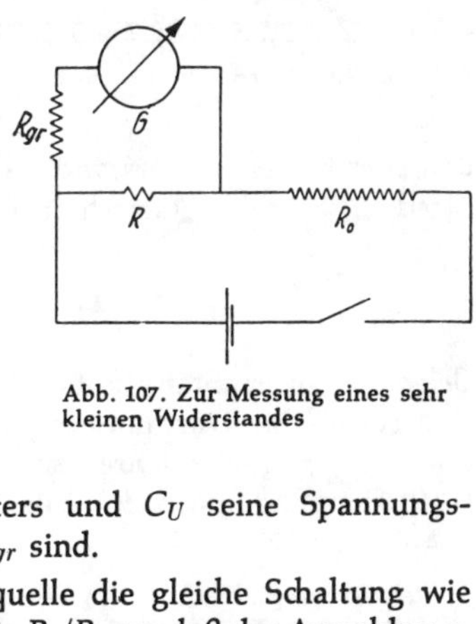

Abb. 107. Zur Messung eines sehr kleinen Widerstandes

$$U_1 = U_0 \frac{R}{R_0} = \frac{\alpha_1}{C_U}, \qquad (43.4)$$

wenn α_1 der Ausschlag des Galvanometers und C_U seine Spannungsempfindlichkeit mit dem Vorwiderstand R_{gr} sind.

Dann stellen wir mit der gleichen Stromquelle die gleiche Schaltung wie Abb. 106 b her und bemessen das Verhältnis R_1/R_2 so, daß der Ausschlag α_2 von a_1 nicht sehr verschieden ist. Da $R_g + R_{gr} \gg R_2$ und $R_1 \gg R_2$, so beträgt die an R_2 liegende Spannung

$$U_2 = U_0 \frac{R_2}{R_1} = \frac{\alpha_2}{C_U}. \qquad (43.5)$$

Aus (43.4) und (43.5) folgt:

$$R = \frac{\alpha_1}{\alpha_2} R_0 \frac{R_2}{R_1}. \qquad (43.6)$$

Beispiel. $R_0 = 30\,\Omega$, $R_1 = 2000\,\Omega$, $R_2 = 0{,}1\,\Omega$, $\alpha_1 = 204{,}0$ mm, $\alpha_2 = 231{,}0$ mm. Dann ist nach (43.6) $R = 204{,}0 \cdot 30 \cdot 0{,}1/(231{,}0 \cdot 2000) = 1{,}325 \cdot 10^{-3}\,\Omega$.

Fehlerrechnung. Nach (43.6) ist der relative Größtfehler von R: $\Delta R/R = \Delta\alpha_1/\alpha_1 + \Delta\alpha_2/\alpha_2$. Da die Ablesegenauigkeit die gleiche wie oben war und auch die Ausschläge etwa ebenso groß waren, so ergibt sich hier wieder $\Delta R/R = \pm\, 0{,}4\,\%$.

Unser Endergebnis lautet:

$$\underline{R = (1{,}325 \pm 0{,}005)\,10^{-3}\,\Omega, \quad \Delta R/R = \pm\, 0{,}4\,\%.}$$

III. Berechnung des spezifischen Widerstandes eines Metalls

Der von uns gemessene kleine Widerstand ist ein zylindrischer Metallstab, dem der Strom an den Enden zugeführt wird. Die Zuleitungen zum Galvanometer führen an zwei in den Punkten P, P', (Abb. 108) an den Stab gelötete Drähte, welche so weit von den Enden angebracht sind, daß die Stromdichte in diesen Querschnitten überall gleich groß ist. Wir haben also den Widerstand R des Stabes zwischen diesen Querschnitten gemessen. Wir können aus ihm den spezifischen Widerstand ϱ des Metalles berechnen. Ist l die Länge der Strecke $P\,P'$, q der Querschnitt des Stabes, so ist (vgl. die 36. Aufgabe)

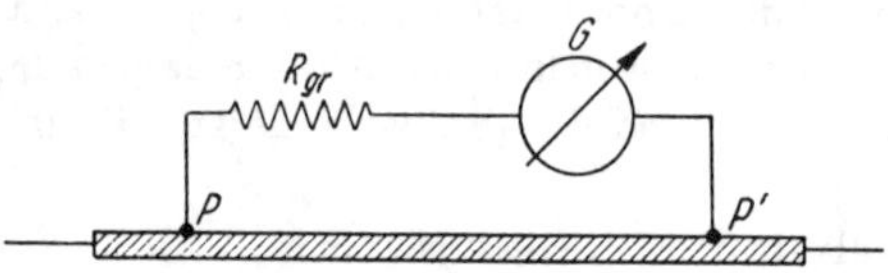

Abb. 108. Zur Messung des spezifischen Widerstandes eines Metalles

$$R = \varrho \frac{l}{q}, \qquad \text{also} \qquad \varrho = R \frac{q}{l}. \tag{43.7}$$

Beispiel. Unser Stab bestand aus Aluminium, und es war $l = (34{,}80 \pm 0{,}2)$ cm. Der Durchmesser des Stabes ergab sich aus zehn Messungen mit der Schraubenlehre zu $2r = (0{,}3020 \pm 0{,}0005)$ cm; also ist $r = 0{,}1510$ cm und $q = \pi r^2 = 0{,}0716\,\text{cm}^2$. Damit ergibt sich nach (43.7) mit $R = 1{,}325 \cdot 10^{-3}\,\Omega$: $\varrho = 1{,}325 \cdot 10^{-3} \cdot 0{,}0716/34{,}8 = 0{,}273 \cdot 10^{-5}\,\Omega$ cm.

Fehlerrechnung. Nach (43.7) ist der relative Größtfehler von ϱ: $\Delta\varrho/\varrho = \Delta R/R + \Delta l/l + \Delta q/q$. Es ist $\Delta R/R = \pm\, 0{,}4\,\%$ (siehe oben), $\Delta l/l = \pm\, 0{,}2/34{,}80 \approx \pm\, 0{,}006 = \pm\, 0{,}6\,\%$ und $\Delta q/q = 2\,\Delta r/r = 2 \cdot \Delta\, 2r/2r = \pm 0{,}001/0{,}3020 \approx \pm 0{,}003 = \pm 0{,}3\,\%$. Demnach ist $\Delta\varrho/\varrho = \pm\,(0{,}4 + 0{,}6 + 0{,}3)\,\% = \pm\, 1{,}3\,\%$ und $\Delta\varrho = \pm\, 0{,}013 \cdot 0{,}273 \cdot 10^{-5} \approx \pm\, 0{,}0035 \cdot 10^{-5}\,\Omega$ cm.

Unser Endergebnis lautet also:

$$\underline{\varrho = (0{,}273 \pm 0{,}0035)\,10^{-5}\,\Omega\,\text{cm}, \quad \Delta\varrho/\varrho = \pm\, 1{,}3\,\%.}$$

44. Aufgabe. Ballistisches Galvanometer[1])

Vgl. hierzu Anhang II B

Ein Galvanometer kann auch zur *Messung von Elektrizitätsmengen* benutzt werden, die als kurzdauernder Stromstoß durch seine Spule entladen werden, sofern deren Schwingungsdauer groß ist gegenüber der Dauer des Stromstoßes. In dieser Verwendungsart – für die es auch Sonderausführungen gibt – bezeichnet man es als *ballistisches Galvanometer* oder *Stoßgalvanometer.* Der erste Ausschlag (Umkehrpunkt) ist der durch das Galvanometer entladenen Elektrizitätsmenge Q proportional und beträgt nach Anhang II, (36),

$$\alpha_m = \frac{1}{\lambda} C_b Q. \tag{44.1}$$

C_b ist die *ballistische Empfindlichkeit* oder *Stoßempfindlichkeit* des (vollkommen ungedämpften) Galvanometers, λ eine mit der Dämpfung des Galvanometers wachsende Funktion des logarithmischen Dekrements Λ,

$$\lambda = \exp\left(\frac{\Lambda}{2\pi} \arctan \frac{2\pi}{\Lambda}\right) \tag{44.2}$$

[Anhang II, (23)]. Im dämpfungsfreien Fall, $\Lambda = 0$, ist $\lambda = 1$. Da Λ vom Widerstand des Schließungskreises des Galvanometers abhängt, so gilt das auch für λ. Daher muß *bei jeder ballistischen Messung das logarithmische Dekrement Λ aus dem Dämpfungsverhältnis k berechnet* werden (42. Aufgabe), wenn man die entladene Elektrizitätsmenge Q aus dem ballistischen Ausschlag α_m und der ballistischen Empfindlichkeit C_b berechnen will,

$$Q = \lambda \frac{\alpha_m}{C_b}. \tag{44.3}$$

Tabelle VI gibt λ als Funktion von $k = e^{\Lambda}$. Bei genauen Messungen müssen größere Ausschläge α_m auf den Bogen reduziert werden (Tabelle V).

I. Messung und Berechnung der ballistischen Empfindlichkeit

Am einfachsten berechnet man die ballistische Empfindlichkeit nach der im Anhang II, (35), abgeleiteten Gleichung

$$C_b = C_I \frac{2\pi}{T_0} \tag{44.4}$$

[1]) Die 44. und 45. Aufgabe werden zweckmäßig als ein zusammenhängendes Ganzes behandelt und mit dem gleichen Galvanometer ausgeführt.

aus der leicht meßbaren Stromempfindlichkeit C_I und der Schwingungsdauer T_0 des Galvanometers im idealen dämpfungsfreien Fall. Wenn man genau vorgehen will, darf man dafür nicht die Schwingungsdauer T des Galvanometers bei reiner Luftdämpfung einsetzen, sondern muß $T_0 = T/\sqrt{1 + \Lambda^2/4\pi^2}$ berechnen [Anhang I, (37)]. Wir wollen uns hier nicht mit der Berechnung nach (44.4) begnügen, sondern auch eine unmittelbare Messung von C_b nach (44.1) durchführen.

Zu diesem Zweck entladen wir eine bekannte Elektrizitätsmenge Q in einem sehr kurzen Stoß durch das Galvanometer. Dazu benutzen wir die in Abb. 109 dargestellte Schaltung. S_1 und S_2 sind die Primär- und die Sekundärspule eines Lufttransformators. Die Primärspule S_1 besteht aus etwa 150 Windungen aus starkem Draht, die auf einen etwa 35 cm langen Holzkern von etwa 4 cm Durchmesser gewickelt sind. Sie ist von der etwas kürzeren, auf einen Zylinder aus Kunststoff gewickelten Sekundärspule S_2 umgeben, die aus 1000 bis 2000 Windungen aus dünnem Draht besteht. Mittels eines Akkumulators wird in der Primärspule ein Strom erzeugt, der durch einen Widerstand geregelt und dessen Stärke an einem Strommesser A abgelesen wird. Die Sekundärspule S_2 ist unmittelbar an das Galvanometer G angeschlossen. Ihr Widerstand ist so groß, daß der Schwingfall verwirklicht ist (41. Aufgabe). (Ein anderes Verfahren besteht darin, daß man stets den Grenzfall verwirklicht. Dann ist $\Lambda = \infty$ und $\lambda = e = 2{,}7183$.) Um die Drehspule des Galvanometers nach jeder Messung schnell wieder zur Ruhe zu bringen, legt man parallel zum Galvanometer einen Kurzschlußschalter, den man nach erfolgter Ablesung kurz vor dem Durchgang des Lichtzeigers durch den Nullpunkt betätigt, um die Spule dort durch große Dämpfung (extremer Kriechfall) abzufangen. Wenn der Primärkreis geschlossen wird, so wird im Sekundärkreis momentan eine Spannung U induziert, welche einen durch das Galvanometer fließenden Stromstoß erzeugt, in dem eine aus den Versuchsbedingungen berechenbare Elektrizitätsmenge Q durch das Galvanometer entladen wird. Beim Öffnen erfolgt ein gleich starker Stromstoß in entgegengesetzter Richtung.

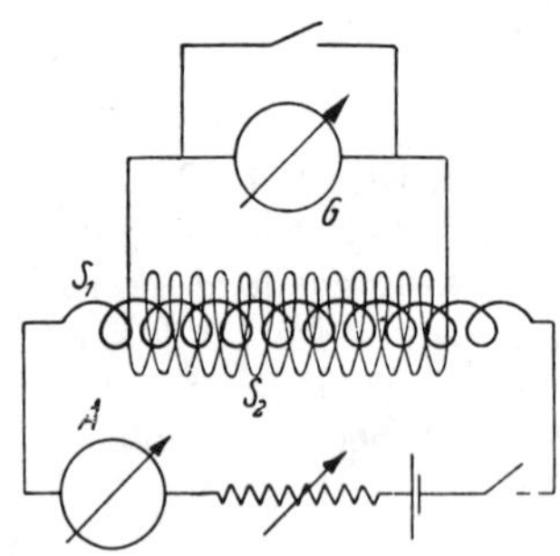

Abb. 109
Zur Messung der ballistischen Empfindlichkeit eines Galvanometers

Wir benutzen das VAMS-System. Es seien n_1, n_2 die Windungszahlen von S_1 und S_2, l die Länge, q_1 der Querschnitt der Primärspule, R der Widerstand des Sekundärkreises, also der Sekundärspule und des Galvanometers, I die Stromstärke im Primärkreise, I' die momentane Stromstärke im Sekundärkreise.

Fließt im Primärkreis ein Strom I, so herrscht in der Primärspule die magnetische Feldstärke $H = n_1 I/l$ und die magnetische Flußdichte (Induktion)

$$B = \mu_0 H = \mu_0 \frac{n_1}{l} I. \tag{44.5}$$

$\mu_0 = 4\pi \cdot 10^{-7}\,\mathrm{Vs\,A^{-1}\,m^{-1}}$ ist die magnetische Feldkonstante. Daher beträgt der magnetische Fluß im Innenraum der Spulen

$$\Phi = B q_1 = \mu_0 \frac{n_1 q_1}{l} I. \tag{44.6}$$

[Der enge Zwischenraum zwischen den Spulen ist praktisch feldfrei; daher gilt (44.6) nicht nur für S_1, sondern auch für S_2.] Ist Φ infolge einer Änderung von I, z. B. beim Ein- und Ausschalten, zeitlich veränderlich, so wird in den n_2 Windungen der Sekundärspule die Spannung

$$U = -n_2 \frac{\mathrm{d}\Phi}{\mathrm{d}t} = -\mu_0 \frac{n_1 n_2 q_1}{l} \cdot \frac{\mathrm{d}I}{\mathrm{d}t} = -L_{12} \frac{\mathrm{d}I}{\mathrm{d}t} \tag{44.7}$$

induziert, wobei

$$L_{12} = \mu_0 \frac{n_1 n_2 q_1}{l} \tag{44.8}$$

die Gegeninduktivität des Transformators ist. Ihre Einheit ist 1 Henry (H) $= 1\,\mathrm{Vs\,A^{-1}} = 1\,\Omega\,\mathrm{s}$. Die Spannung U erzeugt im Widerstande R des Sekundärkreises die Stromstärke

$$I' = \frac{U}{R} = -\frac{L_{12}}{R} \cdot \frac{\mathrm{d}I}{\mathrm{d}t}. \tag{44.9}$$

Dann wird in der Zeit t die Elektrizitätsmenge

$$Q = \int_0^t I'\,\mathrm{d}t = -\frac{L_{12}}{R} \int_0^t \frac{\mathrm{d}I}{\mathrm{d}t}\,\mathrm{d}t = -\frac{L_{12}}{R} \int_0^t \mathrm{d}I \tag{44.10}$$

durch das Galvanometer entladen. Unmittelbar vor dem Ausschalten des Primärkreises zur Zeit $t = 0$ betrage die primäre Stromstärke I_1. Die Dauer t des Stromstoßes ist die Zeit, in der die Primärstromstärke I vom Betrage I_1 bis praktisch zum Betrage 0 absinkt. Daher ist

$$Q = -\frac{L_{12}}{R} \int_{I_1}^{0} \mathrm{d}I = \frac{L_{12}}{R} I_1. \tag{44.11}$$

Ebenso groß ist die beim Einschalten in entgegengesetzter Richtung entladene Elektrizitätsmenge. Aus (44.1) und (44.11) folgt:

$$C_b = \lambda \frac{\alpha_m}{Q} = \lambda \frac{R}{L_{12}} \frac{\alpha_m}{I_1} \tag{44.12}$$

Messen wir I_1 in A, R in Ω, α_m in mm, so erhalten wir Q in der Einheit 1 Coulomb (C) und C_b in der Einheit 1 mm C^{-1}. (Es ist nicht zu vermeiden, daß der Buchstabe C bzw. *C* hier für zwei verschiedene Größen – die Einheit Coulomb und die Empfindlichkeit – verwendet wird. Man beachte die steile und die schräge Type.)

Um C_b auch nach (44.4) zu berechnen, messen wir C_l nach einem der bei der 42. Aufgabe angegebenen Verfahren, das uns zugleich den zur Berechnung des Widerstandes R des Sekundärkreises nötigen Widerstand R_g des Galvanometers liefert. Den Widerstand der Sekundärspule messen wir in der Brückenschaltung (31. Aufgabe).

Beispiel. $n_1 = 146$, $n_2 = 1552$, $l = 34{,}80$ cm $= 0{,}3480$ m, $n_1/l = 4{,}20\ \text{cm}^{-1} = 420\ \text{m}^{-1}$. Der äußere Durchmesser von S_1 beträgt 4,38 cm, der Durchmesser des Spulenkerns 3,90 cm. Als Durchmesser der Primärwindungen nehmen wir den Mittelwert 4,14 cm, so daß der Radius der Primärspule $r_1 = 2{,}07$ cm und ihr Querschnitt $q_1 = 13{,}46\ \text{cm}^2 = 1{,}346 \cdot 10^{-3}\ \text{m}^2$ beträgt. Damit erhalten wir nach (44.8): $L_{12} = 4\pi \cdot 10^{-7} \cdot 420 \cdot 1552 \cdot 1{,}346 \cdot 10^{-3} = 1{,}103 \cdot 10^{-3}$ H.

Tabelle 1

x_0 mm	x_l mm	x_r mm
520,0	246,9	793,0
	6,9	2,8
	7,0	2,8
	7,0	2,7
520,0	6,8	3,2
520,0	246,92	792,90

Der wie in der 42. Aufgabe ermittelte Widerstand unseres Galvanometers beträgt 54,5 Ω. Der Widerstand der Sekundärspule wurde in der Brückenschaltung zu 229,3 Ω gemessen. Daher ist der Widerstand des Sekundärkreises $R = 229{,}3 + 54{,}5 = 283{,}8$ Ω. Wir regeln die Stromstärke im Primärkreise so, daß $I_1 = 1{,}00$ A. Dann beträgt die beim Öffnen und Schließen des Primärkreises im Sekundärkreis entladene Elektrizitätsmenge nach (44.11) $Q = 1{,}103 \cdot 10^{-3} \cdot 1{,}00/283{,}8 = 3{,}89 \cdot 10^{-6}$ C.

Die Ablesungen x_l beim Einschalten (links) und x_r beim Ausschalten (rechts) gibt Tabelle 1. x_0 ist der Nullpunkt. Damit ergibt sich gerundet links ein Ausschlag von 273,1 mm, rechts ein Ausschlag von 272,9 mm und als Mittelwert $\alpha_m = 273{,}0$ mm. Da der Skalenabstand 1570 mm beträgt, wie bei der 42. Aufgabe, können wir die erforderliche Reduktion auf den Bogen aus Abb. 104 ablesen. (Andernfalls muß sie nach Tabelle V berechnet werden.) Sie beträgt – 2,8 mm, so daß wir mit $\alpha_m = 273{,}0 - 2{,}8 = 270{,}2$ mm rechnen müssen. Das Dämpfungsverhältnis betrug $k = 8{,}94$. Damit ergibt sich nach Tabelle VI: $\lambda = 1{,}538$.

Es folgt also aus (44.12):

$$C_b = \frac{1{,}538 \cdot 283{,}8 \cdot 270{,}2}{1{,}103 \cdot 10^{-3} \cdot 1{,}00} = 1{,}070 \cdot 10^8\ \text{mm}\,\text{C}^{-1}.$$

Die wie bei der 42. Aufgabe ermittelte Stromempfindlichkeit unseres Galvanometers beträgt $1{,}801 \cdot 10^8$ mm A^{-1}. Seine Schwingungsdauer beträgt bei reiner Luftdämpfung ($R = \infty$) $T = 10{,}64$ s. Das Dämpfungsverhältnis betrug in diesem Fall $k = 1{,}395$, was einem logarithmischen Dekrement $\Lambda = 0{,}331$ entspricht. Daraus berechnet sich $\sqrt{1 + \Lambda^2/4\pi^2} = 1{,}0014$ und nach Anhang I (37), $T_0 = 10{,}64/1{,}0014 = 10{,}63$ s. Dann ist nach (44.4) $C_b = 1{,}801 \cdot 10^8 \cdot 2\pi/10{,}63 = 1{,}065 \cdot 10^8$ mm C^{-1}.

Es kann nun kein Zweifel bestehen, daß dieser Wert, der um etwa 0,5 % kleiner ist als der erste, der zuverlässigere ist. Denn in den ersten geht eine viel größere Anzahl von gemessenen Einzelgrößen ein, die überdies z. T. mit beträchtlichen Unsicherheiten behaftet sind. Wir wollen deshalb bei unseren weiteren Messungen nur den zweiten Wert benutzen und auch nur für ihn eine Fehlerrechnung ausführen. Unsre Aufgabe verliert aber dadurch nichts von ihrem Wert, der vor allem darin liegt, daß der Student sich mit dem Induktionsgesetz vertraut macht.

Fehlerrechnung. Nach (44.4) ist $\Delta C_b/C_b = \Delta C_I/C_I + \Delta T_0/T_0$. Der wie bei der 41. Aufgabe berechnete Fehler von C_I betrug $\Delta C_I/C_I = \pm 0{,}35\,\%$. Die sehr kleine Korrektion von T brauchen wir nicht zu berücksichtigen und setzen $\Delta T_0/T_0 = \Delta T/T$. Wir haben T aus $10\,T = 106{,}4$ s berechnet und schätzen $\Delta\, 10\,T = \pm 0{,}2$ s, also $\Delta 10T/10T = \Delta T/T = \pm 0{,}2/106{,}4 \approx \pm 0{,}002 = \pm 0{,}2\,\%$. Demnach ist $\Delta C_b/C_b = \pm (0{,}35 + 0{,}2)\,\% \approx \pm 0{,}55\,\%$.

Demnach lautet unser Endergebnis:

$$\underline{C_b = (1{,}065 \pm 0{,}006) \cdot 10^8 \text{ mm } C^{-1}, \quad \Delta C_b/C_b = \pm 0{,}55\,\%.}$$

II. Messung der Kapazität eines Kondensators

Westphal, Physik, § 147; Kl. Lehrb. d. Physik, § 124

Die Kapazität C eines Kondensators ist definiert als der Quotient

$$C = \frac{Q}{U} \tag{44.13}$$

aus seiner Ladung Q und der an ihm liegenden Spannung U. Man kann also C berechnen, wenn man Q, gemessen mit einem ballistischen Galvanometer, und U kennt[1]).

Wir messen einen Kondensator von ziemlich großer Kapazität und benutzen die in Abb. 110 dargestellte Schaltung. Wir bilden mit einem Akkumulator und einem Stöpselwiderstand von 1000 Ω eine Spannungsteilerschaltung und greifen an dem Widerstand eine Spannung U ab, die wir so bemessen,

[1]) Wenn wir nicht von der üblichen Bezeichnungsweise abweichen wollen, so läßt es sich nicht vermeiden, daß der Buchstabe C nun sogar in drei Bedeutungen vorkommt: C Coulomb, C Kapazität, C_b ballistische Empfindlichkeit.

daß das Galvanometer bei der Entladung des Kondensators einen Ausschlag von 200 bis 300 mm zeigt. Mittels einer Wippe W kann der Kondensator C aufgeladen, dann über das Galvanometer G entladen werden. Ist U_0 die Spannung der Stromquelle, R der Gesamtwiderstand, R' der Teilwiderstand, an dem die Spannung U abgegriffen wird, so ist

$$U = U_0 \frac{R'}{R}. \tag{44.14}$$

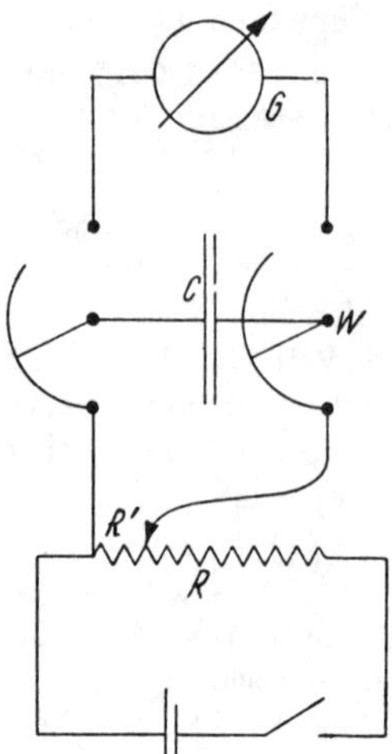

Abb. 110. Zur Messung der Kapazität eines Kondensators mit dem ballistischen Galvanometer

Tabelle 2

x_0	x	$v \cdot 10^2$	$v^2 \cdot 10^4$
512,0 mm	728,8 mm	− 34	1156
	9,4	+ 26	676
	8,8	− 34	1156
	9,2	+ 6	36
	8,6	− 54	2916
	9,3	+ 16	256
	9,4	+ 26	676
	9,4	+ 26	676
	9,2	+ 6	36
512,0	9,3	+ 16	256
512,0	729,14		7840

Beispiel. Wir benutzen das gleiche Galvanometer wie oben. Es ist $U_0 = 2{,}025$ V, $R = 1000\ \Omega$, $R' = 50\ \Omega$, also $U = 2{,}025 \cdot 50/1000 = 0{,}1013$ V. Tabelle 2 gibt unsre Messungen. Der ballistische Ausschlag beträgt also gerundet $\alpha_m \doteq 729{,}1 - 512{,}0 = 217{,}1$ mm. Die Reduktion auf den Bogen, die wir, da wieder $r \approx 1570$ mm ist, aus Abb. 104 entnehmen können, beträgt $-1{,}4$ mm, so daß wir mit $\alpha_m = 217{,}1 - 1{,}4 = 215{,}7$ mm rechnen müssen. Das Dämpfungsverhältnis betrug $k = 1{,}395$ (reine Luftdämpfung, da $R = \infty$).

Aus Tabelle VI entnehmen wir dann $\lambda = 1{,}085$. Damit erhalten wir nach (44.3): $Q = 1{,}085 \cdot 215{,}7/(1{,}065 \cdot 10^8) = 2{,}198 \cdot 10^{-6}$ C und nach (44.13): $C = 2{,}198 \cdot 10^{-6}/0{,}1013 = 21{,}69 \cdot 10^{-6}$ F $= 21{,}69\ \mu$F.

Fehlerrechnung. Nach (44.13) beträgt der relative Größtfehler von C: $\Delta C/C = \Delta Q/Q + \Delta U/U$. Der relative Größtfehler von Q ist nach (44.3): $\Delta Q/Q = \Delta\lambda/\lambda + \Delta\alpha_m/\alpha_m + \Delta C_b/C_b$. Aus den (hier nicht mitgeteilten) Einzelmessungen von k ergibt sich ein Fehler $\Delta k = \pm 0{,}02$. Anhand von Tabelle VI stellen wir fest, daß dann λ zwischen 1,080 und 1,090 liegt, so daß $\Delta\lambda \approx \pm 0{,}005$ und $\Delta\lambda/\lambda = \pm 0{,}005/1{,}085 \approx \pm 0{,}005 = \pm 0{,}5\,\%$. Nach Tabelle 2 ist $\Delta x = \sqrt{7840/(10 \cdot 9)} \cdot 10^{-2} \approx \pm 0{,}1$ mm. Ebenso groß schätzen wir Δx_0, so daß $\Delta\alpha_m = \Delta x + \Delta x_0 = \pm 0{,}2$ mm, also $\Delta\alpha_m/\alpha_m = \pm 0{,}2/217{,}1 \approx \pm 0{,}001 = \pm 0{,}1\,\%$. $\Delta C_b/C_b = \pm 0{,}55\,\%$ haben wir schon oben berechnet. U_0 haben wir mit einem Spannungsmesser gemessen, bei dem 1 Sk ≙ 0,05 V, und zwar auf ± 0,1 Sk ≙ ± 0,005 V, so daß $\Delta U_0/U_0 = \pm 0{,}005/2{,}025 \approx \pm 0{,}002 = \pm 0{,}2\,\%$. Ebenso groß ist nach (44.14) $\Delta U/U$. Damit ergibt sich $\Delta C/C = \pm(0{,}5 + 0{,}1 + 0{,}55 + 0{,}2)\,\% \approx \pm 1{,}5\,\%$ und $\Delta C = 0{,}015 \cdot 21{,}69 \approx \pm 0{,}3\,\mu F$.

Unser gerundetes Endergebnis lautet also:

$$C = (21{,}7 \pm 0{,}3)\,\mu F, \quad \Delta C/C = \pm 1{,}5\,\%.$$

Nach dem gleichen Verfahren kann man umgekehrt die ballistische Empfindlichkeit eines Galvanometers mit einem Kondensator von bekannter Kapazität messen.

45. Aufgabe. Messung magnetischer Felder mit der Induktionsspule

Westphal, Physik, § 231; Kl. Lehrb. d. Physik, 2. Aufl., § 164

Ein wichtiges Anwendungsgebiet des ballistischen Galvanometers ist die Messung magnetischer Feldstärken. Man bringt eine kleine, mit dem Galvanometer verbundene flache Spule (Induktionsspule) so in das Feld, daß ihre Windungsfläche senkrecht zur Feldrichtung steht. Zieht man sie dann schnell aus dem Felde heraus, so verschwindet der durch sie hindurchtretende Fluß Φ ebenso schnell. Das hat – wie bei der langen Spule in der 44. Aufgabe – die Folge, daß durch das Galvanometer eine der magnetischen Flußdichte (Induktion) $B = \mu_0 H$ proportionale Elektrizitätsmenge Q entladen wird. Also ist auch der ballistische Ausschlag α_m der Flußdichte B proportional. Die Feldstärke H beträgt B/μ_0, wo $\mu_0 = 4\pi \cdot 10^{-7}\,\mathrm{Vs\,A^{-1}\,m^{-1}}$ die magnetische Feldkonstante ist.

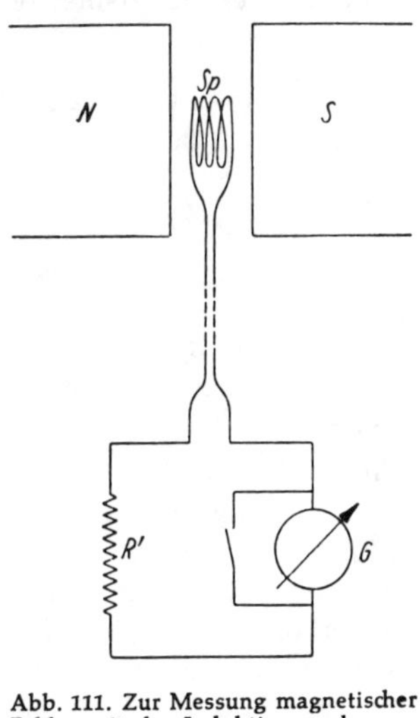

Abb. 111. Zur Messung magnetischer Felder mit der Induktionsspule

Wir wollen das magnetische Feld zwischen den ebenen Polen eines Elektromagneten als Funktion der Stärke des ihn erregenden Stromes messen und benutzen die in Abb. 111 dargestellte Schaltung. Die Spule Sp ist über den Widerstand R' mit dem Galvanometer G verbunden. R' wird so geregelt, daß der Ausschlag bei der größten zu messenden Feldstärke innerhalb der Skala bleibt. Parallel zum Galvanometer legen wir einen Kurzschlußschalter, um das Galvanometer schnell wieder zur Ruhe zu bringen und Ausschläge bei der Einführung der Spule in das Feld zu vermeiden.

Elektromagnete werden, damit sie sich beim Abschalten des Stromes möglichst vollständig entmagnetisieren, aus sehr weichem Eisen (sehr geringe Remanenz) hergestellt. Wir benutzen aber für diese Aufgabe einen Elektromagneten aus magnetisch härterem Eisen, das eine breitere Hysteresisschleife und eine deutlich erkennbare Remanenz und Koerzitivfeldstärke hat. Um den Eisenkern vor der Messung vollständig zu entmagnetisieren, beschicken wir ihn zunächst mit Wechselstrom, dessen Stärke wir durch Regeln eines Potentiometers stetig verschwinden lassen. (Der Eisenkern durchläuft dann eine immer mehr in einen Punkt zusammenschrumpfende und schließlich praktisch verschwindende Hysteresisschleife.)

Befindet sich die Spule im Bereich der Flußdichte B, so herrscht in ihr ein magnetischer Fluß $\Phi = Bq$ (q Spulenquerschnitt). Infolgedessen wird in ihr bei einer Änderung des Flusses (Entfernung aus dem Felde) die Spannung

$$U = -n\frac{\mathrm{d}\Phi}{\mathrm{d}t} = -nq\frac{\mathrm{d}B}{\mathrm{d}t} = -F\frac{\mathrm{d}B}{\mathrm{d}t} \tag{45.1}$$

induziert (n Windungszahl, $F = nq$ Windungsfläche der Spule.) Ist $R_{sp} + R_g + R' = R$ der Gesamtwiderstand des Kreises, so beträgt die momentane Stromstärke in ihm

$$I = \frac{U}{R} = -\frac{F}{R}\cdot\frac{\mathrm{d}B}{\mathrm{d}t}. \tag{45.2}$$

Ist t die Zeit, während derer die Spule aus dem Felde bis in den feldfreien Außenraum befördert wird, so beträgt die gesamte durch das Galvanometer fließende Elektrizitätsmenge:

$$Q = \int_0^t I\,\mathrm{d}t = -\frac{F}{R}\int_0^t \frac{\mathrm{d}B}{\mathrm{d}t}\,\mathrm{d}t = -\frac{F}{R}\int_B^0 \mathrm{d}B = \frac{F}{R}B. \tag{45.3}$$

Es ist also

$$B = \frac{RQ}{F}. \tag{45.4}$$

Zur Berechnung unsres Ergebnisses benutzen wir das VAMS-System, in dem die Einheit der Flußdichte $1\,\mathrm{Vs\,m^{-2}}$, die der magnetischen Feldstärke $1\,\mathrm{A\,m^{-1}}$ ist.

Wir beschicken den Elektromagneten mit schrittweise wachsenden Stromstärken wenigstens annähernd bis zur magnetischen Sättigung und messen bei jeder Stromstärke, auch schon bei der Stromstärke 0, den ballistischen Ausschlag α_m. Dann schwächen wir den Strom wieder schrittweise und wiederholen die gleichen Messungen bei umgekehrter Stromrichtung. Während der *ganzen Meßreihe* darf der Strom, außer beim Durchgang durch die Stromstärke 0, *niemals ausgeschaltet werden*. Bei den Messungen müssen *Uhren weit entfernt abgelegt* werden, da sie sonst durch das Streufeld des Magneten magnetisiert werden. Auch müssen die *Meßgeräte möglichst entfernt vom Magneten* aufgestellt werden.

Beispiel. Wir benutzen das gleiche Galvanometer wie bei der 44. Aufgabe mit der dort bereits ermittelten ballistischen Empfindlichkeit $C_b = 1{,}065 \cdot 10^8$ mm C^{-1} und dem Widerstand $R_g = 54{,}6\ \Omega$ und einen Zusatzwiderstand $R' = 500\ \Omega$ (Abb. 110). Der Widerstand der Induktionsspule beträgt $R_{sp} = 0{,}175\ \Omega$, der Gesamtwiderstand des Meßkreises also gerundet $R = 555\ \Omega$. Die Windungsfläche der Spule ist mit $F = 24{,}1\ \text{cm}^2 = 2{,}41 \cdot 10^{-3}\ \text{m}^2$ angegeben. Der Polabstand beträgt 0,495 cm.

Die Tabelle gibt unsere Messungen, die wir in Abb. 112 graphisch darstellen. Eine Reduktion der Ausschläge auf den Bogen kann unterbleiben,

Tabelle

Neukurve		Abstieg		Aufstieg	
$I \cdot 10^2$	α_m	$I \cdot 10^2$	α_m	$I \cdot 10^2$	α_m
0 A	0 mm	+ 65 A	+ 220 mm	− 65 A	− 222 mm
+ 5	+ 58	60	216	60	220
10	115	55	213	55	217
15	148	50	210	50	215
20	170	45	207	45	212
25	178	40	202	40	208
30	185	35	197	35	200
35	193	30	190	30	193
40	198	25	183	25	185
45	203	20	175	20	175
50	208	15	163	15	163
55	213	10	140	10	130
60	215	5	85	5	80
65	220	0	25	0	30
		− 5	− 38	+ 5	+ 38
		10	100	10	100
		15	143	15	135
		20	165	20	163
		25	175	25	173
		30	188	30	180
		35	195	35	187
		40	202	40	195
		45	210	45	200
		50	215	50	208
		55	218	55	213
		60	220	60	218
		65	222	65	220

da dieser kleine Fehler in unserem Fall keine Rolle spielt. Wir haben die Stromstärke in Schritten von je 0,05 A zunächst so lange gesteigert, bis eine weitere Erhöhung der Stromstärke nur noch ein geringeres Anwachsen der Ausschläge bewirkt, wir also die Annäherung an die Sättigung erkennen können. (Daß diese erst bei viel höherer Stromstärke erreicht wird, liegt an der Gestalt unsres Magneten, die eine merkliche „Entmagnetisierung" bewirkt). So erhalten wir, vom nichtmagnetisierten Zustand ausgehend,

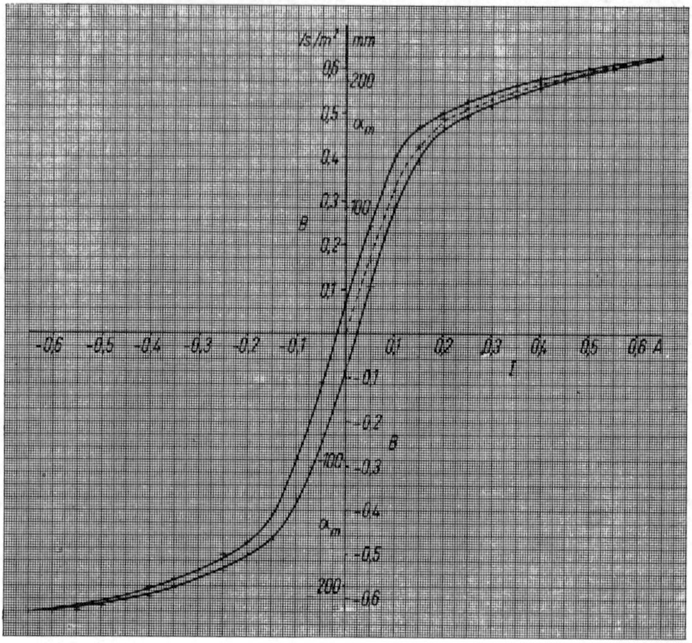

Abb. 112. Hysteresisschleife eines Elektromagneten mit magnetisch nicht weichem Eisenkern

zunächst die *jungfräuliche* oder *Neukurve* (in der Abb. 112 gestrichelt). Wenn wir dann in gleichen Schritten wieder bis auf $I = 0$ zurückgehen, umschalten und die Stromstärke wieder schrittweise steigern, dann in gleicher Weise in umgekehrter Richtung verfahren, so erhalten wir durch Verbindung der einzelnen Meßpunkte eine *Hysteresisschleife* des Eisenkerns [1]).

---

[1]) Als Hysteresisschleife im eigentlichen Sinne gilt indessen eine Kurve, in der entweder B oder die mit B proportionale Magnetisierung als Funktion der magnetischen Feldstärke dargestellt ist, die der in der Magnetisierungsspule fließende Strom erzeugt, die wir aber hier nur schwer genau ermitteln können.

Nach Anhang II, (35), und nach (45.4) ist $Q = \lambda\, \alpha_m / C_b$ und

$$B = \lambda \frac{R\,\alpha_m}{F\,C_b} \tag{45.5}$$

Das Dämpfungsverhältnis war $k = 3{,}71$. Aus Tabelle VI entnehmen wir dazu den Wert $\lambda = 1{,}33$. Dann erhalten wir nach (45.5)

$$B = \frac{1{,}33 \cdot 555 \cdot \alpha_m}{2{,}41 \cdot 10^{-3} \cdot 1{,}065 \cdot 10^8} = 2{,}878 \cdot 10^{-3}\,\mathrm{Vs\,m^{-2}} \cdot \alpha_m$$

wobei α_m die *Zahlenwerte* der Ausschläge bedeuten. Mit der daraus folgenden Umrechnungsbeziehung $\alpha_m = 1\,\mathrm{mm} \triangleq 2{,}878 \cdot 10^{-3}\,\mathrm{Vs\,m^{-2}}$ können wir in Abb. 112 neben der α_m-Skala eine B-Skala in $\mathrm{Vs\,m^{-2}}$ anbringen.

Nach der Tabelle ist für $I = 0$ im auf- bzw. absteigenden Ast $\alpha_m = 25$ mm bzw. -30 mm mit dem absoluten Betrage 27,5 mm des Mittelwertes. Ihm entspricht eine Flußdichte im Luftspalt vom Betrage $B = 2{,}878 \cdot 10^{-3} \cdot 27{,}5 = 0{,}072\,\mathrm{Vs\,m^{-2}}$. Sie heißt *Remanenz* und rührt her von der bei der Stromstärke $I = 0$ im Eisenkern zurückbleibenden Magnetisierung[1]).

Als zahlenmäßiges Ergebnis berechnen wir die Flußdichte B bei der größten Stromstärke $I = \pm 0{,}65$ A. Unserer Tabelle entnehmen wir dazu $\alpha_m = +220$ und -222 mm mit dem Mittelwert 221 mm ihrer absoluten Beträge. Dem entspricht die Flußdichte $B = 6{,}360 \cdot 10^{-1}\,\mathrm{Vs\,m^{-2}}$ und die Feldstärke $H = B/\mu_0 = 5{,}060 \cdot 10^5\,\mathrm{A\,m^{-1}}$.

Fehlerrechnung. Nach (45.5) ist der relative Größtfehler von B: $\Delta B/B = \Delta\lambda/\lambda + \Delta R/R + \Delta\alpha_m/\alpha_m + \Delta F/F + \Delta C_b/C_b$. Auf Grund unsrer hier nicht mitgeteilten Einzelmessungen schätzen wir $\Delta k = \pm 0{,}025$. Aus Tabelle VI entnehmen wir, daß dem $\Delta\lambda = \pm 0{,}002$ entspricht, so daß $\Delta\lambda/\lambda = \pm 0{,}002/1{,}33 \approx \pm 0{,}0015 = \pm 0{,}15\,\%$. Da $R = R' + R_g$ und der vorgegebene Widerstand R' etwa zehnmal größer ist als R_g, dürfen wir $\Delta R/R \approx 0$ setzen. Wir schätzen $\Delta\alpha_m = \pm 1$ mm, so daß $\Delta\alpha_m/\alpha_m = \pm 1/221 \approx \pm 0{,}0045 = \pm 0{,}45\,\%$. Den relativen Fehler der Windungsfläche F, deren Durchmesser nur auf etwa 1 % definiert sein dürfte, schätzen wir auf $\Delta F/F = \pm 2\,\%$. Den relativen Fehler von C_b haben wir bei der 43. Aufgabe zu $\Delta C_b/C_b = \pm 0{,}55\,\%$ berechnet. Damit ergibt sich $\Delta B/B = \pm (0{,}15 + 0{,}45 + 2 + 0{,}55) \approx \pm 3\,\%$ und das gleiche für $\Delta H/H$.

Demnach lautet unser Endergebnis:

$$\underline{B = (6{,}36 \pm 0{,}20) \cdot 10^{-1}\,\mathrm{Vs\,m^{-2}}, \quad \Delta B/B = \pm 3\,\%,}$$

$$\underline{H = (5{,}06 \pm 0{,}15) \cdot 10^{5}\,\mathrm{A\,m^{-1}}, \quad \Delta H/H = \pm 3\,\%.}$$

---

[1]) Die beiden Abschnitte der Abszisse für $B = 0$ entsprechen der *Koerzitivfeldstärke*, d. h. derjenigen vom Magnetisierungsstrom erzeugten Feldstärke, die B zum Verschwinden bringt, die wir aber hier nicht berechnen können.

46. Aufgabe. Messungen an Elektronenröhren

Westphal, Physik, § 260; Kl. Lehrb. d. Physik, § 142

Eine Elektronenröhre (Verstärkerröhre) besteht im einfachsten Fall (Triode = Dreielektrodenröhre) aus einer Glühkathode, einem Gitter und einer Anode im Vakuum. Die Glühkathode ist ein enges, geerdetes, mit Erdalkalioxyden präpariertes Blechröhrchen, das durch einen in ihm ausgespannten Glühdraht geheizt wird. Das Gitter ist eine die Kathode umgebende Drahtwendel und von der aus Blech bestehenden Anode umgeben. Die Glühkathode emittiert Elektronen. Daher kann (abgesehen vom Anlaufstrom, siehe unten) in der Röhre nur dann ein Strom fließen, wenn an der Anode eine positive Spannung liegt. Wir wollen die Abhängigkeit der Stromstärke von dieser Spannung untersuchen.

I. Die Kennlinie einer Diode

Wir behandeln zunächst den einfachen Fall, daß Gitter und Anode leitend miteinander verbunden, also auf gleicher Spannung sind. Die Röhre ist dann eine Diode; das Gitter wirkt bereits als Anode. Wenn wir den durch die Röhre fließenden Strom bei verschiedenen Gitterspannungen U messen und die Stromstärke I über U auftragen, so erhalten wir die *Kennlinie* der Diode. Die Anzahl der in der Zeiteinheit von ihr emittierten Elektronen ist durch Art, Abmessungen und Temperatur der Kathode gegeben. Man könnte deshalb glauben, daß bereits die geringste positive Spannung am Gitter genügen sollte, um diese Elektronen sämtlich dorthin zu befördern, und daß eine Abhängigkeit von der Spannung nicht bestehen sollte. Das ist aber doch der Fall. Die von der Kathode ausgehenden Elektronen bilden vor dieser eine *negative Raumladung*. Das hat zur Folge, daß sich in der Nähe der Kathode dem durch die angelegte Spannung erzeugten elektrischen Feld, das die Elektronen zum Gitter zu treiben sucht, ein von der Raumladung erzeugtes gegenläufiges Feld überlagert. Dieses treibt um so mehr Elektronen an die Kathode zurück, je kleiner die angelegte Spannung ist. Grob anschaulich kann man das so verstehen, daß die Elektronen der Raumladung einander abstoßen, so daß ein Teil von ihnen zur Kathode zurückgetrieben wird. Je höher aber die Spannung, je größer also die Feldstärke ist, um so schneller werden die Elektronen aus dem Felde entfernt; um so kleiner ist dann auch die Raumladungsdichte und um so geringer ihr Einfluß. Die Stromstärke I muß also mit wachsender Spannung U wachsen.

Die Theorie ergibt in dem Spannungsbereich, in dem die Raumladung noch merklich wirksam ist (*Raumladungsbereich*), in 1. Näherung das Gesetz

$$I = C\,U^{3/2}. \tag{46.1}$$

C ist eine von der Bauart der Röhre abhängige Konstante. Durch Logarithmieren erhalten wir

$$\lg I = \lg C + 3/2 \lg U. \tag{46.2}$$

Der lg der Stromstärke sollte also eine lineare Funktion von $\lg U$ mit dem Steigungsmaß 3/2 sein.

Es erweist sich aber, daß ein schwacher Strom (*Anlaufstrom*) auch schon bei $U = 0$ fließt, der erst dann asymptotisch verschwindet, wenn man an das Gitter eine kleine negative Spannung legt. Das wird dadurch verursacht, daß die Elektronen die Kathode bereits mit einer von deren Temperatur abhängigen mittleren kinetischen Energie verlassen. Das befähigt die schnellsten von ihnen (es gilt das Maxwellsche Geschwindigkeitsverteilungsgesetz), auch bei $U = 0$ die Raumladung zu durchstoßen und an das Gitter zu gelangen. Es ist eine negative Gitterspannung nötig, um das zu verhindern. Man kann diesem Einfluß mit gewisser Näherung dadurch Rechnung tragen, daß man zu der Gitterspannung U eine fiktive Spannung U_0 addiert, die einer Art von Mittelwert der von den Elektronen bereits mitgebrachten thermischen kinetischen Energie entspricht. Wir ersetzen deshalb in (46.1) und (46.2) U durch $U + U_0$ und erhalten jetzt

$$I = C\,(U + U_0)^{3/2} \quad (46.3) \qquad \lg I = \lg C + 3/2 \lg (U + U_0). \quad (46.4)$$

Diese Beziehungen wollen wir nachprüfen. Erstens messen wir I als Funktion von U und zeichnen die Kennlinie der Diode. Zweitens müssen wir U_0 bestimmen. Statt (46.3) schreiben wir deshalb jetzt

$$I^{2/3} = C^{2/3}\,(U + U_0). \tag{46.5}$$

$I^{2/3}$ sollte also eine lineare Funktion von U sein, demnach, über U aufgetragen, eine Gerade ergeben. Trifft dies zu, so ist der Exponent 3/2 bestätigt. Da die Gerade die U-Achse im Punkt $I = 0$, $U = -U_0$ schneidet, können wir an ihr U_0 ablesen. Drittens tragen wir $\lg I$ über $\lg (U + U_0)$ auf lg-lg-Papier auf. Dann sollte sich nach (46.4) wieder eine Gerade, und zwar mit dem Steigungsmaß 3/2 ergeben.

Beispiel. Unsere Schaltung zeigt die Abb. 113. Die Spannung U wird an einem Widerstand R von einer Spannung 10 V abgegriffen. I und U messen wir mit dem Milliamperemeter *mA* und dem Voltmeter V. H ist der an 4 V liegende Heizdraht, G das Gitter, A die mit ihm verbundene Anode. Das Er-

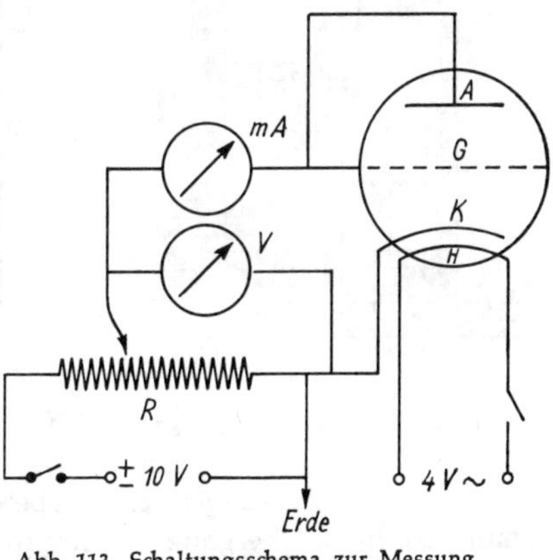

Abb. 113. Schaltungsschema zur Messung der Kennlinie einer Glühkathode

Tabelle 1

U	$10\,I$	$[10\,I]^{2/3}$	$U + U_0$
− 0,75 V	0,0 mA	0,0 $mA^{2/3}$	0,1 V
− 0,5	0,4	0,54	0,35
0,0	4,8	2,86	0,85
0,5	11,0	4,95	1,35
1,0	18,0	6,9	1,85
1,5	26,0	8,8	2,35
2,0	33,2	10,3	2,85
2,5	42,2	12,1	3,35
3,0	54	14,3	3,85
3,5	65	16,2	4,35
4,0	76	18,0	4,85
4,5	88	19,8	5,35
5,0	100	21,5	5,85
5,5	111	23,8	6,35
6,0	125	25,0	6,85
6,5	140	27,0	7,35
7,0	154	28,7	7,85
7,5	170	30,7	8,35

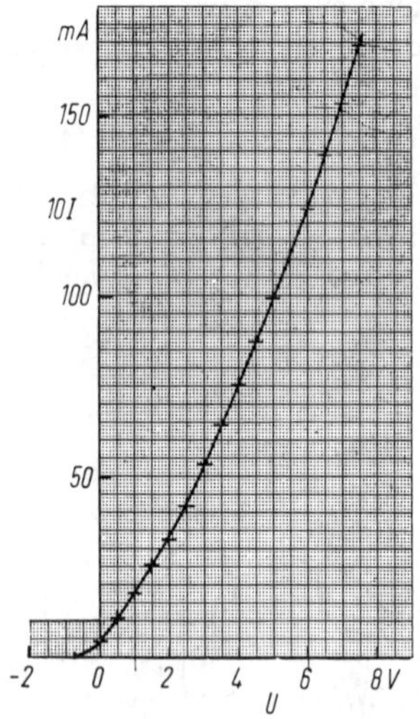

Abb. 114. Kennlinie der Glühkathode

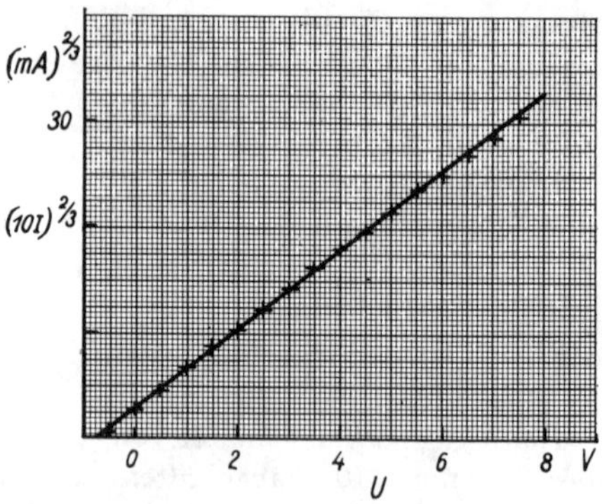

Abb. 115. $(10\,I)^{2/3}$ als Funktion von U

gebnis unserer Messungen gibt Tabelle 1. Man achte bei den Messungen darauf, daß beim Übergang von negativer zu positiver Spannung das Voltmeter umgepolt werden muß (aber nicht das Milliamperemeter).

In Abb. 114 haben wir $10\,I$ in mA über U aufgetragen. Die Anlaufstromstärke (bei $U = 0$) beträgt 0,48 mA. Bei den höheren Spannungswerten ist die Kennlinie fast gerade. Würden wir die Spannung noch beträchtlich weiter erhöhen, so würde sie schließlich nach rechts biegen und asymptotisch einer horizontalen Geraden zustreben, dem Zustand der Sättigung, bei dem alle emittierten Elektronen zum Gitter gelangen. Das darf man aber einer Oxydkathode nicht zumuten. Bei unseren Messungen befinden wir uns noch im Raumladungsbereich, in dem (46.3), (46.4) und (46.5) gelten. Wir tragen nun $(10\,I)^{2/3}$ als Funktion von U auf (Abb. 115) und erhalten in der Tat gemäß (46.5) recht genau eine Gerade. Das ist eine erste Bestätigung für den Exponenten 3/2. Die Gerade schneidet die U-Achse bei $U = -0{,}85$ V, so daß $U_0 = 0{,}85$ V. Dies haben wir in Tabelle 1 zu den gemessenen U-Werten addiert. In Abb. 116 haben wir lg $10\,I$ über lg $(U + U_0)$ auf lg-lg-Papier aufgetragen, aber die ersten, wegen des Näherungscharakters von U_0 relativ besonders ungenauen Werte fortgelassen. Wieder ergibt sich sehr genau eine Gerade. Indem wir ihr Steigungsmaß mit einer mm-Teilung messen, erhalten wir dafür (den tan des Neigungswinkels der Geraden gegen die U-Achse) $11{,}2/7{,}5 = 1{,}494 \approx 3/2$, also wieder eine sehr gute Bestätigung dieses Exponenten. Von einer Fehlerrechnung wollen wir absehen.

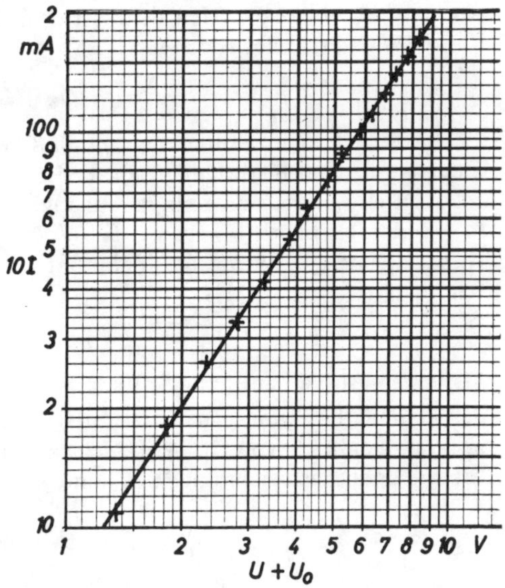

Abb. 116. lg $10\,I$ als Funktion von lg $(U + U_0)$

II. Gitterkennlinien einer Elektronenröhre

Nun untersuchen wir unsere Röhre als Triode, d. h. unter Spannungsverhältnissen, wie sie ihrer tatsächlichen Verwendung entsprechen, indem wir an die Anode eine erheblich über der Gitterspannung U_g liegende Spannung U_a legen und bei verschiedenen Werten von U_a den von der Kathode zur Anode fließenden Strom (Anodenstrom) I_a in Abhängigkeit von der Gitterspannung U_g messen. Je höher diese ist, um so mehr Elektronen werden aus der Raumladung vor der Kathode abgezogen, schlüpfen durch die Maschen des Gitters und gelangen an die Anode. Es ist deshalb zu erwarten, daß der Anodenstrom mit wachsender Gitterspannung ansteigt. Wegen des Durchgriffs (38. Aufgabe) der Anodenspannung durch das Gitter (siehe unten) und wegen des Anlaufstroms fließt ein Anodenstrom schon in einem Bereich $U_g < 0$, der um so ausgedehnter ist, je größer U_a ist.

Anders als bei unseren ersten Messungen ist also nun der Anodenstrom I_a nicht nur von der Gitterspannung U_g, sondern auch von der Anodenspannung U_a abhängig. Man definiert deshalb eine *Steuerspannung* $U_{st} = U_g + DU_a$ und schreibt statt (46.1)

$$I_a = CU_{st}^{3/2} = C\,(U_g + D\,U_a)^{3/2}. \tag{46.6}$$

Der Faktor D kennzeichnet den Einfluß der Anodenspannung auf den Anodenstrom und heißt *Durchgriff*. Er ist von der Art der Röhre abhängig und zeigt eine meist nur geringe Abhängigkeit von U_a. Nach (46.6) ist bei $U_{st} = const$, also auch $I_a = const$, $(\partial U_g/\partial U_a) = -D$. Demnach ist für endliches ΔU_g und ΔU_a wenigstens näherungsweise

$$-\frac{\Delta U_g}{\Delta U_a} = D = \frac{1}{\mu} \qquad (I_a = const). \tag{46.7}$$

D ist eine positive Zahl, μ heißt *Verstärkungsfaktor*.

Als *Steilheit* bezeichnet man das Steigungsmaß $S = \partial I_a/\partial U_g$ der Kurve, die I_a als Funktion von U_g bei $U_a = const$ darstellt, in ihrem geradlinigen Teil. Bei endlichen Änderungen ΔI_a und ΔU_g ist also

$$\frac{\Delta I_a}{\Delta U_g} = S \qquad (U_a = const). \tag{46.8}$$

(Einheit $1\ \mathrm{A\,V^{-1}} = 1\ \Omega^{-1}$).

Als *Röhrenwiderstand* bezeichnet man den differentiellen Widerstand $R_i = \partial U_a/\partial I_a$ bei $U_g = const$ im geradlinigen Bereich der Kennlinien. Bei endlichen Änderungen ΔU_a und ΔI_a ist also

$$R_i = \frac{\Delta U_a}{\Delta I_a} \qquad (U_g = const). \tag{46.9}$$

Die Einheit des Röhrenwiderstandes ist also $1\ \Omega$.

Aus diesen Definitionen folgt

$$DSR_i = -\frac{\Delta U_g}{\Delta U_a}\,\frac{\Delta I_a}{\Delta U_g}\,\frac{\Delta U_a}{\Delta I_a} = 1 \quad \text{bzw.} \quad SR_i = \mu\,. \tag{46.10}$$

Diese Beziehung, aus der man entnehmen kann, wie Änderungen dieser drei Röhrenkonstanten einander zwangsläufig beeinflussen, ist eine Identität.

Wir wollen vier Gitterkennlinien bei $U_a = 50$, 75, 100 und 125 V aufnehmen, D, S und R_i aus ihnen ermitteln und (46.10) nachprüfen. Um auch den Anlaufstrom zu beobachten, beginnen wir mit negativen Gitterspannungen.

Beispiel. Abb. 117 zeigt unsere Schaltung. Auf der Gitterseite ist sie die gleiche wie bei unseren ersten Messungen. Den Gitterstrom brauchen wir jetzt nicht zu messen; doch wollen wir ihn wenigstens bei den negativen Gitterspannungen beobachten. Die Anodenspannung greifen wir an einem Potentiometerwiderstand R_a von 220 V ab und messen sie mit dem Voltmeter V_a, den Anodenstrom mit dem Milliamperemeter mA_a. Tabelle 2 gibt unsere Messungen.

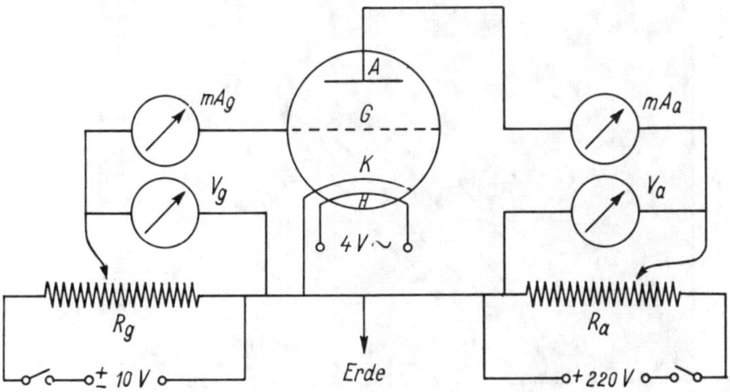

Abb. 117. Schaltungsschema für die Messung von Gitterkennlinien

Tabelle 2

$U_a = 50$ V		$U_a = 75$ V		$U_a = 100$ V		$U_a = 125$ V	
U_g	I_a	U_g	I_a	U_g	I_a	U_g	I_a
− 2,5 V	0,0 mA	− 4 V	0,0 mA	− 5 V	0,0 mA	− 6 V	0,0 mA
− 2	0,5	− 3	0,6	− 4	0,6	− 5	0,85
− 1	1,6	− 2	1,95	− 3	1,9	− 4	1,9
0	3,6	− 1	3,5	− 2	3,5	− 3	3,5
1	5,75	0	5,5	− 1	5,65	− 2	5,5
2	7,6	1	7,85	0	8,0	− 1	7,8
3	10,0	2	10,0	1	10,4	0	10,4
4	12,5	3	12,55	2	12,9	1	12,9
5	14,6	4	14,5	3	15,4	2	15,5
6	17,15	5	17,0	4	18,0	3	18,35
		6	19,5	5	20,6	4	21,1
				6	23,3	5	23,9

In Abb. 118 sind die vier Gitterkennlinien gezeichnet. Nach anfänglicher Krümmung gehen sie in einen recht angenähert geradlinigen Verlauf über und sind zumindest angenähert parallel. Mit wachsendem U_a rücken sie wegen des zunehmenden Einflusses des Durchgriffs auf die Steuerspannung nach links; die Bereiche negativer Gitterspannung nehmen also zu.

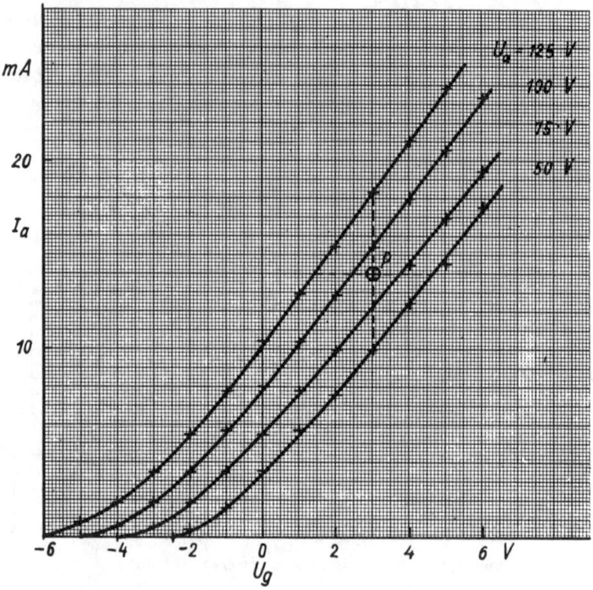

Abb. 118. Gitterkennlinien einer Elektronenröhre

Wegen der, wenn auch schwachen, Divergenz der Kennlinien im praktisch geradlinigen Teil erhalten wir in verschiedenen Bereichen des Kennliniendiagramms etwas verschiedene Werte. Für die praktische Verwendung einer Röhre legt man einen *Arbeitspunkt* fest, der durch die verwendete Anodenspannung und die mittlere Gitterspannung (also auch den mittleren Anodenstrom) definiert ist. Wir wählen unseren Arbeitspunkt (P) im Punkt $U_g = 3$ V, $I_a = 14$ mA, also ungefähr in der Mitte des Bereichs der geradlinigen Teile der Kennlinien. Ihm entspricht die Anodenspannung $U_a \approx 90$ V.

Zunächst messen wir das Steigungsmaß der geradlinigen Teile der Kennlinien, also ihre Steilheit S. Wir erhalten die Werte der Tabelle 3. Ein kleiner Gang mit U_a ist deutlich. Als Mittelwert ergibt sich $S = 2{,}49$ mA V^{-1} $= 2{,}49 \cdot 10^{-3}\,\Omega^{-1}$.

Den Durchgriff D erhalten wir, indem wir durch P parallel zur U_g-Achse von der Kennlinie für 125 V zu derjenigen für 50 V gehen ($\Delta U_a = - 75$ V) und die entsprechende Änderung $\Delta U_g = 3{,}2$ V ablesen. Demnach ist $D = - \Delta U_g / \Delta U_a = 3{,}2/75 = 0{,}0427 \approx 4{,}3\,\%$.

Tabelle 3

U_a	S
50 V	2,36 mA V^{-1}
75	40
100	58
125	60
	2,49

Den Röhrenwiderstand R_i erhalten wir, indem wir durch P parallel zur I_a-Achse von der Kennlinie für 50 V zu derjenigen für 125 V aufsteigen und die entsprechende Änderung von I_a ablesen. Sie beträgt $\Delta I_a = 8{,}2$ mA. ΔU_a ist wieder 75 V. Es ist also $R_i = 75/8{,}2 = 9{,}14\ \text{V} \cdot \text{mA}^{-1} = 9{,}14 \cdot 10^3\,\Omega$.

Mit diesen Werten erhalten wir schließlich

$$DSR_i = 0{,}0427 \cdot 2{,}49 \cdot 10^{-3} \cdot 9{,}14 \cdot 10^3 = 0{,}972 \approx 1.$$

Eine bessere Übereinstimmung mit (46.10) kann bei unserem graphischen Verfahren nicht erwartet werden.

Von einer Fehlerrechnung wollen wir absehen, weil der Hauptwert dieser Aufgabe in der Aufnahme der Kennlinien liegt. Wir geben nur noch einmal unsere Ergebnisse:

$$\underline{D = 0{,}0427,\ \mu = 23{,}4,\ S = 2{,}49 \cdot 10^{-3}\,\Omega^{-1},\ R_i = 9{,}14 \cdot 10^3\,\Omega.}$$

47. Aufgabe. Messungen mit dem Elektrometer

Westphal, Physik, § 149; Kl. Lehrb. d. Physik, 2. Aufl., § 121

Elektrometer dienen zur Messung von Spannungen, nur selten zur Messung von Elektrizitätsmengen. Wir verwenden ein Einfadenelektrometer nach *Pohl*, dessen Schema Abb. 119 zeigt. In einem Metallgehäuse G, das zur Vermeidung elektrostatischer Störungen *stets geerdet* werden muß, befinden sich zwei Metallschneiden S mit isolierten Zuleitungen von außen. In der Mitte zwischen den Schneiden ist der Faden F, ein dünner Wollaston-Draht, ausgespannt, der eine isolierte Zuleitung hat und unten durch einen Quarzbügel B gespannt ist. Dieser kann zwecks Regelung der mechanischen Spannung des Fadens und damit der Empfindlichkeit des Elektrometers verschieden stark angezogen werden (in Abb. 119 nicht gezeichnet). Der Faden wird von hinten beleuchtet und von vorn mit einem Mikroskop betrachtet. Dieses hat eine Okularskala, mittels derer man die Ausschläge des Fadens messen kann.

Die beiden Schneiden werden auf verschiedene Spannung gebracht, so daß zwischen ihnen ein elektrisches Feld herrscht. Es gibt verschiedene Schaltungsweisen. Bei der *idiostatischen Schaltung* (Abb. 120 a) werden die eine

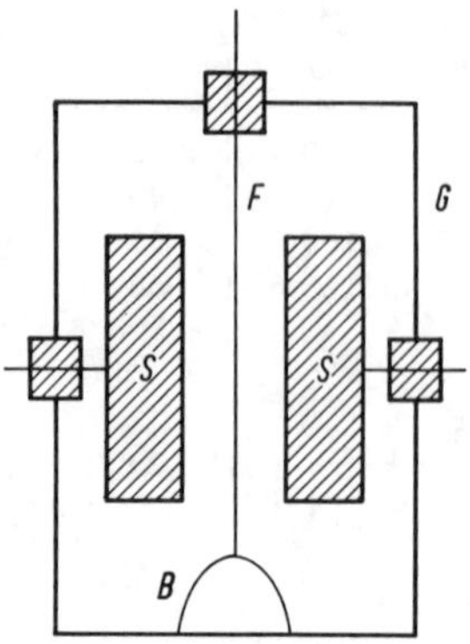

Abb. 119. Schema eines Einfadenelektrometers

Schneide und der Faden mit dem geerdeten Gehäuse verbunden. An die zweite Schneide legt man die zu messende Spannung. Dann erhält der Faden durch Influenz im Felde zwischen den Schneiden eine Ladung und erfährt eine Kraft in Richtung auf die geladene Schneide. Da sowohl die Ladung des Fadens wie die Feldstärke zwischen den Schneiden der Spannung der geladenen Schneide ungefähr proportional sind, die auf den Faden wirkende Kraft aber gleich dem Produkt beider ist, so ist die Ablenkung des Fadens ungefähr dem Quadrat der am Elektrometer liegenden Spannung proportional.

Bei der *heterostatischen Schaltung* erteilt man den beiden Schneiden gleich große Spannungen

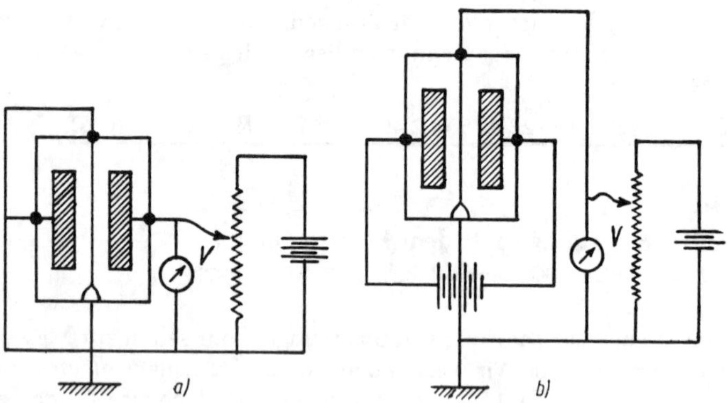

Abb. 120. a) idiostatische, b) heterostatische Schaltung des Elektrometers

(Hilfsspannung) von entgegengesetztem Vorzeichen gegen das geerdete Gehäuse. Die zu messende Spannung wird an den Faden gelegt (Abb. 120 b). Die Ladung des Fadens hängt von seiner elektrischen Spannung und seiner Kapazität gegen seine Umgebung ab und ist jener innerhalb gewisser Grenzen recht genau proportional. Da das Feld zwischen den Schneiden konstant ist, so ist auch die auf den Faden wirkende Kraft der Spannung am Faden etwa proportional, und es ergibt sich eine sehr gut lineare Abhängigkeit zwischen der Spannung und dem Ausschlag des Elektrometers. Man wird daher in der Regel die heterostatische Schaltung vorziehen. Überdies besteht die Möglichkeit, die Empfindlichkeit nicht nur durch die mechanische Spannung des Fadens, sondern auch durch die Hilfsspannung in weiten Grenzen zu regeln.

Es kommt bei schwacher mechanischer Fadenspannung gelegentlich vor, daß der Faden sich an die eine Schneide anlegt und an ihr haftet, so daß er aus dem Gesichtsfeld verschwindet. Dieser Schaden kann schnell, aber *nur vom Assistenten* behoben werden.

I. Eichung des Elektrometers

Der erste Teil unserer Aufgabe besteht in einer Spannungseichung des Elektrometers. Zunächst wird das Okularmikrometer scharf eingestellt, dann das Mikroskop so auf den Faden eingestellt, daß Faden und Mikrometerskala keine Parallaxe zeigen. Das Mikroskop kann seitlich so verschoben werden, daß der Faden im Nullpunkt der Skala steht. Die zur Eichung nötigen Spannungen stellen wir mittels einer Gleichspannung von 220 V und einer Spannungsteilerschaltung her (Abb. 120) und messen sie mit einem Voltmeter *V*. Dann wird zuerst die größte Spannung eingestellt, die man mit dem Elektrometer messen will, und die mechanische Spannung des Fadens so geregelt, daß man einen Ausschlag bis nahe an das Ende der Skala erhält. Die dabei auftretenden Nullpunktsverschiebungen werden durch Nachstellen des Mikroskops ausgeglichen.

Tabelle 1. Idiostatisch

U	α
19,6 V	1,0 Sk
26,1	2,0
32,8	3,0
38,2	4,0
42,8	5,0
59,6	10,0
72,2	15,0
82,4	20,0
90,4	25,0
97,6	30,0
106,0	35,0
110,5	40,0
117,5	45,0
123,5	50,0
128,5	55,0
133,5	60,0

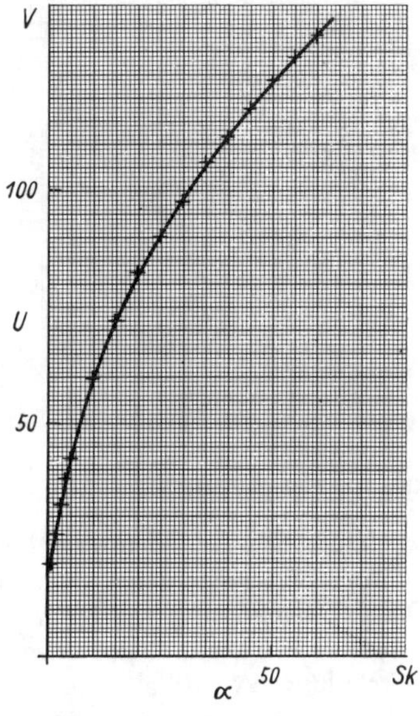

Abb. 121. Eichkurve des Elektrometers in idiostatischer Schaltung

Beispiele. 1. *Idiostatische Schaltung.* Hierbei haben wir die mechanische Spannung des Fadens so geregelt, daß eine Spannung $U \approx 130$ V einen Ausschlag über die ganze Skala (60 Sk) ergibt. Tabelle 1 gibt unsere Messungen, die Abb. 121 ihre graphische Darstellung. Die Empfindlichkeit ist zuerst sehr klein und steigt mit wachsender Spannung schnell an. Da der Ausschlag α wenigstens angenähert proportional U^2 sein sollte, so sollte angenähert $\lg \alpha = const + 2 \lg U$ sein bzw. $\lg U = const + \frac{1}{2} \lg \alpha$. Die graphische Darstellung auf lg-lg-Papier (Abb. 122) bestätigt diese lineare Beziehung. Aus den Koordinaten (in mm) am Anfang und am Ende der Geraden können wir ihr Steigungsmaß berechnen, das gleich 1/2 sein sollte. Tatsächlich ergibt sich $^{37}/_{76} = 1/2{,}05$. Besser kann man es nicht erwarten.

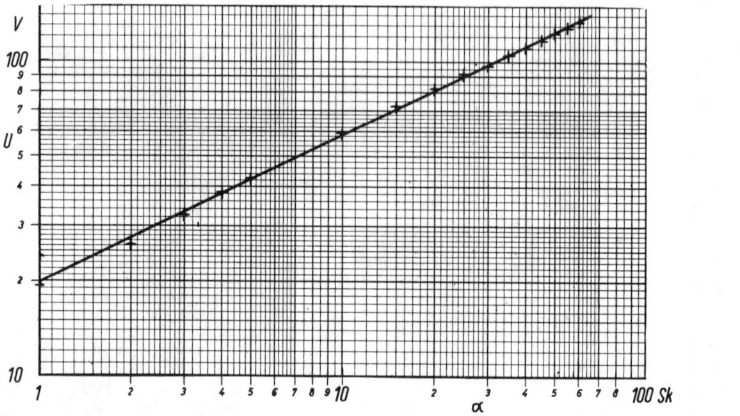

Abb. 122. Eichkurve des Elektrometers in idiostatischer Schaltung, doppelt logarithmisch

2. *Heterostatische Schaltung.* Die Hilfsspannung stellen wir mittels einer in ihrer Mitte geerdeten Anodenbatterie her und wählen sie zu ± 60 V. Die Fadenspannung wollen wir gegenüber unserer obigen Messung *nicht ändern.* Die Tabelle 2 gibt unsere Messungen, die Abb. 123 ihre graphische Darstellung. Wir erhalten jetzt recht genau eine Gerade, also eine über die ganze Skala recht genau konstante Empfindlichkeit. Die Größe $C = \alpha/U$ (Einheit Sk V^{-1}) ist die *Empfindlichkeit* des Elektrometers. Sie hängt von der mechanischen Fadenspannung und der Hilfsspannung ab. Aus Abb. 123 lesen wir das Wertepaar $\alpha = 60$ Sk, $U = 78{,}4$ V ab und erhalten damit $C = 60/78{,}4 = 0{,}765$ Sk V^{-1}.

Fehlerrechnung. Der relative Größtfehler von C beträgt $\Delta C/C = \Delta\alpha/\alpha + \Delta U/U$. Da wir für α einen runden, sehr genau ablesbaren Skalenwert gewählt haben, dürfen wir diesen als weitgehend fehlerfrei betrachten. Den möglichen Ablesefehler von U in Abb. 123 schätzen wir zu $\Delta U = \pm 1$ V. (Der Ablesefehler am Voltmeter ist erheblich kleiner und zu vernachlässigen.) Demnach ist $\Delta C/C = \Delta U/U = \pm 1/78{,}4 \approx \pm 0{,}015 = \pm 1{,}5\,\%$ und $\Delta C = \pm 0{,}015 \cdot 0{,}765 \approx \pm 0{,}01$ Sk V^{-1}.

Demnach lautet unser Endergebnis:

$$\underline{C = (0{,}765 \pm 0{,}010)\ \text{Sk}\,\text{V}^{-1},\ \Delta C/C = \pm 1{,}5\,\%.}$$

Wir können (wenn wir, wie hier geschehen, bei beiden Schaltungsweisen mit gleicher mechanischer Fadenspannung gearbeitet haben) eine Beziehung zwischen den beiden Eichkurven herstellen. Die Feldstärke E am Ort des Fadens (die durch die Ladung des Fadens nur äußerst wenig beeinflußt

Tabelle 2. Heterostatisch

U	α
6,6 V	5,0 Sk
12,4	10,0
19,6	15,0
26,2	20,0
32,9	25,0
39,2	30,0
45,3	35,0
52,0	40,0
58,6	45,0
65,2	50,0
71,8	55,0
78,1	60,0

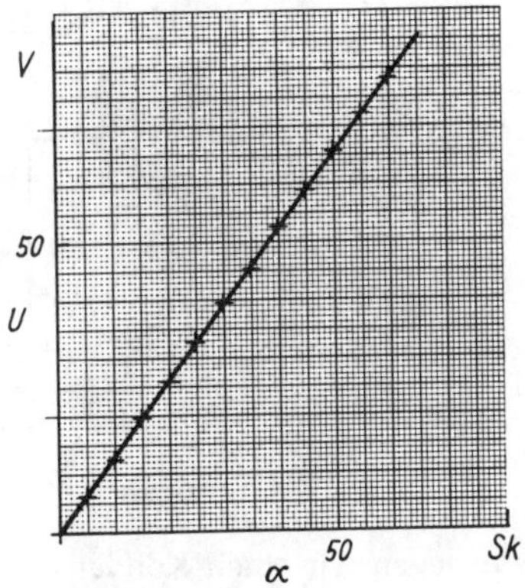

Abb. 123. Eichkurve des Elektrometers in heterostatischer Schaltung

wird) ist in jedem Fall proportional der Spannung zwischen den Schneiden, also bei idiostatischer Schaltung $E = \beta U$, bei heterostatischer Schaltung $E' = 2\beta U_0$ wenn $\pm U_0$ (gemessen gegen Erde) die Hilfsspannung ist. β ist eine rein geometrisch bedingte Apparatkonstante. Die Ladung Q des Fadens ist außer durch seine elektrische Spannung gegen die Schneiden durch seine Kapazität gegen diese gegeben. Bei idiostatischer Schaltung führt er nur gegen *eine* Schneide Spannung (U), und seine Kapazität gegen diese sei C. (Nicht mit der Empfindlichkeit C verwechseln!) Seine Ladung beträgt dann $Q = CU$ und die auf ihn im Felde E wirkende Kraft $F = QE = \beta C U^2$. Bei heterostatischer Schaltung führt er gegen die eine Schneide die Spannung $U + U_0$, gegen die andere die Spannung $U - U_0$, und gegenüber *jeder* der beiden Schneiden hat er die Kapazität C. Demnach beträgt seine Ladung jetzt $Q' = C(U + U_0) + C(U - U_0) = 2CU$, und er erfährt im Felde $E' = 2\beta U_0$ die Kraft $F' = 4\beta C U U_0$. Die Ausschläge, die wir mit α und α' bezeichnen, sind den Kräften F, F' proportional. Für gleiche Werte von U sollte also sein $\alpha/\alpha' = F/F' = U/4\,U_0$ oder $U\alpha'/\alpha = 4\,U_0$. Wenn wir diese Rechnung für die Werte $U = 20, 40, 60, 80$ V durchführen (α' aus Abb. 121, α aus Abb. 123 abgelesen), so ergibt sich, wie wir hier nur mitteilen wollen, als Mittelwert $U_0 = 73$ V statt 60 V. Mehr können wir bei unsrer nur angenäherten Theorie nicht erwarten.

II. Messung eines sehr großen Widerstandes

Wir benutzen das Elektrometer in der gleichen heterostatischen Schaltung, um einen sehr großen Widerstand (Größenordnung 50 MΩ) zu messen. Dazu dient die in Abb. 124 dargestellte Schaltung. Parallel zum Elektro-

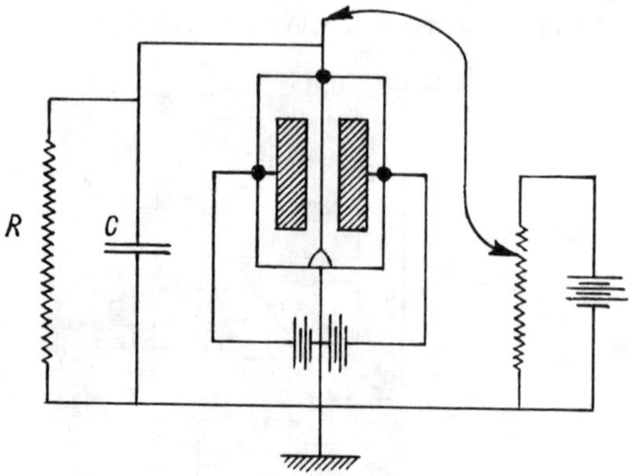

Abb. 124. Zur Messung eines sehr großen Widerstandes mit dem Elektrometer

meter legen wir einen Kondensator *C*, der eine verschwindend kleine Leitfähigkeit hat, und den zu messenden Widerstand *R*. Liegt am Kondensator die Spannung *U*, so wird diese vom Elektrometer angezeigt. Auf dem Kondensator befindet sich dann eine Ladung.

$$Q = CU. \tag{47.1}$$

Wird die Zuleitung, mit der der Kondensator geladen wurde, wieder entfernt, so entlädt sich der Kondensator über den Widerstand *R*. Verliert der Kondensator in der Zeit d*t* die Ladung d*Q*, ist also $-\mathrm{d}Q$ die Änderung seiner Ladung, so ist die momentane Stromstärke im Widerstand

$$I = \frac{U}{R} = -\frac{\mathrm{d}Q}{\mathrm{d}t} = -C\frac{\mathrm{d}U}{\mathrm{d}t}, \quad \text{also} \quad \frac{\mathrm{d}U}{U} = -\frac{\mathrm{d}t}{RC}. \tag{47.2}$$

Die Lösung lautet

$$\ln U = \ln U_1 - \frac{t}{RC} \quad \text{oder} \quad U = U_1\,\mathrm{e}^{-t/(RC)} \tag{47.3}$$

(U_1 Spannung für $t = 0$). Da α proportional *U* ist, so gilt eine entsprechende Gleichung auch für die Ausschläge; sie nehmen exponentiell mit der Zeit *t* ab. Wir können deshalb schreiben $\ln\alpha = \ln\alpha_1 - t/(RC)$ oder in Briggsschen Logarithmen

$$\lg\alpha = \lg\alpha_1 - \frac{t}{2{,}303\,RC} = \lg\alpha_1 - Bt, \tag{47.4}$$

mit

$$B = \frac{\lg \alpha_1 - \lg \alpha}{t} = \frac{1}{2{,}303\,R\,C} \tag{47.5}$$

(RC ist eine Zeit und heißt *Zeitkonstante* der Anordnung.) Nach (47.5) ist

$$R = \frac{1}{2{,}303\,B\,C} \tag{47.6}$$

Auf Grund von (47.5) können wir B und von (47.6) bei bekanntem C den Widerstand R berechnen.

Beispiel. Wir messen den Widerstand R von drei hintereinandergeschalteten Radiowiderständen, die sich in einer gut evakuierten Glasröhre befinden, und es ist $C = 1\,\mu\text{F} = 10^{-6}$ F. Wir lesen α in gleichen Zeitintervallen ab. Bei genügend langsamem Abfall genügt die Zeitmessung mit einer gut regulierten gewöhnlichen Uhr. Den Abfall bis sehr nahe an $\alpha = 0$ zu verfolgen hat keinen Zweck, weil die Messungen dann recht unsicher werden. Tabelle 3 gibt unsere Messungen. Da lg α eine lineare Funktion von t sein soll, tragen wir in Abb. 125 lg α auf lg-Papier über t auf und erhalten recht genau eine Gerade.

Tabelle 3

t	α
0,0 min	56,2 Sk
0,25	40,5
0,5	29,5
0,75	20,8
1,0	15,0
1,25	10,8
1,5	7,6
1,75	5,4
2,0	4,0
2,25	2,9
2,5	2,0
2,75	1,5
3,0	1,1

Wenn man sehr genau verfahren will, kann man auf die Zahlenwerte der Tabelle 3 das Ausgleichungsverfahren in Einl. § 12/II anwenden. Auf eine so hohe Genauigkeit kommt es bei Hochohmwiderständen meist nicht an. Darum wollen wir R aus zwei Wertepaaren der Tabelle berechnen. Als erstes wählen wir natürlich $t = 0$, $\alpha_1 = 56{,}2$ Sk. Es läge nahe, als zweites Wertepaar das letzte zu wählen. Das wäre aber ganz verkehrt. Denn der kleine Ausschlag zur Zeit $t = 3$ min müßte relativ sehr viel genauer gemessen sein, als wir es tun konnten, wenn er nicht einen erheblichen Fehler in das Ergebnis hineintragen soll. (Man kann auch sagen, daß die Angabe $t = 3$ min für *genau* $\alpha = 1{,}1$ Sk *höchst* unsicher ist, weil der Lichtzeiger dort nur noch ganz langsam kriecht.) Deshalb wählen wir als zweites Wertepaar $t = 1{,}0\text{ min} = 60\text{ s}$, $\alpha_2 = 15{,}0$ Sk. Es ist lg $\alpha_1 = 1{,}7499$, lg $\alpha_2 = 1{,}1761$. Damit ergibt sich $B = 0{,}574/60 = 0{,}00957\text{ s}^{-1}$ und mit $C = 10^{-6}\text{ F} : R = 10^6/(2{,}303 \cdot 0{,}00957) = 45{,}42 \cdot 10^6\,\Omega = 45{,}42\text{ M}\Omega$.

Fehlerrechnung. Nach (47.6) ist $\Delta R/R = \Delta B/B$ und nach (47.5) $\Delta B/B = (\Delta \lg \alpha_1 + \Delta \lg \alpha_2) / (\lg \alpha_1 - \lg \alpha_2) + \Delta t/t$. Da wir nur die erste Dezimale der Ausschläge ablesen konnten, schätzen wir $\Delta\alpha_1 = \Delta\alpha_2 = \pm\,0{,}5$ Sk. Einer Logarithmentafel entnimmt man dann, daß $\Delta \lg \alpha_1 \approx \pm\,0{,}00025$ und $\Delta \lg \alpha_2 \approx \pm\,0{,}00145$ ist. Ferner schätzen wir $\Delta t = \pm\,0{,}2$ s. Damit ergibt sich $\Delta R/R =$

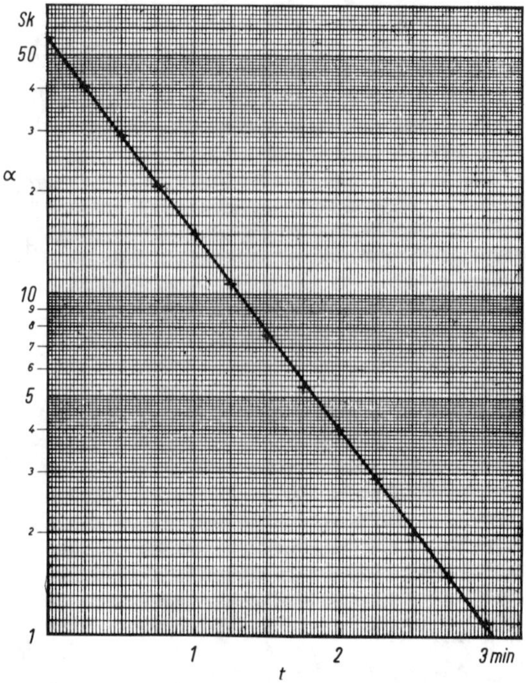

Abb. 125. Spannungsabfall an einem konstanten Widerstand

$\Delta B/B = \pm\ (0{,}0017/0{,}574 + 0{,}2/60) \approx \pm\ (0{,}003 + 0{,}003) = \pm\ 0{,}006 = \pm\ 0{,}6\,\%$ und
$\Delta R = \pm\ 0{,}006 \cdot 45{,}42 \approx \pm\ 0{,}25\ \mathrm{M\Omega}$.

Demnach lautet unser Endergebnis:

$$\underline{R = (45{,}42 \pm 0{,}25)\ \mathrm{M\Omega},\quad \Delta R/R = \pm\ 0{,}6\,\%.}$$

48. Aufgabe. Bestimmung des Planckschen Wirkungsquantums

Westphal, Physik, 22./24. Aufl., §§ 336, 337; Kl. Lehrb. d. Physik, §§ 232, 234

Auf Grund des Planckschen Strahlungsgesetzes und des lichtelektrischen Effektes erkannte *Einstein* 1905, daß Licht von der Frequenz ν immer nur in Quanten von der Energie $h\nu$ auftritt. h ist die fundamentale Konstante der Atomphysik, das *Plancksche Wirkungsquantum*. Wir wollen es auf Grund des lichtelektrischen Effektes bestimmen. Dieser besteht darin, daß Lichtquanten, die in ein Metall einfallen, ihre Energie auf freie Elektronen (Leitungselektronen) des Metalls übertragen, die das Metall verlassen können, wenn diese Energie größer ist als die zur Überwindung von Oberflächenkräften nötige Austrittsarbeit A. (Das ist ein gewisses Analogon zur

Oberflächenspannung der Flüssigkeiten, die dem Austritt von Molekülen aus diesen entgegenwirkt.) Sofern das der Fall ist, treten also die Elektronen mit der kinetischen Energie

$$E = h\nu - A \tag{48.1}$$

aus dem Metall aus. Bei der Frequenz

$$\nu_g = \frac{A}{h}, \tag{48.2}$$

der *Grenzfrequenz* des Metalls, wird $E = 0$. Der Grenzfrequenz entspricht die *Grenzwellenlänge*

$$\lambda_g = \frac{c}{\nu_g}, \tag{48.3}$$

wobei c die Lichtgeschwindigkeit ist. Sie liegt nur bei den Alkalimetallen im sichtbaren, sonst im ultravioletten Gebiet.

Bei unseren Messungen gehen wir so vor, daß wir eine Quecksilberhochdrucklampe mittels einer Quarzlinse durch die ringförmige Anode einer lichtelektrischen Zelle auf deren Alkalikathode abbilden (Abb. 126). Dann sondern wir mittels eines in den Strahlengang geschalteten Farbfilters jeweils eine einzige Frequenz aus dem Lichte der Lampe aus[1]). Parallel zur Zelle legen wir einen Kondensator von einigen μF, den wir über einen Wechselschalter entweder mit der Zelle oder mit einem ballistischen Galvanometer verbinden können[2]).

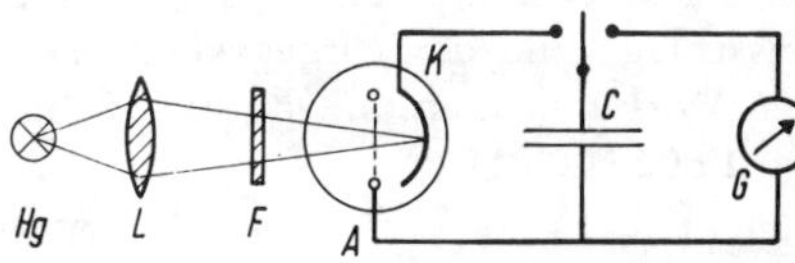

Abb. 126.
Zur Messung des lichtelektrischen Effekts
Hg Lampe, *A* Anode, *K* Kathode der Zelle, *L* Quarzlinse, *F* Farbfilter, *C* Kondensator, *G* Galvanometer

Ein Teil der aus der Kathode austretenden Elektronen trifft auf die Anode und lädt den Kondensator so lange auf, bis die Anode auf einer negativen Spannung $U = E/e$ gegen die Kathode ist, die alle weiterhin aus der Kathode kommenden Elektronen zur Kathode zurücktreibt[3]). e ist die Ladung des Elektrons, die Elementarladung. Dann ist also

$$E = Ue. \tag{48.4}$$

---

1) Angaben über Farbfilter für eine Anzahl von Spektrallinien, siehe F. Kohlrausch, Praktische Physik, Band 2, Tabelle 65.

2) Der Widerstand R des Dielektrikums des Kondensators muß so groß sein, daß seine Zeitkonstante RC sehr groß gegen die gemessenen Aufladezeiten ist. In unserem Fall beträgt sie 5,6 Stunden. Vgl. die 47. Aufgabe.

3) Solange Elektronen in A einfallen, ist A auch bei negativer Spannung gegen K die Anode.

Wenn wir den Kondensator nach erfolgter Aufladung über das Galvanometer entladen, so ist dessen Ausschlag α der entladenen Elektrizitätsmenge Q, aber auch der Spannung U proportional, da $Q = CU$, wenn C die Kapazität des Kondensators ist. (Vgl. die 44. Aufgabe.) Wir eichen die Anordnung mit einer bekannten Spannung.

Aus (48.1), (48.2) und (48.4) folgt

$$U e = h\nu - A = h(\nu - \nu_g). \tag{48.5}$$

Zur Vereinfachung der Schreibweise setzen wir

$$\frac{A}{e} = a, \qquad \frac{h}{e} = b \tag{48.6 a, b}$$

und schreiben statt (48.5)

$$U = b\nu - a. \tag{48.7}$$

Aus zwei Wertepaaren ν_i, U_i und ν_k, U_k erhalten wir dann

$$b = \frac{U_k - U_i}{\nu_k - \nu_i}. \tag{48.8}$$

Es sei α_0 der Ausschlag des Galvanometers, den wir bei der Eichung mit der Spannung U_0 erhalten haben. Beträgt der Ausschlag α_i bei der Spannung U_i und α_k bei der Spannung U_k, so ist $U_i = U_0\,\alpha_i/\alpha_0$ und $U_k = U_0\,\alpha_k/\alpha_0$. Damit folgt aus (48.8)

$$b = \frac{U_0}{\alpha_0}\,\frac{\alpha_k - \alpha_i}{\nu_k - \nu_i}. \tag{48.9}$$

Für die Berechnung von b genügt also die Kenntnis von U_0, der gemessenen Ausschläge und der vorgegebenen Frequenzen. Nach (48.6 b) erhalten wir das Wirkungsquantum durch Multiplikation mit der Elementarladung $e = 1{,}602 \cdot 10^{-19}$ C,

$$h = b e. \tag{48.10}$$

Zur Eichung unserer Anordnung auf Spannungen legen wir statt der lichtelektrischen Zelle eine Taschenlampenbatterie, deren Spannung wir mit einem guten Voltmeter als $U_0 = 1{,}406$ V gemessen haben, an den Kondensator, entladen ihn über das Galvanometer und messen den Ausschlag α_0 (Tabelle 1). Damit ergibt sich im Mittel $U_0/\alpha_0 = 0{,}0294\ \mathrm{V\,Sk^{-1}}$, womit wir dann in (48.9) eingehen.

Tabelle 1

$\alpha_0 = 48{,}0$ Sk
7,5
8,0
7,8
8,3
7,6
7,5
7,7
7,6
7,6
$\alpha_0 = 47{,}8$ Sk

Uns stehen drei Farbfilter zur Verfügung, mit denen wir die folgenden Wellenlängen aus dem Spektrum unserer Lampe aussondern:

$\lambda_1 = 546{,}1$ nm, $\lambda_2 = 404{,}6$ nm, $\lambda_3 = 366{,}3$ nm. Die entsprechenden Frequenzen finden wir nach der Gleichung $\nu = c/\lambda$, in der wir unter Berücksichtigung der Fehlergrenzen unserer Messung die Lichtgeschwindigkeit genügend genau mit dem gerundeten Wert $c = 3{,}00 \cdot 10^{10}\,\mathrm{cm\,s^{-1}}$ setzen können. Mit 1 nm $= 10^{-7}$ cm ergeben sich die folgenden Frequenzen:

$$\nu_1 = 5{,}49 \cdot 10^{14}\,\mathrm{s^{-1}}, \qquad \nu_2 = 7{,}42 \cdot 10^{14}\,\mathrm{s^{-1}}, \qquad \nu_3 = 8{,}19 \cdot 10^{14}\,\mathrm{s^{-1}}.$$

Wegen der geringen Stärke des Photostromes dauert die Aufladung des Kondensators eine geraume, je nach der Intensität der betreffenden Spektrallinie verschieden lange Zeit, die also für jede Frequenz gesondert ermittelt werden muß. Zu diesem Zweck belichten wir die Zelle während wachsender Zeiten – von einigen Sekunden an – und ermitteln die Zeit, nach der der Ausschlag praktisch konstant geworden ist. Wir geben hier nur ein Beispiel für ν_1 (Tabelle 2). Demnach müssen wir in diesem Fall etwa 240 s lang belichten. Für ν_2 haben sich 120 s, für ν_3 60 s ergeben.

Mit den festgestellten Belichtungszeiten stellen wir unsere Messungen an und haben die in der Tabelle 3 mitgeteilten Ergebnisse erhalten.

Tabelle 2

$\nu_1 = 5{,}49 \cdot 10^{14}\,\mathrm{s^{-1}}$	
t	α
4 s	3,0 Sk
8	5,3
15	7,5
30	9,3
60	10,5
120	12,0
240	12,0

Tabelle 3

$\nu_1 = 5{,}49 \cdot 10^{14}\,\mathrm{s^{-1}}$	$\nu_2 = 7{,}42 \cdot 10^{14}\,\mathrm{s^{-1}}$	$\nu_3 = 8{,}19 \cdot 10^{14}\,\mathrm{s^{-1}}$
$\alpha_1 = 12{,}2$ Sk	$\alpha_2 = 39{,}0$ Sk	$\alpha_3 = 48{,}0$ Sk
2,0	8,8	50,0
2,0	9,3	50,0
2,1	9,2	49,3
2,0	9,2	49,9
2,0	9,0	50,0
2,0	9,0	50,2
1,8	9,0	49,9
1,9	9,3	50,0
2,0	9,0	50,1
$\alpha_1 = 12{,}0$ Sk	$\alpha_2 = 39{,}1$ Sk	$\alpha_3 = 49{,}7$ Sk

Nunmehr fassen wir jeweils zwei der drei Frequenzen ν_1, ν_2, ν_3 zu einem Wertepaar zusammen und berechnen b nach (48.9) mit dem oben angegebenen Wert $U_0/\alpha_0 = 0{,}0294\,\mathrm{V\,Sk^{-1}}$.

$$\nu_1, \nu_2: \; b = 0{,}0294 \frac{27{,}1}{1{,}93} \cdot 10^{-14} = 4{,}13 \cdot 10^{-15}\,\mathrm{Vs},$$

$$\nu_1, \nu_3: \; b = 0{,}0294 \frac{37{,}7}{2{,}70} \cdot 10^{-14} = 4{,}11 \cdot 10^{-15}\,\mathrm{Vs},$$

$$\nu_2, \nu_3: \; b = 0{,}0294 \frac{10{,}6}{0{,}77} \cdot 10^{-14} = 4{,}05 \cdot 10^{-15}\,\mathrm{Vs}.$$

Als Mittelwert ergibt sich $b = 4{,}10 \cdot 10^{-15}$ Vs und damit

$$h = 4{,}10 \cdot 10^{-15} \cdot 1{,}602\, 10^{-19} = 6{,}57 \cdot 10^{-34}\,\text{Js} = 6{,}57 \cdot 10^{-27}\,\text{erg s}.$$
$$(1\,\text{VsC} = 1\,\text{VsAs} = 1\,\text{Js} = 10^7\,\text{erg s.})$$

In der Abb. 127 haben wir α als Funktion von ν aufgetragen. Da $\alpha \sim U$ ist, so bestätigt auch die Zeichnung die durch (48.5) geforderte lineare Beziehung zwischen U und ν. Aus der Abb. 127 können wir die Grenzfrequenz ν_g entnehmen, indem wir den Schnittpunkt der Geraden mit der ν-Achse aufsuchen; denn nach (48.5) ist $\nu = \nu_g$ für $U = 0$, also auch für $\alpha = 0$.

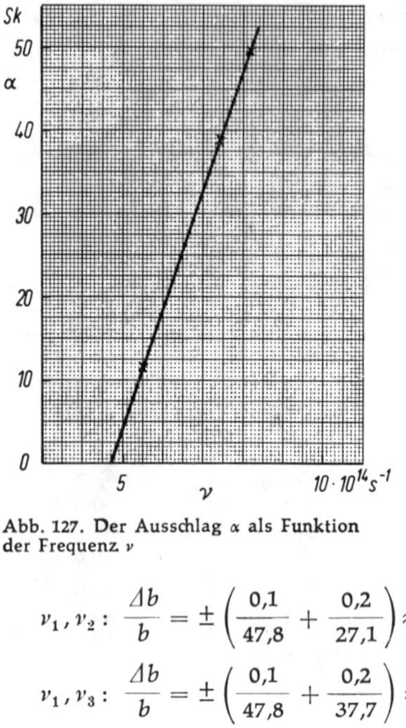

Abb. 127. Der Ausschlag α als Funktion der Frequenz ν

Wir lesen ab $\nu_g = 4{,}65 \cdot 10^{14}\,\text{s}^{-1}$ und erhalten nach (48.3) $\lambda_g = 646$ nm. Allerdings ist dieser Wert noch mit einem systematischen Fehler behaftet, der von Kontaktpotentialen herrührt, die wir aber hier nicht ermitteln können.

Fehlerrechnung. Wir beschränken uns auf eine Fehlerrechnung für h. Nach (48.10) ist $\Delta h/h = \Delta b/b$. Wir berechnen zunächst die relativen Größtfehler der drei b-Werte. Um die Rechnung nicht zu sehr zu komplizieren, wollen wir die Fehler der α-Werte auf Grund der Tabellen 1 und 3 vorsichtig zu $\pm$ 0,1 Sk schätzen. Nach (48.9) ist der relative Größtfehler der einzelnen b-Werte $\Delta b/b = \Delta\alpha_0/\alpha_0 + (\Delta\alpha_k + \Delta\alpha_i)/(\alpha_k - \alpha_i)$. Es folgt:

$$\nu_1, \nu_2: \quad \frac{\Delta b}{b} = \pm\left(\frac{0{,}1}{47{,}8} + \frac{0{,}2}{27{,}1}\right) \approx \pm\,(0{,}002 + 0{,}008) = \pm\,0{,}01 = \pm\,1\,\%,$$

$$\nu_1, \nu_3: \quad \frac{\Delta b}{b} = \pm\left(\frac{0{,}1}{47{,}8} + \frac{0{,}2}{37{,}7}\right) \approx \pm\,(0{,}002 + 0{,}0054) \approx \pm\,0{,}007 = \pm\,0{,}7\,\%,$$

$$\nu_2, \nu_3: \quad \frac{\Delta b}{b} = \pm\left(\frac{0{,}1}{47{,}8} + \frac{0{,}2}{10{,}6}\right) \approx \pm\,(0{,}002 + 0{,}02) = \pm\,0{,}022 = \pm\,2{,}2\,\%.$$

Demnach ergibt sich als Mittelwert der relativen Fehler der b-Werte $\Delta b/b = \Delta h/h = \pm\,1{,}3\,\%$. Als absoluter Größtfehler von h ergibt sich $\Delta h = \pm\,6{,}57 \cdot 10^{-34} \cdot 0{,}013 \approx \pm\,0{,}1 \cdot 10^{-34}$ J s.

Unser vorsichtig gerundetes *Endergebnis* lautet also:

$$h = (6{,}57 \pm 0{,}1) \cdot 10^{-34}\,\text{Js}, \qquad \frac{\Delta h}{h} = \pm\,1{,}5\,\%.$$

Der derzeit zuverlässigste Wert beträgt $h = 6{,}6257 \cdot 10^{-34}$ Js, liegt also nur um rund 0,85 % oberhalb unseres Ergebnisses.

VI. Kernphysik

49. Aufgabe. Messungen mit der Ionisationskammer

Westphal „Physik", 22./24. Aufl., §§ 371 bis 373; „Kleines Lehrb. d. Physik", 5. Aufl., § 255

Ein viel benutztes Hilfsmittel der Kern- und Röntgenphysik ist die Ionisationskammer: Die von einem radioaktiven Präparat (oder auch durch Röntgenstrahlen) in einem gaserfüllten Hohlraum durch Ionisation erzeugten Ladungen werden durch ein elektrisches Feld abgesaugt und gemessen. In den folgenden Versuchen soll mit einer solchen Anordnung die Halbwertszeit von Thoriumemanation, sodann die Reichweite von α-Strahlen eines Ra-Präparates bestimmt werden.

Die in einer Ionisationskammer fließenden Ströme sind im allgemeinen so schwach (Größenordnung 10^{-12} A), daß handliche, zu ihrer Messung verwendbare Galvanometer kaum existieren und eine grundsätzlich andere Nachweismethode benutzt werden muß. Dazu bietet sich das Wulfsche Elektroskop an (Abb. 128), eine Abart des Einfadenelektrometers in idiostatischer Schaltung (Aufgabe 47).

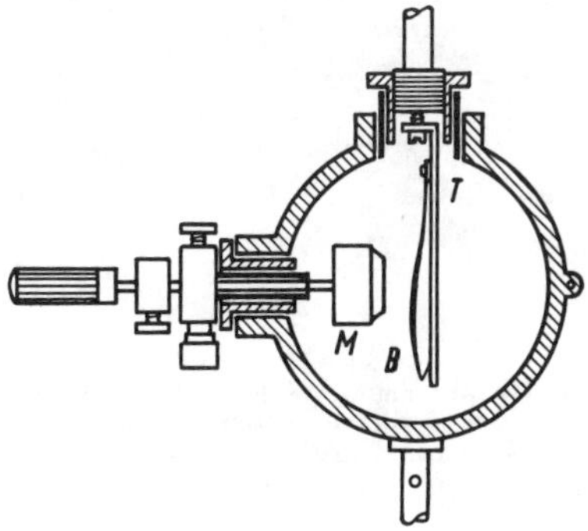

Abb. 128. Das Wulf-Elektroskop. (Aus „Das Wulf-Elektroskop" von Theodor Wulf, Selbstverlag. Leyboldt, 1958)

In einem metallischen, von zwei Fenstern begrenzten geerdeten Gehäuse befindet sich, isoliert eingeführt, ein metallischer Träger T, an dem ein Metallbändchen B befestigt ist. An seinem unteren Ende wird es von einer feinen Quarzschleife elastisch gehalten. Bei seiner Aufladung wird es in Richtung auf die gegenüberstehende, mit dem Gehäuse leitend verbundene Metallplatte M abgelenkt. Diese Ablenkung geht anfangs (wie beim idiostatischen Einfadenelektrometer) quadratisch mit dem Potential des Trägers T, mit größer werdendem Ausschlag des Blättchens B überquadratisch, und bei einem bestimmten Potential U_T, das von der einstellbaren

Entfernung der Platte M abhängig und gut reproduzierbar ist, wird die Lage des Blättchens instabil: es wird dann ruckartig an die Platte M herangezogen, wo es seine Ladung abgibt. Dieser bei dem früher behandelten Einfaden-Elektrometer höchst unerwünschte Nebeneffekt wird hier nun gerade für Meßzwecke ausgenutzt. Durch die Berührung mit der Platte M entlädt das Blättchen eine Ladung $Q = U_T C_T$ (C_T Kapazität des Trägers nebst angeschlossener Leitung), die, mit $U_T \approx 100\,\text{V}$, $C_T \approx 10\,\text{pF}$, von der Größenordnung $\approx 10^{-9}\,\text{C}$ ist. Nach seiner Entladung schnellt das Blättchen wieder in seine Anfangslage zurück, und das System ist wieder aufnahmefähig bis zur gleichen Elektrizitätsmenge, bei deren Erreichung sich der Vorgang wiederholt; in Projektion oder Schattenbild ist er bequem zu beobachten. Die dauernde Wiederholung der Abgabe solcher „Elektrizitätstropfen" stellt dann je nach der zeitlichen Häufigkeit einen Strom der Größenordnung 10^{-9} bis $10^{-11}\,\text{A}$ dar, der auf andere Weise nur mit ungleich größerem Aufwand zu messen wäre.

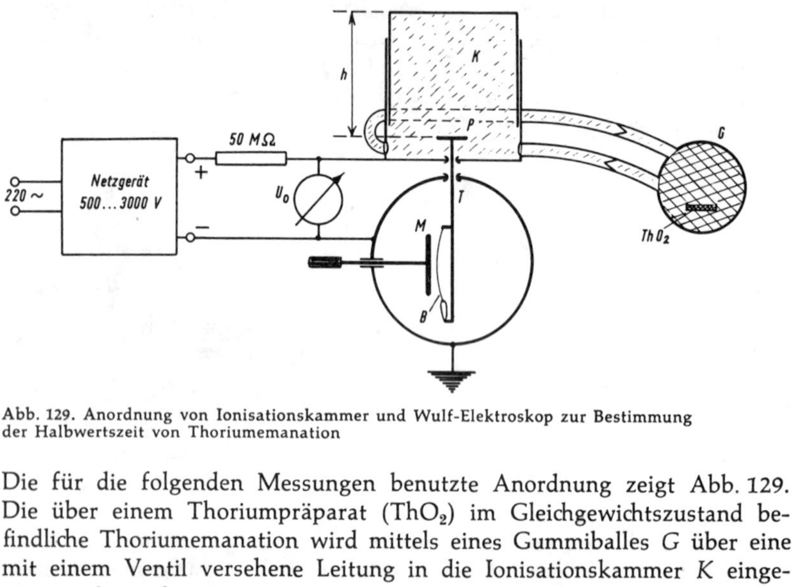

Abb. 129. Anordnung von Ionisationskammer und Wulf-Elektroskop zur Bestimmung der Halbwertszeit von Thoriumemanation

Die für die folgenden Messungen benutzte Anordnung zeigt Abb. 129. Die über einem Thoriumpräparat (ThO_2) im Gleichgewichtszustand befindliche Thoriumemanation wird mittels eines Gummiballes G über eine mit einem Ventil versehene Leitung in die Ionisationskammer K eingepumpt; die andere Leitung, mit einem im entgegengesetzten Sinne angeordneten Ventil, dient zur Rückführung der in der Kammer befindlichen Luft, um so eine radioaktive Verunreinigung der Umgebung zu vermeiden. Die Innenelektrode der Kammer wird mit dem Träger T des Wulf-Elektroskops verbunden. An der Außenwand der Kammer liegt eine bis 3000 V regelbare, über einen Schutzwiderstand zugeführte Gleichspannung U_0, die einem handelsüblichen Netzgerät entnommen wird.

Für die quantitativen Messungen muß diese Spannung U_0 nicht nur größer als das kritische Potential U_T des Elektroskops, sondern auch so groß sein, daß alle in der Kammer erzeugten positiven Ladungen augenblicklich, d. h. vor einer etwa eintretenden Rekombination, auf die Innenelektrode gezogen werden. Man muß, mit anderen Worten, im Gebiet der Sättigungsspannung arbeiten. Ihrer Ermittlung dient folgender Vorversuch:

Auf das tischförmige Plättchen *P* der Innenelektrode wird ein schwaches Radium-Präparat konstanter Aktivität gelegt und die „Tropfen"häufigkeit in Abhängigkeit von der angelegten Spannung U_0 gemessen. Wir führen dies durch, indem wir die Spannung schrittweise steigern und mit einer Stoppuhr die Zeit *t* messen, die jeweils der gleichen Tropfenanzahl *n* entspricht. In Tabelle 1 ist eine solche Meßreihe für $n = 20$ wiedergegeben, wobei jede Messung zur Kontrolle mindestens zweimal durchgeführt ist. Die Darstellung des Quotienten n/t als Funktion von U_0 (Abb. 130) läßt erkennen, daß man mit $U_0 = 3$ kV praktisch im Sättigungsgebiet arbeitet. Die folgenden Messungen werden daher alle mit $U_0 = 3$ kV durchgeführt.

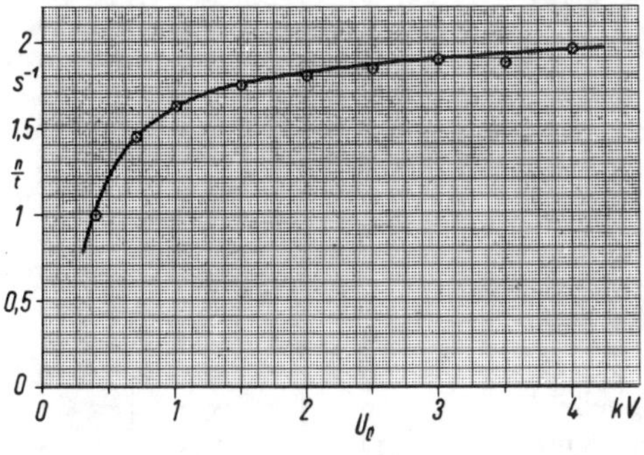

Abb. 130. Tropfenhäufigkeit n/t als Funktion der an der Ionisationskammer liegenden Spannung U_0

Tabelle 1. $n = 20$

U_0 kV	t s	n/t s^{-1}
0,4	20,0 20,2	$0{,}99_5$
0,7	13,8 13,8	$1{,}44_8$
1	12,2 12,4	$1{,}62_6$
1,5	11,4 11,4	$1{,}75_5$
2	11,1 11,0	$1{,}81_0$
2,5	10,8 10,8	$1{,}85_1$
3	10,5 10,5	$1{,}90_5$
3,5	10,6 10,6	$1{,}88_5$
4	10,0 10,4 10,2 10,2	$1{,}96_2$

Das Ra-Präparat wird darauf entfernt und mittels des Gummiballes *G* Luft in die Ionisationskammer gepumpt. Die Luft ist mit der relativ schnell zerfallenden Thoriumemanation angereichert, deren Halbwertszeit ermittelt werden soll. Das ist die Zeit, innerhalb derer jeweils die Hälfte der anfänglich vorhandenen Atome zerfällt. Jeder einzelne Zerfallsprozeß erzeugt infolge Ionisation durch die dabei emittierten α-Teilchen eine bestimmte Ladung in der Kammer, die durch die — anfangs schneller, dann langsamer einander folgenden — Ausschläge des Blättchens *B* angezeigt wird. Die beim

Ausschlag jeden Tropfens Nr. z abgelesene Zeit t_z wird notiert, bis nach einer bestimmten Tropfenzahl z_E (in unserem Falle $z_E = 22$) die neuerzeugte Ladung vernachlässigbar klein bleibt und nicht mehr zu einem Ausschlag führt.

Aus der Tabelle 2 läßt sich nun bereits die Halbwertszeit recht genau bestimmen. Da jedem Tropfen die gleiche Menge zerfallener Substanz entspricht, ist – bei der Gesamtzahl $z_E = 22$ – mit dem Tropfen Nr. 11 die halbe Substanzmenge zerfallen, so daß als erster Wert der Halbwertszeit T die Zeit t_{11} erhalten wird (Zeile 1 in Tabelle 3). Weitere Werte erhalten wir, indem wir die Tropfenzählung erst bei $z = 2$ beginnen, wobei der Tropfen Nr. 3 als 1, der Tropfen 22 als 20, die Gesamtzahl also als 20 zu betrachten ist, mithin die Halbwertszeit sich zu $T = t_{12} - t_2$ (Zeile 2 in Tabelle 3) ergibt. Die Ergebnisse bei weiter variiertem Beginn der Tropfenzählung sind in Tabelle 3 zusammengestellt; sie zeigen gute Übereinstimmung und liefern unter Berücksichtigung der den jeweiligen Tropfenanzahlen proportionalen Gewichte der Messungen den Mittelwert $T = 53{,}9$ s mit einem (geschätzten) Fehler von $\pm 0{,}2$ s. Der Tabellenwert ist 54,5 s. Falls sich die Gesamtzahl der Tropfen ungerade ergibt, läßt man zweckmäßig die Zählung bei $z = 1, 3, 5$ usf. beginnen.

Tabelle 2

$U_0 = 3$ kV		
Tropfen Nr. z	t_z	$z_E - z$
	s	
0	0	22
1	3,5	21
2	7,4	20
3	11,4	19
4	15,8	18
5	20,3	17
6	25,2	16
7	30,3	15
8	35,5	14
9	41,4	13
10	47,3	12
11	54,0	11
12	61,4	10
13	70,0	9
14	78,8	8
15	89,1	7
16	101,2	6
17	114,8	5
18	131,0	4
19	150,0	3
20	178,6	2
21	219	1
$z_E = 22$	305	0

Tabelle 3

Beginn der Zählung bei Tropfen Nr.	T	Gewicht der Messung (= Tropfenanzahl)
0	$t_{11} = 54{,}0$ s	22
2	$t_{12} - t_2 = 61{,}4 - 7{,}4 = 54{,}0$ s	20
4	$t_{13} - t_4 = 70{,}0 - 15{,}8 = 54{,}2$ s	18
6	$t_{14} - t_6 = 78{,}8 - 25{,}2 = 53{,}6$ s	16
8	$t_{15} - t_8 = 89{,}1 - 35{,}5 = 53{,}6$ s	14
10	$t_{16} - t_{10} = 101{,}2 - 47{,}3 = 53{,}9$ s	12

Wir wollen unsere Messungen dazu benutzen, das *radioaktive Zerfallsgesetz* zu prüfen. Zur Zeit $t = 0$ seien n_0 unzerfallene Atome vorhanden, zu einer späteren Zeit noch deren n. Dann lautet das Gesetz

$$n = n_0 \exp\left(-\frac{t}{T}\ln 2\right). \tag{49.1}$$

T ist die *Halbwertszeit* der Substanz, die Zeit in der die Hälfte der anfänglich vorhandenen Atome zerfällt.

Die Anzahl n^* der zur Zeit t bereits zerfallenen Teilchen ist also

$$n^* = (n_0 - n) = n_0\left[1 - \exp\left(-\frac{t}{T}\ln 2\right.\right. . \tag{49.2}$$

Da jeder vom Elektroskop gezählte Tropfen die Ladung anzeigt, die durch den Zerfall der gleichen Anzahl von Atomen entstanden ist, gilt

$$n^* = k\,z, \qquad n_0 = k\,z_E \qquad (k \text{ Proportionalitätskonstante}) \tag{49.3}$$

und daher nach (49.2)

$$z = z_E\left[1 - \exp\left(-\frac{t}{T}\ln 2\right)\right], \tag{49.4}$$

$$(z_E - z) = z_E \exp\left(-\frac{t}{T}\ln 2\right) \tag{49.5}$$

und schließlich nach Ersatz des natürlichen Logarithmus ln durch den Zehnerlogarithmus lg

$$\lg(z_E - z) = const - \frac{t}{T}\lg 2\,. \tag{49.6}$$

In der Abb. 131 haben wir auf Grund der Tabelle 2 $\lg(z_E - z)$ auf lg-Papier gegen t aufgetragen und entsprechend (49.6) – von den letzten Messungen abgesehen – eine Gerade erhalten. An den beiden Enden der Geraden lesen wir ab: $t = 0$, $z_E - z = 22$, also $\lg(z_E - z) = 1{,}342$, und $t = 240$ s, $z_E - z = 1$, also $\lg(z_E - z) = 0$. Mit $\lg 2 = 0{,}3010$ folgt aus (49.6) $T = 240 \cdot 0{,}3010/1{,}324 = 53{,}9$ s, genau wie oben.

Die letzten Meßpunkte in Abb. 131 weichen von der Geraden systematisch etwas ab. Dies ist nicht verwunderlich. Da z_E naturgemäß nie ganz genau sein kann, weil eine kleine Restladung von dem Wulf-Elektroskop nicht angezeigt wird, und da diese Ungenauigkeit bei kleiner Differenz $(z_E - z)$ besonders ins Gewicht fällt, werden die letzten Punkte immer mehr oder weniger fehlerbehaftet sein. Sie werden deshalb für das Ziehen der Geraden nicht beachtet.

In einer weiteren, ganz andersartigen Messung sollen mit der Ionisationskammer die Reichweiten von α-Strahlen eines Ra-Präparates bestimmt werden, dessen Aktivität wegen seiner Halbwertszeit von 1590 Jahren praktisch konstant ist. Die Zuleitungen der Thoriumemanation werden entfernt, und auf die Innenelektrode P wird das Präparat gelegt, das so in ein Metallröhrchen eingebettet ist, daß seine α-Strahlen im wesentlichen

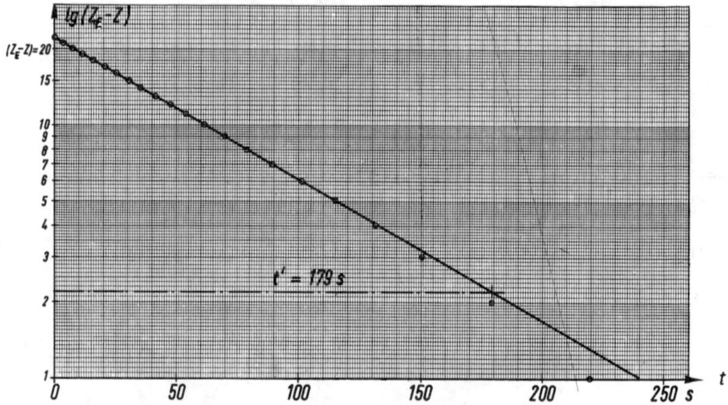

Abb. 131. Zur Ermittlung der Halbwertszeit: lg $(z_E - z)$ als Funktion der Zeit t

senkrecht, in Richtung auf die senkrecht verschiebbare Oberwand austreten, deren Abstand h vom Präparat meßbar veränderlich ist. Es wird nun wieder die sekundliche Tropfenzahl n/t (beispielsweise jeweils für die Tropfenanzahl $n = 20$ und zur Kontrolle zweifach) in Abhängigkeit vom Abstand h gemessen (Tab. 4). Bei genügend großem h, das über der längsten vorkommenden Reichweite liegt, ist die erzeugte Ladung und damit n/t unabhängig von h. Wird nun bei Verkleinerung von h die Reichweite einer Gruppe von α-Strahlen erreicht, so werden diese einen um so geringeren Teil ihrer Bahn im Gase (Luft in unserem Falle) zurücklegen und dieses ionisieren, je weiter h verkleinert wird. Wo h gleich der Reichweite ist, wird der Verlauf von n/t gegen h also einen Knick aufweisen. Dasselbe wird der Fall sein, wenn bei noch weiterer Verkleinerung von h die noch kleinere Reichweite einer weiteren Gruppe von α-Strahlen erreicht wird. Die Meßwerte der Tab. 4 sind in Abb. 132 über h aufgetragen. Der Verlauf von n/t über h ergibt an zwei Stellen deutliche Knicke, aus denen sich die Reichweiten $r_1 = 5{,}8$ cm und $r_2 \approx 2{,}9$ cm ablesen lassen.

Es handelt sich hier um α-Strahlen aus Ra und seinen Folgeprodukten mit der Reichweite 6,9 cm (aus RaC′) und weiteren Reichweiten von 3,3 cm (aus Ra), 4,0 cm (aus Em) und 4,7 cm (aus RaA); da die drei letzteren mit

Tabelle 4

	$U_0 = 3$ kV, $n = 20$				
h	t	n/t	h	t	n/t
cm	s	s^{-1}	cm	s	s^{-1}
10,0	12,5 12,5	$1{,}60_0$	3,5	13,2 13,4	$1{,}50_5$
9,0	12,4 12,4	$1{,}61_2$	3,0	13,6 13,6	$1{,}47_1$
8,0	12,4 12,6	$1{,}60_0$	2,75	14,0 14,0	$1{,}42_9$
7,0	12,4 12,6	$1{,}60_0$	2,5	14,3 14,3	$1{,}39_8$
6,0	12,5 12,5	$1{,}60_0$	2,25	16,0 16,0	$1{,}25_0$
5,5	12,7 12,5	$1{,}58_5$	2,0	16,2 16,2	$1{,}23_4$
5,0	12,8 12,8	$1{,}56_2$	1,75	17,4 17,4	$1{,}14_9$
4,5	12,8 12,8	$1{,}56_2$	1,5	19,4 19,4	$1{,}03_1$
4,0	13,2 13,1	$1{,}52_0$	1,0	26,1 26,1	$0{,}76_7$

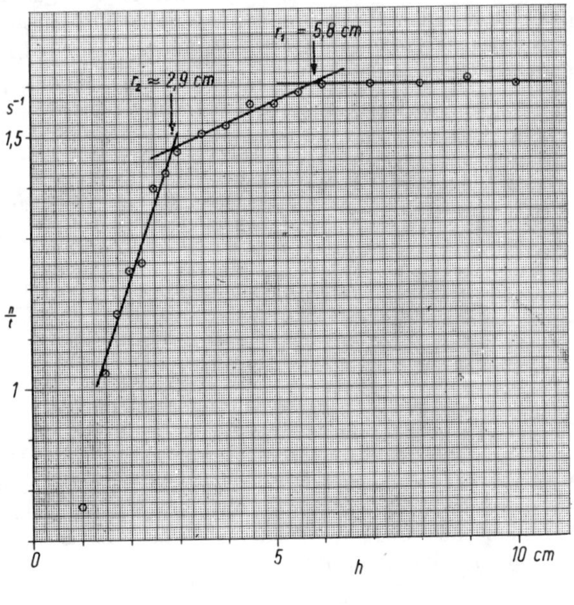

Abb. 132. Zur Ermittlung von Reichweiten: Tropfenhäufigkeit n/t als Funktion der Kammerhöhe h

unserer sehr einfachen Apparatur nicht aufgelöst werden, kann man hier nur mit einem Durchschnittswert ≈ 4 cm rechnen. Um eine radioaktive Verunreinigung der Umgebung zu vermeiden, ist das Präparat mit einer feinen Pd-Folie abgedeckt; sie absorbiert einen Teil der Energie der α-Strahlen, so daß deren Reichweiten hier nur mit $r_1 = 5{,}8$ cm (statt 6,9 cm) und $r_2 \approx 2{,}9$ cm (statt ≈ 4 cm) erscheinen. Demnach ist die Absorption in der Folie etwa ebenso stark wie in 1,1 cm Luft.

Von einer Fehlerrechnung sei hier abgesehen, da diese Methode, wie ersichtlich, keinen hohen Anspruch auf Genauigkeit erheben kann; sie soll in erster Linie die vielseitige Verwendung der Ionisationskammer demonstrieren.

50. Aufgabe. Messungen mit dem Zählrohr

Die in der Aufgabe 49 beschriebene Ionisationskammer mit dem Wulf-Elektroskop genügt trotz ihrer erheblichen Empfindlichkeit nicht zum Nachweis der ionisierenden Wirkung von *einzelnen* geladenen Teilchen (wie α-, β-Teilchen, Protonen usw.) oder von *einzelnen* γ-Quanten. Diese für die Kernphysik und für die Erforschung der kosmischen Strahlung ungemein wichtige Aufgabe erfüllt das *Geiger-Müller-Zählrohr.* Es kann als eine Weiterentwicklung der Ionisationskammer angesehen werden, insofern als die von einzelnen ionisierenden Teilchen oder γ-Quanten erzeugten Ladungen[1]) — vor allem Elektronen — durch ein elektrisches Feld so stark beschleunigt werden, daß sie durch Stoßionisation weitere Ladungspaare erzeugen können. So entsteht im Ionisationsraum eine *Ladungslawine,* ein *Stromimpuls,* der nach elektrischer Verstärkung registriert werden kann.

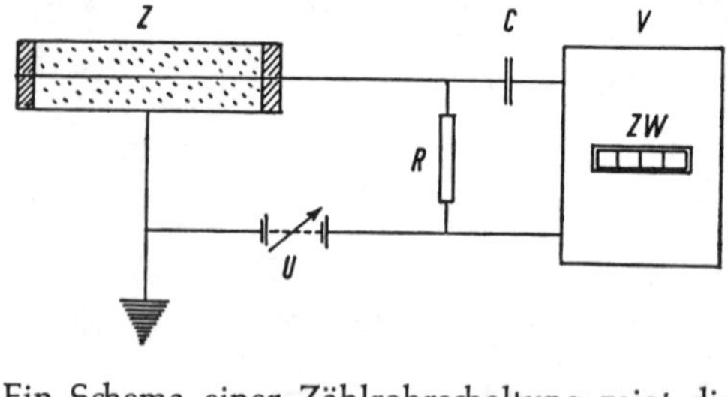

Abb. 133. Zählrohrschaltung
Z Zähler,
C Kondensator,
R Widerstand,
V Verstärker,
ZW Zählwerk,
U Spannungsquelle

Ein Schema einer Zählrohrschaltung zeigt die Abb. 133. Der meist zylindrische, gasgefüllte Entladungsraum Z ist von der Kathode (aus Metall

[1]) Bei γ-Quanten entstehen allerdings nicht — wie bei geladenen Teilchen — sehr zahlreiche Ionen-Elektronen-Paare längs ihrer Bahn, sondern nur (durch Photo- und Compton-Effekte) einzelne sehr energiereiche Elektronen, die dann die Gasfüllung sehr stark ionisieren.

oder metallisiertem Glas) umgeben und enthält als Anode einen axial ausgespannten Draht. Die regelbare Spannung ist von der Größenordnung 1000 V. Wird das Gas im Rohr an irgendeiner Stelle von einem ionisierenden Teilchen oder γ-Quant durchquert, so werden die entstandenen Elektronen auf die Anode hin beschleunigt, in deren Nähe die Feldstärke sehr steil ansteigt, so daß eine weitere Ionisierung begünstigt wird. Infolge des stoßartigen Ladungsüberganges entsteht am Widerstand R ein ebenfalls stoßartiger Spannungsabfall, der über den Kondensator C und einen Verstärker V auf ein Zählwerk ZW übertragen wird, das die Stromstöße, also die einzelnen Ionisationsvorgänge registriert. Um zu verhindern, daß aus einem solchen Stromstoß eine selbständige Dauerentladung wird, wird durch genügend hohen Widerstand R und Zusatz eins polyatomaren Dampfes (z. B. Alkoholdampf) zur Gasfüllung für schnelles Abreißen der Entladung gesorgt.

Wesentlich ist die richtige Wahl der Zählrohrspannung U. Sie bestimmt die Stärke der Ladungslawinen und, da nur Stromstöße einer bestimmten Mindeststärke den Verstärker zum Ansprechen bringen, auch die gemessene *Impulsrate*, die Anzahl der Registrierungen je Zeiteinheit, die erst oberhalb einer Mindestspannung U_1 annähernd konstant wird. Oberhalb einer noch höheren Spannung U_2 wird die wahre Impulsrate durch Nachentladungen verfälscht, die der Wirkung der einzelnen Teilchen folgen und unter anderem durch die Auslösung von Sekundärelektronen an der Kathode durch die langsameren, also später eintreffenden positiven Ionen bewirkt werden.

Die Art der Abhängigkeit der Impulsrate von der Zählrohrspannung, die *Zählrohrcharakteristik*, zeigt die Abb. 134. Der zwischen U_1 und U_2 liegende Abschnitt heißt *Auslösebereich oder Plateau* und wird dann benutzt, wenn man lediglich die *Anzahl* der ionisierenden Teilchen oder Quanten – unabhängig von der jeweiligen Stärke der Ionisation – bestimmen will, so auch bei unseren Messungen. (Der unterhalb von U_1 liegende *Proportionalitätsbereich* wird dann verwendet, wenn man aus der Stärke der Stromstöße auf die Art der ionisierenden Teilchen schließen will.)

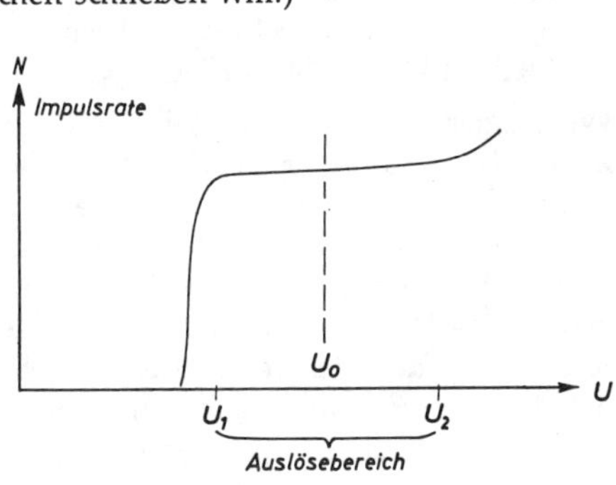

Abb. 134
Beispiel einer Zählrohrcharakteristik

Bei der Verwendung des Zählrohrs im Auslösebereich muß zunächst die *Plateau-Kurve* aufgenommen werden, um aus ihr eine geeignete, zwischen U_1 und U_2 liegende Arbeitsspannung U_0 zu ermitteln. Dazu wird in einer Anordnung gemäß Abb. 135 (noch ohne den Absorber A) das Zählrohr Z der konstanten γ-Strahlung eines Präparats P ausgesetzt, und in einem Vorversuch werden eine Spannung U und der Abstand des Präparates vom Zählrohr so gewählt, daß die Zählrate 1000 bis 2000 min^{-1} beträgt.

Die Spannung U liefert uns ein käufliches Netzgerät N mit einer stufenweisen oder kontinuierlichen Spannungsregelung, das außer den Schaltelementen R und C (Abb. 135) den Verstärker und das Zählwerk enthält. Falls es keinen Spannungsmesser enthält und ein solcher (parallel zum Zählrohr) angeschlossen werden muß, ist ein statisches Gerät zu wählen, damit es nicht den Arbeitswiderstand des Gerätes ändert.

Wir wollen γ-Quanten zählen und können als Quelle z. B. ein schwaches Präparat (Aktivität etwa 10 Mikrocurie) aus dem künstlichen radioaktiven Kobaltnuklid ^{60}Co verwenden, das durch einen dicken Bleipanzer abgeschirmt ist (Abb. 135) und in etwa 10 cm Abstand vom Zählrohr steht. (Das ^{60}Co

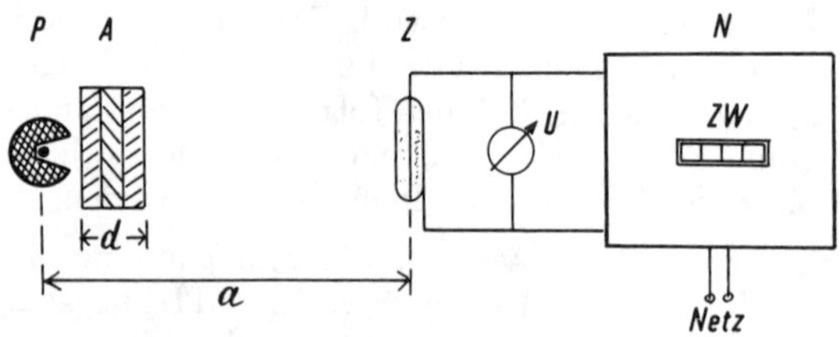

Abb. 135. Versuchsanordnung der Zählrohrmessungen

verwandelt sich nach $^{60}\text{Co} \xrightarrow{\beta} {}^{60}\text{Ni}$ mit einer Halbwertszeit von 5,2 Jahren in das stabile Nickelnuklid ^{60}Ni, dessen Kerne zunächst zum Teil in angeregtem Zustand sind, aber sofort unter Aussendung zweier γ-Quanten mit den Energien 1,17 und 1,35 MeV in ihren Grundzustand übergehen. Vgl. *Westphal*, „Physik", 22./24. Auflage, §§ 376 u. 380).

Wir steigern nunmehr die Zählrohrspannung in Schritten von 25 V, wobei in unserer Anordnung eine Zählung bei etwa 500 V einsetzt, registrieren jedesmal die Impulsanzahlen eine halbe Minute lang (Tabelle 1) und tragen sie in der Abb. 136 gegen die Spannung U auf. Um beurteilen zu können, ob man mit den gemessenen Werten im Auslösebereich eine einigermaßen geradlinige Kurve gemäß Abb. 132 erhalten hat, berechnen wir den mittleren Fehler der Meßwerte. Aus der Fehlertheorie folgt, daß der Fehler Δn der Abzählungen von statistisch ablaufenden Ereignissen — der dem mittleren quadratischen Fehler der Einzelmessungen in den bisher behandelten

Aufgaben entspricht — gleich der Wurzel aus der Anzahl n der Ereignisse ist, also

$$\Delta n = \sqrt{n}. \tag{50.1}$$

Demgemäß wurde aus dem Mittelwert $n = 1055$ der letzten 12 Messungen $\Delta n = \sqrt{1055} \approx \pm 32$ berechnet. In der Abb. 136 sind die Ungenauigkeitsbereiche in der bei Zählrohrmessungen üblichen Weise gekennzeichnet. So betrachtet, zeigt die Abb. 136 eine durchaus befriedigende, im Auslösebereich fast waagerecht verlaufende Charakteristik[1]), auf Grund derer wir für unsere Messungen die Arbeitsspannung $U_0 = 650$ V wählen, die genügend weit entfernt von den Rändern des Auslösebereichs liegt.

Die Berechnungsweise (50.1) für den mittleren Fehler, die für Zählrohrmessungen sehr bequem, aber gegenüber dem sonst in diesem Buch ver-

Tabelle 1. $a = const$

U	Impulse in 30 s	
V	n	$\Delta n = \sqrt{n}$
450	0	
475	0	
500	933	±32 (500–800)
525	964	
550	1065	
575	1030	
600	1063	
625	997	
650	1071	
675	1078	
700	1040	
725	1038	
750	1067	
775	1097	
800	1114	

Tabelle 2. $a = 50$ cm, $U = 650$ V

Impulse in 1 min		
n_i	$v_i = n_i - \bar{n}$	v_i^2
150	− 1	1
146	− 5	25
136	−15	225
145	− 6	36
146	− 5	25
149	− 2	4
156	+ 5	25
157	+ 6	36
162	+11	121
157	+ 6	36
147	− 4	16
186	+35	1225
149	− 2	4
131	−20	400
152	+ 1	1
141	−10	100
143	− 8	64
179	+28	784
142	− 9	81
144	− 7	49
$\bar{n} = 151$		$\Sigma v_i^2 = 3258$

[1]) Bei vielen Zählrohren zeigt die Charakteristik auch im Auslösebereich einen leichten Anstieg, der aber bei guter Konstanz der Zählrohrspannung auch bei genaueren Messungen nicht stört.

wendeten umständlichen Verfahren durchaus neuartig ist, wollen wir experimentell prüfen, indem wir auch das sonst übliche Verfahren anwenden. Dazu werden die Impulsanzahlen unter gleichbleibenden Bedingungen bei einer Impulsrate von etwa 100 bis 200 min^{-1} je 20mal während einer

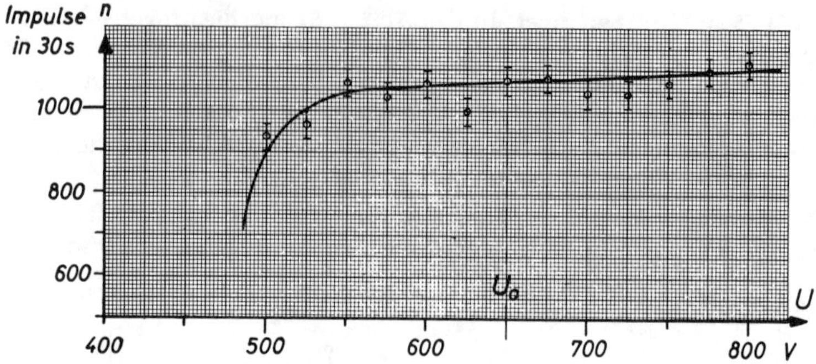

Abb. 136. Charakteristik des Zählrohrs

Zeitspanne $t = 1$ min registriert. Aus den in der Tabelle 2 angegebenen Werten von n berechnen wir den Mittelwert $\bar{n} = 151$ und aus den 20 Abweichungen $v_i = n_i = \bar{n}$ gemäß der Einleitung, § 10, den mittleren Fehler der Meßreihen mit m = Anzahl der Messungen zu

$$\Delta n = \sqrt{\frac{\Sigma v_i^2}{m-1}} = \sqrt{\frac{3258}{19}} \approx \pm 13 .$$

Das stimmt mit $\Delta n = \sqrt{151} \approx 12$ so gut überein, wie man es bei einer nur statistisch geltenden theoretischen Beziehung wie (50.1) nur erwarten kann. Ferner wollen wir die Linearität der Wirkung des Zählrohrs prüfen, indem wir die Impulsrate $N = n/t$ in Abhängigkeit von der Intensität der das Rohr durchsetzenden Strahlung (d. h. von der Anzahl der wirksamen γ-Quanten) bestimmen. Sofern die Abmessungen des Rohres klein sind gegenüber seinem Abstand a von der Strahlenquelle, ist die Intensität proportional $1/a^2$. Es sollte also $N = const/a^2$ sein.

Indessen ist ein Zählrohr unvermeidlich auch immer sehr energiereichen γ-Quanten und Teilchen ausgesetzt, die aus der kosmischen Strahlung und einem spurenweisen Gehalt des Zählrohrmaterials und seiner Umgebung an radioaktiven Stoffen herrühren (*Nulleffekt*). Demnach ist von der gemessenen Impulsrate N der vom Nulleffekt herrührende Anteil N_0 abzuziehen, um die nur vom Präparat herrührende Impulsrate N_P zu erhalten, also

$$N_P = N - N_0 = \frac{const}{a^2} \,. \qquad (50.2)$$

Es empfiehlt sich, den Nulleffekt vor und nach den eigentlichen Meßreihen zu bestimmen, um so eine Kontrolle über die Konstanz der Empfindlichkeit der Apparatur zu haben. Dazu entfernen wir das Präparat möglichst weit vom Zählrohr, notfalls in einen anderen Raum, und zählen vor und nach der eigentlichen Messung dreimal je 1 Minute lang die Impulse (Tabelle 3). Insgesamt ergibt sich $n_0 = 860 \pm 30$ in der Zeit $t_0 = 6$ min, also

$$N_0 = \frac{n_0}{t_0} = \frac{860}{6} = 143 \text{ min}^{-1} \tag{50.3}$$

und als Fehler nach (50.1)

$$\Delta N_0 = \frac{\Delta n_0}{t_0} = \frac{\sqrt{n_0}}{t_0} = \frac{\sqrt{860}}{6} \approx \pm 5 \text{ min}^{-1}. \tag{50.4}$$

Tabelle 3. Nulleffekt

Impulse in 1 min	
vorher	nachher
147	142
148	146
141	136

Nunmehr werden in der Anordnung nach Abb. 135 die Impulse unter schrittweiser Vergrößerung des Abstandes a über jeweils gleiche Zeiten gezählt. Wir wählen als Zeitintervall $t = 2$ min zur Erzielung einer höheren Genauigkeit, aber nicht größer, um die Dauer der Messungen nicht allzu groß zu machen. Die Tabelle 4 zeigt die Ergebnisse. In der Spalte 4 sind auf

Tabelle 4. $t = 2$ min

a	n	$N = n/t$	$\Delta N = \sqrt{n}/t$	$N_P = N - N_0$	$\Delta N_P = \sqrt{(\Delta N)^2 + (\Delta N_0)^2}$
cm	$(2 \text{ min})^{-1}$	min^{-1}	min^{-1}	min^{-1}	min^{-1}
5	16 090	8 045	± 64	7 902	± 64
7	10 839	5 420	52	5 277	52
10	6 059	3 030	39	2 887	39
15	3 261	1 630	28	1 487	28
20	2 062	1 031	23	888	24
25	1 396	698	19	555	20
30	1 079	540	16	397	17
40	735	368	14	225	15
50	585	292	12	149	13
70	429	214	10	71	11
100	345	172	9	29	10

Grund von (50.1) die Fehler $\Delta N = \sqrt{n}/t$ der Einzelwerte von N angegeben. Die Spalte 5 gibt die nach (50.2) korrigierten N_P-Werte. Zur Berechnung ihrer Fehler (Spalte 6) muß das Fehlerfortpflanzungsgesetz in der Einleitung, § 11 (5), benutzt werden, so daß wir mit $\Delta N = \sqrt{n}/t$ und $\Delta N_0 = \sqrt{n_0}/t_0$ erhalten

$$\Delta N_P = \sqrt{(\Delta N)^2 + (\Delta N_0)^2} = \sqrt{\frac{n}{t^2} + \frac{n_0}{t_0^2}}\,. \qquad (50.5)$$

In der Abb. 137 ist lg N_P nebst Fehlergrenzen als Funktion von lg a dargestellt. Nach (50.2) sollte sein

$$\lg N_P = const - 2 \lg a, \qquad (50.6)$$

also die Steilheit der Kurve gleich -2. Das ist in deren unterem Teil von der durch die Meßpunkte gelegten ausgleichenden Geraden sehr gut erfüllt. Die systematische Abweichung im oberen Teil erklärt sich ohne weiteres einerseits aus dem dort schon recht kleinen Abstand a von Quelle und

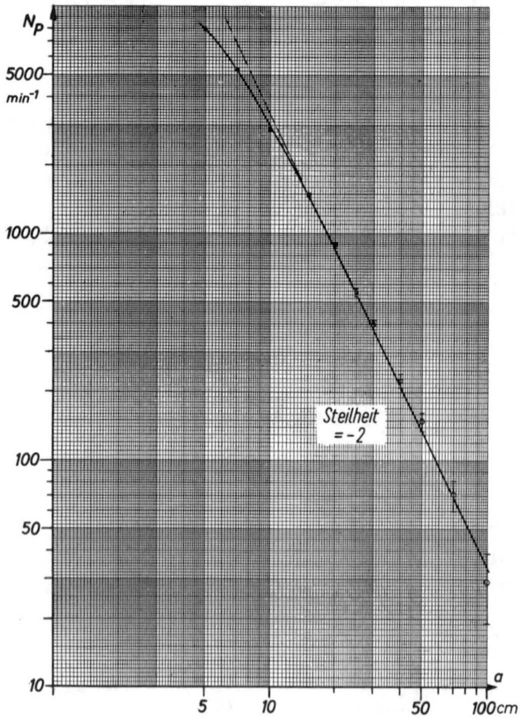

Abb. 137. Prüfung der Beziehung $N_P = const\ 1/a^2$

Zählrohr, andererseits aus dem nur endlichen Auflösungsvermögen des Zählrohrs, das bei so hohen Impulsraten bereits Zählverluste bewirkt. Andererseits sieht man aber auch die Abnahme der statistischen Fehler mit wachsender Impulsanzahl.

Schließlich messen wir noch die *Halbwertsdicke* δ eines Metalls (z. B. Aluminium) für die bei uns vorliegende γ-Strahlung, definiert als diejenige Dicke, bei der die Hälfte der einfallenden Quanten im Metall absorbiert wird. Allgemein gilt bei beliebiger Dicke d das Absorptionsgesetz

$$N_P = N_{P,0} \exp(-\mu d) \tag{50.7}$$

also

$$\ln \frac{N_{P,0}}{N_P} = \mu d, \tag{50.8}$$

wobei $N_{P,0}$ der Wert von N_P beim Eintritt in das Metall ist. μ heißt der *Absorptionskoeffizient*. Bei der Halbwertsdicke $d = \delta$ ist also $N_P/N_{P,0} = 1/2$ und

$$\mu\delta = \ln 2. \tag{50.9}$$

Um δ zu messen, wählen wir den Abstand a so, daß die Impulsrate $N_{P,0}$ ohne absorbierende Schicht 500 bis 1000 min^{-1} ist. Dann werden schrittweise Aluminiumplatten (A in der Abb. 135) unmittelbar vor das Präparat P gesetzt. (Der Abstand Absorber–Zählrohr muß möglichst groß sein, damit keine gestreuten Quanten in das Zählrohr gelangen.)

Tabelle 5. Al-Platten, $a = 25$ cm, $t = 2$ min, $N_0 = (143 \pm 5)\ \text{min}^{-1}$

d	n	$N = n/t$	$\Delta N = \sqrt{n}/t$	$N_P = N - N_0$	$\Delta N_P = \sqrt{(\Delta N)^2 + (\Delta N_0)^2}$
mm	$(2\ \text{min})^{-1}$	min^{-1}	min^{-1}	min^{-1}	min^{-1}
0	1453	727	± 19	584	± 20
10,1	1207	604	17	461	18
20,2	1178	589	17	446	18
30,3	986	493	16	350	17
40,4	943	472	15	329	16
50,5	807	404	14	261	15
60,6	782	391	14	248	15
70,7	730	365	14	222	15

Wir zählen die Impulse in Zeitspannen von je 2 min, ziehen den vorweg bestimmten Nulleffekt ab (Tabelle 5) und tragen die N_P-Werte logarithmisch gegen d auf (Abb. 138), was nach (50.8) eine Gerade ergeben muß. Die Halbwertsdicke lesen wir genügend genau aus der Abb. 138 ab als denjenigen Wert von d, bei dem N_P von seinem Anfangswert 560 min^{-1} auf die Hälfte, also auf 280 min^{-1}, gesunken ist, und erhalten $\delta = 50{,}5$ mm.

Den Fehler von δ schätzen wir zu $\pm$ 2 mm und erhalten $\delta = (50{,}5 \pm 2)$ mm $= (5{,}05 \pm 0{,}2)$ cm. Der Absorptionskoeffizient ergibt sich dann nach (50.9) zu $\mu = (\ln 2)/\delta = 0{,}693/(5{,}05 \pm 0{,}2) = (0{,}137 \pm 0{,}005)$ cm^{-1}. Selbstverständlich gelten diese Werte nur für Aluminium und für die von uns verwendete Strahlung.

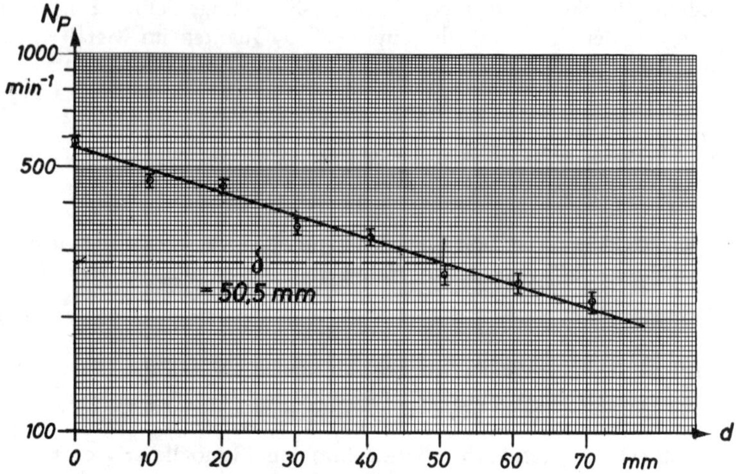

Abb. 138. Zur Messung der Halbwertsdicke eines Metalls

Unsere Endergebnisse lauten also:

$$\underline{\delta = (5{,}05 \pm 0{,}2)\ \text{cm}, \ \Delta\delta/\delta = \pm\ 4\,\%.}$$

$$\underline{\mu = (0{,}137 \pm 0{,}005)\ \text{cm}^{-1}, \ \Delta\mu/\mu = \pm\ 4\,\%.}$$

Unser μ-Wert liegt um etwa 5,5 % unter dem richtigen Wert von 0,145 cm^{-1}. Das dürfte daran liegen, daß doch noch einige im Absorber gestreute Quanten in den Zähler gelangt sind, was die relative Anzahl der absorbierten Quanten scheinbar verkleinert.

Anhang I

A. Ungedämpfte Schwingungen

Da es sich bei unseren Aufgaben stets um Drehschwingungen handelt, beschränken wir uns auf diese. Die Behandlung linearer Schwingungen ist genau die gleiche. Man hat nur den Drehwinkel durch die lineare Auslenkung, das Drehmoment durch die Rückstellkraft, das Richtmoment durch die Richtkraft und das Trägheitsmoment durch die Masse zu ersetzen.

Ein Körper sei um eine raumfeste Achse drehbar und habe bezüglich dieser Achse das *Trägheitsmoment* I. Er habe ferner bezüglich Drehungen um diese Achse eine stabile Gleichgewichtslage. Wird er durch eine Drehung um die Achse aus dieser Lage entfernt, so tritt an ihm ein rücktreibendes Drehmoment N auf, das bei nicht zu großem Drehwinkel φ diesem Winkel proportional ist,

$$N = -D\varphi, \tag{1}$$

mit negativem Vorzeichen, weil es den Winkel φ zu verkleinern sucht. D heißt *Richtmoment*. Da Winkel Verhältnisgrößen sind, so ist seine Einheit, wie die eines Drehmoments, 1 dyn cm bzw. 1 N m. Die Einheit des Trägheitsmoments ist 1 g cm^2 bzw. 1 kg m^2 (5. Aufgabe).

Zwischen dem an einem Körper angreifenden Drehmoment N und der ihm durch dieses erteilten Winkelbeschleunigung $d^2\varphi/dt^2 = \ddot{\varphi}$ besteht die Beziehung

$$I\ddot{\varphi} = N. \tag{2}$$

Ist kein weiteres Drehmoment wirksam, wird also der aus seiner Gleichgewichtslage gedrehte Körper sich selbst überlassen, so folgt aus (1) und (2):

$$I\ddot{\varphi} = -D\varphi. \tag{3}$$

Dies ist die *Differentialgleichung einer ungedämpften Schwingung*. Wir setzen:

$$\frac{D}{I} = \omega^2. \tag{4}$$

Dann folgt aus (3) nach Division durch I:

$$\ddot{\varphi} = -\omega^2\varphi. \tag{5}$$

Wie man leicht durch Einsetzen feststellt, sind

$$\varphi = \sin\omega t \quad \text{und} \quad \varphi = \cos\omega t \tag{6}$$

zwei partikuläre Lösungen dieser Gleichung. Ihre allgemeine Lösung lautet also:

$$\varphi = a \sin \omega t + b \cos \omega t. \tag{7}$$

a und b sind Integrationskonstanten, die man berechnen kann, wenn für einen Zeitpunkt t – am einfachsten für $t = 0$ – der Winkel φ und die Winkelgeschwindigkeit

$$\dot{\varphi} = a\,\omega \cos \omega\, t - b\,\omega \sin \omega\, t \tag{8}$$

bekannt sind.

Es sei φ_0 die *Schwingungsweite* des Körpers. Wir wählen unsere Zeitskala stets so, daß der schwingende Körper zur Zeit $t = 0$ entweder gerade mit der Winkelgeschwindigkeit $\dot{\varphi} = u_0$ durch seine Gleichgewichtslage $\varphi = 0$ hindurchgeht oder sich gerade in einem Umkehrpunkt $\varphi = \varphi_0$ befindet ($\dot{\varphi} = 0$). Im ersten Fall folgt aus (7) und (8) $b = 0$ und $a = u_0/\omega = \varphi_0$, so daß

$$\varphi = \frac{u_0}{\omega} \sin \omega\, t = \varphi_0 \sin \omega\, t\,, \quad \dot{\varphi} = u_0 \cos \omega\, t = \varphi_0\, \omega \cos \omega\, t\,. \tag{9}$$

Im zweiten Fall ergibt sich entsprechend $b = \varphi_0$ und $a = 0$, so daß

$$\varphi = \varphi_0 \cos \omega\, t\,, \quad \dot{\varphi} = -\,\varphi_0\, \omega \sin \omega\, t\,. \tag{10}$$

ω ist die *Kreisfrequenz* der ungedämpften Schwingung. Sie hängt mit der *Frequenz* ν und der *Schwingungsdauer* T (Dauer einer vollen Hin- und Herschwingung) durch die Gleichungen

$$\nu = \frac{\omega}{2\,\pi}, \quad \text{(11a)} \qquad T = \frac{1}{\nu} = \frac{2\,\pi}{\omega} \quad \text{(11b)}$$

zusammen. Die Einheit der Frequenz und der Kreisfrequenz ist 1 s^{-1}. Für die Frequenz – aber nur für diese! – ist der Sondereinheitenname Hertz, 1 Hz $\equiv$ 1 s^{-1}, gebräuchlich. Aus (4) und (11b) folgt

$$T = 2\,\pi \sqrt{\frac{I}{D}} \quad \text{bzw.} \quad T^2 = 4\,\pi^2\, \frac{I}{D}\,. \tag{12}$$

B. Gedämpfte Schwingungen

Die ungedämpfte Schwingung ist nur ein idealer Grenzfall. Denn ein schwingender Körper verliert infolge unvermeidlicher Wechselwirkungen mit seiner Umgebung ständig Energie, so daß seine Schwingungsweite mehr oder weniger schnell abnimmt. Diese Wechselwirkungen erzeugen am Körper ein zusätzliches Drehmoment N_r, das seiner Winkelgeschwindigkeit $\dot{\varphi}$ stets entgegengerichtet ist und das in allen uns hier angehenden Fällen der Winkelgeschwindigkeit proportional ist. Wir setzen es also gleich

$$N_r = -\varrho\dot{\varphi}. \tag{13}$$

ϱ heißt *Dämpfungskonstante*, da es für die Dämpfung der Schwingungen verantwortlich ist. Ihre Einheit ist 1 dyn cm s bzw. 1 N m s. Wir bezeichnen nun das vom Richtmoment D herrührende Drehmoment mit N_d und erhalten dann in Erweiterung von (2) und (3):

$$N = N_d + N_r = I\ddot{\varphi} = -D\varphi - \varrho\dot{\varphi} \tag{14}$$

oder

$$I\ddot{\varphi} + \varrho\dot{\varphi} + D\varphi = 0. \tag{15}$$

Wir dividieren durch I und setzen

$$\frac{\varrho}{I} = 2\beta, \tag{16a}$$

$$\frac{D}{I} = \omega_0^2. \tag{16b}$$

ω_0 ist die Kreisfrequenz des Körpers bei fehlender Dämpfung, die wir in (4) mit ω bezeichnet haben. β heißt *Abklingkonstante*. Es folgt:

$$\ddot{\varphi} + 2\beta\dot{\varphi} + \omega_0^2\varphi = 0. \tag{17}$$

Die Lösung dieser *Differentialgleichung einer gedämpften Schwingung* erhalten wir, wenn wir

$$\varphi = A\,e^{Bt} \tag{18}$$

setzen. Indem wir dies in (17) einsetzen und mit dem gemeinsamen Faktor $A\,e^{Bt}$ kürzen, erhalten wir für B die Gleichung $B^2 + 2\beta B + \omega_0^2 = 0$ mit den beiden Lösungen

$$B = -\beta \pm \sqrt{\beta^2 - \omega_0^2}. \tag{19}$$

Jede der beiden Lösungen liefert uns durch Einsetzen in (18) eine partikuläre Lösung von (17). Ihre allgemeine Lösung ist die Summe der beiden partikulären Lösungen mit zwei beliebigen Faktoren $A = A_1$ und $A = A_2$.

Wir haben nun zwei Fälle zu unterscheiden, je nachdem $\beta < \omega_0$ oder $\beta > \omega_0$, also die Fälle kleinerer und größerer Dämpfung.

a) *Schwingfall.* Ist $\beta < \omega_0$, so ist die Wurzel in (19) imaginär, B also komplex. Wir setzen

$$\sqrt{\omega_0^2 - \beta^2} = \omega. \tag{20}$$

Dann lauten die beiden Lösungen von (17):

$$B = -\beta \pm i\omega, \tag{21}$$

und die allgemeine Lösung von (17) lautet:

$$\varphi = \mathrm{e}^{-\beta t}\left(A_1\,\mathrm{e}^{i\omega t} + A_2\,\mathrm{e}^{-i\omega t}\right). \tag{22}$$

A_1 und A_2 sind komplex. Nach der Formel $e^{\pm i\omega t} = \cos \omega t \pm i \sin \omega t$ kann man dies in die Form

$$\varphi = e^{-\beta t} (a \sin \omega t + b \cos \omega t) \tag{23}$$

bringen. a und b sind reelle Konstante, welche – wie die entsprechenden Größen in (7) – von den Anfangsbedingungen abhängen und wie jene berechnet werden können, wenn φ und die Winkelgeschwindigkeit

$$\dot{\varphi} = e^{-\beta t} [(a\omega - b\beta) \cos \omega t - (b\omega + a\beta) \sin \omega t] \tag{24}$$

in einem bestimmten Zeitpunkt – am einfachsten zur Zeit $t = 0$ – bekannt sind. Bei unseren Messungen wählen wir unsere Zeitskala meist so, daß sich der schwingende Körper zur Zeit $t = 0$ in einem Umkehrpunkt $\varphi = \varphi_0$ befindet oder – was auf das gleiche hinausläuft – aus einer erzwungenen Ruhelage $\varphi = \varphi_0$ startet. Dann ist zur gleichen Zeit $\dot{\varphi} = 0$, und wir erhalten aus (23) und (24) für a und b die Bestimmungsgleichungen $b = \varphi_0$ und $a\omega - b\beta = 0$, so daß $a = \varphi_0 \beta/\omega$. Damit erhalten (23) und (24) die Formen

$$\varphi = \varphi_0 e^{-\beta t} \left(\cos \omega t + \frac{\beta}{\omega} \sin \omega t \right), \tag{25}$$

$$\varphi = -\varphi_0 e^{-\beta t} \frac{\omega^2 + \beta^2}{\omega} \sin \omega t = -\varphi_0 e^{-\beta t} \frac{\omega_0^2}{\omega} \sin \omega t, \tag{26}$$

da nach (20) $\omega^2 + \beta^2 = \omega_0^2$.

(23) unterscheidet sich von (7) zunächst durch den Faktor $e^{-\beta t}$, welcher die zeitliche Abnahme der Schwingungsweite beschreibt. Zweitens ist nach (20) die Kreisfrequenz ω der gedämpften Schwingung kleiner als die Kreisfrequenz ω_0 bei fehlender Dämpfung.

In den Umkehrpunkten der Schwingung ist $\dot{\varphi} = 0$, also $\sin \omega t = 0$. Nach (25) durchläuft also der Körper die Umkehrpunkte auf der Startseite ($\varphi > 0$) zu den Zeiten $t = n\, 2\pi/\omega$, die Umkehrpunkte auf der entgegengesetzten Seite ($\varphi < 0$) zu den Zeiten $t = (2n + 1)\pi/\omega$ ($n = 0, 1, 2, \ldots$). Da die Schwingungsdauer des Körpers nach (11b) $T = 2\pi/\omega$ ist, so erfolgen die Durchgänge durch die positiven Umkehrpunkte zu den Zeiten $t_n = nT$, durch die negativen Umkehrpunkte zu den Zeiten $t_n' = (2n + 1)\, T/2$. Die Zeitspanne zwischen zwei aufeinanderfolgenden Durchgängen durch einen positiven und einen negativen Umkehrpunkt beträgt also $T/2$; die Durchgänge durch die negativen Umkehrpunkte liegen zeitlich in der Mitte zwischen den benachbarten Durchgängen durch die positiven Umkehrpunkte und umgekehrt.

Bei den Durchgängen durch die Gleichgewichtslage $\varphi = 0$ ist nach (25) $\tan \omega t = -\omega/\beta$. Hieraus folgt $\tan (\omega t - \pi/2) = \beta/\omega$. Es bedeute z die fortlaufende Reihe der ganzen Zahlen. Dann ist $\omega t - \pi/2 = z\pi + \arctan \beta/\omega$. Daraus folgt mit $2\pi/\omega = T$

$$t = (2z + 1)\frac{T}{4} + \frac{1}{\omega}\arctan\frac{\beta}{\omega}. \tag{27}$$

Die Zahlen z sind gleich $2n$ bzw. $2n + 1$, also $2z + 1$ gleich $4n + 1$ oder $4n + 3$, je nachdem der Durchgang durch die Gleichgewichtslage von der positiven oder der negativen Seite her erfolgt. Bei fehlender Dämpfung, $\beta = 0$, würden also die Durchgänge genau in der zeitlichen Mitte zwischen den Umkehrpunkten liegen. Die Dämpfung bewirkt, daß sie demgegenüber um so mehr verspätet sind, je größer β ist. Das ist bei der Zeichnung von Kurven, welche eine gedämpfte Schwingung darstellen, zu beachten.

Da die positiven Umkehrpunkte zu den Zeiten $t_n = nT = n \cdot 2\pi/\omega$ durchlaufen werden, so betragen die aufeinanderfolgenden Ausschläge des Körpers auf der positiven Seite ($\cos\omega t = 1$, $\sin\omega t = 0$):

$$\varphi_n = \varphi_0\, e^{-n\beta T} = \varphi_0\, e^{-n\Lambda} = \varphi_0\, k^{-n}. \tag{28}$$

Dabei haben wir

$$\beta T = \Lambda \quad (29) \qquad \text{und} \qquad k = e^{\Lambda} \quad (30)$$

gesetzt. Λ heißt *logarithmisches Dekrement*, k *Dämpfungsverhältnis*. Sind φ_n und φ_{n+1} zwei aufeinanderfolgende Ausschläge nach der gleichen Seite, so ist nach (28)

$$\frac{\varphi_n}{\varphi_{n+1}} = k = e^{\Lambda}, \quad (31) \qquad \Lambda = \ln k = \ln\frac{\varphi_n}{\varphi_{n+1}}. \quad (32)$$

Die negativen Umkehrpunkte werden zu den Zeiten $(2n + 1)T/2 = (2n + 1)\pi/\omega$ durchlaufen. Bezeichnen wir diese Ausschläge mit φ_n', wobei n die Laufzahl des vorhergehenden positiven Umkehrpunktes sein soll, so folgt aus (25) ($\cos\omega t = -1$, $\sin\omega t = 0$):

$$\varphi_n' = -\varphi_0\, e^{-(n+1/2)\Lambda} \tag{33}$$

Insbesondere ergibt sich für den ersten negativen Umkehrpunkt ($n = 0$):

$$\varphi_0' = -\varphi_0\, e^{-\Lambda/2} = -\frac{\varphi_0}{\sqrt{k}}, \qquad \text{so daß} \qquad k = \left(\frac{\varphi_0}{-\varphi_0'}\right)^2. \tag{34, 35}$$

Nach (11b) und (20) beträgt die Schwingungsdauer einer gedämpften Schwingung:

$$T = \frac{2\pi}{\omega} = \frac{2\pi}{\sqrt{\omega_0^2 - \beta^2}}. \tag{36}$$

Die Schwingungsdauer des ungedämpften Körpers würde $T_0 = 2\,\pi/\omega_0$ betragen. Hieraus und aus (29) folgt

$$T = T_0 \sqrt{1 + \frac{\Lambda^2}{4\,\pi^2}}\,. \tag{37}$$

T ist also größer als T_0 und wächst mit der Dämpfung, aber nur sehr langsam, solange $\Lambda^2 \ll 4\,\pi^2$. Nehmen z. B. die Ausschläge bei jeder Vollschwingung auf die Hälfte ab – was man schon als eine recht starke Dämpfung empfinden wird –, so daß $k = 2$, so ist $\Lambda = 0{,}694$ und $T = 1{,}0061\,T_0$, also nur um rund 0,6 % von T_0 verschieden. Man kann daher die bei geringer Dämpfung gemessene Schwingungsdauer T oft ausreichend genau an die Stelle der Schwingungsdauer T_0 des dämpfungsfrei gedachten Körpers setzen. Das gleiche gilt für die Kreisfrequenzen ω und ω_0.

b) *Kriechfall.* Ist $\beta > \omega_0$, so sind die Wurzeln von (19) und demnach auch B reell. Wir setzen

$$\sqrt{\beta^2 - \omega_0^2} = \gamma\,. \tag{38}$$

Dann lauten die beiden Lösungen von (19)

$$B = -\beta \pm \gamma\,. \tag{39}$$

Damit erhalten wir jetzt für (17) die allgemeine Lösung

$$\varphi = \mathrm{e}^{-\beta t}\,(A_1\,\mathrm{e}^{\gamma t} + A_2\,\mathrm{e}^{-\gamma t})\,, \tag{40}$$

in der A_1 und A_2 reelle Konstanten sind, die sich wieder aus den Anfangsbedingungen ergeben. Die Winkelgeschwindigkeit beträgt

$$\dot{\varphi} = -\,\mathrm{e}^{-\beta t}\,[(\beta - \gamma)\,A_1\,\mathrm{e}^{\gamma t} + (\beta + \gamma)\,A_2\,\mathrm{e}^{-\gamma t}]\,. \tag{41}$$

Der Körper werde zur Zeit $t = 0$ aus einer erzwungenen Ruhelage $\varphi = \varphi_0$ losgelassen. Dann ist zur Zeit $t = 0$ auch $\dot{\varphi} = 0$. Damit erhalten wir aus (40) und (41) die Beziehungen

$$\varphi_0 = A_1 + A_2 \quad \text{und} \quad 0 = (\beta - \gamma)\,A_1 + (\beta + \gamma)\cdot A_2\,, \tag{42 a, b}$$

aus denen folgt:

$$A_1 = \varphi_0\,\frac{\beta + \gamma}{2\,\gamma}\,, \qquad A_2 = -\,\varphi_0\,\frac{\beta - \gamma}{2\,\gamma} \tag{43}$$

und

$$\varphi = \varphi_0\,\mathrm{e}^{-\beta t}\left(\frac{\beta + \gamma}{2\,\gamma}\,\mathrm{e}^{\gamma t} - \frac{\beta - \gamma}{2\,\gamma}\,\mathrm{e}^{-\gamma t}\right) = \varphi_0\,\mathrm{e}^{-\beta t}\,(\cosh \gamma t + \frac{\beta}{\gamma}\,\sinh \gamma t) \tag{44}$$

$$\dot{\varphi} = -\,\varphi_0\,\mathrm{e}^{-\beta t}\,\frac{\beta^2 - \gamma^2}{2\,\gamma}\,(\mathrm{e}^{\gamma t} - \mathrm{e}^{-\gamma t}) = -\,\varphi_0\,\mathrm{e}^{-\beta t}\,\frac{\omega_0^{\,2}}{2\,\gamma}\,(\mathrm{e}^{\gamma t} - \mathrm{e}^{-\gamma t})$$

$$= -\,\varphi_0\,\mathrm{e}^{-\beta t}\,\frac{\omega_0^{\,2}}{\gamma}\,\sinh \gamma t\,. \tag{45}$$

In dieser Schreibweise stimmen (44) und (45) mit (25) und (26) formal völlig überein. Es ist nur γ an die Stelle von ω getreten, und statt der trigonometrischen Funktionen sin und cos erscheinen die hyperbolischen Funktionen sinh und cosh. φ ist stets positiv, $\dot{\varphi}$ stets negativ. Der Körper bewegt sich also mit stets gleichgerichteter Geschwindigkeit auf seine Gleichgewichtslage $\varphi = 0$ hin, ohne sie je zu überschreiten; er *kriecht asymptotisch* in seine Gleichgewichtslage zurück, der er sich um so langsamer nähert, je größer seine Dämpfung ist. Seine Geschwindigkeit nimmt zuerst zu und dann stetig ab.

c) *Grenzfall.* Von besonderer Bedeutung ist der *Grenzfall* $\beta = \omega_0$, also der Übergang zwischen dem Schwingfall und dem Kriechfall. Dann ist nach (20) $\omega = 0$ und $T = \infty$. Wir können vom Schwingfall oder vom Kriechfall zum Grenzfall übergehen und wollen hier das erstere tun. Wir gehen also in (25) zur Grenze $\omega \to 0$ über. Es ist

$$\lim_{\omega \to 0} \frac{\sin \omega t}{\omega} = t, \qquad \lim_{\omega \to 0} \cos \omega t = 1.$$

Damit erhalten wir (mit $\beta = \omega_0$)

$$\varphi = \varphi_0 \, e^{-\omega_0 t} (1 + \omega_0 t). \tag{46}$$

Eine graphische Darstellung der drei Fälle findet sich bei der 41. Aufgabe. Man erkennt aus ihr, daß die *Einstellzeit* des Körpers, d. h. diejenige Zeit, in der er innerhalb der Meßgenauigkeit in seiner Gleichgewichtslage praktisch zur Ruhe kommt, um so kleiner ist, je näher man dem Grenzfall ist. Bei völlig fehlender Dämpfung ($\beta = 0$) würde der Körper unendlich lange mit gleicher Schwingungsweite um seine Gleichgewichtslage schwingen. Bei unendlich großer Dämpfung ($\beta = \infty$, $\gamma = \infty$) würde er sich nur unendlich langsam aus seiner Anfangslage entfernen, also die Gleichgewichtslage ebenfalls nie erreichen. Theoretisch dauert zwar die Erreichung der Ruhelage in jedem Fall unendlich lange. Aber beim Grenzfall wird eine von der Ruhelage nicht mehr unterscheidbare Lage am schnellsten erreicht. Er bildet deshalb z. B. in der Meßtechnik in der Regel den Fall günstigster Dämpfung, da er am besten ein schnelles Arbeiten und zuverlässige Ablesungen gewährleistet.

Anhang II

Theorie des Drehspulgalvanometers

Wir wollen im folgenden das Verhalten eines Spiegelgalvanometers mit Drehspule unter verschiedenen Versuchsbedingungen untersuchen. Es handelt sich also um die Aufstellung der Bewegungsgleichungen der Drehspule, aus denen sich dann die Bewegungen des Lichtzeigers auf der Skala ergeben. Wir knüpfen dabei an Anhang I an.

A. Die Bewegungsarten der Drehspule

Rein mechanisch betrachtet, ist die Drehspule ein schwingungsfähiger Körper, dessen Aufhängung ein *Richtmoment* D liefert. Sie ist ferner stets durch Luftreibung gedämpft, hat also eine mechanisch bedingte *Dämpfungskonstante* ϱ. Daher wirken nach Anhang I, (1) und (14), an der Drehspule die hierdurch bedingten Drehmomente[1])

$$N_d = -D\varphi \quad \text{und} \quad N_r = -\varrho\dot{\varphi}. \tag{1}$$

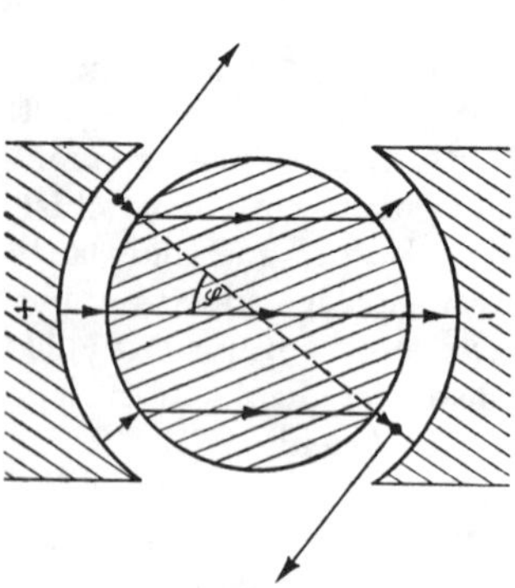

Abb. 139. Zur Theorie des Drehspulgalvanometers Gezeichnet sind die *B*-Linien.

Zu diesen kommt bei Strombelastung ein *elektrodynamisches* Drehmoment. In der Drehspule herrsche die Stromstärke I. Die magnetische Flußdichte im Luftspalt sei B. Die zum Felde senkrechten Spulenseiten seien a, die beiden anderen b. Dann wirkt auf jeden Draht der Seiten a die Kraft aIB (Abb. 139; vgl. *Westphal*, „Physik", §§ 193, 207 und 208). Die beiden Kräfte bilden ein Kräftepaar mit dem Arm b. Hat die Drehspule n Windungen, so wirkt auf jede Seite der Spule die Kraft $nBaI$, und das Drehmoment beträgt

$$N_e = nBabI = ABI = GI. \tag{2}$$

$A = nab$ ist die *Windungsfläche* der Drehspule. Die Größe

$$G = AB = nabB \tag{3}$$

heißt (*dynamische*) *Galvanometerkonstante*. abB ist gleich dem *magnetischen Fluß* Φ in der Drehspule, wenn $\varphi = 90°$ ist (Abb. 139).

[1]) Falls das Galvanometer eine Dämpfungswindung hat, geht ihre Wirkung in die Konstante ϱ ein.

Ein Strom kann in der Drehspule auf zwei Weisen entstehen. Erstens kann in einem die Klemmen des Galvanometers verbindenden Schließungskreis eine Stromquelle vorhanden sein, die an den Klemmen eine Spannung U hervorruft. Ist R_g der Widerstand der Drehspule, so ist die Stromstärke in ihr $I = U/R_g$. Zweitens wirkt die Drehspule, wenn sie sich im magnetischen Felde im Luftspalt des Galvanometers dreht, wie der Anker eines Generators. Es entsteht in ihr eine induzierte Spannung, die einen Strom hervorruft, sofern die Klemmen des Galvanometers außen leitend verbunden sind.

Ist φ der jeweilige Ausschlagswinkel der Spule aus ihrer natürlichen Gleichgewichtslage, B die Flußdichte im Luftspalt am Ort der Spulenwindungen, so tritt durch den Querschnitt ab der Spule der magnetische Fluß $\Phi = abB\varphi$, da der Fluß praktisch im Eisenkern verläuft (Abb. 139). Wenn die Spule n Windungen hat, so beträgt nach dem Induktionsgesetz die bei einer Drehung der Spule in ihr induzierte Spannung

$$U_i = -n\dot{\Phi} = -nab\,B\dot{\varphi} = -AB\,\dot{\varphi} = -G\dot{\varphi}. \tag{4}$$

Ist R_g der Widerstand des Galvanometers, R_a der Widerstand des äußeren Schließungskreises, so fließt in der Drehspule ein Induktionsstrom

$$I' = \frac{U_i}{R_g + R_a} = -\frac{G}{R_g + R_a}\dot{\varphi}. \tag{5}$$

Wir wollen künftig unter I nur den von einer äußeren Spannung U erzeugten Stromanteil $I = U/(R_g + R_a)$ verstehen. Die Stromstärke in der Drehspule beträgt also insgesamt

$$I + I' = I - \frac{G}{R_g + R_a}\,\dot{\varphi}. \tag{6}$$

Statt (2) haben wir daher zu schreiben:

$$N_e = GI - \frac{G^2}{R_g + R_a}\,\dot{\varphi}. \tag{7}$$

Insgesamt wirkt an der Drehspule das Drehmoment $N = N_d + N_r + N_e$. Zur Unterscheidung des Trägheitsmoments (genormtes Formelzeichen I) von der Stromstärke I bezeichnen wir im Folgenden das Trägheitsmoment mit Θ.

Nach Anhang I, (2), ist also

$$N = \Theta\ddot{\varphi} = -D\varphi - \varrho\dot{\varphi} + GI - \frac{G^2}{R_g + R_a}\,\dot{\varphi},$$

so daß

$$\Theta\ddot{\varphi} + \left(\varrho + \frac{G^2}{R_g + R_a}\right)\dot{\varphi} + D\varphi = GI. \tag{8}$$

Die linke Seite von (8) entspricht derjenigen von (15) im Anhang I. Nur ist zum mechanischen Teil des zweiten Gliedes – das für die Dämpfung verantwortlich ist – ein zweiter, elektrodynamisch bedingter Anteil hinzugekommen, der, wie jener, der Winkelgeschwindigkeit $\dot{\varphi}$ proportional ist. Demnach hat ein Galvanometer, sofern nicht $R_a = \infty$, wenn also seine Klemmen außen leitend verbunden sind, eine zusätzliche und von R_a abhängige *elektrodynamische Dämpfung.* Sie ist um so größer, je kleiner R_a ist, und erreicht ihren größten Wert bei Kurzschluß ($R_a = 0$).

Auf der rechten Seite von (8) steht, anders als in Anhang I, (15), ein Drehmoment $G\,I$, das von der Strombelastung des Galvanometers herrührt. Ist I konstant, so ändert das Fließen des Stromes an der Bewegungs*form* der Drehspule nichts. Wir können dann die rechte Seite zum Verschwinden bringen, wenn wir $\varphi = \psi + GI/D$ setzen. Die Drehspule bewegt sich dann relativ zur Lage $\psi = 0$ (dem Dauerausschlag $\varphi = GI/D$ beim Strome I) genauso, wie bei Stromlosigkeit um ihre rein mechanische Gleichgewichtslage (Nullpunkt) $\varphi = 0$. Sie schwingt also bei Stromschluß auf genau die gleiche Weise in ihre neue Gleichgewichtslage ein, wie sie bei Stromöffnung wieder in ihre rein mechanische Gleichgewichtslage zurückschwingt, sofern in beiden Fällen der Widerstand R_a des äußeren Schließungskreises gleich groß ist. Wir betrachten daher nur den einfachen Fall des Zurückschwingens in den Nullpunkt, setzen $I = 0$ und behalten φ bei. Ferner setzen wir, analog zu Anhang I, (16 a) und (16 b), mit Θ statt I,

$$\frac{1}{\Theta}\left(\varrho + \frac{G^2}{R_g + R_a}\right) = 2\beta, \qquad \frac{D}{\Theta} = \omega_0^2 \qquad (9\,\text{a, b})$$

und erhalten dann die mit Anhang I, (17), identische Gleichung

$$\ddot{\varphi} + 2\beta\dot{\varphi} + \omega_0^2\varphi = 0. \qquad (10)$$

Wir können also alle im Anhang I aus dieser Gleichung gezogenen Folgerungen auf die Drehspule übertragen. Bei einem bestimmten äußeren Widerstand $R_a = R_g$ tritt der *Grenzfall* ein, der durch die Bedingung $\beta = \omega_0$ gegeben ist. Dann ist also

$$\frac{1}{2\Theta}\left(\varrho + \frac{G^2}{R_g + R_{gr}}\right) = \omega_0 = \sqrt{\frac{D}{\Theta}}, \qquad (11)$$

und es ist

$$R_{gr} = \frac{G^2}{2\sqrt{\Theta D} - \varrho} R_g. \qquad (12)$$

R_{gr} heißt *Grenzwiderstand.* Er ist um so größer, je größer die Galvanometerkonstante G, also auch die Flußdichte B im Luftspalt und die Dämpfungskonstante ϱ, und je kleiner Trägheits- und Richtmoment der Spule sind. Ist $R_a > R_{gr}$, so ist $\beta < \omega_0$, und es liegt der *Schwingfall* vor. Ist $R_a < R_{gr}$, so ist $\beta > \omega_0$, und es liegt der *Kriechfall* vor. Der Grenzfall hat beim Galvanometer besondere meßtechnische Bedeutung, weil er mit der kürzesten Einstellzeit des Galvanometers verbunden ist. (Vgl. den Schluß von Anhang I und die 41. Aufgabe.)

Auch für das logarithmische Dekrement Λ und das Dämpfungsverhältnis k gelten hier die Ausführungen im Anhang I. Da Λ eine Funktion von β, dieses wiederum eine Funktion von R_a ist, so ist auch Λ von R_a abhängig und um so größer, je kleiner R_a ist. Für $R_a = R_{gr}$ wird $\Lambda = \infty$. Da sich die (wenn nötig auf den Bogen reduzierten) Ausschläge α des Lichtzeigers auf der Skala eines Galvanometers wie die Winkelausschläge φ verhalten, so gelten auch für jene (31) und (32) im Anhang I, und es ist

$$e^{\Lambda} = k = \frac{\alpha_n}{\alpha_{n+1}}, \qquad \Lambda = \ln k = \ln \frac{\alpha_n}{\alpha_{n+1}}, \tag{13}$$

wenn α_n und α_{n+1} zwei aufeinanderfolgende Umkehrpunkte des Lichtzeigers auf der gleichen Seite sind. Ebenso gilt für den ersten Umkehrpunkt a_0' auf der negativen Seite, entsprechend Anhang I, (35),

$$k = \left(\frac{\alpha_0}{-\alpha_0'}\right)^2. \tag{14}$$

B. Ballistisches oder Stoßgalvanometer

Wird durch die Drehspule eines Galvanometers in einem sehr kurzen Stromstoß eine Elektrizitätsmenge Q entladen, so führt die Spule einen *ballistischen* oder *Stoßausschlag* aus, wie ein ganz kurz mit einem Hammer angeschlagenes Pendel. Sie schwingt aus ihrer Gleichgewichtslage (Nullpunkt) bis zu einem Umkehrpunkt aus und kehrt dann – je nach dem Grade ihrer Dämpfung – schwingend oder kriechend in die Gleichgewichtslage zurück. Der erste Ausschlag (Umkehrpunkt) ist ein Maß für die durch die Drehspule entladene Elektrizitätsmenge.

Die Definition der Stromstärke lautet:

$$I = \frac{\mathrm{d}Q}{\mathrm{d}t} = \dot{Q}, \tag{15}$$

wenn dQ die Elektrizitätsmenge ist, die in der Zeit dt durch einen Querschnitt der Strombahn tritt. Indem wir dies in (8) einsetzen und durch Θ dividieren, erhalten wir mit den Definitionen (9a) und (9b):

$$\ddot{\varphi} + 2\beta\dot{\varphi} + \omega_0^2\varphi = \frac{G}{I}\dot{Q}. \tag{16}$$

Es kommen hier nur Stromstöße in Frage, deren Dauer sehr klein gegen die Schwingungsdauer des Galvanometers ist. Dann erhält die Drehspule zwar durch den Stromstoß eine große Winkelbeschleunigung $\ddot{\varphi}$, aber ihre

Winkelgeschwindigkeit $\dot{\varphi}$ ist auch am Ende der Stoßzeit noch verhältnismäßig klein, und sie hat sich auch nur äußerst wenig aus ihrer Gleichgewichtslage $\varphi = 0$ entfernt. (Vgl. wieder ein mit einem Hammer ganz kurz angeschlagenes Pendel.) Daher ist bei sehr kurzer Dauer des Stromstoßes das erste Glied der linken Seite von (16) sehr viel größer als die beiden anderen, so daß wir diese zunächst vernachlässigen dürfen. (16) nimmt dann die folgende einfache Form an:

$$\ddot{\varphi} = \frac{G}{\Theta}\dot{Q}, \quad \text{so daß} \quad \dot{\varphi} = \frac{G}{\Theta}\int_0^t \dot{Q}\,dt = \frac{G}{\Theta}\int_0^t dQ. \tag{17}$$

Ist t die Dauer des Stromstoßes, so ist $\int_0^t dQ = Q$ die durch das Galvanometer entladene Elektrizitätsmenge. Ist $\dot{\varphi} = u_0$ die von der Drehspule am Ende des Stromstoßes erreichte Winkelgeschwindigkeit, so ist nach (17):

$$u_0 = \frac{G}{\Theta} Q. \tag{18}$$

Von nun an ist die Drehspule sich selbst überlassen. Wir beginnen die Betrachtung nun von neuem und behandeln die Drehspule als einen Körper, der zur Zeit $t = 0$ mit der Winkelgeschwindigkeit $\dot{\varphi} = u_0$ aus seiner Gleichgewichtslage $\varphi = 0$ – von der er sich bisher kaum entfernt hat – startet. Wir müssen also nun (10) mit diesen Anfangsbedingungen lösen. Dabei setzen wir voraus, daß es sich um den Schwingfall handelt. Die allgemeinen Lösungen von (10) für φ und $\dot{\varphi}$ haben wir in Anhang I, (23) und (24), gegeben. Indem wir in diese unsere Anfangsbedingungen einführen, erhalten wir $0 = b$ und $u_0 = a\,\omega$, so daß $a = u_0/\omega$. Die Gleichungen nehmen dann die folgenden Gestalten an:

$$\varphi = \frac{u_0}{\omega} e^{-\beta t} \sin \omega t, \tag{19}$$

$$\dot{\varphi} = u_0 e^{-\beta t}\left(\cos \omega t - \frac{\beta}{\omega} \sin \omega t\right). \tag{20}$$

Wir berechnen jetzt den ersten Umkehrpunkt, den *ballistischen* oder *Stoßausschlag* φ_m. Dabei beachten wir, daß nach Anhang I, (30),

$$\frac{\beta}{\omega} = \frac{\beta T}{2\pi} = \frac{\Lambda}{2\pi}. \tag{21}$$

In den Umkehrpunkten (Umkehrzeiten t_n) ist $\dot{\varphi} = 0$; also ist nach (20)

$$\tan \omega t_n = \frac{\omega}{\beta} = \frac{2\pi}{\Lambda}, \quad \sin \omega t_n = \frac{\omega}{\sqrt{\beta^2 + \omega^2}} = \frac{\omega}{\omega_0} \tag{22}$$

[Anhang I, (20)]. Es folgt weiter für die Umkehrzeiten:

$$t_n = \frac{1}{\omega} \arctan \frac{2\pi}{\Lambda}, \quad \beta t_n = \frac{\Lambda}{2\pi} \arctan \frac{2\pi}{\Lambda} = \ln \lambda . \tag{23}$$

(Die Einführung der Konstanten λ dient der einfacheren Gleichungsschreibung.) Mit dem Hauptwert des arctan erhalten wir den ersten Umkehrpunkt φ_m. Durch Einsetzen in (19) folgt unter Berücksichtigung von (23), (22) und (18)

$$\varphi_m = \frac{u_0}{\omega_0} \exp\left(-\frac{\Lambda}{2\pi} \arctan \frac{2\pi}{\Lambda}\right) = \frac{1}{\lambda} \cdot \frac{GQ}{\Theta \omega_0} . \tag{24}$$

Der Stoßausschlag φ_m ist also bei gegebenem logarithmischem Dekrement Λ der entladenen Elektrizitätsmenge Q proportional. Er nimmt mit wachsender Dämpfung ab. Im dämpfungsfreien Fall würde er seinen Höchstwert

$$\varphi_m = \frac{G}{\Theta \omega_0} Q \tag{25 a}$$

annehmen, da dann $\lambda = 1$ ist. Im Grenzfall $\Lambda = \infty$ ist $\lambda = e$, also

$$\varphi_m = \frac{1}{e} \cdot \frac{GQ}{\Theta \omega_0} . \tag{25 b}$$

C. Die Empfindlichkeit des Galvanometers

Ein Galvanometer kann zur Messung von *Strömen* und *Spannungen* (aus dem Dauerausschlag) und von *Elektrizitätsmengen* (aus dem Stoßausschlag) dienen. Unter der *Empfindlichkeit* eines Meßgerätes versteht man allgemein den Quotienten aus dem Ausschlag und der Meßgröße. Man hat daher zwischen der *Stromempfindlichkeit,* der *Spannungsempfindlichkeit* und der *ballistischen* oder *Stoßempfindlichkeit* eines Galvanometers zu unterscheiden.

1. *Stromempfindlichkeit.* Wir wollen die Stromempfindlichkeit zunächst auf Winkelausschläge φ beziehen. Nach der obigen Definition besteht zwischen dem Winkelausschlag φ, der Stromstärke I und der winkelbezogenen Stromempfindlichkeit C_I^φ die Beziehung

$$\varphi = C_I^\varphi I . \tag{26}$$

Bei der Messung einer konstanten Stromstärke verschwinden die zeitlichen Differentialquotienten in (8), und es bleibt

$$D\varphi = GI \quad \text{oder} \quad \varphi = \frac{G}{D} I . \tag{27}$$

Durch Vergleich mit (26) folgt

$$C_I^\varphi = \frac{G}{D}\,. \tag{28}$$

In der Meßtechnik mißt man nicht die Drehwinkel φ, sondern die Ausschläge α eines Lichtzeigers auf einer meist ebenen Skala. Dreht sich die Spule um den Winkel φ, so dreht sich der Lichtzeiger um den Winkel 2φ. Weist er bei stromlosem Galvanometer senkrecht auf eine ebene Skala, so entspricht einem Winkelausschlag φ ein Ausschlag α auf der Skala, der durch die Gleichung

$$\tan 2\varphi = \frac{\alpha}{r} \tag{29}$$

gegeben ist, wenn r der Skalenabstand ist. Ist φ so klein, daß wir $\tan 2\varphi \approx 2\varphi$ setzen dürfen, oder haben wir den Ausschlag α auf den Bogen reduziert (42. Aufgabe), so gilt statt dessen

$$\varphi = \frac{\alpha}{2r}\,. \tag{30}$$

Dann folgt aus (26) und (30):

$$\varphi = \frac{\alpha}{2r} = C_I^\varphi I \qquad \text{oder} \qquad \alpha = 2rC_I^\varphi I = C_I I\,. \tag{31}$$

Die hier definierte Größe

$$C_I = 2rC_I^\varphi \tag{32}$$

ist die praktische Stromempfindlichkeit beim Skalenabstand r. Es ist üblich, Ausschläge und Skalenabstände in der Einheit 1 mm anzugeben. Dann ist die Einheit der Stromempfindlichkeit $1\ \mathrm{mm\,A^{-1}}$.

2. *Spannungsempfindlichkeit.* Es sei U die an den Klemmen des Galvanometers liegende Spannung. Dann ist mit ihr die Stromstärke $I = U/R_g$ verknüpft, wenn R_g der Galvanometerwiderstand ist. Sie ruft nach (31) einen Ausschlag

$$\alpha = C_I I = \frac{C_I}{R_g} U = C_U U\,, \quad \text{mit} \quad C_U = \frac{C_I}{R_g}\,, \tag{33 a}$$

hervor, den wir auch als eine Wirkung der anliegenden Spannung deuten und bei Kenntnis von C_I und R_g zu ihrer Messung verwenden können. C_U ist die Spannungsempfindlichkeit des Galvanometers. Sie wird meist in der Einheit $1\ \mathrm{mm\,V^{-1}}$ angegeben.

Die nach (33 a) berechnete Spannungsempfindlichkeit bezieht sich auf die unmittelbar an den Klemmen des Galvanometers liegende Spannung. In der Regel wird der durch das Galvanometer geschlossene Stromkreis aber noch einen Vorwiderstand und weitere Widerstände, insgesamt im Betrage

R_a, enthalten, die zu R_g hinzukommen. An der Stromempfindlichkeit C_I ändert das nichts, aber die Spannungsempfindlichkeit der *Meßanordnung* beträgt dann nur

$$C_U = \frac{C_I}{R_g + R_a}. \tag{33b}$$

Wenn möglich, arbeitet man im aperiodischen Grenzfall. Aus diesem Grunde ist in Firmenkatalogen meist die Spannungsempfindlichkeit für diesen Fall angegeben.

3. *Ballistische* oder *Stoßempfindlichkeit*. Nach (24) ist der Stoßausschlag φ_m eines Galvanometers der entladenen Elektrizitätsmenge Q proportional, hängt aber auch von der Dämpfung ab. Wegen der Proportionalität zwischen Ausschlagswinkel φ und (reduziertem) Skalenausschlag α gilt ganz das gleiche auch für den (reduzierten) Stoßausschlag α_m. Die ballistische oder Stoßempfindlichkeit definiert man für den Fall fehlender Dämpfung, also $\lambda = 1$ (vgl. den Schluß von Anhang II B). Dann ist nach (24)

$$\varphi_m = \frac{G Q}{\Theta\, \omega_0} = C_b^{\varphi}\, Q. \tag{34}$$

$C_b^{\varphi} = G/(\Theta\omega_0)$ ist die winkelbezogene Stoßempfindlichkeit. Aus (28) und Anhang I, (16b), folgt $C_b^{\varphi} = C_I^{\varphi}\, \omega_0 = C_I^{\varphi}\, 2\pi/T_0$. Eine ganz analoge Beziehung gilt dann aber auch für die praktischen, auf Ausschläge α_m bezogenen Empfindlichkeiten C_b und C_I:

$$C_b = C_I \frac{2\pi}{T_0}. \tag{35}$$

Die übliche Einheit von C_b ist $1\ \mathrm{mm\,C^{-1}}$.

Man kann also die Stoßempfindlichkeit nach (35) aus der Stromempfindlichkeit berechnen. Bei kleiner Luftdämpfung ($\Lambda^2 \ll 4\pi^2$) kann man für T_0 ohne ins Gewicht fallenden Fehler meist die Schwingungsdauer T bei reiner Luftdämpfung (offenes Galvanometer) setzen. Andernfalls muß T_0 nach Anhang I, (37), berechnet werden.

Tatsächlich ist die Schwingung eines Galvanometers stets gedämpft, zumindest schon durch Luftreibung. Dann sind nach (24) die Ausschlagswinkel φ_m und daher auch die (reduzierten) Ausschläge α_m um den Faktor $1/\lambda$ kleiner als bei fehlender Dämpfung. Da dann nach (34) $\varphi_m = 1/\lambda \cdot C_b^{\varphi}\, Q$, so gilt entsprechend

$$\alpha_m = \frac{1}{\lambda} C_b Q, \quad C_b = \lambda \frac{\alpha_m}{Q}. \tag{36}$$

Will man also C_b aus α_m und Q oder Q aus α_m und C_b berechnen, so muß man zunächst λ nach Anhang I, (32), und Anhang II, (23), ermitteln. (Vgl. dazu die Tabelle VI.) Das muß jedesmal neu geschehen, wenn der Widerstand des äußeren Schließungskreises des Galvanometers geändert worden ist.

Anhang III

Beweise zur Fehler- und Ausgleichungsrechnung

A. Der mittlere Fehler einer unmittelbar gemessenen Größe

1. Es sei X der *wahre* Wert einer Meßgröße. Er kann grundsätzlich nie absolut genau ermittelt werden. Bei n Einzelmessungen der Größe haben sich die in der Regel ein wenig verschiedenen Einzelwerte $l_1, l_2, \ldots, l_k, \ldots, l_n$ ergeben. Dann sind

$$l_k - X = \varepsilon_k \tag{1}$$

die *wahren Fehler* dieser Einzelwerte. Auch sie können mangels genauer Kenntnis des wahren Wertes der Meßgröße grundsätzlich nie genau ermittelt werden.

Nach *Gauß* definiert man willkürlich, aber einleuchtend, den *wahren mittleren Fehler μ der gemessenen Einzelwerte l_k* durch die Gleichung

$$\mu^2 = \frac{1}{n} \sum_1^n \varepsilon_k^2 = \frac{1}{n} [\varepsilon\,\varepsilon] = \overline{\varepsilon_k^2}\,. \tag{2}$$

Es wird also das Quadrat dieses mittleren Fehlers gleich dem Mittelwert $\overline{\varepsilon_k^2}$ der Quadrate der Einzelfehler ε_k gesetzt. $[\varepsilon\,\varepsilon]$ ist die in der Fehlertheorie übliche abgekürzte Schreibweise für die Summe $\sum\limits_1^n \varepsilon_k^2$; entsprechend auch bei anderen Größen.

2. Es entsteht die Aufgabe, mit Hilfe dieser Einzelmessungen einen *Bestwert* L der gemessenen Größe zu berechnen, das heißt einen Wert, der dem wahren Wert X *wahrscheinlich* besonders nahe kommt. Es seien

$$l_k - L = v_k \tag{3}$$

die Abweichungen der Einzelmessungen l_k vom Bestwert L, die wir kurz als die *Fehler der Einzelmessungen* bezeichnen wollen. Der Bestwert muß auf eine Weise ermittelt werden, welche sicherstellt, daß diese Fehler im Durchschnitt möglichst gering sind. Hierfür gilt nach *Gauß* wiederum willkürlich, aber einleuchtend, die Bedingung, daß die Summe der Fehlerquadrate v_k^2

$$\sum_1^n v_k^2 = [v\,v] = \min\,, \tag{4}$$

also ein Minimum sein soll (*Methode der kleinsten Quadrate,* genauer: der kleinsten Fehlerquadratsumme). Es soll also sein

$$\frac{\mathrm{d}\,[v\,v]}{\mathrm{d}L} = 0\,. \tag{5}$$

Aus (3), (4) und (5) folgt

$$\frac{\mathrm{d}\,[v\,v]}{\mathrm{d}L} = \frac{\mathrm{d}}{\mathrm{d}L}\sum_1^n (l_k - L)^2 = -2\sum_1^n (l_k - L) = -2\sum_1^n v_k = -2\,[v] = 0\,,$$

also

$$[v] = \sum_1^n (l_k - L) = 0\,. \tag{6}$$

Hieraus ergibt sich

$$L = \frac{1}{n}\sum_1^n l_k = \frac{1}{n}\,[l]\,. \tag{7}$$

Das heißt, als Bestwert L ist das *arithmetische Mittel* der Einzelwerte zu betrachten. Da dies auch die logisch nächstliegende Lösung unseres Problems ist, so liegt in diesem Ergebnis eine Rechtfertigung für die seiner Ableitung zugrunde liegende willkürliche Bedingung $[v\,v] =$ Minimum.

3. Da der wahre Wert $X = l_k - \varepsilon_k$ eine zwar unbekannte, aber feste Größe ist, so ist das auch die Summe $\sum_1^n (l_k - \varepsilon_k) = n\,X$, und wir können auf Grund von (1) und (7) schreiben

$$X = \frac{1}{n}\sum_1^n (l_k - \varepsilon_k) = L - \frac{1}{n}\sum_1^n \varepsilon_k\,. \tag{8}$$

Daher ist nach (1) und (3)

$$\varepsilon_k = l_k - X = l_k - L + \frac{1}{n}\sum_1^n \varepsilon_k = v_k + \overline{\varepsilon_k}\,, \tag{9}$$

wobei $\overline{\varepsilon_k}$ das arithmetische Mittel der ε_k-Werte ist. Es ist also

$$v_k = \varepsilon_k - \overline{\varepsilon_k} \tag{10}$$

und

$$v_k^2 = \varepsilon_k^2 - 2\,\varepsilon_k\,\overline{\varepsilon_k} + \overline{\varepsilon_k}^2\,. \tag{11}$$

Indem wir den Mittelwert dieses Ausdrucks bilden, erhalten wir

$$\overline{v_k^2} = \frac{1}{n}\sum_1^n v_k^2 = \frac{1}{n}\,[v\,v] = \overline{\varepsilon_k^2} - \overline{\varepsilon_k}^2 + \overline{\varepsilon_k}^2 = \overline{\varepsilon_k^2} - \overline{\varepsilon_k}^2\,. \tag{12}$$

(Man beachte die verschiedene Stellung des Exponenten 2!)

Nun ist

$$\overline{\varepsilon_k^2} = \frac{1}{n}\sum_1^n \varepsilon_k^2 = \frac{1}{n}\,[\varepsilon\,\varepsilon] \tag{13}$$

und

$$\overline{\varepsilon_k}^2 = \frac{1}{n^2}(\varepsilon_1^2 + \varepsilon_2^2 + \cdots + 2\,\varepsilon_1\,\varepsilon_2 + 2\,\varepsilon_1\,\varepsilon_3 + \cdots) = \frac{1}{n^2}\sum_1^n \varepsilon_k^2 = \frac{1}{n^2}\,[\varepsilon\,\varepsilon]\,, \tag{14}$$

letzteres, weil die Größen ε_k wechselnde Vorzeichen haben und von gleicher Größenordnung sind, so daß die Glieder der Summe $\varepsilon_1 \varepsilon_2 + \varepsilon_1 \varepsilon_3 + \cdots$ aus Gründen der Wahrscheinlichkeit einander bis auf einen Rest von kleiner Größenordnung aufheben. Aus (12), (13) und (14) folgt

$$[v\,v] = \frac{n-1}{n}\,[\varepsilon\,\varepsilon]\,. \tag{15}$$

Setzen wir dies in (2) ein, so erhalten wir als *mittleren Fehler der Einzelwerte* den Ausdruck

$$\mu = \sqrt{\frac{[v\,v]}{n-1}}\,. \tag{16}$$

Dieser mittlere Fehler ist also berechenbar, da man ja die Fehler v_k der Einzelwerte l_k aus ihren Abweichungen vom Bestwert L berechnen kann.

4. Nach (7) ist $\partial L/\partial l_k = 1/n$. Damit folgt aus dem in Einl. § 11, (5), mitgeteilten *Gaußschen* Fehlerfortpflanzungsgesetz als *mittlerer absoluter Fehler des Ergebnisses L*

$$\Delta L = \frac{1}{n}\,\sqrt{(\Delta l_1)^2 + (\Delta l_2)^2 + \cdots} = \frac{1}{n}\sqrt{\sum_1^n (\Delta l_k)^2}\,. \tag{17}$$

Die wahren Fehler Δl_k der Einzelwerte sind aber nichts anderes als die Größen ε_k. Daraus folgt mit (15)

$$\Delta L = \frac{1}{n}\sqrt{\sum_1^n \varepsilon_k^2} = \frac{1}{n}\,\sqrt{[\varepsilon\,\varepsilon]} = \sqrt{\frac{[v\,v]}{n\,(n-1)}} = \frac{\mu}{\sqrt{n}}\,, \tag{18}$$

also (2b) in § 10 der Einleitung (mit $\Delta x = \Delta L$).

B. Ausgleichungsrechnung bei gleichen Intervallen

Zwischen zwei gemessenen Größen x und y bestehe eine lineare Beziehung

$$y = A + B\,x\,. \tag{1}$$

Zu ermitteln seien die Konstanten A und B. Dazu genügen an sich zwei Wertepaare x, y. Es seien aber n *verschiedene* Wertepaare gemessen. Dann ergeben die möglichen Kombinationen von je zwei der sich daraus ergebenden n Gleichungen Werte von A und B, welche untereinander kleine, durch Meßfehler bedingte Abweichungen zeigen werden. Zu ermitteln sind die Bestwerte von A und B. Dabei sollen die Messungen so angestellt werden, daß die Größe x, mit $x = 0$ beginnend, jeweils *in genau gleichen Schritten h* vergrößert wird. Dann beträgt das Intervall je zweier aufeinanderfolgender Werte von y

$$\delta = B\,h\,. \tag{2}$$

Wir schreiben daher (1) in der Form

$$y = A + \delta \frac{x}{h} \cdot \tag{3}$$

x/h nimmt nacheinander die Werte 0, 1, 2, ..., $(k-1)$, ..., $(n-1)$ an und hat bei der k-ten Messung den Wert $k-1$. Mit den zu ermittelnden Bestwerten von A und B bzw. δ berechnet, ergibt sich für den k-ten Wert von y ein Wert

$$Y_k = A + \delta\,(k-1)\,. \tag{4}$$

Tatsächlich wird die Messung einen etwas abweichenden Wert

$$y_k = Y_k + v_k \tag{5}$$

ergeben, wobei v_k der Fehler der Einzelmessung y_k ist.

Als *Bestwerte* von A und B betrachten wir nach dem schon oben angewendeten Prinzip von *Gauß* diejenigen, bei denen die Summe der Fehlerquadrate v_k^2 ein Minimum wird. Da wir es hier mit den beiden Größen A und B bzw. $\delta = Bh$ zu tun haben, müssen jetzt gleichzeitig die beiden Bedingungen gelten

$$\frac{\partial\,[v\,v]}{\partial A} = 0\,, \qquad \frac{\partial\,[v\,v]}{\partial \delta} = 0\,. \tag{6a, b}$$

Dabei setzen wir voraus, daß die Schritte h sehr genau gleich groß, die einzelnen Werte von $x = (k-1)\,h$ also praktisch fehlerfrei und demnach der Fehlerrechnung nicht zu unterwerfen sind.

Nach (4) und (5) ist $v_k = y_k - A - \delta\,(k-1)$, also

$$[v\,v] = \sum_1^n\,[y_k - A - \delta\,(k-1)]^2\,. \tag{7}$$

Dann muß erstens nach (6a) sein

$$-2\sum_1^n\,[y_k - A - \delta\,(k-1)] = -2\sum_1^n v_k = -2\,[v] = 0\,, \tag{8}$$

$$[v] = \sum_1^n v_k = 0\,. \tag{9}$$

Das heißt, die Summe der Fehler v_k muß verschwinden. Zweitens muß nach (6b) sein

$$-2\sum_1^n\,[(k-1)\,(y_k - A - \delta\,(k-1))] = -2\sum_1^n\,[(k-1)\,v_k] = 0\,,$$

also

$$\sum_1^n\,[(k-1)\,v_k] = 0\,. \tag{10}$$

Aus (9) folgt

$$\left.\begin{aligned}\sum_1^n v_k &= \sum_1^n [y_k - A - \delta(k-1)] = \sum_1^n y_k - nA - \delta \sum_1^n (k-1) \\ &= \sum_1^n y_k - nA - \delta \frac{n(n-1)}{2} = 0 .\end{aligned}\right\} \quad (11)$$

Aus (10) folgt

$$\left.\begin{aligned}\sum_1^n [(k-1) v_k] &= \sum_1^n [(k-1)(y_k - A - \delta(k-1)] \\ &= \sum_1^n [(k-1) y_k] - A \sum_1^n (k-1) - \delta \sum_1^n (k-1)^2 \\ &= \sum_1^n [(k-1) y_k] - A \frac{n(n-1)}{2} - \delta \frac{n(n-1)(2n-1)}{6} = 0 .\end{aligned}\right\} \quad (12)$$

Aus (11) und (12) ergibt sich durch Eliminierung von A als Bestwert von δ der Wert

$$\left.\begin{aligned}\delta &= \frac{6}{n(n^2-1)} \sum_1^n [(2k - n - 1) y_k] \\ &= \frac{6}{n(n^2-1)} [(n-1)(y_n - y_1) + (n-3)(y_{n-1} - y_2) \\ &\quad + (n-5)(y_{n-2} - y_3) + \cdots] ,\end{aligned}\right\} \quad (13)$$

also Einl. § 12, (6).

Hiermit erhalten wir als Bestwert von B nach (2)

$$B = \frac{\delta}{h} . \quad (14)$$

Mit dem δ-Wert können wir nun nach (3) mit $x/h = k - 1$ aus den gemessenen y_k-Werten n Werte von A berechnen, die wegen der den y_k anhaftenden Fehler etwas schwanken werden und die wir deshalb mit A_k bezeichnen, also

$$A_k = y_k - \delta(k-1) . \quad (15)$$

Für den Bestwert A folgt dann aus (8) und (15)

$$nA = \sum_1^n [y_k - \delta(k-1)] = \sum_1^n A_k \quad (16)$$

und damit

$$A = \frac{1}{n} \sum_1^n A_k , \quad (17)$$

also das arithmetische Mittel aus den A_k-Werten.

Nach Einl. § 11, (5), ist der mittlere absolute Fehler von δ

$$\Delta\delta = \sqrt{\sum_1^n \left(\frac{\partial \delta}{\partial y_k} \Delta y_k\right)^2} \tag{18}$$

Nach (13) ist

$$\frac{\partial \delta}{\partial y_k} = \frac{6\,(2k - n - 1)}{n\,(n^2 - 1)}. \tag{19}$$

Die Einzelwerte A_k, aus denen als Bestwert der Mittelwert A gebildet wird, sind nach (15) als $A_k = y_k - \delta \cdot x/h$ berechnet. Hierbei ist jetzt δ als ein fester Wert zu betrachten, so daß $\Delta A_k = \Delta y_k$. Nach Anhang III A, (18), ist (mit $\Delta L = \Delta A$) der mittlere Fehler der Einzelwerte A_k gleich $\mu = \Delta A \sqrt{n}$. Ersetzen wir die Einzelfehler $\Delta y_k = \Delta A_k$ in (18) sämtlich durch diesen mittleren Wert, so ergibt sich unter Berücksichtigung von (19)

$$\begin{aligned} \Delta\delta &= \frac{6\,\Delta A}{\sqrt{n}\,(n^2 - 1)} \sqrt{\sum_1^n (2k - n - 1)^2} \\ &= \frac{6\,\Delta A}{\sqrt{n}\,(n^2 - 1)} \sqrt{\sum_1^n [(4k^2) - 4\,(n+1)\,k + (n+1)^2]}. \end{aligned} \tag{20}$$

Nun ist $\sum_1^n k^2 = \frac{n\,(n+1)\,(2n+1)}{6}$ und $\sum_1^n k = \frac{n\,(n+1)}{2}$.

Dann folgt durch einfache Rechnung Einl. § 12/II, (8):

$$\Delta\delta = \Delta A \sqrt{\frac{12}{n^2 - 1}}. \tag{21}$$

Tabelle I. Dichte ϱ_w des Wassers zwischen 0 °C und 30 °C

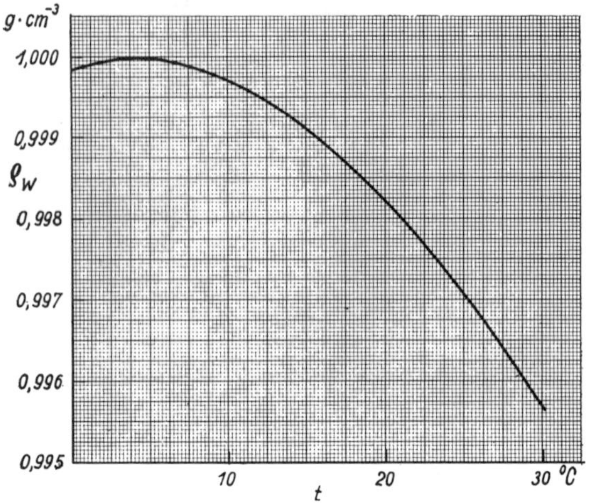

Tabelle II. Dampfdruck p_w des Wassers zwischen − 10 °C und + 30 °C

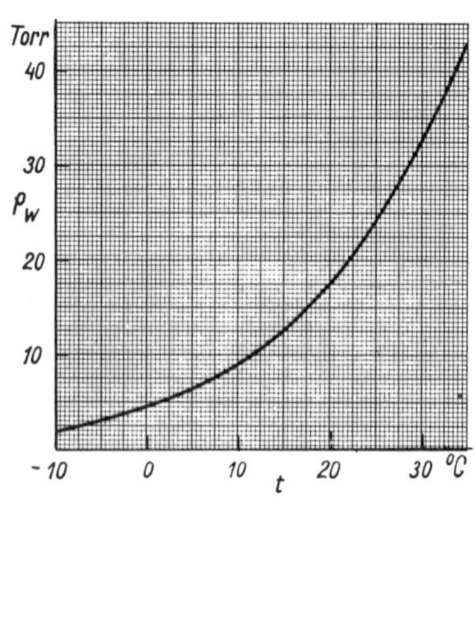

Tabelle III. Siedetemperatur t_s des Wassers zwischen 680 Torr und 780 Torr

Die Siedetemperatur gehorcht in diesem Bereich sehr genau der Zahlenwertgleichung $t_s = 100 + 0{,}03687\,(p - 760) - 0{,}000022\,(p - 760)^2$; p in Torr.

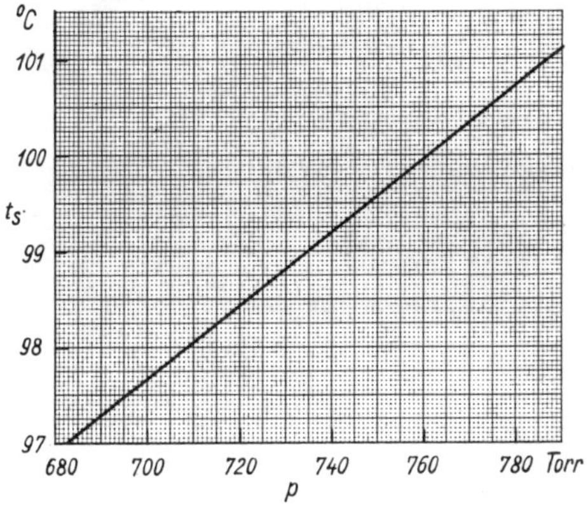

Tabelle IV. Reduktion einer Barometerablesung auf 0 °C

Wegen der Ausdehnung des Quecksilbers und des meist aus Messing bestehenden Gehäuses ist ein bei der Temperatur t in Torr gemessener Luftdruck p_b um den Betrag δp_b nach der Zahlenwertgleichung $\delta p_b = -0{,}000163\, p_b\, t$ zu korrigieren. Die Tabelle gibt unmittelbar die Beträge von δp_b in Torr als Funktion von $p_b\, t$ in Torr °C.

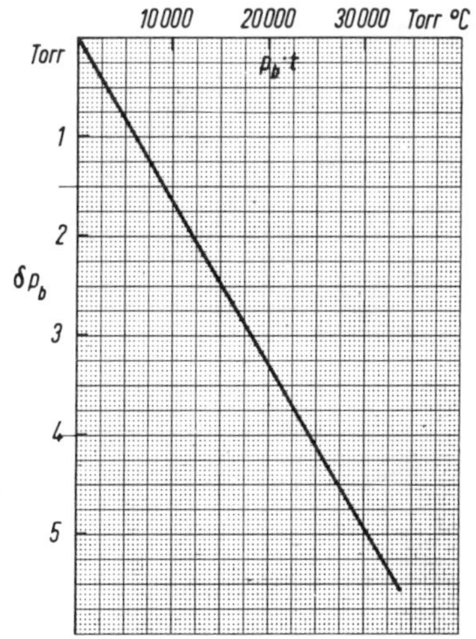

Beispiel: Abgelesen $p_b = 741{,}5$ Torr, $t = 21{,}5$ °C, $p_b\, t = 15\,950$ Torr °C, $\delta p_b = 2{,}6$ Torr. Also ist mit dem Luftdruck $p_b = 741{,}5 - 2{,}6 = 738{,}9$ Torr zu rechnen.

Tabelle V. Reduktion eines Ausschlags auf den Bogen

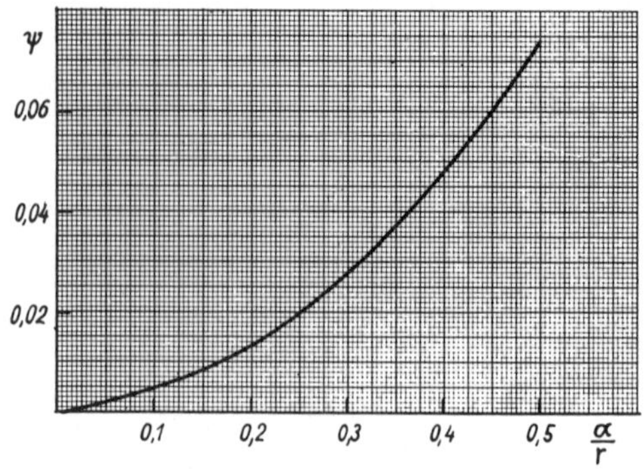

Beträgt der Ausschlag α bei einem Skalenabstand r, so ist er um den Betrag $\delta = \alpha\psi = \alpha\left(1 - \frac{\alpha}{r}\arctan\frac{\alpha}{r}\right)$ zu verkleinern. Die Kurve gibt ψ als Funktion von $\frac{\alpha}{r}$.

Beispiel: $\alpha = 359{,}7$ mm, $r = 1550$ mm, also $\frac{\alpha}{r} = 0{,}232$. Demnach ist $\psi = 0{,}017$ und $\delta = \alpha\psi = 359{,}7 \cdot 0{,}017 \approx 6{,}1$ mm.

Also ist mit dem reduzierten Ausschlag $359{,}7 - 6{,}1 = 353{,}6$ mm zu rechnen.

Tabelle VI. Zum ballistischen Galvanometer

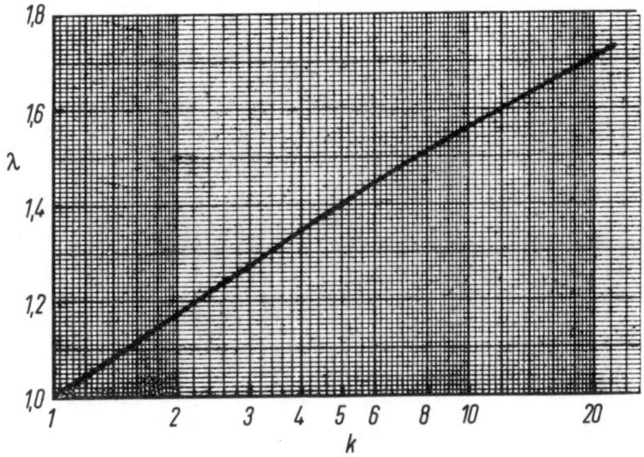

Die Tabelle (k-Skala logarithmisch) gestattet die Ablesung der Größe $\lambda = \exp\left(\frac{\Lambda}{2\pi} \arctan \frac{2\pi}{\Lambda}\right)$ als Funktion des Dämpfungsverhältnisses k. Für $k \lessapprox 10$ kann λ ohne ins Gewicht fallenden Fehler aus der Näherungsgleichung $\lambda = 1 + 0{,}57 \lg k$ berechnet werden.

Tabelle VII. Wichtige Zahlen

$\pi = 3{,}1416,$	$\pi^2 = 9{,}8696,$	$4\pi^2 = 39{,}478,$
$\lg \pi = 0{,}49715,$	$\lg \pi^2 = 0{,}99430,$	$\lg 4\pi^2 = \;\; 1{,}59636.$

Einheit des Winkels im Bogenmaß $1 \text{ rad} = \frac{360^\circ}{2\pi} = 57{,}296^\circ.$

$$1^\circ = \frac{2\pi}{360} \text{ rad} = 0{,}017453 \text{ rad.}$$

Basis des natürlichen Logarithmensystems $e = 2{,}7183$

$$\lg e = 0{,}43429, \qquad \ln x = 2{,}3026 \lg x.$$

Sachverzeichnis